U0179856

飞行器先进液压管路系统流固耦合动力学与控制

岳珠峰　刘　伟　周长聪　翟敬宇　等　著

科学出版社

北京

内 容 简 介

本书从机理、失效、设计和应用四个方面，系统地介绍飞行器先进液压管路系统流固耦合动力学分析与控制方面的理论、技术和方法。内容涵盖复杂管路系统流固耦合机理和仿真建模；管路结构流固耦合振动响应规律和失效模型；管路系统减振和可靠性优化设计方法；基于光纤光栅的管路系统故障监测技术；流固耦合试验技术与飞行器管路工程的故障分析等。

本书可供飞行器液压管路系统结构设计领域的工程师阅读，也可供飞行器液压管路系统、发动机管路系统、流固耦合动力学等专业方向的研究生和教师使用，还可供船舶、航天等领域从事管路系统设计等相关工作的工程技术人员参考。

图书在版编目（CIP）数据

飞行器先进液压管路系统流固耦合动力学与控制 / 岳珠峰等著. —北京：科学出版社，2022.6
　ISBN 978-7-03-067785-3

Ⅰ. ①飞… Ⅱ. ①岳… Ⅲ. ①飞行器-液压系统-管路系统-振动疲劳-研究 Ⅳ. ①V47

中国版本图书馆 CIP 数据核字（2021）第 010077 号

责任编辑：杨 丹 / 责任校对：崔向琳
责任印制：师艳茹 / 封面设计：陈 敬

科学出版社 出版
北京东黄城根北街 16 号
邮政编码：100717
http://www.sciencep.com

北京画中画印刷有限公司 印刷
科学出版社发行　各地新华书店经销

＊

2022 年 6 月第 一 版　开本：720×1000　1/16
2022 年 6 月第一次印刷　印张：35 1/4
字数：706 000
定价：368.00 元
（如有印装质量问题，我社负责调换）

前　言

　　管路系统是飞行器液压系统的重要组成部分，承担着介质传输和动力传递的重要功能，连接着飞机的液压能源、控制和执行装置，犹如"血管"一样，几乎遍布整个飞机。为了兼顾狭窄布置空间且实现复杂控制功能的双重要求，机载液压管路系统的结构形式多样、布局复杂。管路通过卡箍、支架等约束到机体结构上，机体本身不是完全刚性结构，而且约束位置要根据机体上的肋、梁、框等进行布置安排，所以飞行器管路是一类位置受限且支撑刚度较弱的结构(受限弱支撑)。不同位置、不同功能以及不同机型的液压管路系统布局和装配千差万别，无法一概而论，故而管路的真实边界和约束情况非常复杂，动力学分析与控制需要视具体情况而定。因此，飞行器管路系统的动力学正向设计工作非常繁杂，目前还处于探索阶段。

　　机载先进液压系统对重量要求严格，管道跨度长、柔性大、管壁薄(减重)、布局复杂，而与之相对的是飞行器液压系统功率增大、系统功能日益复杂的要求。例如，当前主流飞行器液压系统的工作压力已经从 21MPa 升至 28MPa，美国先进战斗机以及波音、空客的最新民机均已采用 35MPa 的液压系统。在如此高的工作压力及高机动性能要求下，管路结构受到的内压大，流速高且流体变化剧烈，产生的冲撞力大。显然，高压液压系统的设计存在更高功率密度、更低重量与更长寿命、更高可靠性之间的矛盾。管路系统面临的动力学工作环境也更加恶劣。近年来，机载液压管路系统由振动、冲击等一些动载荷引起的振动疲劳破坏、裂纹和断裂等动强度失效问题突出。据统计，各类机载液压系统故障中，约30%的故障与液压系统的"跑冒滴漏"故障有关。管路系统泄露意味着"血管"的破裂，轻则动力传输中断，出现故障症候，重则导致机毁人亡的一级事故，严重削弱了飞行器的可靠性，还耗费了较大的维修和排故精力。因此，管路系统的可靠性是飞行器"强健体魄"的标志之一，需要更加精确地分析飞行器液压管路系统动力学特性。

　　管路系统故障之所以成为"顽疾"，其根本原因是：机载管路结构的动力学环境非常特殊，处于流体高压高速脉动、外部机体结构振动的综合环境中，管道振动与机体振动、流体脉动冲击的相互耦合作用，其中还包含着复杂的走向、管道支撑、附件(如泵、阀门、弯管)等结构以及装配的影响。因此，失效和振动机理非常复杂，工程上难以直接预判和识别，多采用"试凑"和"补强加固"等事后补救方法，一方面容易造成结构重量增加，另一方面还可能造成故障反复出现或发生转移。因此，开展飞行器先进液压管路系统流固耦合动力学关键技术的研究，对于我国高性能机载液压系统的研制具有重要意义。

本书系统地介绍飞行器管路系统动力学问题研究的主要成果。全书共 10 章：第 1 章介绍飞行器高压液压技术发展，以及对管路等结构造成的影响；第 2 章提出飞行器复杂管路系统整体流固耦合建模方法，揭示流固耦合作用机制；第 3 章提出管内非定常流动仿真方法及"机体-卡箍-管路"系统在机体振动下管路系统的响应分析和优化设计方法；第 4 章介绍不同布局管路系统在多源激励下的流固耦合试验技术；第 5 章介绍管路、密封件、接头在流固耦合作用下的失效分析方法，提出动应力控制准则；第 6 章介绍航空卡箍等效刚度的测试方法和影响因素，分析卡箍对管路结构振动的影响；第 7 章研究黏弹性阻尼材料、主动约束层方法在航空管路系统的减振效果；第 8 章提出随机激励下液压管路系统的动力学可靠性、灵敏度分析及稳健性优化设计方法；第 9 章将光纤光栅传感器应用于管路系统的流固耦合振动测试和故障诊断，建立分布式多参数的测试系统；第 10 章展示飞行器液压管路系统的振动/失效案例的分析过程，提出改进建议并进行验证。

多所高校科研教师参与了本书的撰写工作，具体分工如下：第 1 章和第 10 章由西北工业大学岳珠峰撰写；第 2 章、第 4 章和第 6 章由西北工业大学刘伟撰写；第 3 章由西北工业大学闫云聚撰写；第 5 章由西北工业大学王建辉和同济大学戴瑛撰写；第 7 章由大连理工大学翟敬宇撰写；第 8 章由西北工业大学周长聪撰写；第 9 章由武汉理工大学魏勤撰写。全书由岳珠峰统稿和审核。

本书的研究工作得到了国防 973 项目、国防科工局基础科研和技术基础项目、国家自然科学基金项目、装备预研中国航发联合基金项目等的资助，在此表示感谢。

由于作者水平有限，书中难免存在不足之处，敬请读者批评指正。

目　　录

第1章 绪 论

1.1 飞行器高压液压系统

飞行器液压系统的主要功能是进行飞行操纵和控制，其结构与功能示意图如图 1.1.1 所示。结构组成主要包括管路系统、液压泵、阀门、作动器等附件[1-2]，其中，管路系统通过支撑卡箍固定在机体结构上，内部流动着高压高速液压油介质，外部连接着各种附件。错综复杂的管路系统几乎遍布整个飞机，连接飞机的能源装置、控制装置和作动执行装置(如起落架、襟缝翼、平尾和垂尾、减速板等)[3-5]。因此，管路系统和液压系统被比喻为飞机的"血管和肌肉"，是飞行器"健壮体魄"的标志。显然，高性能的飞行器与其机载液压管路系统的可靠性密不可分。

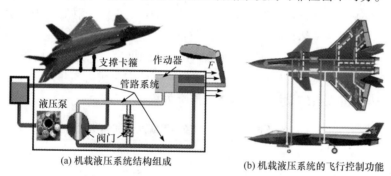

(a) 机载液压系统结构组成 　　　　(b) 机载液压系统的飞行控制功能

图 1.1.1　飞行器液压系统结构与功能示意图

液压系统是直接关系操作性能、控制品质和飞行安全的重要机载子系统。民机采用多套液压系统的冗余设计方案[2,6,7]，虽然提升了任务可靠度，但是多套备份会导致液压系统体积质量、能耗和维修维护成本成倍增加(图 1.1.2(a))，且系统整体的故障率不能显著降低(图 1.1.2(b))[8]。军机还面临突出机动性能要求。因此机载先进液压系统设计需要解决体积、功率、强度和可靠性等设计目标之间的矛盾。

先进飞行器的液压系统压力水平正在向高压化发展，机载液压系统的压力水平从最早的 16MPa 提升至 21MPa 后，普通民机大多采用 21MPa 液压系统。由于减重和提升功率的要求，军机较早采用了 28MPa 液压系统，而 F35 战斗机、鱼鹰 V22 直升机已配备 35MPa 液压系统。目前 A380、A350XWB、B787、A400M 等

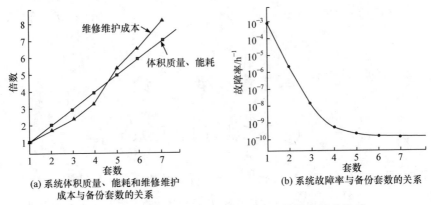

(a) 系统体积质量、能耗和维修维护　　　　　　　(b) 系统故障率与备份套数的关系
　　　　成本与备份套数的关系

图 1.1.2　机载液压系统备份套数与成本和故障率等的关系

客机/运输机均使用了 35MPa 的高压液压系统。美国在 HTTB 验证机上完成了对 56MPa 液压系统的验证试验。

　　研究表明，高压力水平的液压系统可以减轻质量和减少体积，提高操纵响应速率。从表 1.1.1 可以看出，相对于 21MPa 液压系统，更高压力水平(28MPa、35MPa 和 56MPa)的液压系统，其质量和体积都有所减少。例如，当压力水平升至 35MPa 后，液压系统体积减小近 30%，质量减轻超过 10%。另外，提高液压系统的压力，还有一些非直接的效应，如减少液压油的携带量、为其他设备留出空间、在一定意义上提高飞机的生存力等。目前液压系统占飞机总质量的 3%～15%。据分析，未来先进飞机的设计目标是将该值降为约 1%[6-7]。

表 1.1.1　不同压力水平的液压系统质量和体积对比

项目	相对 21MPa		
	28MPa	35MPa	56MPa
质量减轻率/%	4	12	30
体积减小率/%	10	28	40

1.2　飞行器液压管路系统的故障

　　当前，机载液压系统对可靠性要求更加严格，提高液压系统的压力水平后，液压系统要保证飞行器大操纵功率、运动部件快速响应等要求，还受到飞行器系统功能复杂化、结构轻量化以及狭窄布置空间等限制。管路结构受到内部高速高压流体冲撞更加强烈，同时还处于外部机体结构振动的环境中。显然，高压液压系统的设计存在高功率密度、低重量与长寿命、高可靠性之间的矛盾。因此，在提升飞机液压系统的压力水平的同时，研究其配套的动力学分析和设计技术尤为重要。

美军飞行器液压系统高压化过程中，曾发生过严重的动力学故障。例如，F-117A表演时的坠机事故就是升降副翼管路的共振导致的。V22 飞机(鱼鹰直升机)是首次采用 35MPa 高压液压系统的旋翼机，研发前期振动故障不断发生，两架 V22 坠机均源于发动机舱内管路系统泄漏和管路爆裂。经不断研究改进，美军机液压系统的平均无故障工作时间(mean time between failures，MTBF)正在逐步提升，如图 1.2.1所示，其不同时期主力战斗机型液压系统的 MTBF，F15 为 50h，F18 为 62h，F22升为 80h，F35 达到了 100h。

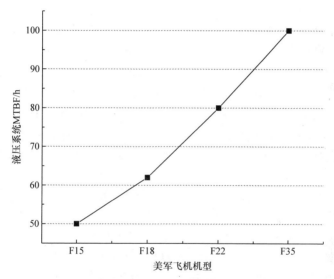

图 1.2.1 美军主力战斗机型液压系统 MTBF 的提升

我国机载液压系统在寿命和可靠性等方面与国外的先进飞行器相比有较大差距，主要表现在液压系统的压力水平较低和故障率偏高[9-13]。振动、冲击等一些动载荷引起的机载液压管路系统振动疲劳破坏、裂纹和断裂等动强度失效问题突出。"跑冒滴漏"之类的小故障屡见不鲜，导致系统性能下降、响应延迟、压力波动或压力不足，使作动器未能完成预定动作和达到预定精度等，影响飞行控制与操纵，产生事故征候。液压系统的动力学故障，不仅是新机试飞阶段的主要失效形式，而且严重影响新机交付和飞行任务的顺利执行。故障归零工作通常耗费大量的人力物力，而液压系统是维修保障最为费时、费力、费钱的机载子系统，据统计，液压系统的维修工作量占全机维修工作量的三分之一以上。因此，我国研究飞行器机载先进液压系统的流固耦合动力学设计技术极为迫切。

产生上述差距的主要原因是我国飞行器高压液压系统的一些设计技术，是积累在对二代机(21MPa 压力水平)的液压系统技术和附件的仿制基础上。表现在管路系统设计方面,有的是从原型机中测绘仿制和放样对比移植,有的是靠经验延续,对很多管路的布局方案"知其然,但不知其所以然"。目前,虽然引进的三代机的液压系统(以 28MPa 压力系统为代表)取得了工程成功,但对国外 28MPa 液压系统结构设计技术没有能够很好地消化与吸收,我国飞行器在材料、工艺、装配、环境工况等诸多方面与国外都有所不同,有时反而造成管路动力学特性与结构整体或局部附件不能匹配。

飞行器液压系统工作的过程中,管路结构不仅受到内部高压、高速流体的流致作用(如开关活门、泵设备等),有些管路结构还处于局部高振区(靠近起落架和发动机),设备运行、落震冲击、发动机运转等产生的激励会通过机体、卡箍和其他附件传递到管路结构上。当激励频率与管路的某阶固有频率重合时,管路会发生强烈共振,在管路的约束部位产生较大的交变应力,此时裂纹出现较为迅速。显然,此类失效与静强度失效不同,无法简单地通过加固补强或者更换材料解决;液压管路系统结构布局复杂,影响因素多,载荷环境复杂,故障溯源较为困难,若采用传统的反复"试凑"方法,不仅费时费力,而且故障不能被彻底消除,有时会出现故障反复或转移,造成在试飞、训练、执行任务和维修后,液压管路故障仍然突出。因此在故障分析技术上需要揭示故障的流固耦合机理。

1.3　飞行器液压系统的流固耦合动力学概念

从液压系统典型故障案例来看,传统的"静强度设计、动强度校核"方法,已经不能有效地保证液压管路结构具有良好的可靠性。其原因在于:管路系统处于内部流体脉动、外部机体结构振动的一个综合作用环境中,同时受复杂的布局走向以及卡箍和支撑、附件(如泵、阀门、弯管)等结构因素的影响。因此,机体振动、流体脉动、管路振动存在相互流固耦合作用[14-21]。具体指的是飞行器机体结构振动(发动机运行、气动力作用等)、液压系统(包括液压系统的管路与接头、液压泵、附件、密封件、支撑卡箍等)结构振动和流体(液压油)流动(非定常流动)之间的耦合作用,如图 1.3.1 所示。

对于依靠流体介质在管路内运动传输,进而通过阀体控制机构运动,实现大功率操纵的液压系统,在飞行器结构的大环境下,管路系统的流固耦合振动是其固有特性,不能从根本上消除。管路系统流固耦合的激励来源,主要有以下几种。

(1) 泵源的脉动。飞行器管路系统中的各种泵源,包括柱塞泵、齿轮泵和离心泵,都通过旋转件的旋转机械能保持管路系统中的流量和压力,而旋转件本身的工作机制决定了泵源产生的流量脉动不可避免,流量脉动通过管路结构或者其他附件会产生阻抗,进而形成压力脉动或压力变化,并作用于管壁等结构上,产生持续激励[7,22]。

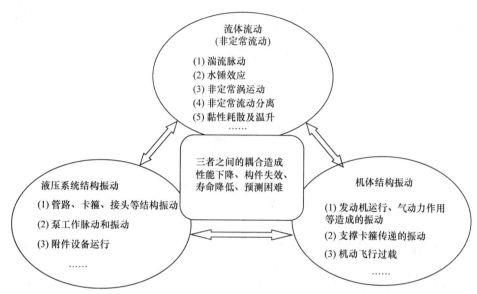

图 1.3.1 飞行器机体结构振动、液压系统结构振动和流体流动之间的耦合作用

(2) 气穴冲蚀。气穴冲蚀多发生在航空航天高压力管路系统中，管路内的液压、燃油等液体若掺杂少量气体，在高压力时，气体融入液体中，但是当压力突然降低时，气体会从液体中分离出来形成气泡。此时管路系统内的流体变成了两相流，当遇到结构变化或阻碍时，气液两相不同的物理性质，或者气泡破裂分散等，会产生瞬时的局部压力冲击，出现气蚀现象，对精密的阀体结构产生损伤。

(3) 设备组件的工作激励。飞行器液压、燃油系统工作时，其他的设备组件(如各类阀门、舵面、作动器、蓄能器、过滤器等)会协同运行工作，这些组件具有不同的液阻、液容和液感特性，甚至会在系统中产生强烈的非线性作用。并且，这些设备组件有的分布于管路端口，有的分布于管路系统内部，对整个管路系统而言，形成复杂的多点激励，以强迫激励的形式作用到液压管路和管内流体中，流体与这些设备组件耦合后导致管路的振动更为复杂。

(4) 外部飞行激励。飞行过程中受到各种外部气流激励，飞行器结构(机体、机匣等)不可避免地会发生振动，在不同的激励频率下产生的振动又有差异。管路通过卡箍或者接头固定在这些振动着的机体结构上，振动会通过卡箍等连接装置传递到管路结构和管内流体上。因此，飞行器管路的振动需要考虑机体和卡箍结构传递振动这一特殊外环境。

液压系统流体与结构运动之间的耦合和复杂多变瞬变特性的计算，涉及流体力学、固体力学、振动力学等多个学科，使得该领域一直是科学研究的热点。未来变压力液压能源系统，也面临流固耦合问题。流固耦合研究的目的是获得飞行环境下流体的流动特性(是液压系统的功能和性能设计的基础)、载荷状态(是强度寿命与可靠性分析、设计、试验的基础)和环境状态(是分析、设计、试验评估的基础)。因此，提出考虑流固耦合效应的液压系统动力学分析设计方法，才能降低结构振动水平，遏制结构元件过早失效，使之在寿命期内不发生破坏，从根本上提高机载液压系统的可靠性。

1.4 流固耦合对液压功能和结构性能的影响

机载液压系统的流固耦合效应可以归纳为两个方面的影响：对流体运动功能(系统功能)的影响以及对管路结构强度寿命等性能(结构性能)的影响[23-31]。下面分别分析这两个方面的影响。

系统功能的影响主要是通过流体的流量、流速、压力脉动、流线、非定常流动(包括紊流、涡流和二次流等)等物理量来体现的，液压系统中泵、阀等主要附件的原有功能可能丧失，压力异常，使液压系统控制功能出现故障。图 1.4.1 给出了影响流体流动特性的主要因素，具体如下。

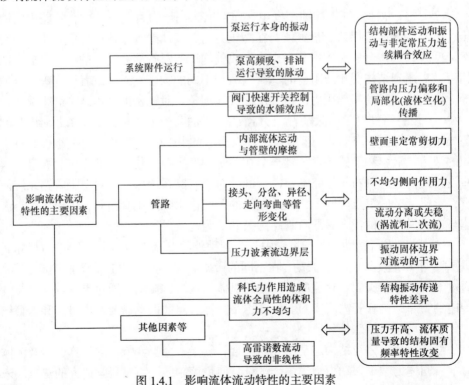

图 1.4.1 影响流体流动特性的主要因素

(1) 泵、阀等设备运行产生的影响：①液压泵本身的复杂动力学行为与流固耦合作用，使泵内产生流体脉动与旋转振动；②泵输出脉动，设备运转从而造成管路入口边界处流体非定常运动，常常成为系统中的持续激励点；③高机动快速响应阀门等开关控制对流体产生较大的水锤效应。

(2) 管路系统的影响：①管路中接头、分岔、阀门容易造成流体的压力失衡。例如，对于弯管部分，弯道外侧压力较大，弯道内侧压力较小。②即使是在流动静止的情况下，管路弯曲段弯道外侧和弯道内侧表面积的不同，会使其受到不平衡的流体压力的合力。③管路几何形状的复杂变化引起流动的紊流现象，从而造成管内泵致脉动的放大，使得振动管路内的压力损失、流量等大量重要参数与设计指标有较大偏离。

另外，管路振动还受到压力波紊流边界层的影响。当压力脉动(或水锤)扫过边界层时，压力梯度的不同造成流动分离，边界层流动受到强烈干扰，从而造成流动失稳。其特点为流体在管路边界条件不断改变的情况下形成流线的改变，产生了涡流或二次流，并引起管路的振动，而振动又反作用于流体，引起流体压力波动。这种耦合在高速运转的泵、快速变化的阀等附件中常常出现，在这些附件的抗振动设计中也需要考虑。

(3) 其他动力学因素的影响：①科氏力作用造成流体全局性的体积力作用不均匀，从而改变局部的压力分布。②流体动力学的非线性特性，造成流体的"压力"响应在高雷诺数流动情况下表现为混沌问题。③管路壁面的切向振动导致边界层"失稳"，形成沿流线方向的空间周期的壁面涡分布，也能造成随机的小区域的紊流斑"爆发"。该现象同时可以反映为管路壁面表观剪切耗散(黏性)特性的改变，从而使管路处于一种极其复杂的"激励"环境中。

流固耦合对结构性能的影响主要体现在液压结构的振动和失效上，是流体运动、管路振动这两种运动通过各种力相互作用的结果。这种流固耦合效应会通过流体流动变化产生的惯性力、科氏力、离心力等，作用到管路系统、阀门、卡箍等结构上。另外，管形的变化、附件等固体边界，以及管壁等边界振动位移(物面边界不断变化)又反过来影响流体运动状态的变化。这种变化在液压系统运行的过程中持续发生，形成疲劳交变载荷，对飞机液压系统的管路与接头、液压泵强度与寿命(图 1.4.2)具有严重影响，卡箍失效、密封件性能劣化和失效原因分析见图 1.4.3 和图 1.4.4。

飞行器液压系统的单峰压力脉动幅值一般在额定压力平均工作压力水平的4%~8%，当液压系统工作压力提高后，相同比例下压力脉动幅值会有所增加，此时，管路和附件结构会受到更大的压力脉动作用。一般情况下，较高的压力脉动幅值会造成管路等结构振动更加强烈，其对结构的作用影响和机理非常复杂[32-33]，会加速结构破坏，如卡箍衬垫振动磨损、卡箍振动疲劳、单向阀振动损坏等，因

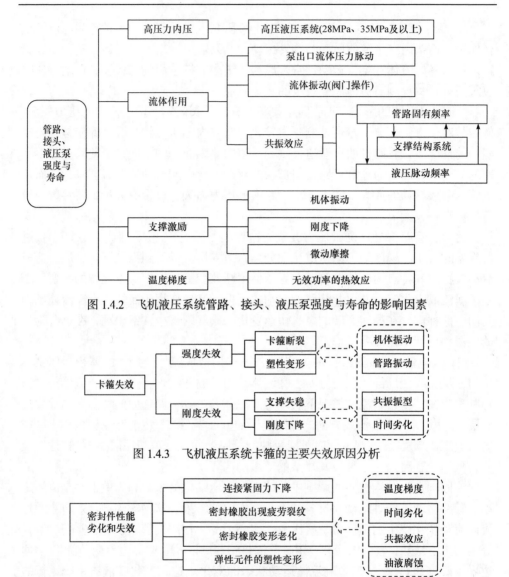

图 1.4.2　飞机液压系统管路、接头、液压泵强度与寿命的影响因素

图 1.4.3　飞机液压系统卡箍的主要失效原因分析

图 1.4.4　飞机液压系统密封的主要失效原因分析

此，控制系统工作的压力脉动是系统设计的重要问题之一。而且，当压力脉动的振荡频率与元件或管路的固有频率一致或接近时，会迫使元件或管路产生耦合共振，造成短时间内的快速破坏。

　　机体振动导致的流固耦合效应会反馈到实际液压结构上，这种作用可以由力载荷体现。表 1.4.1 为液压系统主要故障现象、原因以及产生机理。可以看到，这种机体振动与流体非定常的运动相互耦合，也会对液压系统附件结构造成损伤和破坏，降低了液压系统的可靠性。因此，流固耦合效应是飞行器液压系统流体运动功能和结构性能出现故障的重要原因。

表 1.4.1　液压系统主要故障现象、原因以及产生机理

主要原因	故障现象	产生机理
压力、流速异常	①附件失效；②密封泄漏	①液压泵输出压力脉动过大；②阀、活门等附件某些参数设计不匹配等
泄漏、密封失效	①结构裂纹；②接头松动；③密封损坏	①机体振动导致密封面松弛和磨损；②装配、工艺缺陷等引入预应力
油温过热	①冲击振动过大；②脉动过大；③摩擦严重	①散热设计不合理；②流固耦合效应引起的能量耗散过大；③空间受限
振动噪声	①泵运转间隙大；②开关阀门造成水锤效应	①液压系统管内大功率高频压力流量脉动；②飞机机体结构振动对流体运动的综合作用；③无防共振、隔振等措施
液压冲击	①阀门开关；②气泡破裂；③非定常流动	①管形布局不合理；②阀门开关过快；③无缓冲消脉装置；④流固耦合导致的动力学环境
卡箍支撑应力大	①振幅过大；②卡箍性能衰退、松动等；③卡箍支撑失效；④支撑连接处裂纹	①支撑卡箍布置不合理；②管路出现大应力非预期振动；③流固耦合导致的动力学环境
附件提前失效	①性能快速退化，达不到使用要求；②振动过大影响性能；③温升过高	①流固耦合振动的持续作用导致的疲劳应力；②温度过高(流固耦合造成的损耗过大)引起老化或劣化

1.5　飞行器液压管路系统流固耦合问题的特点

与工业领域输流管路系统的振动问题有很大的不同，飞行器液压管路系统的工作环境较为特殊。要解决飞行器液压管路的动力学问题，首先应了解飞行器液压管路系统流固耦合问题的特点。

(1) 机载液压系统是一个单位体积输出能量很高(功率/重量的比值高)的精密机械产品，飞机总体性能(高操纵性能和减重等)的提高，要求采用高压液压系统，提高液压泵输出功率，使得流体非平稳流动加剧，管路中的流量、流速也有很大的提升，带来的液体冲击也会增强。导致机械能到液压能的转换过程中，固、液、热等多场耦合效应更加显著，这种情形下，还要求液压系统的功能更复杂和控制精度更高，这意味着对流体的脉动精确输出、振动水平控制更加严格，才能适应机载先进液压系统性能要求。

(2) 飞行器液压管路压力水平正在向 35MPa 提升，远高于普通工业管路的压力水平。更高的压力水平，不仅增大了液压结构上的平均压力，在管路弯角、喇叭口、管接头等位置处还会产生应力集中，削弱管路等结构的疲劳寿命。而且，管路系统在耦合环境下, 会出现压力脉动放大和温升问题, 高压力水平下的压力脉动增长率和温度增长率情况见表 1.5.1。因此, 高压力水平对飞行器液压管路和附件设计、外场使用维护提出了更高的要求。

表 1.5.1　液压系统压力对系统压力脉动和温度的影响

项目	相对 21MPa		
	28MPa	35MPa	56MPa
压力脉动增长率/%	40	75	100
温度增长率/%	35	50	85

(3) 飞机高机动性(如实现眼镜蛇机动、发动机矢量推力的快速变化)要求液压控制元件(电磁阀、伺服阀、单向阀等)快速通断和执行动作元件(包括液压马达、助力器等)快速响应, 期间引起负载变化、流量的强瞬变波动、流体与管路的非定常流动等, 导致压力异常或者水锤效应时有发生。而且, 高压液压系统的强瞬变会使高温环境下的交变载荷、高频冲击及系统温升等问题加剧, 高压力和强瞬变流体流动产生的流固耦合效应会沿管路传播, 造成系统能耗、温升增大, 导致结构和系统的性能提前下降、失效和破坏。

(4) 从激励源上来讲, 飞行器液压管路在服役的过程中会同时受到内部管路流体压力脉动激励(不同的开车工况下, 泵、阀等工况变化导致瞬变流动、控制与执行元件的动作引起的压力脉动、管路内非定常流引起的流体压力变化等)和外部机体结构激励(飞机与发动机结构外部给液压系统的振动激励、受限弱支撑结构、飞机机翼大变形等), 因此其受到的是一种多源激励载荷, 管路的振动响应受多种因素的影响, 情况复杂, 流固耦合效应难以一概而论。这些多源振动载荷的共同作用, 在一定条件下会造成耦合发散, 加速度响应放大几十倍, 导致液压系统承受更严峻的考验。

(5) 不同于工业传统管路在宽阔的空间和坚实的地基上布管, 受到飞行器结构本身的空间限制, 液压管路需要在狭窄的空间内完成复杂的液压功能, 任意弯曲、分支多等, 再考虑到变形和装配的影响, 飞行器液压管路系统比传统工业管路的布局复杂得多。受到飞机空间的限制, 管路任意弯曲与附件相互联结, 使得空间构型十分复杂, 不仅造成流体运动状态不断变化而传递到管路结构上, 而且使得管路系统与卡箍支撑及飞机局部受力复杂。飞行器管路通过卡箍支撑固定到机体结构上, 而卡箍的装配位置又受到飞机机体结构中肋、梁等的限制(不能随意布置), 如图 1.5.1 所示。机体本身是一类壳-梁组合结构, 刚度较弱, 因此卡箍支撑不能等效于固支或简支约束, 而是一种弹性弱支撑约束, 导致管路的边界和约束条件更为复杂。

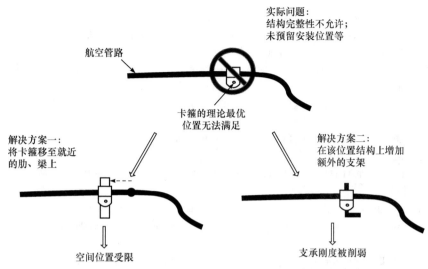

图 1.5.1　飞行器管路系统的位置受限和弱支撑结构示意图

　　(6) 地面功能和性能试验良好, 但实际空中飞行时故障较多。表明传统的地面铁鸟功能试验还没有能够很好地模拟飞行状态。这种差异是流固耦合环境发生变化造成的, 主要表现在飞行多种工况时飞机机体振动、弱支撑管路结构与流体压力脉动综合作用, 加剧液压系统的动态响应和结构失效。空中飞行测试试验受很多条件限制, 机载液压系统的试验仍然需要在地面试验台上进行。目前主要包括脉动试验、峰值压力试验、温度测试试验、管路力学性能试验等, 侧重液压系统的功能试验。但是, 在多源振动环境下的流固耦合试验较少, 原因是模拟空中飞行环境相关的试验理论与方法尚未建立, 因此, 需要开展流固耦合地面模拟试验理论与方法的研究。

参 考 文 献

[1] 欧阳小平, 杨华勇, 郭生荣, 等. 现代飞机液压技术[M]. 杭州: 浙江大学出版社, 2016.

[2] WANG S P, TOMOVIC M, LIU H. Commercial Aircraft Hydraulic Systems[M]. 上海: 上海交通大学出版社, 2015.

[3] 王海涛. 飞机液压元件与系统[M]. 北京: 国防工业出版社, 2012.

[4] 李振水. 飞机液压系统管路解析[M]. 北京: 航空工业出版社, 2018.

[5] 李俊昇, 文放. 航空发动机管路件标准化的整体构思[J]. 航空标准化与质量, 2010(1): 25-28.

[6] 李振水, 刘红, 秦成. 基于飞机液压系统安全性设计的若干先进技术[J]. 航空科学技术, 2014, 25(12): 10-15.

[7] 王占林, 陈斌, 裴丽华. 飞机液压系统的主要发展趋势[J]. 液压气动与密封, 2000, 79(1): 14-18.

[8] 吕震宙, 李璐祎, 宋述芳, 等. 不确定性结构系统的重要性分析理论与求解方法[M]. 北京: 科学出版社, 2015.

[9] 林左鸣. 航空发动机失效典型案例分析与研究[M]. 北京: 国防工业出版社, 2006.

[10] 胡良谋, 曹克强, 任博, 等. 飞机液压系统使用故障统计分析[M]. 北京: 国防工业出版社, 2014.

[11] 卢丽金, 黄超广, 沈祖辉. 飞机液压/燃油管路系统振动故障模式、机理及排除方法[C]. 中国航空结构动力学专业组第十六届学术交流会, 西安, 2008.

[12] 郑敏, 景绿路, 张艳, 等. 航空卡箍失效分析[J]. 飞机设计, 2014, 34(6): 71-75.

[13] CHEN K, SHEN W Q. Further experimental study on the failure of fully clamped steel pipes[J]. International Journal of Impact Engineering, 1998, 21(3): 177-202.

[14] CHEN S S. Out-of-plane vibration and stability of curved tubes conveying fluid[J]. Journal of Applied Mechanics, 1973, 40(2): 362-368.

[15] 焦宗夏, 蔡亦钢, 盛敬超, 等. 液压系统动态仿真中管路与系统的耦合问题的研究[J]. 计算机仿真, 1988, 4:9-16.

[16] TIJSSELING A S. Fluid-structure interaction in liquid-filled pipe systems: A review[J]. Journal of Fluids and Structures, 1996, 10(2): 109-146.

[17] PAIDOUSSIS M P. Fluid-Structure Interactions: Slender Structures and Axial Flow[M]. New York: Academic Press, 1998.

[18] LUIZ A L, SEBASTIAN C, CLAUDIO R. Correlation of fracture behavior in high pressure pipelines with axial flaws using constraint designed test specimens. Part Ⅱ: 3-D effects on constraint[J]. Engineering Fracture Mechanics, 2006, 73(15): 2123-2138.

[19] PENG L C, PENG T L. Pipe Stress Engineering[M]. Houston: ASME Press, 2009.

[20] 张立翔, 黄文虎, TIJSSELING A S. 输流管路流固耦合振动研究进展[J]. 水动力学研究与进展, 2000, 15(3): 366-379.

[21] 任建亭, 姜节胜. 输流管路系统振动研究进展[J]. 力学进展, 2003, 33(3): 313-324.

[22] 高锋. 飞机液压系统泵-管路振动特性研究[D]. 杭州: 浙江大学, 2013.

[23] WIGGERT D C, TIJSSELING A S. Fluid transients and fluid-structure interaction in flexible liquid-filled piping[J]. Applied Mechanics Reviews, 2001, 54(5): 455-581.

[24] 王琳, 匡友第, 黄玉盈, 等. 输液管路振动与稳定性研究的新进展: 从宏观尺度到微纳米尺度[J]. 固体力学学报, 2010, 31(5): 481-495.

[25] IBRAHIM R A. Overview of mechanics of pipes conveying fluids Part Ⅰ: Fundamental studies[J]. Journal of Pressure Vessel Technology, 2010, 132: 1-32.

[26] IBRAHIM R A. Mechanics of pipes conveying fluids Part Ⅱ: Applications and fluid elastic problems[J]. Journal of Pressure Vessel Technology, 2011, 133: 1-30.

[27] LIANG F, WEN B C. Forced vibrations with internal resonance of a pipe conveying fluid under external periodic excitation[J]. Acta Mechanica Solida Sinica, 2011, 24(6): 477-483.

[28] GHAYESH M H, PAIDOUSSIS M P, AMABILI M. Nonlinear dynamics of cantilevered extensible pipes conveying fluid[J]. Journal of Sound and Vibration, 2013, 332(24): 6405-6418.

[29] KHAJEHPOUR S, AZADI V. Vibration suppression of a rotating flexible cantilever pipe conveying fluid using piezoelectric layers[J]. Latin American Journal of Solids and Structures, 2015, 12(6): 1042-1060.

[30] LI S J, KARNEY B W, LIU G M. FSI research in pipeline systems-A review of the literature[J]. Journal of Fluids and Structures, 2015, 57: 277-297.

[31] 权凌霄, 孔祥东, 俞滨, 等. 液压管路流固耦合振动机理及控制研究现状与发展[J]. 机械工程学报, 2015, 51(18): 175-183.

[32] 徐鹏国, 何俊伟, 洪雷. 飞机 28MPa 液压系统压力脉动控制标准研究[J]. 航空标准化与质量, 2009, 234: 13-14, 37.

[33] 《飞机设计手册》总编委会. 飞机设计手册 第 12 册 飞行控制系统和液压系统设计[M]. 北京: 航空工业出版社, 2003.

第 2 章　飞行器管路系统的流固耦合振动理论

2.1　输流管路流固耦合振动方程概述

2.1.1　流固耦合的主要形式

在输流管路的流固耦合理论及其动力学建模方面，不得不提及两位著名学者 Tijsseling 和 Paidoussis 在管路流固耦合动力学领域的杰出贡献，他们提出的方程模型共同构成不同领域管路流固耦合动力学分析的基础[1-4]。管路流固耦合建模的基本原理是：流体的非定常流动引起管路的不规则变形，而管路的变形反过来影响流体的运动，根据流体力学与固体力学的基本原理分别建立方程，将这些方程进行分类组合，然后在流体和管路的接触面上建立相容边界条件，以此来实现两者的耦合作用。根据耦合的具体作用方式，目前研究主要分为五类，分别是泊松耦合、连接耦合、摩擦耦合、Bourdon 耦合和运动耦合。

1. 泊松耦合

泊松耦合是压力管路纵波流固耦合的重要形式，它与管路的泊松比有着紧密的关系。如图 2.1.1 所示，管内流体以某一初始流速流动，当阀门突然关闭时，流动受阻，且后续流体的持续推动和积聚，造成局部压力升高 ΔP（水锤），引起管路径向变形，这种径向形变会通过泊松效应引发速度为 c_p 的轴向应力波，该变化以波的形式沿管路传播[5-6]。与此同时，该流体压力波以速度 c_f 向上游传播，由于固体的传播速度大于流体，应力波先于压力波到达上游，引起管径的变化，导致压

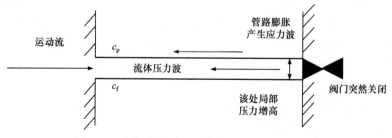

图 2.1.1　阀门突然关闭时管路的泊松耦合示意图

力上升或降低的波动。因此，在管路的多个点处产生分布式的自激源，向管路上、下游发出新的压力波。显然，泊松比越大的压力管路材料，泊松耦合效应越显著。

2. 连接耦合

连接耦合是管路在连接处的流体扰动或流体状态变化而引起的流固耦合现象。管路系统中通过阀、三通、分支管(歧路管)、变径接头等相互联结形成一个系统，此时联结部位称为连接点，连接耦合通常是管路中出现分流，或者通流直径发生改变、设备工作引起流体运动状态突变等引起的。

3. 摩擦耦合

摩擦耦合是指耦合的作用方式是通过摩擦力实现的，即管壁和流体之间相对运动产生的摩擦力的影响。对于输流管路系统，主要是流体黏性、粗糙管壁阻碍流体相对运动而产生的类似摩擦力的一种接触耦合，它还与流动(层流和湍流)模型、频率等因素相关。一般情况下，当液体流动与管路壁面已经形成后(即流体不是初次流经管路)，摩擦耦合效应较小。

4. Bourdon 耦合

如果管路的截面形状不是标准的圆形，如在管路的弯曲处，强制流体的运动状态发生改变，引起压力变化，流体压力的作用对弯道具有"拉直"的效应，这种耦合作用被称为 Bourdon 耦合。如果考虑流体的压缩性，耦合形式还有波波耦合与波流耦合。

5. 运动耦合

从运动分解-合成的观点来看，若在管路上固连一个动坐标系，则流体相对于管路流动的相对速度和管路结构本身的振动速度合成为流体运动的绝对速度。速度的导数是加速度，根据牛顿第二定律，流体和管路均具有一定的质量，它们与加速度结合具有力的量纲，形成了流体与管路结构的相互作用力，称为运动耦合。运动耦合是流体和管路运动状态变化时的一种重要耦合形式，飞行器液压管路系统流体在泵持续的吸、排油动作下而保持压力，且管路弯曲路径不断变化，会造成流体运动状态的持续变化，因此，运动耦合是飞行器液压管路系统流固耦合的主要形式。

对于飞行器液压管路系统，泊松耦合和运动耦合是较为常见的耦合形式。但是两者也有差异。泊松耦合是局部压力突变产生的径向形变带动管路轴向收缩/延长的应力沿着管线传播的一种纵向振动耦合形式；运动耦合是流体受管壁位移变化(一般为横向振动位移或者管形弯曲导致)强制流体运动状态改变，从而对管路产生反抗作用力，显然，它是一种侧重于描述管路发生横向振动的耦合形式。

2.1.2　水锤方程模型

管路系统中流体压力变化(包括压力脉动、波动或者水锤)作用到管路结构上产生压力变化，并且在管路结构上以波的形式沿管路传播，形成流体对结构的作用问题。在有压力的管路中，由于某种外界原因(如阀门突然关闭、泵突然停车)，流体的流速突然发生变化，从而引起瞬态液压冲击，这种现象称为水锤。

Joukowsky 考虑管壁弹性对管路中压力波传播速度的影响，提出了描述水锤运动的基本方程(二方程模型)[7-8]：

$$\frac{\partial V}{\partial t} + \frac{1}{\rho_f}\frac{\partial P}{\partial z} = 0 \tag{2.1.1}$$

$$\frac{\partial V_f}{\partial z} + \left(\frac{1}{K_f} + \frac{2R}{E\delta}\right)\frac{\partial P}{\partial t} = 0 \tag{2.1.2}$$

式中，V 为管内流体轴向流速；ρ_f 为流体密度；P 为流体压强；K_f 为流体体积弹性模量；R 为管壁半径；E 为管壁结构弹性模量；δ 为管壁厚度；t 为时间坐标；z 为管路的轴向坐标。

求解式(2.1.1)和式(2.1.2)，可得到 Joukowsky 经典水击模型简化计算公式：

$$\Delta P = \rho_f c_f \Delta V_f \tag{2.1.3}$$

式中，ΔP 为流体压强变化量；ΔV_f 为管内流体轴向流速变化量；c_f 为管路中流体压力波的传播速度。将流体的可压缩性与管壁的弹性考虑在内，表达式为

$$c_f = \sqrt{\frac{K_f}{\rho_f}\left(1 + \frac{2RK_f}{E\delta}\right)^{-1}} \tag{2.1.4}$$

水锤效应产生的压强变化与流体流速的变化、流体密度及管路中压力波传播速度有关，而压力波是液压冲击分析中的重要因素之一。若取流体的密度为 1000kg/m³，压力波传播速度为 1200m/s，液压系统的平均流速为 12m/s，当阀门突然关闭(设关闭阀门所需时间为 0)，依据式(2.1.3)，阀门处产生的瞬时水击压强高达 14.4MPa，由此形成的瞬时压力冲击应力波以 1200m/s 的速度沿管路传播。可见，阀门突然关闭产生的压力冲击作用是相当大的。

该经典水击模型仅仅考虑了管壁弹性对管路中压力波传播速度的影响，并没有考虑管路振动变形对流体运动状态的影响，也没有考虑摩擦、重力、泊松比和管路的约束条件等因素的影响。因此，Joukowsky 经典水击模型并不能充分地描述管壁结构与流体之间的耦合作用。尽管如此，由于该模型描述简单，容易计算，

在工业领域有广泛的应用。

如果考虑管路的变形或者所受的轴向应力，那么将不能忽略由管路结构的泊松比引起的管壁的径向变形对压力波传播速度的影响。管壁的径向变形会沿管路传播，该轴向应力波传播速度的简单计算公式为

$$c_{\text{p}} = \sqrt{\frac{E}{\rho_{\text{p}}}} \tag{2.1.5}$$

式中，c_{p} 为管路中轴向应力波的传播速度；ρ_{p} 为管路的材料密度。

水锤的二方程模型是输流管路中流固耦合作用的最早体现。之后许多学者研究发展了该理论，提出在输流管路中必然存在两种波：流体压力波(又称 Young 波)和轴向应力波(又称 Lamb 波)，两种波的传播速度不同，因此在管路中传播时会发生相互耦合，即双波耦合理论[9]。

2.1.3 四方程模型

输流管路简化模型是将扩展水锤理论与管壁轴向应力波模型结合，重点研究流体与管路轴向运动的关系。如图 2.1.2 所示，f_z 为管路轴向应力，u_z 为管路轴向运动速度，P 为流体平均压力，V 为流体平均流速。

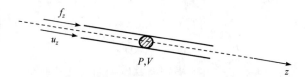

图 2.1.2 直管微元及坐标定义(四方程模型)

考虑管路与其中液体的泊松耦合，研究管路与液体的轴向振动，由液体与管路的力方程与连续性方程等 4 个方程组成，所以又称为"四方程模型"。流体运动与管路结构间的相互影响是通过接触面的径向位移与力平衡条件实现的：

$$\frac{\partial V}{\partial t} + \frac{1}{\rho_{\text{f}}} \frac{\partial P}{\partial z} = 0 \tag{2.1.6}$$

$$\frac{\partial V}{\partial z} + \frac{1}{K^*} \frac{\partial P}{\partial t} - 2v \frac{\partial u_z}{\partial z} = 0, \quad \frac{1}{K^*} = \frac{1}{K} + (1 - v^2) \frac{2r}{E\delta} \tag{2.1.7}$$

$$\frac{\partial f_z}{\partial z} - A_{\text{p}} \rho_{\text{p}} \frac{\partial u_z}{\partial t} = 0 \tag{2.1.8}$$

$$\frac{\partial f_z}{\partial t} - A_{\text{p}} v \frac{r}{\delta} \frac{\partial P}{\partial t} - E A_{\text{p}} \frac{\partial u_z}{\partial z} = 0 \tag{2.1.9}$$

式中，P 为压力；V 为流速；ρ_{f} 为流体密度；K 为流体弹性模量；K^* 为修正的

流体弹性模量；A_p 为管路截面积；r 为管路截面平均半径；δ 为管壁厚度；ν 为泊松比；ρ_p 为管路密度；E 为弹性模量。

2.1.4 十四方程模型

　　在四方程模型的基础上，如果增加横向惯性力影响的两个方程，则扩展为六方程模型，再增加剪力和弯矩对轴向变形及弯曲变形的影响，则扩展为八方程模型。继续增加两个扭转运动方程及四个轴向运动方程，如图 2.1.3 所示，得到描述管路的 14 个参量构成的偏微分方程，包括 4 个轴向方程、8 个横向方程(两个管路的轴对称平面内的位移)和 2 个扭转方程。这是兼具描述管路结构轴向、横向和扭转流固耦合振动的方程模型。

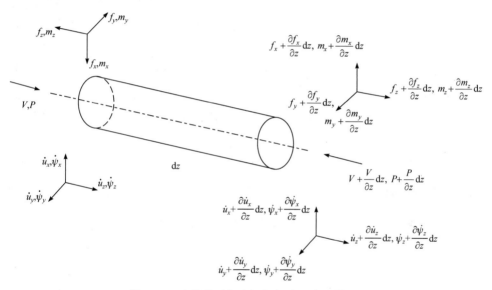

图 2.1.3　直管微元与坐标定义(十四方程模型)

管路和流体的轴向运动：

$$\frac{\partial V}{\partial t} + \frac{1}{\rho_f}\frac{\partial P}{\partial z} = 0 \tag{2.1.10}$$

$$\frac{\partial V}{\partial z} + \frac{1}{K^*}\frac{\partial P}{\partial t} - 2\nu\frac{\partial u_z}{\partial z} = 0, \quad \frac{1}{K^*} = \frac{1}{K} + (1-\nu^2)\frac{2r}{E\delta} \tag{2.1.11}$$

$$\frac{\partial f_z}{\partial z} - A_p\rho_p\frac{\partial u_z}{\partial t} = 0 \tag{2.1.12}$$

$$\frac{\partial f_z}{\partial t} - A_p\nu\frac{r}{\delta}\frac{\partial P}{\partial t} - EA_p\frac{\partial u_z}{\partial z} = 0 \tag{2.1.13}$$

y-z 平面剪切和弯曲：

$$\frac{\partial f_y}{\partial z} - (A_f \rho_f + A_p \rho_p)\frac{\partial u_y}{\partial t} = 0 \qquad (2.1.14)$$

$$\frac{\partial f_y}{\partial t} - \kappa^2 GA_p\left(\frac{\partial u_y}{\partial z} + \dot{\psi}_x\right) = 0, \quad \kappa^2 = 2\frac{1+\nu}{4+3\nu} \qquad (2.1.15)$$

$$\frac{\partial m_x}{\partial z} - (\rho_f I_f + \rho_p I_p)\frac{\partial \psi_x}{\partial t} - f_y = 0 \qquad (2.1.16)$$

$$\frac{\partial m_x}{\partial t} - EI_p\frac{\partial \psi_x}{\partial z} = 0 \qquad (2.1.17)$$

x-z 平面剪切和弯曲：

$$\frac{\partial f_x}{\partial z} - (A_f \rho_f + A_p \rho_p)\frac{\partial \psi_x}{\partial t} = 0 \qquad (2.1.18)$$

$$\frac{\partial f_x}{\partial t} - \kappa^2 GA_p\left(\frac{\partial u_x}{\partial z} + \psi_y\right) = 0, \quad \kappa^2 = 2\frac{1+\nu}{4+3\nu} \qquad (2.1.19)$$

$$\frac{\partial m_y}{\partial z} - (\rho_f I_f + \rho_p I_p)\frac{\partial \psi_y}{\partial t} + f_x = 0 \qquad (2.1.20)$$

$$\frac{\partial m_y}{\partial t} - EI_p\frac{\partial \psi_y}{\partial z} = 0 \qquad (2.1.21)$$

管壁的扭转振动：

$$\frac{\partial m_z}{\partial z} - \rho_p J_p\frac{\partial \psi_z}{\partial t} = 0 \qquad (2.1.22)$$

$$\frac{\partial m_z}{\partial z} - GJ_p\frac{\partial \psi_z}{\partial z} = 0 \qquad (2.1.23)$$

式中，P 为压力；V 为流速；ρ_f 为流体密度；K 为流体弹性模量；K^* 为修正的流体弹性模量；I_f 为流体的横向惯量；A 为管路截面积；r 为管路截面平均半径；δ 为管壁厚度；ν 为泊松比；ρ_p 为管路密度；E 为弹性模量；G 为剪切模量；κ 为剪切系数；I_p 为管路横向惯量；J_p 为管路扭转惯量；u 为管路位移；ψ 为管路转角；f 为管路截面作用力；m 为管路力矩。

2.1.5　运动耦合方程模型

飞行器液压管路系统流体因泵持续的吸、排油动作而保持压力，且流经管路路径不断弯曲变化(这种路径的变化可能是管路本身布局造成的，也可能是管路的横向弯曲振动位移引起的)，会造成流体运动状态的变化。流体和管路均具有一定的质量，质量与加速度的乘积具有力的量纲，形成了流体与管路结构的相互作用力，若将这种作用力按照管路轴向和径向两个方向做投影，则管路 δx 微段上的作用力分别为 $qS\delta x$ 和 $F\delta x$，如图 2.1.4 所示，显然这个作用力是导致流固耦合的驱动力。

从上述分析不难得知，流固耦合作用是流体的运动状态发生变化和管形变化(可能是振动位移变形，也可能是布局走向变化)相互影响导致的，管路变形改变了流体原有的运动状态，流体对管路产生一种反抗，即惯性力。惯性力描述为惯性质量和加速度的乘积。因此，若要建立加速度关系，还需建立速度关系，这里以一段平面流体管路为例。图 2.1.5 为流体管路速度耦合示意图。其中(x,w)表示流体微元所处的位置，$\boldsymbol{i}$ 和 $\boldsymbol{k}$ 为坐标系单位矢量，$\boldsymbol{\tau}$ 为管路的切向矢量，与流体速度方向一致。

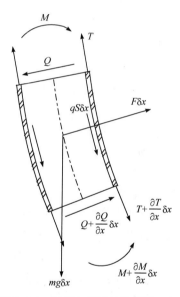

图 2.1.4　流体与管路结构微段上的
轴向和径向作用力示意图

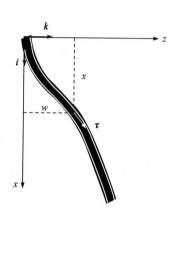

图 2.1.5　流体管路速度
耦合示意图

假设管路某一点的振动速度为 $\boldsymbol{U}_\mathrm{p}$，产生振动变形，建立沿着变形管线的弧坐标系，若流体某质点相对于管路的流速为 $\boldsymbol{U}_\tau$，按照运动分解合成的观点，流体的速度由管路速度和相对于管路的速度叠加而成。若在管路上固连一个动坐标系，则流体的绝对速度为

$$\boldsymbol{U}_\mathrm{f} = \boldsymbol{U}_\mathrm{p} + \boldsymbol{U}_\tau \tag{2.1.24}$$

对式(2.1.24)求导，并转换到直角坐标系中，流体的加速度为

$$\boldsymbol{a}_{\mathrm{f}} = \left(\frac{\partial}{\partial t} + U\frac{\partial}{\partial s} \right) \left[U\boldsymbol{i} + \left(\frac{\partial w}{\partial t} + U\frac{\partial w}{\partial s} \right) \boldsymbol{k} \right] = \frac{\mathrm{d}U}{\mathrm{d}t}\boldsymbol{i} + \left(\frac{\partial}{\partial t} + U\frac{\partial}{\partial s} \right)^2 w\boldsymbol{k} \tag{2.1.25}$$

　　形象化来说，该模型将流体简化为一根没有刚度沿着管路移动的"短棒"，描述的是这根"短棒"和弹性管路之间的横向运动关系(管路的轴向运动相对横向运动非常小可以忽略，因此大多研究者只考虑横向运动)，该模型重点关注的是管路和流体通过牛顿运动定律耦合在一起的管路系统整体的动力学行为。

2.2　单一管路的流固耦合振动方程

　　复杂管路系统也是由一些基本的元件组接而成，这些基本的元件包括直管、多跨(多卡箍)管、变截面管和曲管。本节研究这些基本元件的动力学方程，更为复杂的管路形式可以视为这些基本单一管路的任意组合。

2.2.1　直管的流固耦合振动方程

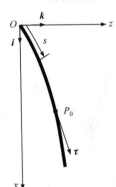

图 2.2.1　飞行器管路系统示意图

　　飞行器管路系统跨度一般远大于管路的直径，可以视为细长梁模型。如图 2.2.1 所示，在振动小变形假设的条件下，沿管路中轴线变形后的曲线坐标 s 和原坐标 x 可以互换[2]。取管路上某一点 P_0 进行研究，定义 $\boldsymbol{i}$ 为 x 方向单位矢量；$\boldsymbol{k}$ 为 z 方向单位矢量；$\boldsymbol{\tau}$ 为切线方向单位矢量；s 为曲线坐标。

　　从输流管路中取出长为 δx 的微段，采用运动耦合的方法，基于 Eluer-Bernoull 梁模型推导直管的流固耦合动力学方程。流体和管路微元的受力简图如图 2.2.2 所示。图中，A_{f} 为流体横截面面积；S 为管路内截面周长；T 为管路轴向拉力；F 为沿径向方向流体与管路的耦合作用力；q 为沿轴向方向流体与管路的耦合作用力；m_{f} 为流体单位长度质量；m_{p} 为管路单位长度质量；p 为流体压力；Q 为剪力；M 为弯矩。

　　对于如图 2.2.2(a)所示的流体微元，根据牛顿定律，列出两个方向的动平衡方程：

$$-A_{\mathrm{f}}\frac{\partial p}{\partial x} - qS + m_{\mathrm{f}}g + F\frac{\partial w}{\partial x} = m_{\mathrm{f}}a_{\mathrm{fx}} \tag{2.2.1}$$

$$-F - A_{\mathrm{f}}\frac{\partial}{\partial x}\left(p\frac{\partial w}{\partial x} \right) - qS\frac{\partial w}{\partial x} = m_{\mathrm{f}}a_{\mathrm{fz}} \tag{2.2.2}$$

式中，a_{fx} 为流体在 x 方向的加速度；a_{fz} 为流体在 z 方向的加速度。

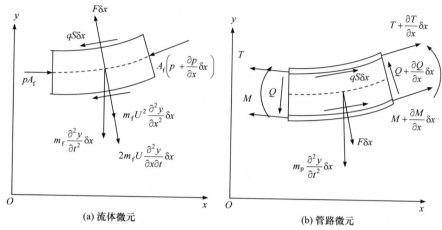

(a) 流体微元　　　　　　　　　　(b) 管路微元

图 2.2.2　流体和管路微元的受力简图

如图 2.2.2(b)所示，管路微元动力学方程为

$$\frac{\partial T}{\partial x} + qS + m_{\mathrm{p}}g - F\frac{\partial w}{\partial x} = 0 \tag{2.2.3}$$

$$\frac{\partial Q}{\partial x} + F + \frac{\partial}{\partial x}\left(T\frac{\partial w}{\partial x}\right) + qS\frac{\partial w}{\partial x} = m_{\mathrm{p}}a_{\mathrm{p}z} \tag{2.2.4}$$

式中，Q 为管路微元截面的剪力，其表达式为

$$Q = -\frac{\partial M}{\partial x} = -EI\frac{\partial^3 w}{\partial x^3} \tag{2.2.5}$$

由于在动平衡方程中涉及流体和管路微元的加速度，下面分别推导管路和流体微元的加速度。

管路的速度可以表示为

$$U_{\mathrm{p}} = \frac{\partial \boldsymbol{r}}{\partial t} = \dot{x}\boldsymbol{i} + \dot{z}\boldsymbol{k} \tag{2.2.6}$$

式中，$\boldsymbol{r}$ 为管路某一研究点变形量的矢径。

流体相对于管路流速大小为 U，流体的绝对速度可以矢量表示为

$$U_{\mathrm{f}} = U_{\mathrm{p}} + U\boldsymbol{\tau} \tag{2.2.7}$$

式中，$\boldsymbol{\tau}$ 为管路的切线矢量。

$$\boldsymbol{\tau} = \frac{\partial x}{\partial s}\boldsymbol{i} + \frac{\partial z}{\partial s}\boldsymbol{k} \tag{2.2.8}$$

将式(2.2.6)和式(2.2.8)代入式(2.2.7)可得

$$U_{\mathrm{f}} = \left(\frac{\partial}{\partial t} + U \frac{\partial}{\partial s} \right)(x\boldsymbol{i} + z\boldsymbol{k}) \equiv \frac{\mathrm{D}\boldsymbol{r}}{\mathrm{D}t} \tag{2.2.9}$$

式中，$\mathrm{D}\boldsymbol{r}/\mathrm{D}t$ 为流体的物质导数。考虑小变形条件有 $z = w$，$s \approx x$，$\partial x/\partial s \approx 1$，$\partial x/\partial t \approx 0$，即管路和流体速度可以简写为

$$U_{\mathrm{p}} = \dot{w}\boldsymbol{k} \tag{2.2.10}$$

$$U_{\mathrm{f}} = U\boldsymbol{i} + \left(\frac{\partial w}{\partial t} + U \frac{\partial w}{\partial s} \right)\boldsymbol{k} \tag{2.2.11}$$

因此管路和流体的加速度可以分别表示为

$$\boldsymbol{a}_{\mathrm{p}} = \dot{\boldsymbol{U}}_{\mathrm{p}} = \ddot{w}\boldsymbol{k} \tag{2.2.12}$$

$$\boldsymbol{a}_{\mathrm{f}} = \frac{\mathrm{D}^2 \boldsymbol{r}}{\mathrm{D}t^2} = \frac{\mathrm{d}U}{\mathrm{d}t}\boldsymbol{i} + \left(\frac{\partial}{\partial t} + U \frac{\partial}{\partial s} \right)^2 w\boldsymbol{k} \tag{2.2.13}$$

式(2.2.13)中算子的具体表达式为

$$\left(\frac{\partial}{\partial t} + U \frac{\partial}{\partial s} \right)^2 w = \frac{\partial^2 w}{\partial t^2} + 2U \frac{\partial^2 w}{\partial s \partial t} + U^2 \frac{\partial^2 w}{\partial s^2} + \frac{\mathrm{d}U}{\mathrm{d}t} \frac{\partial w}{\partial s} \tag{2.2.14}$$

结合式(2.2.2)、式(2.2.4)、式(2.2.10)和式(2.2.11)可得管路横向振动动力学方程：

$$EI \frac{\partial^4 w}{\partial x^4} - \frac{\partial}{\partial x}\left[(T - pA) \frac{\partial w}{\partial x} \right] + m_{\mathrm{f}} \left(\frac{\partial}{\partial t} + U \frac{\partial}{\partial x} \right)^2 w + m_{\mathrm{p}} \frac{\partial^2 w}{\partial t^2} = 0 \tag{2.2.15}$$

轴向拉力和流体压力为常数时，直管的流固耦合方程可以写为

$$EI \frac{\partial^4 w}{\partial x^4} + (pA - T) \frac{\partial^2 w}{\partial x^2} + m_{\mathrm{f}} \left(\frac{\partial}{\partial t} + U \frac{\partial}{\partial x} \right)^2 w + m_{\mathrm{p}} \frac{\partial^2 w}{\partial t^2} = 0 \tag{2.2.16}$$

2.2.2　曲管的流固耦合振动方程

本小节建立单段弯曲管路(简称曲管)的振动方程，受力分析如图 2.2.3 所示，其中 N、Q 和 M 分别表示管壁上的轴向力、剪切力和弯矩，$\bar{N}$ 和 f 为单位长度流体对管壁的平均作用力。

曲管上任意一点的速度矢量 U_{p} 可以表示为

$$U_{\mathrm{p}} = \frac{\partial u}{\partial t}\boldsymbol{\tau}_0 + \frac{\partial w}{\partial t}\boldsymbol{n}_0 \tag{2.2.17}$$

式中，u 为曲管上该点位移在切向投影分量；w 为曲管上该点位移在法向投影分量；$\boldsymbol{\tau}_0$ 为初始位置切向矢量；$\boldsymbol{n}_0$ 为初始位置法向矢量。

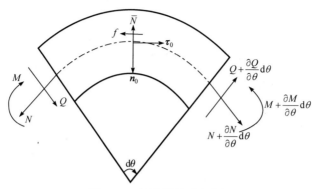

图 2.2.3　曲管微段受力分析

若流体相对于管路流速为 U_τ，流体的绝对速度可以表示为

$$U_f = U_p + U_\tau \tag{2.2.18}$$

由于切向矢量和法向矢量随曲管位置变换，任意位置的切向矢量 τ 和法向矢量 n 的关系可以表示为

$$\begin{pmatrix} \tau \\ n \end{pmatrix} = \begin{bmatrix} 1 & \dfrac{u}{R} + \dfrac{\partial w}{\partial s} \\ -\dfrac{u}{R} - \dfrac{\partial w}{\partial s} & 1 \end{bmatrix} \begin{pmatrix} \tau_0 \\ n_0 \end{pmatrix} \tag{2.2.19}$$

将式(2.2.17)代入式(2.2.18)，并结合式(2.2.19)可得流体的绝对速度为

$$U_f = \left(\frac{\partial u}{\partial t} + U \right) \tau_0 + \left[\frac{\partial w}{\partial t} + U \left(\frac{u}{R} + \frac{\partial w}{\partial s} \right) \right] n_0 \tag{2.2.20}$$

流体的加速度可以表示为

$$a_f = a_{\tau_0} \tau_0 + a_{n_0} n_0 = \frac{\partial U_f}{\partial t} + (U_f \cdot \nabla) U_f \tag{2.2.21}$$

式中，a_{τ_0} 为流体加速度的切向分量；a_{n_0} 为流体加速度的法向分量。

将式(2.2.20)代入式(2.2.21)可得流体的加速度为

$$\begin{aligned} a_f = {} & \left[\frac{\partial^2 u}{\partial t^2} + U \left(\frac{\partial^2 u}{\partial t \partial s} - \frac{1}{R} \frac{\partial w}{\partial t} \right) - \frac{U^2}{R} \left(\frac{u}{R} + \frac{\partial w}{\partial s} \right) \right] \tau_0 \\ & + \left[\frac{\partial^2 w}{\partial t^2} + 2U \left(\frac{1}{R} \frac{\partial u}{\partial t} + \frac{\partial^2 w}{\partial t \partial s} \right) + U^2 \left(\frac{1}{R} + \frac{1}{R} \frac{\partial u}{\partial s} + \frac{\partial^2 w}{\partial s^2} \right) \right] n_0 \end{aligned} \tag{2.2.22}$$

下面建立曲管微元的动力学方程。切线方向可写为

$$\begin{aligned} & \left(N + \frac{\partial N}{\partial \theta} d\theta \right) \cos \frac{d\theta}{2} - N \cos \frac{d\theta}{2} + \left(Q + \frac{\partial Q}{\partial \theta} d\theta \right) \sin \frac{d\theta}{2} \\ & + Q \sin \frac{d\theta}{2} - f R d\theta = \rho_p A_p R d\theta \frac{\partial^2 u}{\partial t^2} \end{aligned} \tag{2.2.23}$$

其中的几何关系满足：

$$\mathrm{d}s = R\mathrm{d}\theta, \quad \cos\frac{\mathrm{d}\theta}{2} \approx 1, \quad \sin\frac{\mathrm{d}\theta}{2} \approx \frac{\mathrm{d}\theta}{2} \tag{2.2.24}$$

因此式(2.2.23)可以简化为

$$\frac{\partial N}{\partial s} + \frac{Q}{R} - f = m_{\mathrm{p}}\frac{\partial^2 u}{\partial t^2} \tag{2.2.25}$$

式中，m_{p} 为管路单位长度质量。

同理可以得到管路法线方向的平衡方程：

$$\frac{N}{R} - \frac{\partial Q}{\partial s} - \bar{N} = m_{\mathrm{p}}\frac{\partial^2 w}{\partial t^2} \tag{2.2.26}$$

$$\frac{\partial M}{\partial \theta}\mathrm{d}\theta + QR\mathrm{d}\theta = 0 \tag{2.2.27}$$

即有

$$\frac{\partial M}{\partial s} + Q = 0 \tag{2.2.28}$$

继续分析流体微元的平衡方程。曲管中流体微元的受力分析如图 2.2.4 所示。图中 P 为管内流体截面上产生的压力大小，即 $P = pA_{\mathrm{f}}$，该压力沿着管路轴线的负切线方向，即 $\boldsymbol{P} = -P\boldsymbol{\tau}$。

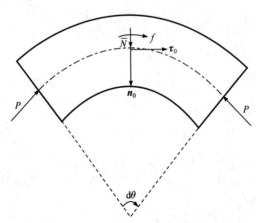

图 2.2.4　曲管中流体微元受力分析

流体切线方向平衡方程为

$$P\cos\frac{\mathrm{d}\theta}{2} + P\left(\frac{u}{R} + \frac{\partial w}{\partial s}\right)\sin\frac{\mathrm{d}\theta}{2} - P\cos\frac{\mathrm{d}\theta}{2} + P\left(\frac{u}{R} + \frac{\partial w}{\partial s}\right)\sin\frac{\mathrm{d}\theta}{2} \\ + fR\mathrm{d}\theta = \rho_{\mathrm{f}}A_{\mathrm{f}}R\mathrm{d}\theta a_{\tau_0} \tag{2.2.29}$$

化简得

$$\frac{P}{R}\left(\frac{u}{R}+\frac{\partial w}{\partial s}\right)+f=m_f a_{\tau_0} \tag{2.2.30}$$

式中，m_f 为单位长度上流体的质量。

同理可得，法向平衡方程为

$$\bar{N}-\frac{P}{R}=m_f a_{n_0} \tag{2.2.31}$$

联立式(2.2.25)、式(2.2.26)、式(2.2.30)和式(2.2.31)可得曲管振动控制方程，其中切向为

$$\frac{\partial N}{\partial s}+\frac{Q}{R}-m_f a_{\tau_0}+\frac{P}{R}\left(\frac{u}{R}+\frac{\partial w}{\partial s}\right)-m_p\frac{\partial^2 u}{\partial t^2}=0 \tag{2.2.32}$$

法向为

$$\frac{N}{R}-\frac{\partial Q}{\partial s}-m_f a_{n_0}-\frac{P}{R}-m_p\frac{\partial^2 w}{\partial t^2}=0 \tag{2.2.33}$$

2.2.3　锥形管的流固耦合振动方程

锥形管是飞行器管路中常用的一种均匀渐变径管路，由于流体质量守恒，变截面输流管路的内流速度随着截面的变化而变化，导致流体状态收缩而产生流固耦合效应。图 2.2.5 为变截面管路内流场，A_1 和 A_2 分别表示入口端和出口端的横截面面积，U_i 和 U_o 分别表示入口端和出口端的流速，ξ 和 η 分别表示锥形管的轴向和径向。

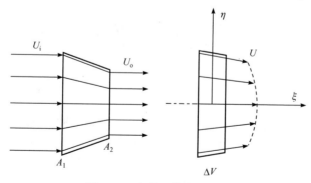

图 2.2.5　变截面管路内流场

根据流体质量守恒可得

$$\rho_f U_i A_1 = \rho_f U_o A_2 \tag{2.2.34}$$

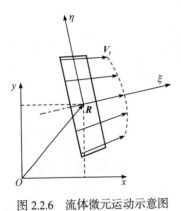

图 2.2.6　流体微元运动示意图

虽然变截面管路中的流体仍假设为活塞流，但是一个截面上各点的流速方向并不相同，如图 2.2.6 所示，通过对流体微元控制体的动量变化率进行分析，可以得到流体的加速度。

管内流体控制体的动量变化率可以表示为

$$
\frac{\mathrm{d}}{\mathrm{d}t}\iiint_{\Delta V}\rho_{\mathrm{f}}\boldsymbol{U}_{\mathrm{f}}\mathrm{d}\Delta V
$$

$$
=\iint_{\Delta S}\rho_{\mathrm{f}}\boldsymbol{U}_{\mathrm{r}}\left[\boldsymbol{U}_{\mathrm{r}}\cdot\boldsymbol{n}\right]\mathrm{d}\Delta S+\frac{\partial}{\partial t}\iiint_{\Delta V}\rho_{\mathrm{f}}\boldsymbol{U}_{\mathrm{r}}\mathrm{d}\Delta V
$$

$$
+\iiint_{\Delta V}\rho_{\mathrm{f}}\left[\frac{\mathrm{d}^2\boldsymbol{R}}{\mathrm{d}t^2}+2\boldsymbol{\varOmega}\times\boldsymbol{V}_{\mathrm{r}}+\boldsymbol{\varOmega}\times\left(\boldsymbol{\varOmega}\times\boldsymbol{r}\right)\right.
$$
$$
\left.+\frac{\mathrm{d}\boldsymbol{\varOmega}}{\mathrm{d}t}\times\boldsymbol{r}+\boldsymbol{a}_{\mathrm{rel}}\right]\mathrm{d}\Delta V
$$

(2.2.35)

式中，$\boldsymbol{U}_{\mathrm{f}}$ 为流体的绝对速度；$\boldsymbol{U}_{\mathrm{r}}$ 为流体相对于管路的速度；$\boldsymbol{R}$ 为牵连坐标系相对于绝对坐标系的位置矢量；$\boldsymbol{r}$ 为牵连坐标系中质点的坐标；$\boldsymbol{\varOmega}$ 为牵连坐标系的角速度，即管路振动的角速度，$|\boldsymbol{\varOmega}|=\dfrac{\partial^2 w}{\partial x\partial t}$；$\boldsymbol{a}_{\mathrm{rel}}$ 为流体相对于管路的加速度，在本节的分析中，认为流体的流动是定常的，即 $\boldsymbol{a}_{\mathrm{rel}}=0$。

在式(2.2.35)中，控制体 ΔV 的动量变化率可以认为是三部分的和。第一部分是微元整个边界面上流体相对于管路的动量通量；第二部分是流体相对管路动量的变化率；第三部分是管路弯曲而产生的和牵连速度相应的牵连动量的变化率。用 A_i 表示锥管任意截面的面积，经过计算，流体微元在 x 方向和 y 方向的动量变化率分别为

$$
\frac{\mathrm{d}P_x}{\mathrm{d}t}=\rho_{\mathrm{f}}A_i U\frac{\mathrm{d}U}{\mathrm{d}x}
$$

(2.2.36)

$$
\frac{\mathrm{d}P_y}{\mathrm{d}t}=\rho_{\mathrm{f}}A_i\left[\frac{\partial^2 w}{\partial t^2}+2U\frac{\partial^2 w}{\partial t\partial x}+U\frac{\partial}{\partial x}\left(U\frac{\partial w}{\partial x}\right)\right]
$$

(2.2.37)

以上是对流体微元的运动情况的分析，下面分析变截面管路微元和流体微元的受力情况。变截面管路和流体微元的受力简图如图 2.2.7 所示。F_{ct} 和 F_{cn} 分别表示流体与管路之间沿内表面的法向和切向作用力。

根据达朗贝尔原理，锥管的动力学方程有

$$
F_{\mathrm{ct}}-F_{\mathrm{cn}}\frac{\partial w}{\partial x}+\frac{\partial}{\partial x}\left(Q\frac{\partial w}{\partial x}\right)=0
$$

(2.2.38)

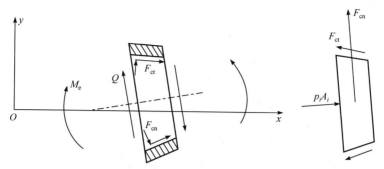

图 2.2.7 变截面管路和流体微元的受力简图

$$\frac{\partial Q}{\partial x} + F_{cn} + F_{ct}\frac{\partial w}{\partial x} = m_p\frac{\partial^2 w}{\partial x^2} \tag{2.2.39}$$

$$Q + \frac{\partial}{\partial x}\left(EI\frac{\partial^2 w}{\partial x^2}\right) = 0 \tag{2.2.40}$$

流体微元的动力学方程有

$$F_{ct} - F_{cn}\frac{\partial w}{\partial x} = -\frac{\partial}{\partial x}(p_i A_i) - \rho_f A_i U\frac{\mathrm{d}U}{\mathrm{d}x} \tag{2.2.41}$$

$$F_{ct} + F_{cn}\frac{\partial w}{\partial x} = -\frac{\partial}{\partial x}\left(p_i A_i\frac{\partial w}{\partial x}\right) - \rho_f A_i\left[\frac{\partial^2 w}{\partial t^2} + 2U\frac{\partial^2 w}{\partial t\partial x} + U\frac{\partial}{\partial x}\left(U\frac{\partial w}{\partial x}\right)\right] \tag{2.2.42}$$

结合上述方程，并忽略重力影响，可以得到变截面管路的控制方程为

$$\frac{\partial^2}{\partial x^2}\left(EI\frac{\partial^2 w}{\partial x^2}\right) - \frac{\rho_f A_i}{2\pi}\frac{\mathrm{d}A_i}{\mathrm{d}x}\frac{\partial}{\partial x}\left(\frac{\partial^2 w}{\partial t^2} + 2U\frac{\partial^2 w}{\partial x\partial t} + U^2\frac{\partial^2 w}{\partial x^2}\right)$$
$$+ \rho_f A_i\left(\frac{\partial^2 w}{\partial t^2} + 2U\frac{\partial^2 w}{\partial x\partial t} + U^2\frac{\partial^2 w}{\partial x^2}\right) + m_p\frac{\partial^2 w}{\partial t^2} = 0 \tag{2.2.43}$$

2.2.4 卡箍支撑单管路的流固耦合振动方程

飞行器液压管路系统中经常包含卡箍支撑，管路的支撑方式可以简化为三种形式：理想刚性支撑、弹性支撑和弹性-阻尼支撑，下面分别建立三种支撑下直管路的动力学模型。

1. 理想刚性支撑

若假设固定支撑为理想刚性支撑，且无应力安装，即不考虑轴向拉力，可以将管路-卡箍结构简化为简支梁模型。图 2.2.8 为理想刚性支撑输流管路简图。

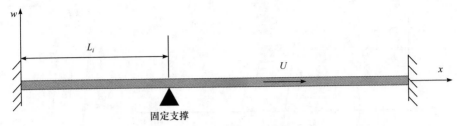

图 2.2.8　理想刚性支撑输流管路简图

理想刚性支撑输流管路的控制方程可以写为

$$EIw'''' + \left(m_f U^2 + pA_f\right)w'' + 2m_f Uw' + \left(m_f + m_p\right)w = 0 \tag{2.2.44}$$

这里,理想刚性支撑的多跨输流管路的振动控制方程是直管控制方程的简化,对理想刚性支撑的处理是以附件边界条件的方式进行的。例如,图 2.2.8 所示的简支支撑的附加边界条件可以写为

$$\begin{cases} w\big|_{x=L_i} = 0 \\ w'\big|_{x=L_i} = 0 \end{cases} \tag{2.2.45}$$

式中, L_i 为理想刚性支撑的位置。

2. 弹性支撑

若将卡箍支撑简化为弹性支撑,其输流管路简图如图 2.2.9 所示,上述管路的刚性卡箍可以用一个刚度为 K 的弹簧代替。若要研究另一个方向的振动,可用一个对应方向上的弹簧代替,弹簧的刚度值设置为卡箍在该方向上的线刚度。角刚度采用扭转振动方程模型,方法与之类似。

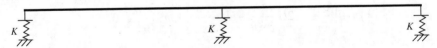

图 2.2.9　弹性支撑输流管路简图

与直管控制方程推导类似,包含弹性支撑的多跨管路控制方程可以写为

$$EIw'''' + \left(m_f U^2 + pA_f\right)w'' + 2m_f Uw' + \left(m_f + m_p\right)w + K\delta\left(x - L_i\right)w = 0 \tag{2.2.46}$$

式中, $\delta\left(x - L_i\right)$ 为 Dirac Delta 函数; K 为弹性支撑的支撑刚度; L_i 为弹性支撑位置。

3. 弹性-阻尼支撑

若将卡箍支撑视为弹性-阻尼弹簧,其输流管路简图如图 2.2.10 所示,在原弹簧的基础上继续增加阻尼器，这里以线性阻尼为例(设阻尼系数为 C)。

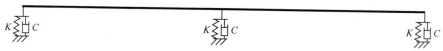

图 2.2.10 弹性-阻尼支撑输流管路简图

包含弹性-阻尼支撑的多跨输流管路的控制方程可以写为

$$EIw'''' + \left(m_f U^2 + pA_f\right)w'' + 2m_f Uw' + \left(m_f + m_p\right)w$$
$$+ C\delta\left(x - L_i\right)w + K\delta\left(x - L_i\right)w = 0 \tag{2.2.47}$$

式中，$\delta\left(x - L_i\right)$ 为 Dirac Delta 函数；C 为支撑的阻尼系数；K 为支撑的刚度，C 和 K 的值可以由试验测得；L_i 为每个弹性-阻尼支撑位置。

此外,弹性-阻尼支撑输流管路的控制方程也可以写为直管输流管路的控制方程，但在求解时，需将弹性-阻尼支撑产生的弹性力和阻尼力施加到管路节点中。此时弹性力和阻尼力分别为

$$F_K = -Kw \tag{2.2.48}$$
$$F_C = -C\dot{w} \tag{2.2.49}$$

式中，F_K 为支撑的弹性力；F_C 为支撑的阻尼力。

2.3 基于多直管组集的复杂管路全系统流固耦合建模方法

目前，流固耦合振动理论模型研究多集中在直管路，而且已经提出了多种建模方法。但是由于航空管路系统布局走向多变，结构复杂，传统的直管路流固耦合建模方法难以直接应用于复杂航空管路系统，给航空管路系统的动力学特性分析与设计带来了困难。因此，有必要对三维复杂管路系统的动力学建模方法展开进一步研究。

对于复杂的输流管路系统，很难直接建立其整体振动控制方程，本节基于分解-组集的方法，先对其进行分解处理，分解为常见的直管、曲管等基础单元，再组合成为整体动力学方程。分解-组集方法是一种适用性较强的三维管路系统流固耦合动力学建模方法。

2.3.1 直管离散单元的处理

这里首先采用多直管近似方法，将管路划分为一系列的直管单元来近似，划分单元数目越多，越接近实际管形结构。图 2.3.1 所示输流直管坐标系中，w_x 为振动发生时直管的轴向位移；w_y、w_z 为垂直于轴向的两个方向的横向位移；

φ_x、φ_y、φ_z 为绕三个轴的扭转角位移；上标"L"表示管路单元的左端，"R"表示管路单元的右端。

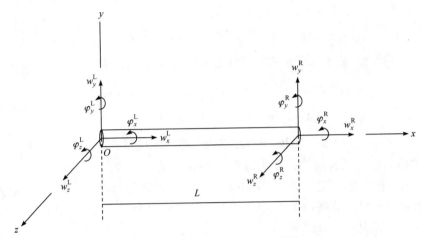

图 2.3.1　输流直管坐标系示意图

该直管的三维振动动力学方程为[10]

$$E(1+\mathrm{j}\alpha)Iw_i^{(4)}(x,t)+pA_\mathrm{f}w_i''(x,t)+m_\mathrm{p}w_i(x,t)=F_{ie}(x,t)+F_{if}(x,t),\quad i=y,z \qquad (2.3.1)$$

$$G(1+\mathrm{j}\beta)J\varphi_x''(x,t)-\rho_\mathrm{p}\phi_x(x,t)=T_\mathrm{e}(x,t)+T_\mathrm{f}(x,t) \qquad (2.3.2)$$

$$E(1+\mathrm{j}\alpha)A_\mathrm{p}w_x''(x,t)-m_\mathrm{p}w_x(x,t)=P_\mathrm{e}(x,t)+P_\mathrm{f}(x,t) \qquad (2.3.3)$$

式(2.3.1)为直管的横向振动；式(2.3.2)为直管绕轴向的扭转运动；式(2.3.3)为直管的轴向运动。式中，系数 α、β 为管内损耗因数；EI、GJ、EA_p 分别为横向刚度、扭转刚度、轴向刚度；管路受内压 p 和外界激励 F、T、P 的作用；下标 e 表示外部施加的载荷；下标 f 表示流体的作用力。对流体采用活塞流模型，得到流体的作用力为

$$F_{if}(x,t)=-m_\mathrm{f}\left(\frac{\partial^2}{\partial t}+2U\frac{\partial^2}{\partial x\partial t}+U^2\frac{\partial^2}{\partial x^2}\right)w_i(x,t),\quad i=y,z \qquad (2.3.4)$$

$$T_\mathrm{f}(x,t)=0 \qquad (2.3.5)$$

$$P_\mathrm{f}(x,t)=m_\mathrm{f}\frac{\partial^2 w_x(x,t)}{\partial t^2} \qquad (2.3.6)$$

将式(2.3.4)～式(2.3.6)代入式(2.3.1)～式(2.3.3)，其方程解的形式可以设为

$$w_i(x)=\sum_{n=1}^{4}A_{in}\mathrm{e}^{k_{an}x},\quad i=y,z \qquad (2.3.7)$$

$$\varphi(x) = \sum_{n=1}^{2} B_n \mathrm{e}^{k_{bn}x} \tag{2.3.8}$$

$$w_x(x) = \sum_{n=1}^{2} C_n \mathrm{e}^{k_{cn}x} \tag{2.3.9}$$

式中，k_a 为横向波数；k_b 为扭转波数；k_c 为轴向波数。由下列频散方程决定：

$$E(1+\mathrm{j}a)Ik_a^4 + (m_\mathrm{f}U^2 + pA_\mathrm{f})k_a^2 + 2\mathrm{j}m_\mathrm{f}\omega Uk_a - (m_\mathrm{p} + m_\mathrm{f})\omega^2 = 0 \tag{2.3.10}$$

$$G(1+\mathrm{j}p)Jk_b^2 - \rho_\mathrm{p}\omega^2 = 0 \tag{2.3.11}$$

$$E(1+\mathrm{j}\alpha)A_\mathrm{p}k_c^2 + (m_\mathrm{p} + m_\mathrm{f})\omega^2 = 0 \tag{2.3.12}$$

依据 Euler-Bernoulli 梁理论，该管路的轴向力、剪切力、扭矩、弯矩分别为

$$S_x(x) = EA_\mathrm{p}w_x'(x) \tag{2.3.13}$$

$$S_i(x) = -EIw_i'''(x), \quad i = y, z \tag{2.3.14}$$

$$M_x(x) = GJ\varphi'(x) \tag{2.3.15}$$

$$M_i(x) = EIw_i''(x), \quad i = y, z \tag{2.3.16}$$

将式(2.3.10)～式(2.3.12)的解代入式(2.3.7)～式(2.3.9)，获得管路位移和转角的表达式，然后再代入式(2.3.13)～式(2.3.16)，得到管路单元(设单元号为 e)两端力和力矩的表达式，写成矩阵的形式：

$$\boldsymbol{W}_e = \boldsymbol{D}_{1e}\boldsymbol{C} \tag{2.3.17}$$

$$\begin{cases} w_x(x) = A\exp(k_a x) \\ w_k(x) = B_k\exp(k_b x) \\ \varphi_x(x) = C\exp(k_c x) \end{cases} \tag{2.3.18}$$

式中，

$$\boldsymbol{W}_e = \left\{ w_x^\mathrm{L} \quad w_y^\mathrm{L} \quad w_z^\mathrm{L} \quad \varphi_x^\mathrm{L} \quad \left(w_y^\mathrm{L}\right)' \quad \left(w_z^\mathrm{L}\right)' \quad w_x^\mathrm{R} \quad w_y^\mathrm{R} \quad w_z^\mathrm{R} \quad \varphi_x^\mathrm{R} \quad \left(w_y^\mathrm{R}\right)' \quad \left(w_z^\mathrm{R}\right)' \right\}^\mathrm{T} \tag{2.3.19}$$

$$\boldsymbol{F}_e = \left\{ S_x^\mathrm{L} \quad S_y^\mathrm{L} \quad S_z^\mathrm{L} \quad M_x^\mathrm{L} \quad M_y^\mathrm{L} \quad M_z^\mathrm{L} \quad -S_x^\mathrm{R} \quad -S_y^\mathrm{R} \quad -S_z^\mathrm{R} \quad -M_x^\mathrm{R} \quad -M_y^\mathrm{R} \quad -M_z^\mathrm{R} \right\}^\mathrm{T} \tag{2.3.20}$$

$$\boldsymbol{C} = \left\{ A_{y1} \quad A_{y2} \quad A_{y3} \quad A_{y4} \quad A_{z1} \quad A_{z2} \quad A_{z3} \quad A_{z4} \quad B_1 \quad B_2 \quad C_1 \quad C_2 \right\}^\mathrm{T} \tag{2.3.21}$$

式(2.3.20)中的负号是为了满足力的边界条件，根据式(2.3.17)～式(2.3.21)，可以得到输流直管单元的动刚度矩阵 $\boldsymbol{D}_e$，即

$$\boldsymbol{F}_e = \boldsymbol{D}_{2e}\boldsymbol{D}_{1e}^{-1}\boldsymbol{W}_e = \boldsymbol{D}_e\boldsymbol{W}_e \tag{2.3.22}$$

对于任意形式的直管单元结构，均可以采用上式，通过离散化处理，已将管

路系统离散为若干直管单元。

2.3.2　方向余弦矩阵的建立

接下来需要对直管单元进行组集，这个过程必须在统一坐标系下完成，先确立每个管路单元局部坐标系相对于全局坐标系的方向余弦矩阵。

如图 2.3.2 所示，已知管路系统中关键节点 A_1、A_2、A_3 的空间坐标以及管路单元 i 连体坐标系 $x_i y_i z_i$ 相对于全局坐标系 $x_0 y_0 z_0$ 方向余弦矩阵 t_{0i}，管路中的曲管部分划分为 n 个直管单元来近似。曲管的圆心角可以表示为

$$\theta = \arccos\left(\frac{\overline{A_1 A_2} \cdot \overline{A_2 A_3}}{\left|\overline{A_1 A_2}\right|\left|\overline{A_2 A_3}\right|}\right) \tag{2.3.23}$$

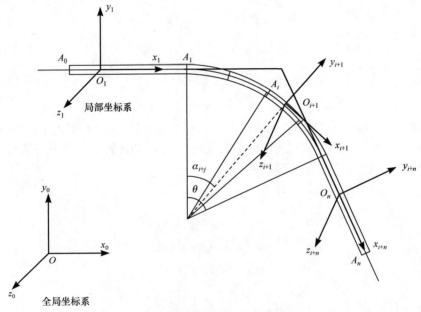

图 2.3.2　管路单元局部坐标系

图 2.3.2 中，坐标系 $x_k y_k z_k$ 相对于坐标系 $x_i y_i z_i$ 的欧拉轴单位矢量记为 $\boldsymbol{n}_k$，欧拉转角记为 α_k，欧拉转角正向规定为与欧拉轴单位矢量构成右手旋向的转向。

那么单位矢量 $\boldsymbol{n}_k$ 在全局坐标系下表示为

$$\boldsymbol{n}_k = \frac{\overline{A_1 A_2} \times \overline{A_2 A_3}}{\left|\overline{A_1 A_2}\right|\left|\overline{A_2 A_3}\right|\sin\theta} \tag{2.3.24}$$

$$\alpha_k = \begin{cases} \dfrac{2(k-i)-1}{2n}\theta, & k = i+1, \cdots, i+n \\[2mm] \theta, & k = i+n+1 \end{cases} \tag{2.3.25}$$

将单位矢量 $\boldsymbol{n}_k$ 在全局坐标系 $x_0 y_0 z_0$ 和局部坐标系 $x_i y_i z_i$ 中的坐标列阵分别记为 $\boldsymbol{n}_{k0} = \left\{ n_{01} \quad n_{02} \quad n_{03} \right\}^{\mathrm{T}}$，$\boldsymbol{n}_{ki} = \left\{ n_{k1} \quad n_{k2} \quad n_{k3} \right\}^{\mathrm{T}}$，则根据方向余弦矩阵性质，有

$$\boldsymbol{n}_{ki} = \boldsymbol{t}_{i0}^{-1} \boldsymbol{n}_{k0} = \boldsymbol{t}_{i0}^{\mathrm{T}} \boldsymbol{n}_{k0} \tag{2.3.26}$$

根据方向余弦矩阵与欧拉轴及欧拉转角的关系，得到坐标系 $x_k y_k z_k$ 相对于坐标系 $x_i y_i z_i$ 的方向余弦矩阵为

$$\boldsymbol{t}_{ik} = \begin{bmatrix} \begin{array}{c} n_{k1}^2 \left(1 - \cos \alpha_k\right) \\ + \cos \alpha_k \end{array} & \begin{array}{c} n_{k1} n_{k2} \left(1 - \cos \alpha_k\right) \\ - n_{k3} \sin \alpha_k \end{array} & \begin{array}{c} n_{k1} n_{k3} \left(1 - \cos \alpha_k\right) \\ + n_{k2} \sin \alpha_k \end{array} \\ \begin{array}{c} n_{k1} n_{k2} \left(1 - \cos \alpha_k\right) \\ + n_{k3} \sin \alpha_k \end{array} & \begin{array}{c} n_{k2}^2 \left(1 - \cos \alpha_k\right) \\ + \cos \alpha_k \end{array} & \begin{array}{c} n_{k2} n_{k3} \left(1 - \cos \alpha_k\right) \\ - n_{k1} \sin \alpha_k \end{array} \\ \begin{array}{c} n_{k1} n_{k3} \left(1 - \cos \alpha_k\right) \\ - n_{k2} \sin \alpha_k \end{array} & \begin{array}{c} n_{k2} n_{k3} \left(1 - \cos \alpha_k\right) \\ + n_{k1} \sin \alpha_k \end{array} & \begin{array}{c} n_{k3}^2 \left(1 - \cos \alpha_k\right) \\ + \cos \alpha_k \end{array} \end{bmatrix} \tag{2.3.27}$$

管路单元 k 的连体坐标系 $x_k y_k z_k$ 相对于全局坐标系 $x_0 y_0 z_0$ 的方向余弦矩阵为

$$\boldsymbol{t}_{0k} = \boldsymbol{t}_{0i} \boldsymbol{t}_{ik} \tag{2.3.28}$$

以此类推，就可以建立管路系统中各离散单元连体坐标系相对于全局坐标系的方向余弦矩阵。

2.3.3　多直管组集方法

上述各离散管路单元的流固耦合动力学关系均在局部坐标系下完成，要建立整个管路系统的流固耦合模型，在组集前需要将各单元的位移、转角、内力和力矩转换到全局坐标系下，那么，对第 k 个管路单元，有

$$\boldsymbol{w}_{k\mathrm{g}} = \boldsymbol{t}_{0k} \boldsymbol{w}_k \tag{2.3.29}$$

$$\boldsymbol{\varphi}_{k\mathrm{g}} = \boldsymbol{t}_{0k} \boldsymbol{\varphi}_k \tag{2.3.30}$$

$$\boldsymbol{S}_{k\mathrm{g}} = \boldsymbol{t}_{0k} \boldsymbol{S}_k \tag{2.3.31}$$

$$\boldsymbol{M}_{k\mathrm{g}} = \boldsymbol{t}_{0k} \boldsymbol{M}_k \tag{2.3.32}$$

式中，$\boldsymbol{w}_k = \left\{ w_x \quad w_y \quad w_z \right\}_k^{\mathrm{T}}$；$\boldsymbol{w}_{k\mathrm{g}} = \left\{ w_x \quad w_y \quad w_z \right\}_{k\mathrm{g}}^{\mathrm{T}}$；下标 g 表示在全局坐标系下。结合式(2.3.19)和式(2.3.20)，得

$$\boldsymbol{W}_{k\mathrm{g}} = \boldsymbol{T}_k \boldsymbol{W}_k \tag{2.3.33}$$

$$F_{kg} = T_k F_k \tag{2.3.34}$$

$$T_k = \mathrm{diag}\begin{pmatrix} t_{0k} & t_{0k} & t_{0k} & t_{0k} \end{pmatrix} \tag{2.3.35}$$

对于每一个单元，其动力学关系均可通过传递矩阵法形成组集矩阵表示为

$$F_i = D_i W_i, \quad i = 1, 2, 3, \cdots, N \tag{2.3.36}$$

式中，下标i为第i个管路单元；N为划分单元的总数目。

建立管路单元在全局坐标系下的动力学关系：

$$F_{kg} = T_k D_k T_k^{\mathrm{T}} W_{kg} = D_{kg} W_{kg} \tag{2.3.37}$$

式中，D_{kg}为该管路单元在全局坐标系下的动刚度矩阵。

整个管路相当于各个离散管路单元的依次串联，相邻管路单元通过节点相连，此时，需要进行全局坐标系下管路组集节点受力分析，如图 2.3.3 所示。

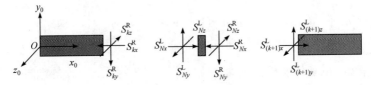

图 2.3.3　全局坐标系下管路组集节点受力分析

那么，对于第N个节点，有力平衡关系：

$$S_{Nx} = S_{Nx}^{\mathrm{L}} - S_{Nx}^{\mathrm{R}} = S_{kx}^{\mathrm{R}} - S_{(k+1)x}^{\mathrm{L}} \tag{2.3.38}$$

$$S_{Ny} = S_{Ny}^{\mathrm{L}} - S_{Ny}^{\mathrm{R}} = S_{ky}^{\mathrm{R}} - S_{(k+1)y}^{\mathrm{L}} \tag{2.3.39}$$

$$S_{Nz} = S_{Nz}^{\mathrm{L}} - S_{Nz}^{\mathrm{R}} = S_{kz}^{\mathrm{R}} - S_{(k+1)z}^{\mathrm{L}} \tag{2.3.40}$$

该节点处的力矩可以表达为

$$M_{Nx} = M_{Nx}^{\mathrm{L}} - M_{Nx}^{\mathrm{R}} = M_{kx}^{\mathrm{R}} - M_{(k+1)x}^{\mathrm{L}} \tag{2.3.41}$$

$$M_{Ny} = M_{Ny}^{\mathrm{L}} - M_{Ny}^{\mathrm{R}} = M_{ky}^{\mathrm{R}} - M_{(k+1)y}^{\mathrm{L}} \tag{2.3.42}$$

$$M_{Nz} = M_{Nz}^{\mathrm{L}} - M_{Nz}^{\mathrm{R}} = M_{kz}^{\mathrm{R}} - M_{(k+1)z}^{\mathrm{L}} \tag{2.3.43}$$

根据连续性条件，该节点处的位移和转角满足：

$$w_{kx}^{\mathrm{R}} = w_{Nx} = w_{(k+1)x}^{\mathrm{L}}, \quad w_{ky}^{\mathrm{R}} = w_{Ny} = w_{(k+1)y}^{\mathrm{L}}, \quad w_{kz}^{\mathrm{R}} = w_{Nz} = w_{(k+1)z}^{\mathrm{L}} \tag{2.3.44}$$

$$\varphi_{kx}^{\mathrm{R}} = \varphi_{Nx} = \varphi_{(k+1)x}^{\mathrm{L}}, \quad \varphi_{ky}^{\mathrm{R}} = \varphi_{Ny} = \varphi_{(k+1)y}^{\mathrm{L}}, \quad \varphi_{kz}^{\mathrm{R}} = \varphi_{Nz} = \varphi_{(k+1)z}^{\mathrm{L}} \tag{2.3.45}$$

联立式(2.3.37)～式(2.3.45)，建立该节点处的动力学关系：

$$F_N = D_N W_N \tag{2.3.46}$$

式中，

$$F_N = \left\{ -S_{Nx} \quad -S_{Ny} \quad -S_{Nz} \quad -M_{Nx} \quad -M_{Ny} \quad -M_{Nz} \right\}^{\mathrm{T}} \tag{2.3.47}$$

$$W_N = \left\{ w_{Nx} \quad w_{Ny} \quad w_{Nz} \quad \varphi_{Nx} \quad \varphi_{Ny} \quad \varphi_{Nz} \right\}^{\mathrm{T}} \tag{2.3.48}$$

$$D_N = D_{kg}(h+6, j+6) + D_{(k+1)g}(h, j), \quad h, j = 1, 2, \cdots, 6 \tag{2.3.49}$$

同理，可以建立各节点处的动力学关系，将节点 k 处的动力学关系记为

$$F_N^k = D_N^k W_N^k \tag{2.3.50}$$

那么对于复杂走向的管路系统，将其分解为若干个直管单元后，按照管路空间走向对节点依次编号，如图 2.3.4 所示，对三维管路系统按照管路的实际走向设置节点次序，分解并编号。

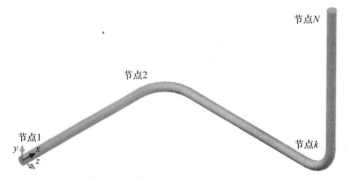

图 2.3.4　管路系统节点编号示意图

按照节点顺序建立的管路系统动力学关系表达式为

$$
\begin{Bmatrix} F_N^1 \\ F_N^2 \\ \vdots \\ F_N^k \\ \vdots \\ F_N^n \end{Bmatrix}
=
\begin{bmatrix}
D_N^1 & & & & & \\
& D_N^2 & & & & \\
& & \ddots & & & \\
& & & D_N^k & & \\
& & & & \ddots & \\
& & & & & D_N^n
\end{bmatrix}
\begin{Bmatrix} W_N^1 \\ W_N^2 \\ \vdots \\ W_N^k \\ \vdots \\ W_N^n \end{Bmatrix}
\tag{2.3.51}
$$

结合边界处的条件，构建管路系统的特征方程，特征方程的解即为管路系统的固有频率。管路两端不同边界条件下约束方程的表达式见表 2.3.1。

表 2.3.1　管路两端不同边界条件下约束方程的表达式

边界形式	表达式
自由	$w_x(x_0)=w_y(x_0)=w_z(x_0)=0$ $\varphi_x(x_0)=\varphi_y(x_0)=\varphi_z(x_0)=0$
简支	$\varphi_x(x_0)=\varphi_y(x_0)=\varphi_z(x_0)=0$ $M_x(x_0)=M_y(x_0)=M_z(x_0)=0$
固支	$M_x(x_0)=M_y(x_0)=M_z(x_0)=0$ $S_x(x_0)=S_y(x_0)=S_z(x_0)=0$

2.3.4　飞行器输流管路振动特性分析软件平台

目前对飞行器输流管路的振动分析一般基于有限元软件，而有限元软件的计算精度依赖于计算单元的大小，在计算复杂管路系统时，划分单元多，耗时长，而且在流固耦合振动的处理上比较繁琐，因此本小节开发更加简洁的软件，对输流管路的流固耦合振动进行方便有效的计算。飞行器输流管路振动特性分析软件基于上述多直管组集方法，将复杂管路分割成多个直管单元组合建模，大大减少了传统有限元法的计算单元数目，极大地提高了计算效率，并获得了满意的精度。

1. 软件界面功能介绍

基于 Matlab 进行二次开发编程，分析输流管路振动特性。软件运行流程图如图 2.3.5 所示，分为初始化、三维管路建模、振动特性分析、分析结果后处理等几个部分。

软件的分析界面如图 2.3.6 所示，主要由标题栏、菜单栏、参数设置栏和图形展示栏组成。参数设置栏包括关键点坐标、曲管半径和材料属性。

其中关键点坐标包括管路单元的端点、材料属性变化点、激励位置、卡箍位置等，右拉滑动条，可以在相应的关键点上添加卡箍支撑及其等效刚度和等效阻尼。曲管半径输入栏按照关键点的输入顺序依次在相应的转角处添加曲管，并将其划分为若干单元，按照需要输入划分单元的数目。材料属性栏包括管路材料属性和管内流体属性。

图形展示栏包括模型图示和频率分析。模型图示根据关键点坐标及曲管半径生成三维管路模型。频率分析根据三维管路模型确定管路单元的尺寸，结合卡箍约束参数和材料属性参数，基于动刚度矩阵法，计算管路系统的固有频率。

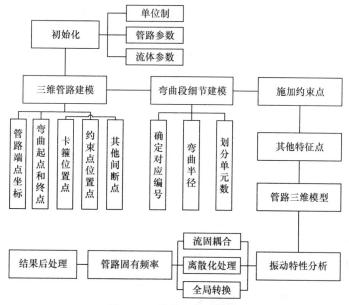

图 2.3.5　软件运行流程图

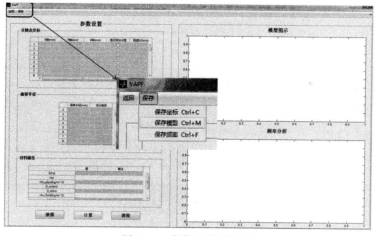

图 2.3.6　软件的分析界面

2. 建模计算流程演示

这里以 L 形管路为例对软件的操作流程进行说明。在关键点坐标栏中输入起点(0,0,0)，弯折点(100,0,0)，终点(100,100,0)(图 2.3.7)。对于曲管，导角半径为 10，划分数目为 5(即弯曲部分离散成 5 段直管单元)，如图 2.3.8 所示。点击"建模"按钮，在出现"建模完毕"的提示框以后，生成管路模型，如图 2.3.9 所示。

图 2.3.7　关键点坐标

图 2.3.8　曲管半径

模型图示

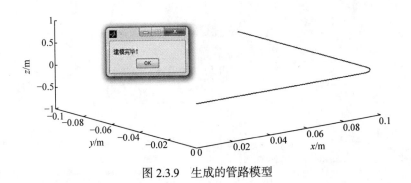

图 2.3.9　生成的管路模型

在材料属性栏输入管路材料参数和管内流体参数，不考虑内阻的影响，即两个结构阻尼系数均为零，见图 2.3.10。

点击"计算"按钮，弹出频率范围选择对话框，根据用户需求给定起始频率、终止频率和计算步长，点击"OK"进入输流管路流固耦合振动计算，弹出计算进度条，在进度条读取完以后，计算结果会在频率分析图中展示出来，如图 2.3.11 所示。横坐标为频率点 ω，纵坐标为 $\lg|h(\omega)|$，$h(\omega)$ 表示管路系统的特征方程，图中的尖点是管路系统的固有频率点。计算时，开始可以选择较大的频率范围和

计算步长，找出固有频率点的大致位置以后，再减小步长以提高计算结果的精度，同时提高计算效率。

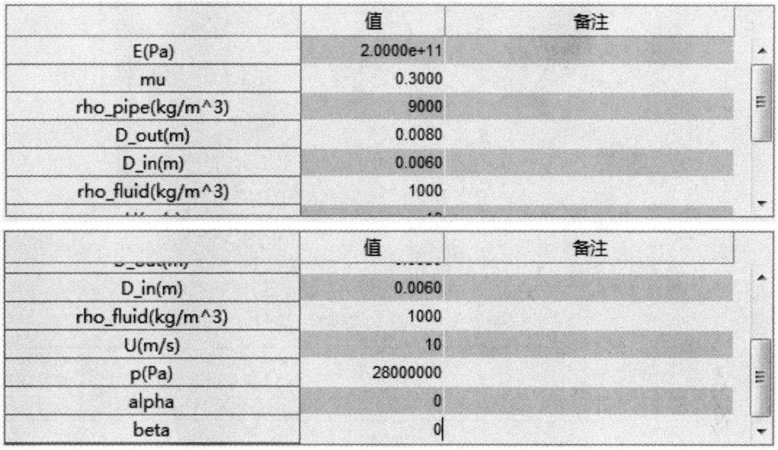

	值	备注
E(Pa)	2.0000e+11	
mu	0.3000	
rho_pipe(kg/m^3)	9000	
D_out(m)	0.0080	
D_in(m)	0.0060	
rho_fluid(kg/m^3)	1000	

	值	备注
D_out(m)		
D_in(m)	0.0060	
rho_fluid(kg/m^3)	1000	
U(m/s)	10	
p(Pa)	28000000	
alpha	0	
beta	0	

图 2.3.10　材料属性和流体参数设置

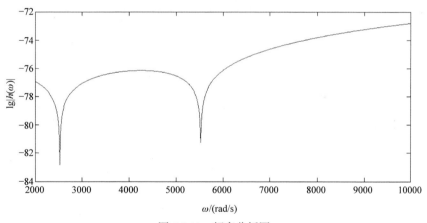

图 2.3.11　频率分析图

3. 空间三维管路算例

为了验证所提算法的正确性和软件计算结果的准确性，此处采用该软件对图 2.3.12 所示管路模型进行计算，模型中两段曲管部分弯曲半径为 100mm，曲管角度为 90°。管路参数设置见表 2.3.2，管路两端边界条件为固支约束。

分别采用本节开发软件(基于多直管组集模型)和 ANSYS 软件对图 2.3.12 中的管路模型进行模态计算，结果分别见图 2.3.13 和图 2.3.14。其中图 2.3.13 中下尖点对应的横坐标即为管路的固有频率，单位是 rad/s，取前十阶频率，转化为赫

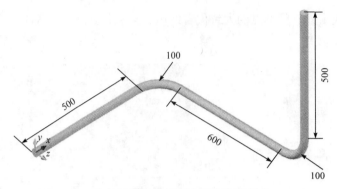

图 2.3.12　软件计算使用的三维管路模型(单位：mm)

表 2.3.2　管路参数设置

杨氏模量/GPa	泊松比	管路材料密度 /(kg/m³)	管路外径/mm	管路壁厚/mm
200	0.3	9000	8	1

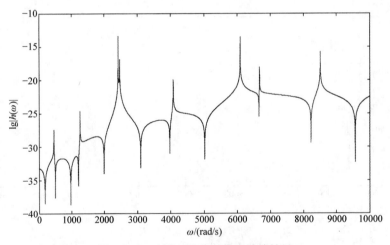

图 2.3.13　本节开发软件模态计算结果

兹单位进行对比，其相对误差分析见表 2.3.3。飞行器输流管路振动特性分析软件预测结果与 ANSYS 计算结果吻合度很高，前七阶频率的相对误差均在 1%以内，后三阶相对误差超过 1%，这是因为 Euler-Bernoulli 梁不考虑转动惯量和剪切效应的影响，在低频段满足精度要求，在高频段，转动惯量的影响是不可忽略的，所以相对误差随着阶数的增加会有所增大。

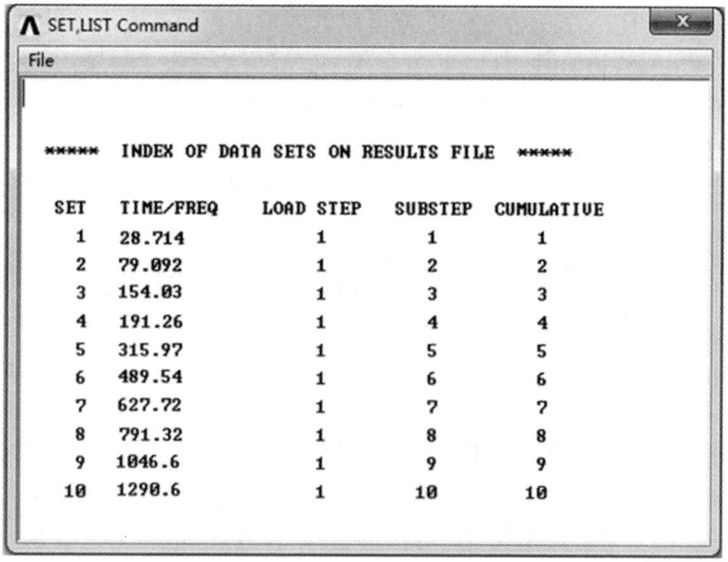

```
∧ SET,LIST Command                                          X

File

    *****  INDEX OF DATA SETS ON RESULTS FILE  *****

    SET    TIME/FREQ    LOAD STEP    SUBSTEP    CUMULATIVE
     1     28.714          1           1            1
     2     79.092          1           2            2
     3     154.03          1           3            3
     4     191.26          1           4            4
     5     315.97          1           5            5
     6     489.54          1           6            6
     7     627.72          1           7            7
     8     791.32          1           8            8
     9     1046.6          1           9            9
    10     1290.6          1          10           10
```

图 2.3.14　ANSYS 软件模态计算结果

表 2.3.3　本节开发软件与 ANSYS 软件模态计算结果对比

阶数	固有频率/(rad/s)	模态计算结果/Hz		相对误差/%
		本节开发软件	ANSYS 软件	
1	181	28.8	28.7	0.35
2	498	79.3	79.1	0.25
3	971	154.5	154.0	0.32
4	1206	191.9	191.3	0.31
5	1996	317.7	316.0	0.54
6	3096	492.7	489.5	0.65
7	3975	632.6	627.7	0.78
8	5023	799.4	791.3	1.02
9	6657	1059.5	1046.6	1.23
10	8225	1309.0	1290.6	1.43

　　在计算过程中，飞行器输流管路振动特性分析软件在划分单元时，将每个曲管划分为五个单元，每个直管采用一个单元，对于尺寸很大的单元依然能够保证精度，即在计算图 2.3.12 所示的整个管路时仅用了 13 个单元，相比 ANSYS 软件，大大减少了计算单元的数目。此外，飞行器输流管路振动特性分析软件整个计算过程取决于管路系统流固耦合振动方程，也就是说，在建立控制方程的时候，已经将流体与管路的相互作用考虑进来，因此在使用本节开发软件计算时不需另

作考虑，只需按照前文所述的流程，就可以方便地计算得到输流管路的固有频率。

本节开发的软件还可实现以下功能：①根据管路系统关键节点的位置坐标及给定的曲管半径，自动生成三维管路模型；②输入卡箍的位置和支撑刚度等相关参数，完成含卡箍支撑的空间管路流固耦合振动的频率分析；③对分析结果进行可视化处理，以图片、文档等形式直观、方便地对分析结果进行保存和查看。

2.4　基于直-曲管组集的复杂管路全系统流固耦合建模方法

2.3 节中基于多直管组集的建模方法是将复杂管路全部离散成直管单元，即"直管-直管"组集，对曲管部分常采用有限数目的直管单元来近似，结合传递矩阵法来推导，过程比较烦琐，还可能导致动刚度矩阵维度增加[11-15]。本节采用 2.3 节提出的多直管近似方法，对曲管部分改用单一曲管单元的流固耦合模型，基于动刚度矩阵，提出复杂管路系统模态分析的直-曲管组集算法。另外，采用所提算法分析管路布局对 Z 形管路固有频率的影响规律，建立经验公式，并加以试验验证。

2.4.1　输流直管的动刚度矩阵

航空液压输流直管可用图 2.4.1 所示的简化模型来描述。管路长度为 L ，管路各处横截面相同，弹性模量为 E ，剪切模量为 G ，单位长度质量为 m_p 。流体相对管壁的流速恒定为 U ，流体单位长度质量为 m_f 。定义一个直角坐标系 xyz ， x 轴沿着未变形的管路轴线， y 轴、 z 轴均垂直于未变形的管路轴线。

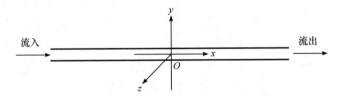

图 2.4.1　航空液压输流直管简化模型图

基于以下假设：①忽略管路材料阻尼影响；②忽略重力影响；③流体无黏性、不可压缩，输流直管的流固耦合振动方程可表示为

$$EA_p \frac{\partial^2 w_x}{\partial x^2} - m_f U \frac{\partial^2 w_x}{\partial x \partial t} - \left(m_p + m_f \right) \frac{\partial^2 w_x}{\partial t^2} = 0 \tag{2.4.1}$$

$$\begin{cases} EI \dfrac{\partial^4 w_k}{\partial x^4} + \left(m_f U^2 + P_i A_i \right) \dfrac{\partial^2 w_k}{\partial x^2} + 2 m_f U \dfrac{\partial^2 w_k}{\partial x \partial t} + \left(m_p + m_f \right) \\ \dfrac{\partial^2 w_k}{\partial t^2} = 0, \quad k = y, z \end{cases} \tag{2.4.2}$$

$$GJ\frac{\partial^2\varphi_x}{\partial x^2} - I_x\frac{\partial^2\varphi_x}{\partial t^2} = 0 \tag{2.4.3}$$

式(2.4.1)为直管的轴向运动；式(2.4.2)为直管的横向振动；式(2.4.3)为直管的扭转运动。式中，w_x 为直管的轴向位移；w_k 为直管的横向位移；φ_x 为直管沿轴线方向的转角；t 为时间；P_i 为内压；A_i 为流体的横截面积；EA_p 为管路的拉伸刚度；EI 为弯曲刚度；GJ 为扭转刚度。

式(2.4.1)~式(2.4.3)分别具有以下形式的解：

$$\begin{cases} w_x(x,t) = w_x(x)\exp(\mathrm{i}\omega t) \\ w_k(x,t) = w_k(x)\exp(\mathrm{i}\omega t) \\ \varphi_x(x,t) = \varphi_x(x)\exp(\mathrm{i}\omega t) \end{cases} \tag{2.4.4}$$

式中，ω 为圆频率。将式(2.4.4)代入式(2.4.1)~式(2.4.3)，消去时间项 $\exp(\mathrm{i}\omega t)$，得到输流直管在频域内的振动方程，其解的形式可以表达为

$$\begin{cases} w_x(x) = A\exp(k_a x) \\ w_k(x) = B_k\exp(k_b x) \\ \varphi_x(x) = C\exp(k_c x) \end{cases} \tag{2.4.5}$$

式中，k_a 为轴向波数；k_b 为横向波数；k_c 为扭转波数。由下列频散方程决定：

$$-EAk_a^2 + mV\omega k_a + (m_p + m_f)\omega^2 = 0 \tag{2.4.6}$$

$$EIk_b^4 - (P_iA_f + m_fV^2)k_b^2 - 2m_fV\omega k_b - (m_p + m_f)\omega^2 = 0 \tag{2.4.7}$$

$$GJk_c^2 - I_x\omega^2 = 0 \tag{2.4.8}$$

式(2.4.6)和式(2.4.8)有两个根，式(2.4.7)有四个根。根据 Euler-Bernoulli 梁理论，建立输流直管自由振动的离散表达式，见表 2.4.1。

表 2.4.1　输流直管自由振动的离散表达式

位移	$\begin{cases} w_x(x) = \sum\limits_{j=1}^{2} A_j\exp(k_a^j x) \\ w_y(x) = \sum\limits_{j=1}^{4} B_{yj}\exp(k_b^j x) \\ w_z(x) = \sum\limits_{j=1}^{4} B_{zj}\exp(k_b^j x) \end{cases}$
转角	$\begin{cases} \varphi_x(x) = \sum\limits_{j=1}^{2} C_j\exp(k_c^j x) \\ \varphi_y(x) = -\dfrac{\partial w_z}{\partial x} = -\sum\limits_{j=1}^{4} B_{zj}k_b^j\exp(k_b^j x) \\ \varphi_z(x) = \dfrac{\partial w_y}{\partial x} = \sum\limits_{j=1}^{4} B_{yj}k_b^j\exp(k_b^j x) \end{cases}$

续表

内力	$\begin{cases} N_x(x)=EA_\mathrm{p}\dfrac{\partial w_x}{\partial x}=EA_\mathrm{p}\displaystyle\sum_{j=1}^{2}A_j k_a^j\exp\left(k_a^j x\right)\\[2mm] N_y(x)=-EI\dfrac{\partial^3 w_y}{\partial x^3}=-EI\displaystyle\sum_{j=1}^{4}B_{yj}\left(k_b^j\right)^3\exp\left(k_b^j x\right)\\[2mm] N_z(x)=-EI\dfrac{\partial^3 w_z}{\partial x^3}=-EI\displaystyle\sum_{j=1}^{4}B_{zj}\left(k_b^j\right)^3\exp\left(k_b^j x\right)\end{cases}$
力矩	$\begin{cases} M_x(x)=GJ\dfrac{\partial\varphi_x}{\partial x}=GJ\displaystyle\sum_{j=1}^{2}C_j k_c^j\exp\left(k_c^j x\right)\\[2mm] M_y(x)=-EI\dfrac{\partial^2 w_z}{\partial x^2}=-EI\displaystyle\sum_{j=1}^{4}B_{zj}\left(k_b^j\right)^2\exp\left(k_b^j x\right)\\[2mm] M_z(x)=EI\dfrac{\partial^2 w_y}{\partial x^2}=EI\displaystyle\sum_{j=1}^{4}B_{yj}\left(k_b^j\right)^2\exp\left(k_b^j x\right)\end{cases}$

定义直管单元两端的位移状态矢量 W_S 和力状态矢量 F_S 如下：

$$W_\mathrm{S}=\left\{w_x^\mathrm{L}\ \ w_y^\mathrm{L}\ \ w_z^\mathrm{L}\ \ \varphi_x^\mathrm{L}\ \ \varphi_y^\mathrm{L}\ \ \varphi_z^\mathrm{L}\ \ w_x^\mathrm{R}\ \ w_y^\mathrm{R}\ \ w_z^\mathrm{R}\ \ \varphi_x^\mathrm{R}\ \ \varphi_y^\mathrm{R}\ \ \varphi_z^\mathrm{R}\right\}^\mathrm{T} \quad (2.4.9)$$

$$F_\mathrm{S}=\left\{N_x^\mathrm{L}\ \ N_y^\mathrm{L}\ \ N_z^\mathrm{L}\ \ M_x^\mathrm{L}\ \ M_y^\mathrm{L}\ \ M_z^\mathrm{L}\ \ -N_x^\mathrm{R}\ \ -N_y^\mathrm{R}\ \ -N_z^\mathrm{R}\ \ -M_x^\mathrm{R}\ \ -M_y^\mathrm{R}\ \ -M_z^\mathrm{R}\right\}^\mathrm{T}$$
$$(2.4.10)$$

$$C_\mathrm{S}=\left\{A_1\ \ A_2\ \ B_{y1}\ \ B_{y2}\ \ B_{y3}\ \ B_{y4}\ \ B_{z1}\ \ B_{z2}\ \ B_{z3}\ \ B_{z4}\ \ C_1\ \ C_2\right\}^\mathrm{T} \quad (2.4.11)$$

式中，上标 L 为管路单元的左端；上标 R 为管路单元的右端；下标 S 为直管单元。结合表 2.4.1 和式(2.4.9)~式(2.4.11)，则有

$$W_\mathrm{S}=D_{1\mathrm{S}}C_\mathrm{S} \quad (2.4.12)$$

$$F_\mathrm{S}=D_{2\mathrm{S}}C_\mathrm{S} \quad (2.4.13)$$

由式(2.4.12)和式(2.4.13)得到输流直管的动力学关系

$$F_\mathrm{S}=D_\mathrm{S}W_\mathrm{S} \quad (2.4.14)$$

式中，$D_\mathrm{S}=D_{2\mathrm{S}}D_{1\mathrm{S}}^{-1}$ 为直管单元的动刚度矩阵。

2.4.2 输流曲管的动刚度矩阵

航空弯曲管路部分可以被直接离散简化成一段输流曲管模型，如图 2.4.2 所示。假设这段曲管的弯曲半径为 R，管路各处横截面相同，弹性模量为 E，剪切模量为 G，单位长度质量为 m_p。流体相对管壁的流速恒定为 U，流体单位长度质量 m_f。定义一个曲线坐标系 xyz，x 轴与未变形的曲管轴线相切；y 轴垂直于未

变形的曲管中线，且处于曲管平面内；z 轴垂直于未变形曲管所在的平面。

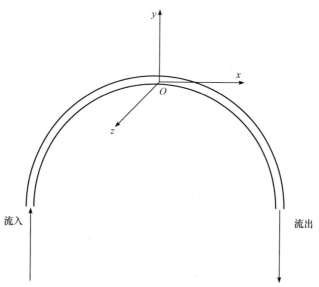

图 2.4.2　航空弯曲管路的离散简化模型

对于输流曲管，如果不考虑管路材料阻尼的影响，管内流体无黏、不可压缩，忽略重力的影响，其横向振动方程可表示如下[16-17]：

$$
\begin{aligned}
&EI\left(\frac{\partial^4 w_y}{\partial s^4}+\frac{1}{R}\frac{\partial^3 w_x}{\partial s^3}\right)+\frac{\partial}{\partial s}\left[\left(A_i P_i - N_x\right)\left(\frac{\partial w_y}{\partial s}+\frac{w_x}{R}\right)\right]+\frac{1}{R}\left(A_i P_i - N_x\right)\\
&+m_f U^2\left(\frac{\partial^2 w_y}{\partial s^2}+\frac{1}{R}\frac{\partial w_x}{\partial s}+\frac{1}{R}\right)+2m_f U\left(\frac{\partial^2 w_y}{\partial t\partial s}+\frac{1}{R}\frac{\partial w_x}{\partial t}\right)+\left(m_p+m_f\right)\frac{\partial^2 w_y}{\partial t^2}=0
\end{aligned}
\tag{2.4.15}
$$

$$
\begin{aligned}
&EI\left(\frac{\partial^4 w_z}{\partial s^4}-\frac{1}{R}\frac{\partial^2 \varphi_x}{\partial s^2}\right)-\frac{GJ}{R}\left(\frac{\partial^2 \varphi_x}{\partial s^2}+\frac{1}{R}\frac{\partial^2 w_z}{\partial s^2}\right)+\frac{\partial}{\partial s}\left[\left(A_i P_i - N_x\right)\frac{\partial w_z}{\partial s}\right]\\
&+m_f U^2\frac{\partial^2 w_z}{\partial s^2}+2m_f U\frac{\partial^2 w_z}{\partial t\partial s}+\left(m_p+m_f\right)\frac{\partial^2 w_z}{\partial t^2}=0
\end{aligned}
\tag{2.4.16}
$$

$$
\begin{aligned}
&\frac{EI}{R}\left(\frac{\partial^3 w_y}{\partial s^3}+\frac{1}{R}\frac{\partial^2 w_x}{\partial s^2}\right)-\frac{\partial}{\partial s}\left(A_i P_i - N_x\right)+\frac{1}{R}\left(A_i P_i - N_x\right)\left(\frac{\partial w_y}{\partial s}+\frac{w_x}{R}\right)\\
&+\frac{m_f U^2}{R}\left(\frac{\partial w_y}{\partial s}+\frac{w_x}{R}\right)-m_f U\left(\frac{\partial^2 w_x}{\partial t\partial s}-\frac{1}{R}\frac{\partial w_y}{\partial t}\right)-\left(m_p+m_f\right)\frac{\partial^2 w_x}{\partial t^2}=0
\end{aligned}
\tag{2.4.17}
$$

$$
-GJ\left(\frac{\partial^2 \varphi_x}{\partial s^2}+\frac{1}{R}\frac{\partial^2 w_z}{\partial s^2}\right)+\frac{EI}{R}\left(\frac{\varphi_x}{R}-\frac{\partial^2 w_z}{\partial s^2}\right)+I_x\frac{\partial^2 \varphi_x}{\partial t^2}=0
\tag{2.4.18}
$$

式中，w_x 为曲管的切向位移；w_y 为曲管的径向位移；w_z 为垂直于曲管平面的位移；φ_x 为曲管轴线方向的转角；s 为自然坐标；t 为时间；A_i 为流体的横截面积；P_i 为流体内压；EI 为管路的弯曲刚度；GJ 为管路的扭转刚度；管路的轴向力 N_x 表达为

$$N_x = EA_p\varepsilon \tag{2.4.19}$$

其中，EA_p 为管路的拉伸刚度。在轴线不可伸长的情况下，$\varepsilon = 0$；在轴线可伸长的情况下，$\varepsilon = \dfrac{\partial w_x}{\partial s} - \dfrac{w_y}{R}$。不难看出，式(2.4.15)和式(2.4.17)表征曲管的面内振动，式(2.4.16)和式(2.4.18)表征曲管的面外振动。

式(2.4.15)~式(2.4.18)解的形式设为

$$\begin{cases} w_x(s,t) = w_x(s)\exp(\mathrm{i}\omega t) \\ w_y(s,t) = w_y(s)\exp(\mathrm{i}\omega t) \\ w_z(s,t) = w_z(s)\exp(\mathrm{i}\omega t) \\ \varphi_x(s,t) = \varphi_x(s)\exp(\mathrm{i}\omega t) \end{cases} \tag{2.4.20}$$

式中，ω 为圆频率。将式(2.4.20)代回式(2.4.15)~式(2.4.18)，消去时间项 $\exp(\mathrm{i}\omega t)$，可得到输流曲管在频域内的振动方程，略去非线性项，在轴线可伸长情况下得到输流曲管的自由振动方程如下：

$$EI\left[\frac{\partial^4 w_y(s)}{\partial s^4} + \frac{1}{R}\frac{\partial^3 w_x(s)}{\partial s^3}\right] + A_iP_i\left[\frac{\partial^2 w_y(s)}{\partial s^2} + \frac{1}{R}\frac{\partial w_x(s)}{\partial s}\right]$$
$$-\frac{EA_p}{R}\left[\frac{\partial w_x(s)}{\partial s} - \frac{w_y(s)}{R}\right] + m_fU^2\left[\frac{\partial^2 w_y(s)}{\partial s^2} + \frac{1}{R}\frac{\partial w_x(s)}{\partial s}\right] \tag{2.4.21}$$
$$+2\mathrm{i}\omega m_fU\left[\frac{\partial w_y(s)}{\partial s} + \frac{w_x(s)}{R}\right] - (m_p + m_f)\omega^2 w_y(s) = 0$$

$$EI\left[\frac{\partial^4 w_z(s)}{\partial s^4} - \frac{1}{R}\frac{\partial^2 \varphi_x(s)}{\partial s^2}\right] - \frac{GJ}{R}\left[\frac{\partial^2 \varphi_x(s)}{\partial s^2} + \frac{1}{R}\frac{\partial^2 w_z(s)}{\partial s^2}\right] + A_iP_i\frac{\partial^2 w_z(s)}{\partial s^2} \tag{2.4.22}$$
$$+m_fU^2\frac{\partial^2 w_z(s)}{\partial s^2} + 2\mathrm{i}\omega m_fU\frac{\partial w_z(s)}{\partial s} - (m_p + m_f)\omega^2 w_z(s) = 0$$

$$\frac{EI}{R}\left[\frac{\partial^3 w_y(s)}{\partial s^3} + \frac{1}{R}\frac{\partial^2 w_x(s)}{\partial s^2}\right] + \left(\frac{A_iP_i}{R} + \frac{m_fU^2}{R}\right)\left(\frac{\partial w_y(s)}{\partial s} + \frac{w_x(s)}{R}\right) + EA_p$$
$$\left[\frac{\partial w_x(s)}{\partial s} - \frac{w_y(s)}{R}\right] - \mathrm{i}\omega m_fU\left[\frac{\partial w_x(s)}{\partial s} - \frac{w_y(s)}{R}\right] + (m_p + m_f)\omega^2 w_x(s) = 0 \tag{2.4.23}$$

$$-GJ\left[\frac{\partial^2 \varphi_x(s)}{\partial s^2} + \frac{1}{R}\frac{\partial^2 w_z(s)}{\partial s^2}\right] + \frac{EI}{R}\left[\frac{\varphi_x(s)}{R} - \frac{\partial^2 w_z(s)}{\partial s^2}\right] - I_x \omega^2 \varphi_x(s) = 0 \qquad (2.4.24)$$

式(2.4.21)~式(2.4.24)具有如下形式的解:

$$\begin{cases} w_x(s) = A\exp(k_a s) \\ w_y(s) = A'\exp(k_a s) \\ w_z(s) = B\exp(k_b s) \\ \varphi_x(s) = B'\exp(k_b s) \end{cases} \qquad (2.4.25)$$

式中, k_a 为面内振动的波数,既包含轴向波数,也包含面内弯曲波数,由式(2.4.26)决定。

$$\det\begin{pmatrix} a_{11} & a_{12} \\ a_{21} & a_{22} \end{pmatrix} = 0 \qquad (2.4.26)$$

其中

$$a_{11} = EIk_a^4 + \left(A_i P_i + m_f U^2\right)k_a^2 + 2\mathrm{i}\omega m_f U k_a - \left(m_p + m_f\right)\omega^2 + \frac{EA_p}{R^2}$$

$$a_{12} = a_{21} = \frac{1}{R}\left[EIk_a^3 + \left(A_i P_i + m_f U^2 - EA_p\right)k_a + \mathrm{i}\omega m_f U\right]$$

$$a_{22} = \left(\frac{EI}{R^2} + EA_p\right)k_a^2 - \mathrm{i}\omega m_f U k_a + \left(m_p + m_f\right)\omega^2 + \frac{A_i P_i + m_f U^2}{R^2}$$

k_b 为面外振动的波数,既包含扭转波数,也包含面外弯曲波数,由式(2.4.27)决定。

$$\det\begin{pmatrix} b_{11} & b_{12} \\ b_{21} & b_{22} \end{pmatrix} = 0 \qquad (2.4.27)$$

其中

$$b_{11} = EIk_b^4 + \left(A_i P_i + m_f U^2 - \frac{GJ}{R^2}\right)k_b^2 + 2\mathrm{i}\omega m_f U k_b - \left(m_p + m_f\right)\omega^2$$

$$b_{12} = b_{21} = -\frac{EI + GJ}{R}k_b^2$$

$$b_{22} = -GJk_a^2 + \frac{EI}{R^2} - I_x \omega^2$$

从式(2.4.26)、式(2.4.27)解得面内振动包含六个波数,面外振动也包含六个波数,结合 Euler-Bernoulli 梁理论,可以建立输流曲管自由振动的离散表达式,见表 2.4.2。其中, $\varphi_y(s)$ 为沿着 y 轴方向的转角; $\varphi_z(s)$ 为沿着 z 轴方向的转角; $N_y(s)$ 为剪力沿着 y 轴方向的分量; $N_z(s)$ 为剪力沿着 z 轴方向的分量; $M_x(s)$ 为沿着 x

轴方向的扭矩；$M_y(s)$ 为弯矩沿着 y 轴方向的分量；$M_z(s)$ 为弯矩沿着 z 轴方向的分量。

表 2.4.2 输流曲管自由振动的离散表达式

项目	表达式
位移	$\begin{cases} w_x(s) = \sum\limits_{j=1}^{6} A_j \exp(k_{aj}s) \\[2mm] w_y(s) = \sum\limits_{j=1}^{6} \alpha_j A_j \exp(k_{aj}s) \\[2mm] w_z(s) = \sum\limits_{j=1}^{6} B_j \exp(k_{bj}s) \end{cases}$
转角	$\begin{cases} \varphi_x(s) = \sum\limits_{j=1}^{6} \beta_j B_j \exp(k_{bj}s) \\[2mm] \varphi_y(s) = -\dfrac{\partial w_z}{\partial s} = -\sum\limits_{j=1}^{6} B_j k_{bj} \exp(k_{bj}s) \\[2mm] \varphi_z(s) = \dfrac{\partial w_y}{\partial s} = \sum\limits_{j=1}^{6} \alpha_j A_j k_{aj} \exp(k_{aj}s) \end{cases}$
内力	$\begin{cases} N_x(s) = EA_p\left(\dfrac{\partial w_x}{\partial s} - \dfrac{w_y}{R}\right) = EA_p \sum\limits_{j=1}^{6}\left(k_{aj} - \dfrac{\alpha_j}{R}\right) A_j \exp(k_{aj}s) \\[3mm] N_y(s) = -EI\left(\dfrac{\partial^3 w_y}{\partial s^3} + \dfrac{1}{R}\dfrac{\partial^2 w_x}{\partial s^2}\right) = -EI \sum\limits_{j=1}^{6}\left(\alpha_j k_{aj}^3 + \dfrac{k_{aj}^2}{R}\right) A_j \exp(k_{aj}s) \\[3mm] N_z(s) = EI\left(\dfrac{1}{R}\dfrac{\partial \varphi_x}{\partial s} - \dfrac{\partial^3 w_z}{\partial s^3}\right) + GJ\left(\dfrac{\partial \varphi_x}{\partial s} + \dfrac{1}{R}\dfrac{\partial w_z}{\partial s}\right) \\[3mm] \qquad = \sum\limits_{j=1}^{6}\left[EI\left(\dfrac{\beta_j k_{bj}}{R} - k_{bj}^3\right) + \dfrac{GJ}{R}\left(\beta_j k_{bj} + \dfrac{k_{bj}}{R}\right)\right] B_j \exp(k_{bj}s) \end{cases}$
力矩	$\begin{cases} M_x(s) = GJ\left(\dfrac{\partial \varphi_x}{\partial s} + \dfrac{1}{R}\dfrac{\partial w_z}{\partial s}\right) = GJ \sum\limits_{j=1}^{6}\left(\beta_j k_{bj} + \dfrac{k_{bj}}{R}\right) B_j \exp(k_{bj}s) \\[3mm] M_y(s) = EI\left(\dfrac{\varphi_x}{R} - \dfrac{\partial^2 w_z}{\partial s^2}\right) = EI \sum\limits_{j=1}^{6}\left(\dfrac{\beta_j}{R} - k_{bj}^2\right) B_j \exp(k_{bj}s) \\[3mm] M_z(s) = EI\left(\dfrac{1}{R}\dfrac{\partial w_x}{\partial s} + \dfrac{\partial^2 w_y}{\partial s^2}\right) = EI \sum\limits_{j=1}^{6}\left(\alpha_j k_{aj}^2 + \dfrac{k_{aj}}{R}\right) A_j \exp(k_{aj}s) \end{cases}$

表 2.4.2 中的系数 α_j、β_j 通过式(2.4.28)、式(2.4.29)得到：

$$\alpha_j = -\frac{R\left[EIk_{aj}^3 + \left(A_iP_i + m_fU^2 - EA_p\right)k_{aj} + 2\mathrm{i}\omega m_f U\right]}{R^2\left[EIk_{aj}^4 + \left(A_iP_i + m_fU^2\right)k_{aj}^2 + 2\mathrm{i}\omega m_f U k_{aj} - \left(m_p + m_f\right)\omega^2\right] + EA_p} \tag{2.4.28}$$

$$\beta_j = \frac{EIk_{bj}^4 + \left(A_{\rm i}P_{\rm i} + m_{\rm f}U^2 - GJ/R^2 \right)k_{bj}^2 + 2{\rm i}\omega m_{\rm f}Uk_{bj} - \left(m_{\rm p} + m_{\rm f} \right)\omega^2}{\left(EI + GJ \right)k_{bj}^2 / R} \tag{2.4.29}$$

结合表 2.4.2，同样可以得到

$$W_{\rm c} = D_{1{\rm c}}C_{\rm c} \tag{2.4.30}$$

$$F_{\rm c} = D_{2{\rm c}}C_{\rm c} \tag{2.4.31}$$

式中，$W_{\rm c}$ 为位移状态矢量；$F_{\rm c}$ 为力状态矢量；下标 c 为曲管单元；系数列阵为

$$C_{\rm c} = \left\{ A_1 \quad A_2 \quad A_3 \quad A_4 \quad A_5 \quad A_6 \quad B_1 \quad B_2 \quad B_3 \quad B_4 \quad B_5 \quad B_6 \right\}^{\rm T} \tag{2.4.32}$$

联立式(2.4.30)~式(2.4.32)得到

$$F_{\rm c} = D_{\rm c}W_{\rm c} \tag{2.4.33}$$

式中，$D_{\rm c} = D_{2{\rm c}}D_{1{\rm c}}^{-1}$，为曲管单元的动刚度矩阵。

直-曲管组集算法可用于直管和曲管典型管路组合而成的复杂管路计算，但是目前关于这类管路的理论成果相对匮乏，缺乏对比性，而关于单管的计算结果相对较多。如果所提算法是无误的，那么也可适用于单管的计算。因此采用直-曲管组集算法先对单曲管进行计算，并与文献[16]进行对比，对所提算法进行初步验证。

为了方便对比，管路材料参数设置与文献[16]保持一致：杨氏模量 $E = 210{\rm GPa}$；截面惯性矩 $I_{\rm p} = 9.41 \times 10^{-8}\,{\rm m}^4$；管截面面积 $A_{\rm p} = 4.05 \times 10^{-4}\,{\rm m}^2$；流体过流截面面积 $A_{\rm f} = 1.26 \times 10^{-3}\,{\rm m}^2$；管路单位长度质量 $m_{\rm p} = 3.18{\rm kg/m}$；流体单位长度质量 $m_{\rm f} = 1.26{\rm kg/m}$；管路内压为 10MPa；流体速度为 15m/s。曲管固有频率对比见表 2.4.3。

表 2.4.3　曲管固有频率对比

阶数	固有频率/(rad/s)	
	本节算法	文献[16]
一阶	305.11	306.82
二阶	341.49	—
三阶	671.98	673.42
四阶	704.65	—
五阶	964.77	968.37

从表 2.4.3 可以看出，直-曲管组集算法计算的一阶、三阶、五阶固有频率与文献[16]给出的前三阶固有频率相近，相对误差很小，但文献[16]中没有二阶和四阶。这是因为文献中计算的是曲管的平面振动，而这里采用的是曲管的三维振动模型，不仅包含面内振动，也包含面外振动。为了更进一步说明，将求得的固有

频率代入边界条件表达式，解得系数列阵，结合表 2.4.2，求得曲管的前五阶振型如表 2.4.4 所示，一阶、三阶、五阶固有频率是曲管面内振动固有频率，二阶、四阶固有频率是曲管面外振动固有频率。文献中只考虑了曲管的面内振动，前三阶固有频率与本节求得的面内振动前三阶固有频率吻合，验证了所提出的直-曲管组集算法的正确性。

表 2.4.4　曲管的前五阶振型

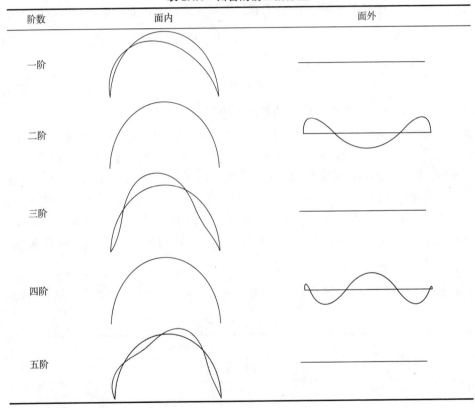

阶数	面内	面外
一阶		
二阶		
三阶		
四阶		
五阶		

2.4.3　基于动刚度矩阵法的直-曲管组集算法

基于动刚度矩阵法的直-曲管组集算法计算过程可用图 2.4.3 所示的流程图来描述。首先，按照"先分解再组集"的思路，将复杂管路系统分解为单管(包括多段直管和曲管)，依据 Euler-Bernoulli 梁理论，建立单管的局部动刚度矩阵；其次，运用转换矩阵建立全局坐标系下单管的动力学关系；再次，按照节点进行组集，建立系统的动刚度矩阵，结合边界条件构建系统特征方程；最后，进行求解。

图 2.4.4 为 Z 形管路模型的"直管-曲管"分解和组集示意图。将管路分解为三段直管和两段曲管，直管和曲管各自的动刚度矩阵的建立过程如前两节所述。

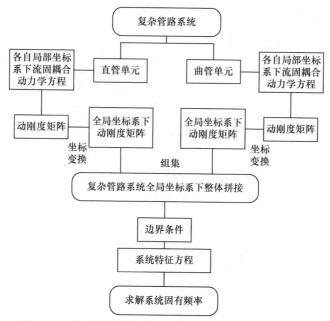

图 2.4.3　基于动刚度矩阵法的直-曲管组集算法计算过程

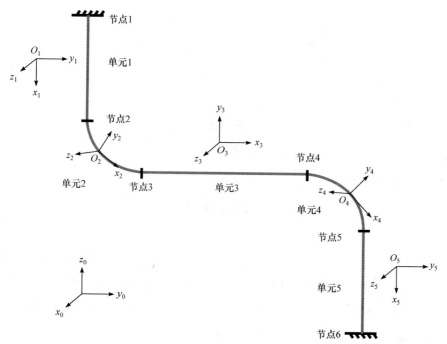

图 2.4.4　Z 形管路"直管-曲管"分解和组集示意图

第 i 个管路单元的动刚度矩阵记为 $\boldsymbol{D}_i$ ，根据式(2.4.14)和式(2.4.33)，单管在局部坐标系下的动力学关系可以表示为

$$F_i = D_i W_i \tag{2.4.34}$$

式中，$\boldsymbol{F}_i$ 为管路单元 i 两端的力和弯矩状态矢量；$\boldsymbol{W}_i$ 为管路单元 i 两端的位移和转角状态矢量。建立全局坐标系 $x_0 y_0 z_0$ 和局部坐标系 $x_1 y_1 z_1$, $x_2 y_2 z_2$, $\cdots$, $x_i y_i z_i$, $\cdots$, $x_m y_m z_m$ ，m 为管路系统中直管单元的数目。依据局部坐标系 $x_i y_i z_i$ 相对于全局坐标系 $x_0 y_0 z_0$ 的方向余弦矩阵 $\boldsymbol{t}_i$ ，可以得到管路单元 i 的转换矩阵 $\boldsymbol{T}_i$ ，将管路单元 i 的力状态矢量和位移状态矢量转换到全局坐标系下，有

$$F_{ig} = T_i F_i \tag{2.4.35}$$

$$W_{ig} = T_i W_i \tag{2.4.36}$$

将式(2.4.35)、式(2.4.36)代入式(2.4.34)，得到

$$F_{ig} = T_i D_i T_i^{-1} W_{ig} \tag{2.4.37}$$

下标 g 表示在全局坐标系下。由于转换矩阵 $\boldsymbol{T}_i$ 为正交矩阵，管路单元 i 在全局坐标下的动刚度矩阵为

$$D_{ig} = T_i D_i T_i^{-1} = T_i D_i T_i^{\mathrm{T}} \tag{2.4.38}$$

那么，对于单元 i ，其在全局坐标系下的动力学关系为

$$F_{ig} = D_{ig} W_{ig} \tag{2.4.39}$$

将其分解为

$$\begin{pmatrix} F_{\mathrm{L}}^{i} \\ F_{\mathrm{R}}^{i} \end{pmatrix}_{g} = \begin{pmatrix} D_{11}^{i} & D_{12}^{i} \\ D_{21}^{i} & D_{22}^{i} \end{pmatrix}_{g} \begin{pmatrix} W_{\mathrm{L}}^{i} \\ W_{\mathrm{R}}^{i} \end{pmatrix}_{g} \tag{2.4.40}$$

同理，单元 i+1 的动力学关系可表示为

$$\begin{pmatrix} F_{\mathrm{L}}^{i+1} \\ F_{\mathrm{R}}^{i+1} \end{pmatrix}_{g} = \begin{pmatrix} D_{11}^{i+1} & D_{12}^{i+1} \\ D_{21}^{i+1} & D_{22}^{i+1} \end{pmatrix}_{g} \begin{pmatrix} W_{\mathrm{L}}^{i+1} \\ W_{\mathrm{R}}^{i+1} \end{pmatrix}_{g} \tag{2.4.41}$$

直管单元 i 与曲管单元 i+1 的交点记为节点 i ，其受力如图 2.4.5 所示，图中的下标 x、y、z 表示内力和力矩沿着全局坐标轴 x_0、y_0、z_0 方向的分量。

根据力平衡条件和连续性条件，可以得到节点 i 处的力状态矢量 $\boldsymbol{F}_{\mathrm{Pg}}^{i}$ 与位移状态矢量 $\boldsymbol{W}_{\mathrm{Pg}}^{i}$ 的表达式：

$$-\left(F_{\mathrm{P}}^{i} \right)_{g} = \left(F_{\mathrm{R}}^{i} \right)_{g} + \left(F_{\mathrm{L}}^{i+1} \right)_{g} \tag{2.4.42}$$

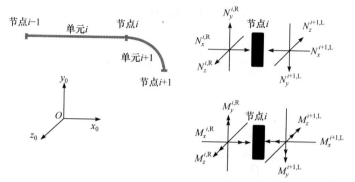

图 2.4.5　直管单元与曲管单元的节点 i 的受力分析

$$\left(W_{\mathrm{P}}^{i}\right)_{\mathrm{g}}=\left(W_{\mathrm{R}}^{i}\right)_{\mathrm{g}}=\left(W_{\mathrm{L}}^{i+1}\right)_{\mathrm{g}} \tag{2.4.43}$$

联立式(2.4.40)～式(2.4.43)，得到

$$\begin{pmatrix} F_{\mathrm{L}}^{i} \\ -F_{\mathrm{P}}^{i} \\ F_{\mathrm{R}}^{i+1} \end{pmatrix}_{\mathrm{g}} = \begin{pmatrix} D_{11}^{i} & D_{12}^{i} & 0 \\ D_{21}^{i} & D_{22}^{i}+D_{11}^{i+1} & D_{12}^{i+1} \\ 0 & D_{21}^{i+1} & D_{22}^{i+1} \end{pmatrix}_{\mathrm{g}} \begin{pmatrix} W_{\mathrm{L}}^{i} \\ W_{\mathrm{P}}^{i} \\ W_{\mathrm{R}}^{i+1} \end{pmatrix}_{\mathrm{g}} \tag{2.4.44}$$

至此，完成了相邻两个管路单元的组集过程，以此类推，依据节点建立整个管路系统的动力学关系：

$$\begin{pmatrix} F_{\mathrm{L}}^{1} \\ -F_{\mathrm{P}}^{1} \\ \vdots \\ -F_{\mathrm{P}}^{i} \\ \vdots \\ -F_{\mathrm{P}}^{n-1} \\ F_{\mathrm{R}}^{n} \end{pmatrix}_{\mathrm{g}} = \begin{pmatrix} D_{11}^{1} & D_{12}^{1} & & & & \\ D_{21}^{1} & D_{22}^{1}+D_{11}^{2} & D_{12}^{2} & & & \\ & & \ddots & & & \\ & & D_{21}^{i} & D_{22}^{i}+D_{11}^{i+1} & D_{12}^{i+1} & \\ & & & & \ddots & \\ & & & & D_{21}^{n-1} & D_{22}^{n-1}+D_{11}^{n} & D_{12}^{n} \\ & & & & & D_{21}^{n} & D_{22}^{n} \end{pmatrix}_{\mathrm{g}} \begin{pmatrix} W_{\mathrm{L}}^{1} \\ W_{\mathrm{P}}^{1} \\ \vdots \\ W_{\mathrm{P}}^{i} \\ \vdots \\ W_{\mathrm{P}}^{n-1} \\ W_{\mathrm{R}}^{n} \end{pmatrix}_{\mathrm{g}}$$

$$\tag{2.4.45}$$

式中，F_{L}^{1} 为起始端点的力状态矢量；W_{L}^{1} 为起始端点的位移状态矢量；F_{R}^{n} 为终止端点的力状态矢量；W_{R}^{n} 为终止端点的位移状态矢量。

这里需要注意的是，式中的节点不仅仅是指几何形状变化点，还应包括支撑点、激励点、卡箍约束点、载荷点等，不同之处在于，如果节点 i 处仅是几何形状变化点，那么 $F_{\mathrm{P}}^{i}=0$，其他情况下一般 $F_{\mathrm{P}}^{i}\neq 0$。考虑完所有节点，再结合端点处的边界条件，即可获取管路的特征方程 $h(\omega)=0$，特征方程的解即为管路系统的固有频率。

2.4.4 基于直-曲管组集算法的流固耦合建模示例

为了进一步证明直-曲管组集算法可用于复杂管路流固耦合建模，以 Z 形管路为例，将该算法的预测结果与采用有限元法的结果进行对比。Z 形管路参数设置如下：杨氏模量 $E = 200\text{GPa}$ ；泊松比 $\upsilon = 0.3$ ；密度 $\rho_\text{p} = 7.93 \times 10^3 \text{kg/m}^3$ ；管路外径 $d_\text{o} = 9.9\text{mm}$ ；壁厚 $t = 1.2\text{mm}$ ；中间直管单元的长度为 520mm ；两端直管单元的长度均为 250mm ；曲管弯曲半径均为 40mm 。管内流体密度 $\rho_\text{f} = 898\text{kg/m}^3$ ；内压 $P = 10\text{MPa}$ ；流速 $V = 0.5\text{m/s}$ 。

Z 形管路的前五阶频率图如图 2.4.6 所示，图中下尖点对应的横坐标即为管路的固有频率，分别用 ω_1、ω_2、ω_3、ω_4、ω_5 来表示。采用有限元法计算不同单元数目下 Z 形管路的前三阶固有频率，对比结果见图 2.4.7。

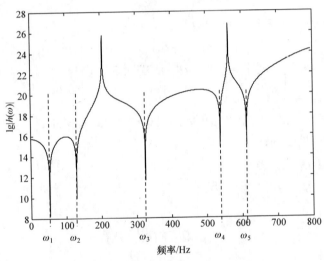

图 2.4.6 　Z 形管路的前五阶频率图

从图 2.4.7 中可以看出，随着划分单元数目的增多，用有限元法得到的结果逐渐趋于稳定，并与直-曲管组集算法的计算结果逐渐吻合，说明直-曲管组集算法是正确的。而且，采用直-曲管组集算法计算时仅用了 5 个单元，而有限元法在计算单元数目达到 30 个时才趋于稳定，说明直-曲管组集算法在保证计算精度的同时，减少了计算单元数目，实现了大尺寸直-曲管单元组集计算。

2.4.5 基于直-曲管组集算法的管形布局参数影响分析

管路布局对管路的振动特性有很大的影响，当管路布局发生改变时，管路的固有频率也会发生改变，判断管路稳定性的一个重要因素就是固有频率。研究管路布局对其固有频率的影响规律，有利于在管路设计时，避开激振频率，预防共

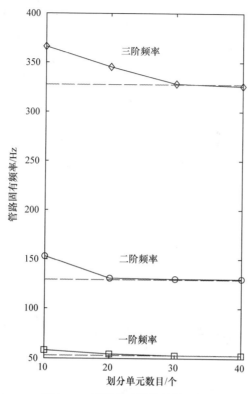

图 2.4.7　两种方法计算结果对比
虚线代表直-曲管组集算法计算结果，实线代表有限元法计算结果

振的发生，提高管路的稳定性等。接下来以航空管路系统中常见的 Z 形管路为例，探讨管路布局对管路固有频率的影响规律。

如图 2.4.8 所示，Z 形管 A、B 两端位置固定，定义两个模型几何参数：曲管的弯曲半径 r 和曲管至 A 端的距离 l，管路布局的变化可通过调整 l 和 r 的值来实现。为了方便得到一定的规律，采用控制变量法，即先保持曲管弯曲半径 r 的值一定，通过改变距离 l 的值来寻找其对 Z 形管路固有频率的影响；然后再保持距离 l 的值一定，改变 r 值，寻找 Z 形管路固有频率的变化规律。

管路材料参数设置同上，A、B 两端点之间的横向距离为 $600\mathrm{mm}$，竖向距离为 $580\mathrm{mm}$，管内流体密度为 $\rho_{\mathrm{f}}=1000\mathrm{kg/m^3}$，内压 $P_{\mathrm{i}}=21\mathrm{MPa}$，流速 $U=12.48\mathrm{m/s}$。根据航空管路设计标准，曲管的弯曲半径不小于管路外径的 4 倍，即 $r \geqslant 4d_{\mathrm{o}}$，故取 $r=40\mathrm{mm}$，分别计算了 $l=80\mathrm{mm},150\mathrm{mm},220\mathrm{mm},290\mathrm{mm}$ 不同弯曲位置时管路的前三阶固有频率，如图 2.4.9 所示，图中下尖点对应的横坐标即为管路的固有频率。

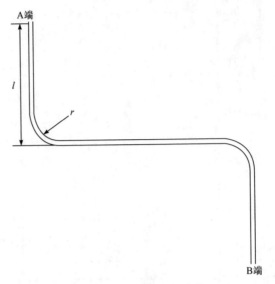

图 2.4.8　Z 形管路布局图

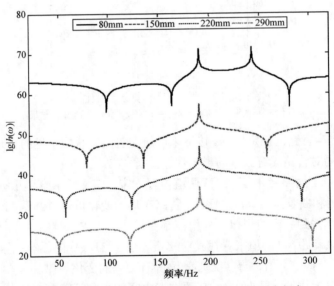

图 2.4.9　不同弯曲位置时 Z 形管路的前三阶固有频率

　　从图 2.4.9 可以得出，在曲管弯曲半径一定的情形下，随着曲管位置距离 A 端越远，即弯曲位置越大，Z 形管路的前两阶频率越小，第三阶频率先减小后增大。

　　判断管路静态失稳的重要参数是一阶固有频率，因此重点研究 l 值的变化对 Z 形管路一阶固有频率的影响规律。定义一个比例系数 α，$\alpha = l / y_{AB}$，y_{AB} 代表

图 2.4.8 中 A 端和 B 端的竖向距离，逐步调整 l 值，得到 Z 形管路的一阶固有频率随 α 的变化规律，如图 2.4.10 所示。

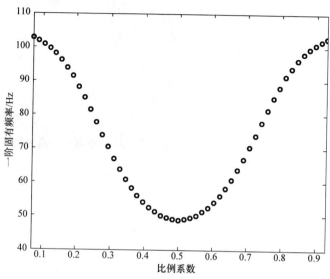

图 2.4.10　一阶固有频率随比例系数 α 的变化规律

从图 2.4.10 看出，一阶固有频率 ω_1 与比例系数 α 近似呈余弦函数关系，不妨假设

$$\omega_1 = A\cos(\omega\alpha + \theta) + B \tag{2.4.46}$$

为了进一步确定式中待定系数，定义：Z 形管路几何形状呈中心对称(即 $\alpha = 0.5$)时，管路的一阶固有频率为 $\omega_{0.5}$ ； $\alpha_0 = r_0/y_{AB}$ ， r_0 表示给定的弯曲半径；当 $\alpha = \alpha_0$ 时，管路的一阶固有频率记为 ω_{α_0} 。那么结合图 2.4.10，可以将式(2.4.46)改写为

$$\omega_1 = \frac{\omega_{\alpha_0} - \omega_{0.5}}{1 + \cos\left[(\alpha_0 - 0.5)\omega + \pi\right]}\left\{1 + \cos\left[(\alpha - 0.5)\omega + \pi\right]\right\} + \omega_{0.5} \tag{2.4.47}$$

至此，只需要将一组计算数据代入式(2.4.47)，即可预测不同布局管路的一阶固有频率，这样就得到了 Z 形管路一阶固有频率关于比例系数 α 的表达式。接下来对式(2.4.47)的正确性进行试验验证，五种不同布局参数的 Z 形管路试验件及其模态试验如图 2.4.11 所示。

三种方法的结果对比如图 2.4.12 所示，可以看出，式(2.4.47)与直-曲管组集算法的计算结果相对误差在 5%以内，且变化趋势相同，说明式(2.4.47)可用于不同弯曲位置 Z 形管路一阶固有频率的预测。

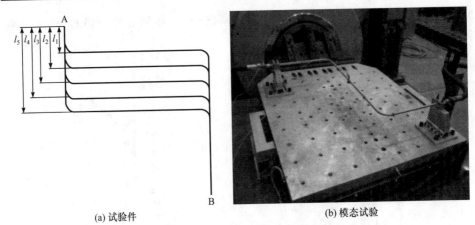

(a) 试验件　　　　　　　　　　　　(b) 模态试验

图 2.4.11　不同布局参数的 Z 形管路试验图

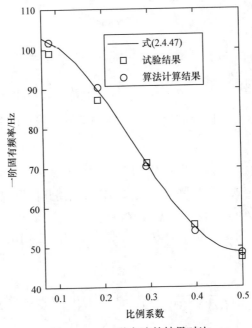

图 2.4.12　三种方法的结果对比

接下来研究曲管弯曲半径 r 的变化对 Z 形管路固有频率的影响。给定 $l=290\text{mm}$，管路材料参数同上，分别计算 $r=40\text{mm},80\text{mm},120\text{mm},160\text{mm}$ 四种工况下管路的前三阶固有频率，如图 2.4.13 所示，图中下尖点对应的横坐标即为管路的固有频率。由图可见，随着曲管弯曲半径 r 的增大，Z 形管路的前三阶固有频率均会增大，一阶频率增大得较为缓慢，二阶、三阶增大得较为明显。

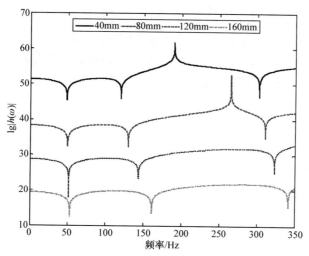

图 2.4.13　不同曲管弯曲半径下管路的前三阶固有频率

同样，重点研究曲管弯曲半径对 Z 形管路一阶固有频率的影响规律。对不同的 r 值进行计算，得到 Z 形管路一阶固有频率的变化，如图 2.4.14 所示。随着曲管弯曲半径的增大，Z 形管路的一阶固有频率增大得越来越快。采用最小二乘法对计算结果分别进行二次多项式函数拟合及三次多项式函数拟合，发现拟合曲线近似重合，故可近似认为 Z 形管路的一阶固有频率是弯曲半径的二次函数，即

$$\omega_1 = a_0 + a_1 r + a_2 r^2 \tag{2.4.48}$$

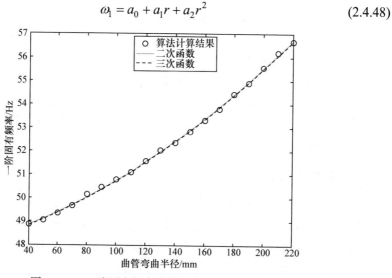

图 2.4.14　一阶固有频率随曲管弯曲半径的变化

对式(2.4.48)进行试验验证，分别选取弯曲半径为 40mm、80mm、120mm、160mm、200mm 的五种尺寸的试验件进行试验，不同弯曲半径下的公式拟合和试

验结果对比如图 2.4.15 所示。二次函数拟合曲线与计算结果基本一致,试验结果与拟合曲线的变化趋势基本吻合,但相对拟合结果偏小,这是因为管路上贴有传感器等附件,给管路附加了一定的质量,所以试验结果偏小。拟合结果与试验结果的相对误差在 5%以内,式(2.4.48)可用于不同弯曲半径 Z 形管路的设计计算。

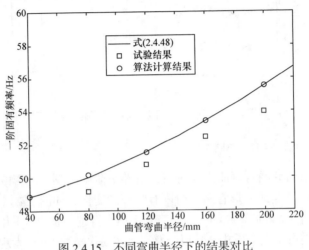

图 2.4.15　不同弯曲半径下的结果对比

2.5　软硬相接管路的流固耦合动力学特性与参数共振分析

软管与硬管相互连接结构是飞行器液压管路中泵出口处的一种常见管形结构形式。这种软硬相接管路能够降低泵出口流体强烈的压力脉动,但是当软硬相接管路结构设计不合理时,其本身振动也会较为剧烈,是失效的易发生位置。软硬相接管路结构是一种非线性结构,本节对这种结构的流固耦合建模和避免参数共振设计的方法开展细致的分析。

2.5.1　软硬相接输流管路动力学模型

为了便于获得软硬相接输流管路流固耦合动力学方程,抓主要矛盾,对模型的次要因素进行适当简化,推导过程以如下假设为基础[18]:①输流管路作为 Euler-Bernoulli 梁模型处理,不考虑剪切变形和截面转动惯量的影响;②输流管路在平面内做微幅弯曲振动;③流体采用柱塞流模型,流体不可压缩,流体速度在整个管路长度上保持相同;④软硬管路相接处满足内力协调条件(弯矩、剪力连续)和变形协调条件(挠度、转角连续)。

如图 2.5.1 所示,软管和硬管部分的横截面形状相同,总长度为 $L = L_1 + L_2$,

软管和硬管长度分别为 L_1、L_2。

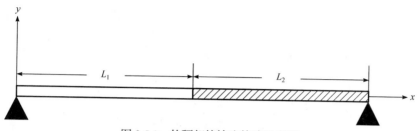

图 2.5.1 软硬相接输流管路示意图

以长度为 L 的一段流体管路微元 δx 为研究对象，对流体微元及管路微元分别进行受力分析(同图 2.2.2)。管路横向运动位移为 $y(x,t)$，液体压力为 $p(x,t)$，管路和流体间单位长度法向力为 $F(x,t)$，管壁对流体的切向力为 $q(x,t)$，管路横截面受到的弯矩为 $M(x,t)$，剪切力为 $Q(x,t)$，轴向力为 $T(x,t)$。流体单位长度质量为 m_f，软管单位长度质量为 m_1，硬管单位长度质量为 m_2，流体流通面积为 A_f，软硬管截面积为 A_p，流体流速为 U，流速脉动频率为 Ω，软管弯曲刚度为 E_1I，硬管弯曲刚度为 E_2I。

由于软管和硬管的流固耦合模型相同，下面仅以软管为例建立管路的运动微分方程。

流体在 x 方向(轴向)的力平衡方程：

$$-F\frac{\partial y}{\partial x}+\left(m_fU^2\frac{\partial^2 y}{\partial x^2}+2m_fU\frac{\partial^2 y}{\partial x\partial t}\right)\frac{\partial y}{\partial x}-A_f\frac{\partial p}{\partial x}-qS-m_f\frac{\partial u}{\partial t}+A_fp\frac{\partial^2 y}{\partial x^2}\frac{\partial y}{\partial x}=0 \quad (2.5.1)$$

流体在 y 方向的力平衡方程：

$$F-m_f\left(\frac{\partial}{\partial t}+U\frac{\partial}{\partial x}\right)^2 y-qS\frac{\partial y}{\partial x}-m_f\frac{\partial U}{\partial t}\frac{\partial y}{\partial x}-A_f\frac{\partial p}{\partial x}\frac{\partial y}{\partial x}-A_fp\frac{\partial^2 y}{\partial x^2}=0 \quad (2.5.2)$$

管路在 x 方向的力平衡方程：

$$qS+F\frac{\partial y}{\partial x}+\frac{\partial T}{\partial x}-Q\frac{\partial^2 y}{\partial x^2}-\frac{\partial Q}{\partial x}\frac{\partial y}{\partial x}-T\frac{\partial^2 y}{\partial x^2}\frac{\partial y}{\partial x}=0 \quad (2.5.3)$$

管路在 y 方向的力平衡方程：

$$qS\frac{\partial y}{\partial x}-F+\frac{\partial Q}{\partial x}+T\frac{\partial^2 y}{\partial x^2}+\frac{\partial T}{\partial x}\frac{\partial y}{\partial x}-Q\frac{\partial^2 y}{\partial x^2}\frac{\partial y}{\partial x}-m_1\frac{\partial^2 y}{\partial t^2}=0 \quad (2.5.4)$$

管路弯矩：

$$M=EI\frac{\partial^2 y}{\partial x^2} \quad (2.5.5)$$

管路剪力:

$$Q = -EI \frac{\partial^3 y}{\partial x^3} \tag{2.5.6}$$

将流体和管路在 x 方向上的方程相加得

$$\left(m_f U^2 \frac{\partial^2 y}{\partial x^2} + 2m_f U \frac{\partial^2 y}{\partial x \partial t} \right) \frac{\partial y}{\partial x} - A_f \frac{\partial p}{\partial x} - m_f \frac{\partial U}{\partial t} \tag{2.5.7}$$

$$+ A_f p \frac{\partial^2 y}{\partial x^2} \frac{\partial y}{\partial x} + \frac{\partial T}{\partial x} - Q \frac{\partial^2 y}{\partial x^2} - \frac{\partial Q}{\partial x} \frac{\partial y}{\partial x} - T \frac{\partial^2 y}{\partial x^2} \frac{\partial y}{\partial x} = 0$$

忽略式中的高阶微分小量并进行整理可得

$$\frac{\partial T}{\partial x} - A_f \frac{\partial p}{\partial x} - m_f \frac{\partial U}{\partial t} = 0 \tag{2.5.8}$$

即

$$\frac{\partial}{\partial x}(T - A_f p) - m_f \frac{\partial U}{\partial t} = 0 \tag{2.5.9}$$

对式(2.5.9)在 $[x, L]$ 上积分得

$$(T - A_f p)_{x=L} - (T - A_f p) = m_f \frac{\partial U}{\partial t}(L_1 - x) \tag{2.5.10}$$

假设在终端处,当管路终端有内压时,会引起附加的张力。对于薄壁管,附加张力为 $2v\tilde{p}$,其中 v 为泊松比,故式(2.5.10)可写成

$$T - A_f p = \tilde{T} - A_f \tilde{p}(1 - 2v) - m_f \frac{\partial U}{\partial t}(L_1 - x) \tag{2.5.11}$$

将流体和管路在 y 方向上的方程相加得

$$-m_f \left(\frac{\partial}{\partial t} + U \frac{\partial}{\partial x} \right)^2 y - m_f \frac{\partial U}{\partial t} \frac{\partial y}{\partial x} - A_f \frac{\partial p}{\partial x} \frac{\partial y}{\partial x} - A_f p \frac{\partial^2 y}{\partial x^2} \tag{2.5.12}$$

$$+ \frac{\partial Q}{\partial x} + T \frac{\partial^2 y}{\partial x^2} + \frac{\partial T}{\partial x} \frac{\partial y}{\partial x} - Q \frac{\partial^2 y}{\partial x^2} \frac{\partial y}{\partial x} - m_1 \frac{\partial^2 y}{\partial t^2} = 0$$

又

$$\frac{\partial Q}{\partial x} = -E_1 I \frac{\partial^4 y}{\partial x^4} \tag{2.5.13}$$

忽略式(2.5.13)中的高阶微分小量并代入式(2.5.12):

$$E_1 I \frac{\partial^4 y}{\partial x^4} + m_1 \frac{\partial^2 y}{\partial t^2} + m_f \left(\frac{\partial}{\partial t} + U \frac{\partial}{\partial x} \right)^2 y$$
$$- \frac{\partial}{\partial x} \left[(T - A_f p) \frac{\partial y}{\partial x} \right] + m_f \frac{\partial u}{\partial t} \frac{\partial y}{\partial x} = 0 \tag{2.5.14}$$

其中

$$\frac{\partial}{\partial x} \left[(T - A_f p) \frac{\partial y}{\partial x} \right] = (T - A_f p) \frac{\partial^2 y}{\partial x^2} + \frac{\partial}{\partial x} (T - A_f p) \frac{\partial y}{\partial x}$$
$$= \left[\tilde{T} - A_f \tilde{p} (1 - 2\nu_1) - m_f \frac{\partial U}{\partial t} (L_1 - x) \right] \frac{\partial^2 y}{\partial x^2} - m_f \frac{\partial U}{\partial t} \frac{\partial y}{\partial x} \tag{2.5.15}$$

最后一项中含有 $\theta = \frac{\partial y}{\partial x}$ 项是小量可以忽略。为书写方便，将 $\tilde{T}$ 和 $\tilde{p}$ 仍然记作 T 和 p 得到

$$E_1 I \frac{\partial^4 y}{\partial x^4} + (m_f + m_1) \frac{\partial^2 y}{\partial t^2} + 2 m_f U \frac{\partial^2 y}{\partial x \partial t}$$
$$+ \left[m_f U^2 - T + A_f p (1 - 2\nu_1) + m_f \frac{\partial U}{\partial t} (L_1 - x) \right] \frac{\partial^2 y}{\partial x^2} = 0 \tag{2.5.16}$$

同样方法得到硬管运动微分方程为

$$E_2 I \frac{\partial^4 y}{\partial x^4} + (m_f + m_2) \frac{\partial^2 y}{\partial t^2} + 2 m_f U \frac{\partial^2 y}{\partial x \partial t}$$
$$+ \left[m_f U^2 - T + A_f p (1 - 2\nu_2) + m_f \frac{\partial U}{\partial t} (L_2 - x) \right] \frac{\partial^2 y}{\partial x^2} = 0 \tag{2.5.17}$$

将方程统一到全局坐标系下得

$$E_1 I \frac{\partial^4 y}{\partial x^4} + (m_f + m_1) \frac{\partial^2 y}{\partial t^2} + 2 m_f U \frac{\partial^2 y}{\partial x \partial t}$$
$$+ \left[m_f U^2 - T + A_f p (1 - 2\nu_1) + m_f \frac{\partial U}{\partial t} (L_1 + L_2 - x) \right] \frac{\partial^2 y}{\partial x^2} = 0 \tag{2.5.18}$$

式中，软管的长度范围为 $x \in [0, L_1]$。

$$E_2 I \frac{\partial^4 y}{\partial x^4} + (m_f + m_2) \frac{\partial^2 y}{\partial t^2} + 2 m_f U \frac{\partial^2 y}{\partial x \partial t}$$
$$+ \left[m_f U^2 - T + A_f p (1 - 2\nu_2) + m_f \frac{\partial U}{\partial t} (L_1 + L_2 - x) \right] \frac{\partial^2 y}{\partial x^2} = 0 \tag{2.5.19}$$

式中，硬管的长度范围为 $x \in [L_1, L_2]$。

为研究方便，引入下面的无量纲化参数：

$$
\begin{cases}
\xi = \dfrac{x}{L_1 + L_2} \\[2mm]
\eta = \dfrac{y}{L_1 + L_2} \\[2mm]
\tau_1 = \left(\dfrac{E_1 I}{m_f + m_1} \right)^{\frac{1}{2}} \dfrac{t}{(L_1 + L_2)^2} \\[2mm]
u_1 = \left(\dfrac{m_f}{E_1 I} \right)^{\frac{1}{2}} (L_1 + L_2) U \\[2mm]
\beta_1 = \dfrac{m_f}{m_f + m_1} \\[2mm]
\Gamma_1 = \dfrac{T(L_1 + L_2)^2}{E_1 I} \\[2mm]
\Pi_1 = \dfrac{p A_f (L_1 + L_2)^2}{E_1 I} \\[2mm]
\omega_1 = \left(\dfrac{m_f + m_1}{E_1 I} \right)^{\frac{1}{2}} \Omega (L_1 + L_2)^2 \\[2mm]
\tau_2 = \left(\dfrac{E_2 I}{m_f + m_2} \right)^{\frac{1}{2}} \dfrac{t}{(L_1 + L_2)^2} \\[2mm]
u_2 = \left(\dfrac{m_f}{E_2 I} \right)^{\frac{1}{2}} (L_1 + L_2) U \\[2mm]
\beta_2 = \dfrac{m_f}{m_f + m_2} \\[2mm]
\Gamma_2 = \dfrac{T(L_1 + L_2)^2}{E_2 I} \\[2mm]
\Pi_2 = \dfrac{p A_f (L_1 + L_2)^2}{E_2 I} \\[2mm]
\omega_2 = \left(\dfrac{m_f + m_2}{E_2 I} \right)^{\frac{1}{2}} \Omega (L_1 + L_2)^2
\end{cases}
\tag{2.5.20}
$$

无量纲化方程如下：

$$\frac{\partial^4 \eta}{\partial \xi^4} + 2\beta_1^{\frac{1}{2}} u_1 \frac{\partial^2 \eta}{\partial \xi \partial \tau_1} + \left[u_1^2 - \Gamma_1 + \Pi_1(1-2\nu_1) + \beta_1^{\frac{1}{2}} \frac{\partial u_1}{\partial \tau_1}(1-\xi) \right] \frac{\partial^2 \eta}{\partial \xi^2} + \frac{\partial^2 \eta}{\partial \tau_1^2} = 0$$

$$(2.5.21)$$

$$\frac{\partial^4 \eta}{\partial \xi^4} + 2\beta_2^{\frac{1}{2}} u_2 \frac{\partial^2 \eta}{\partial \xi \partial \tau_2} + \left[u_2^2 - \Gamma_2 + \Pi_2(1-2\nu_2) + \beta_2^{\frac{1}{2}} \frac{\partial u_2}{\partial \tau_2}(1-\xi) \right] \frac{\partial^2 \eta}{\partial \xi^2} + \frac{\partial^2 \eta}{\partial \tau_2^2} = 0$$

$$(2.5.22)$$

在软管和硬管的连接处满足内力连续条件：

$$E_1 I \frac{\partial^2 \eta}{\partial \xi^2}(\xi = x_0^-, t) = E_2 I \frac{\partial^2 \eta}{\partial \xi^2}(\xi = x_0^+, t) \tag{2.5.23}$$

$$E_1 I \frac{\partial^3 \eta}{\partial \xi^3}(\xi = x_0^-, t) = E_2 I \frac{\partial^3 \eta}{\partial \xi^3}(\xi = x_0^+, t) \tag{2.5.24}$$

在软管和硬管的连接处满足变形协调关系：

$$\eta(\xi = x_0^-, t) = \eta(\xi = x_0^+, t) \tag{2.5.25}$$

$$\frac{\partial \eta}{\partial \xi}(\xi = x_0^-, t) = \frac{\partial \eta}{\partial \xi}(\xi = x_0^+, t) \tag{2.5.26}$$

式中，$\xi = x_0^-$ 为软管的最右端点；$\xi = x_0^+$ 为硬管的最左端点；x_0 为连接点的坐标。

两端简支无量纲化边界条件(两端点位移和弯矩都为 0)：

$$\eta(\xi, t) = 0, \quad \frac{\partial^2 \eta}{\partial \xi^2}(\xi, t) = 0, \quad \xi = 0, 1 \tag{2.5.27}$$

将方程的解表示为如下形式：

$$\eta(\xi, \tau_1) = \sum_{r=1}^{N} \phi_r(\xi) q_r(\tau_1) \tag{2.5.28}$$

$$\eta(\xi, \tau_2) = \sum_{r=1}^{N} \phi_r(\xi) q_r(\tau_2) \tag{2.5.29}$$

式中，N 是 Galerkin 截断数目；$\phi_r(\xi)$ 为梁的模态函数，这里用到的是两端简支梁的模态函数：

$$\phi_r(\xi) = \sin(r\pi\xi) \tag{2.5.30}$$

将式(2.5.6)、式(2.5.7)及 $u_1 = u_{10}[1 + \mu\cos(\omega_1\tau_1)]$、$u_2 = u_{20}[1 + \mu\cos(\omega_2\tau_2)]$ 代入式(2.5.3)和式(2.5.4)，利用虚功原理得

$$\sum_{r=1}^{N} \left(\int_0^{x_0} \phi_s \phi_r \mathrm{d}\xi \ddot{q}_r(\tau_1) + 2\beta_1^{\frac{1}{2}} u_1 \int_0^{x_0} \phi_s \phi_r' \mathrm{d}\xi \dot{q}_r(\tau_1) \right.$$

$$+ \left\{ \int_0^{x_0} \phi_s \phi_r'''' \mathrm{d}\xi + [u_1^2 - \Gamma_1 + \Pi_1(1-2\nu_1)] \int_0^{x_0} \phi_s \phi_r'' \mathrm{d}\xi \right. \tag{2.5.31}$$

$$\left. + \beta_1^{\frac{1}{2}} \dot{u}_1 \int_0^{x_0} \phi_s \phi_r'' \mathrm{d}\xi - \beta_1^{\frac{1}{2}} \dot{u}_1 \int_0^{x_0} \xi \phi_s \phi_r'' \mathrm{d}\xi \right\} q_r(\tau_1) \right) = 0$$

$$\sum_{r=1}^{N} \left(\int_{x_0}^{1} \phi_s \phi_r \mathrm{d}\xi \ddot{q}_r(\tau_2) + 2\beta_2^{\frac{1}{2}} u_2 \int_{x_0}^{1} \phi_s \phi_r' \mathrm{d}\xi \dot{q}_r(\tau_2) \right.$$

$$+ \left\{ \int_{x_0}^{1} \phi_s \phi_r'''' \mathrm{d}\xi + [u_2^2 - \Gamma_2 + \Pi_2(1-2\nu_2)] \int_{x_0}^{1} \phi_s \phi_r'' \mathrm{d}\xi \right. \tag{2.5.32}$$

$$\left. + \beta_2^{\frac{1}{2}} \dot{u}_2 \int_{x_0}^{1} \phi_s \phi_r'' \mathrm{d}\xi - \beta_2^{\frac{1}{2}} \dot{u}_2 \int_{x_0}^{1} \xi \phi_s \phi_r'' \mathrm{d}\xi \right\} q_r(\tau_2) \right) = 0$$

将式(2.5.8)、式(2.5.9)整理成矩阵方程形式：

$$\ddot{\boldsymbol{q}}_{r1} + 2\beta_1^{\frac{1}{2}} u_{10}[1 + \mu\cos(\omega_1\tau_1)]\boldsymbol{B}_1 \dot{\boldsymbol{q}}_{r1}$$

$$+ (\boldsymbol{N}_1 + \{u_{10}^2[1 + \mu\cos(\omega_1\tau_1)]^2 - \Gamma_1 + \Pi_1(1-2\nu_1) \tag{2.5.33}$$

$$- \beta_1^{\frac{1}{2}} u_{10}\mu\omega_1 \sin(\omega_1\tau_1)\}\boldsymbol{C}_1 + \beta_1^{\frac{1}{2}} u_{10}\mu\omega_1 \sin(\omega_1\tau_1)\boldsymbol{D}_1)\boldsymbol{q}_{r1} = 0$$

$$\ddot{\boldsymbol{q}}_{r2} + 2\beta_2^{\frac{1}{2}} u_{20}[1 + \mu\cos(\omega_2\tau_2)]\boldsymbol{B}_2 \dot{\boldsymbol{q}}_{r2}$$

$$+ (\boldsymbol{N}_2 + \{u_{20}^2[1 + \mu\cos(\omega_2\tau_2)]^2 - \Gamma_2 + \Pi_2(1-2\nu_2) \tag{2.5.34}$$

$$- \beta_2^{\frac{1}{2}} u_{20}\mu\omega_2 \sin(\omega_2\tau_2)\}\boldsymbol{C}_2 + \beta_2^{\frac{1}{2}} u_{20}\mu\omega_2 \sin(\omega_2\tau_2)\boldsymbol{D}_2)\boldsymbol{q}_{r2} = 0$$

式中，参数符号的表达式如下：

$$\begin{cases} \boldsymbol{B}_1 = \int_0^{x_0} \boldsymbol{\phi}^{\mathrm{T}} \boldsymbol{\phi}' \mathrm{d}x, & \boldsymbol{B}_2 = \int_{x_0}^{1} \boldsymbol{\phi}^{\mathrm{T}} \boldsymbol{\phi}' \mathrm{d}x \\ \boldsymbol{C}_1 = \int_0^{x_0} \boldsymbol{\phi}^{\mathrm{T}} \boldsymbol{\phi}'' \mathrm{d}x, & \boldsymbol{C}_2 = \int_{x_0}^{1} \boldsymbol{\phi}^{\mathrm{T}} \boldsymbol{\phi}'' \mathrm{d}x \\ \boldsymbol{D}_1 = \int_0^{x_0} x\boldsymbol{\phi}^{\mathrm{T}} \boldsymbol{\phi} \mathrm{d}x, & \boldsymbol{D}_2 = \int_{x_0}^{1} x\boldsymbol{\phi}^{\mathrm{T}} \boldsymbol{\phi} \mathrm{d}x \\ \boldsymbol{N}_1 = \int_0^{x_0} \boldsymbol{\phi}^{\mathrm{T}} \boldsymbol{\phi}'''' \mathrm{d}x, & \boldsymbol{N}_2 = \int_{x_0}^{1} \boldsymbol{\phi}^{\mathrm{T}} \boldsymbol{\phi}'''' \mathrm{d}x \end{cases} \tag{2.5.35}$$

其中，$\boldsymbol{\phi} = [\phi_1, \phi_2, \cdots, \phi_N]$。

根据时间坐标相互关系 $\dfrac{\tau_1}{\tau_2} = \sqrt{\dfrac{m_{\mathrm{f}} + m_2}{m_{\mathrm{f}} + m_1}\dfrac{E_1}{E_2}}$ 及分段连续函数积分可加性，可以将软管方程组与硬管方程组组集为统一时间、空间坐标系的方程组：

$$(\boldsymbol{M}_1 + \gamma^2 \boldsymbol{M}_2)\ddot{\boldsymbol{q}}(\tau_1) + (\boldsymbol{G}_1 + \gamma \boldsymbol{G}_2)\dot{\boldsymbol{q}}(\tau_1) + (\boldsymbol{K}_1 + \boldsymbol{K}_2)\boldsymbol{q}(\tau_1) = 0 \qquad (2.5.36)$$

式中，$\gamma = \sqrt{\dfrac{m_{\mathrm{f}} + m_2}{m_{\mathrm{f}} + m_1}\dfrac{E_1}{E_2}}$。

$\boldsymbol{M}_1$、$\boldsymbol{M}_2$、$\boldsymbol{G}_1$、$\boldsymbol{G}_2$、$\boldsymbol{K}_1$、$\boldsymbol{K}_2$ 分别表示为

$$\boldsymbol{M}_1 = \begin{bmatrix} 1 & & & & \\ & 1 & & & \\ & & \ddots & & \\ & & & 1 \end{bmatrix}_{N \times N} \qquad (2.5.37)$$

$$\boldsymbol{M}_2 = \begin{bmatrix} 1 & & & & \\ & 1 & & & \\ & & \ddots & & \\ & & & 1 \end{bmatrix}_{N \times N} \qquad (2.5.38)$$

$$\boldsymbol{G}_1 = 2\beta_1^{\frac{1}{2}} u_{10}[1 + \mu\cos(\omega_1\tau_1)]\boldsymbol{B}_1 \qquad (2.5.39)$$

$$\boldsymbol{G}_2 = 2\beta_2^{\frac{1}{2}} u_{20}[1 + \mu\cos(\omega_2\tau_2)]\boldsymbol{B}_2 \qquad (2.5.40)$$

$$\begin{aligned} \boldsymbol{K}_1 = \boldsymbol{N}_1 + \{u_{10}^2[1 + \mu\cos(\omega_1\tau_1)]^2 \\ - \varGamma_1 + \varPi_1(1 - 2\nu_1) - \beta_1^{\frac{1}{2}} u_{10}\mu\omega_1\sin(\omega_1\tau_1)\}\boldsymbol{C}_1 \\ + \beta_1^{\frac{1}{2}} u_{10}\mu\omega_1\sin(\omega_1\tau_1)\boldsymbol{D}_1 \end{aligned} \qquad (2.5.41)$$

$$\begin{aligned} \boldsymbol{K}_2 = \boldsymbol{N}_2 + \{u_{20}^2[1 + \mu\cos(\omega_2\tau_2)]^2 \\ - \varGamma_2 + \varPi_2(1 - 2\nu_2) - \beta_2^{\frac{1}{2}} u_{20}\mu\omega_2\sin(\omega_2\tau_2)\}\boldsymbol{C}_2 \\ + \beta_2^{\frac{1}{2}} u_{20}\mu\omega_2\sin(\omega_2\tau_2)\boldsymbol{D}_2 \end{aligned} \qquad (2.5.42)$$

将式(2.5.36)进一步简化：

$$\boldsymbol{M}(t)\ddot{\boldsymbol{q}} + \boldsymbol{G}(t)\dot{\boldsymbol{q}} + \boldsymbol{K}(t)\boldsymbol{q} = 0 \qquad (2.5.43)$$

式(2.5.43)是一个周期系数线性常微分方程组，其中 $\boldsymbol{M}(t)$、$\boldsymbol{G}(t)$、$\boldsymbol{K}(t)$ 分别表示质量矩阵、陀螺矩阵和刚度矩阵。

$$M(t) = M_1 + \gamma^2 M_2 \tag{2.5.44}$$

$$G(t) = G_1 + \gamma G_2 \tag{2.5.45}$$

$$K(t) = K_1 + K_2 \tag{2.5.46}$$

2.5.2 软硬相接输流管路固有特性分析

分析稳定流速下软硬相接输流管路的模态，有 $u_1 = u_{10}$，$u_2 = u_{20}$，式(2.5.43)的系数矩阵不再是时变系数矩阵：

$$M\ddot{q} + C\dot{q} + Kq = 0 \tag{2.5.47}$$

式(2.5.47)的自由振动解可以设为

$$q = \{\overline{q}\}e^{i\omega\tau} \tag{2.5.48}$$

式中，$i = \sqrt{-1}$。对动力学系统式(2.5.47)进行特征值分析得到系统的固有频率和模态振型。

管路的无量纲总长为 $L = 1$，软管部分长度比为 $x_0 = 0.5$，软管部分质量比为 $\beta_1 = 0.5$，硬管质量比与软管质量比的比值为 $\beta_2 / \beta_1 = 1$，硬管与软管弹性模量之比为 $E_2 / E_1 = 2$，这里假定外部施加轴向力和流体压力都为 0。这种软硬相接管路的前六阶模态振型如图 2.5.2 所示。可以看出软管明显比硬管的振动幅值高。

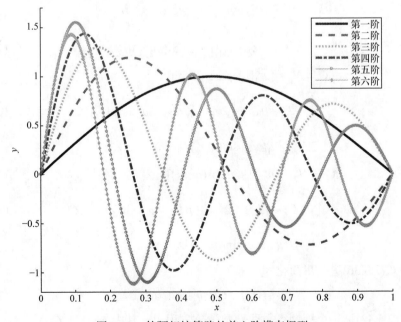

图 2.5.2　软硬相接管路的前六阶模态振型

前六阶固有频率与流速的关系如图 2.5.3 所示，当无量纲流体速度为零，前六阶无量纲频率分别为 11.37、47.45、103.3、188.9、288.4、435.3。在一阶模态发生静态失稳前(流速低于临界流速)，随着流速的增大，前五阶固有频率逐渐减小，第六阶固有频率稍有增大。

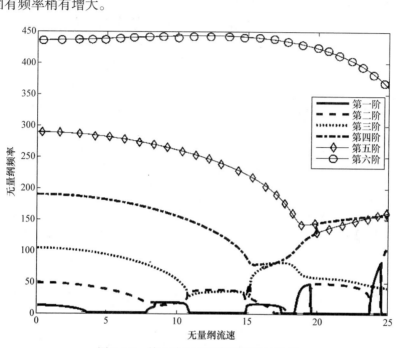

图 2.5.3　前六阶固有频率与流速的关系

图 2.5.4 为软管长度比(软管长度占总长的比例)和硬管与软管弹性模量比对一阶固有频率的影响。软管长度比为 $x_0 = 0.3$ 的一阶固有频率比 $x_0 = 0.7$ 的一阶固有频率大，静态失稳流速随着软管长度比增加而减小，由此得出软管长度比越大，系统的刚度越小，系统的稳定性越弱。硬管与软管弹性模量比为 $E_2 / E_1 = 2$ 的一阶

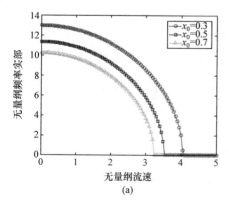

(a)

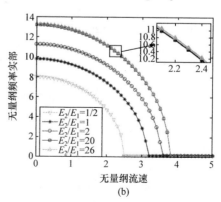

(b)

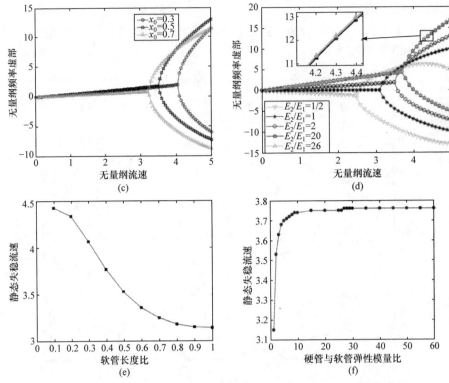

图 2.5.4　软管长度比和硬管与软管弹性模量比对一阶固有频率的影响

固有频率比 $E_2 / E_1 = 1$ 的一阶固有频率大,静态失稳流速随着硬管与软管弹性模量比增加而增大,当硬管与软管弹性模量比大于 26 时,系统的一阶固有频率和静态失稳流速都保持恒定,此时可以理解为硬管相对于软管为刚性管,系统变为一个软管与一个刚性棒连接的系统。所以增加硬管与软管弹性模量比有助于提高系统的稳定性。

2.5.3　两种参数共振区分析方法

1. Bolotin 方法

在 Bolotin 方法中[19],设输送脉动流的管路控制方程的解具有周期性,用傅里叶级数表示为

$$q = \sum_k \left[a_k \sin\left(\frac{1}{2} k \omega_p \tau \right) + b_k \cos\left(\frac{1}{2} k \omega_p \tau \right) \right] \tag{2.5.49}$$

式中,ω_p 为脉动流的脉动频率。对于简单参数振动,参数共振发生在 $\omega_p = 2\omega_n / j$ ($j = 1, 2, 3, \cdots$) 邻域内,其中 ω_n 为系统的某一阶无量纲固有频率(实频)。因此,对于

主共振区(primary resonance region)[18]不考虑二次谐振的情形, 取 $k=1,3,5,\cdots$ 即可。

将方程(2.5.49)代入方程(2.5.43)中, 可以得到关于参数向量 $\{a_k\}$ 和 $\{b_k\}$ 的代数方程, 且其系数矩阵中所有量均有 $\sin\left(\dfrac{k}{2}\omega_p\tau\right)$, $\cos\left(\dfrac{k}{2}\omega_p\tau\right)$ $(k=1,3,5,\cdots)$ 或者有二者之一与 $\cos(\omega_p\tau)$ 或 $\cos^2(\omega_p\tau)$ 乘积的形式, 通过三角函数的积化和差公式, 可将上述方程中所有乘积项表示为 $\sin\left(\dfrac{n}{2}\omega_p\tau\right)$, $\cos\left(\dfrac{n}{2}\omega_p\tau\right)$, $n=k-4,k-2,k+2,$ $k+4$ 的形式。即代数方程系数矩阵中只含有 $\sin\left(\dfrac{k}{2}\omega_p\tau\right)$ 和 $\cos\left(\dfrac{k}{2}\omega_p\tau\right)$ 项, 且其中 k 为奇数。这样, 上述代数方程可表示为矩阵形式:

$$[G]\begin{Bmatrix}a_j\\b_j\end{Bmatrix}=\{0\} \tag{2.5.50}$$

为研究方便, 这里取 $k=3$:

$$\begin{Bmatrix}\sin\left(\dfrac{3}{2}\omega_p\tau\right)\\\sin\left(\dfrac{1}{2}\omega_p\tau\right)\\\cos\left(\dfrac{1}{2}\omega_p\tau\right)\\\cos\left(\dfrac{3}{2}\omega_p\tau\right)\end{Bmatrix}^{\mathrm{T}}\begin{bmatrix}G_{33}&G_{31}&G_{32}&G_{34}\\G_{13}&G_{11}&G_{12}&G_{14}\\G_{23}&G_{21}&G_{22}&G_{24}\\G_{43}&G_{41}&G_{42}&G_{44}\end{bmatrix}\begin{Bmatrix}a_3\\a_1\\b_1\\b_3\end{Bmatrix}=\{0\} \tag{2.5.51}$$

方程(2.5.51)有非零解的充分必要条件是其系数矩阵行列式等于零。

$$\begin{vmatrix}G_{33}&G_{31}&G_{32}&G_{34}\\G_{13}&G_{11}&G_{12}&G_{14}\\G_{23}&G_{21}&G_{22}&G_{24}\\G_{43}&G_{41}&G_{42}&G_{44}\end{vmatrix}=0 \tag{2.5.52}$$

方程(2.5.52)的解 ω_p 即为参数共振的边界,在此边界上输流管路控制方程具有周期解(既不衰减, 也不发散)。

2. Floquet 乘子判别法

Floquet 乘子判别法是判断一阶微分方程稳定性的常用方法[1,20], 其基本原理是判断系统解的扰动项在某一周期末与这一周期初的相对大小关系, 假如周期末系统的扰动项小于周期初的扰动项, 则判定该系统为稳定系统, 此时扰动项将随时间逐渐减小，最终趋于 0。Floquet 乘子的含义即周期初到周期末之间映射矩阵的特征值(若为一维系统，则代表周期末响应值与周期初响应值的比值)，该特征值小于 1 表示系统稳定，大于 1 表示系统不稳定，等于 1 表示系统临界稳定，存在周期型的解(这种情况对应于 Bolotin 法所求的失稳区边界)。

引入状态变量 $V = [q, \dot{q}]^T$，原方程(2.5.43)转化为如下迭代形式：

$$V = HV \tag{2.5.53}$$

式中，算子 H 为矩阵：

$$H = \begin{bmatrix} O & I \\ -M(t)^{-1}K(t) & -M(t)^{-1}C(t) \end{bmatrix} \tag{2.5.54}$$

式中，O 为零矩阵；I 为单位矩阵。

方程(2.5.53)是一个线性周期系数微分方程，引入单值矩阵 $D = F(T_p)$，其中 $T_p = 2\pi / \omega_p$，矩阵 F 满足矩阵微分方程：

$$\frac{\mathrm{d}F}{\mathrm{d}\tau} = HF \tag{2.5.55}$$

当 $\omega = \omega_p$，$F(0) = I$ 时，采用 Runge-Kutta 方法迭代 N 步，每一步的计算格式如下：$t_0 = 0$，$t_1 = \dfrac{1}{N}T_p$，$t_2 = \dfrac{2}{N}T_p$，$\cdots$，$t_N = T_p$。

$$\begin{cases} k_1 = H(t_n) \\ k_2 = H(t_h) + \dfrac{1}{2}hH(t_h)k_1 \\ k_3 = H(t_h) + \dfrac{1}{2}hH(t_h)k_2 \\ k_4 = H(t_{n+1}) + hH(t_{n+1})k_3 \\ D(n) = I + \dfrac{1}{6}h(k_1 + 2k_2 + 2k_3 + k_4) \\ D = D(n)D \end{cases} \tag{2.5.56}$$

式中，$n = 1$，2，$\cdots$，N。经过 N 次迭代后，

$$F\left(\frac{2\pi}{\omega_p}\right) = D \tag{2.5.57}$$

单值矩阵 D 的特征值 μ_k，称作 Floquet 特征乘子，决定了周期解的稳定性，如果其中任意一个乘子满足 $|\mu_k| > 1$，则方程的解就是不稳定的，因此取 $|\mu_k|$ 最大值记为 $|\mu_k|_{\max}$，只需比较 $|\mu_k|_{\max}$ 与 1 的大小关系就可确定方程解的稳定性。Floquet

特征乘子可以根据以下特征值问题求出：

$$(D - \mu I)u = 0 \tag{2.5.58}$$

Floquet 乘子 μ_{Floquet} 即为单值矩阵 D 的特征值。通过对比 μ_{Floquet} 的模与 1 的大小即可得到系统的稳定区。

$|\mu_{\text{Floquet}}| < 1$：系统稳定；$|\mu_{\text{Floquet}}| = 1$：系统临界稳定；$|\mu_{\text{Floquet}}| > 1$：系统失稳。

2.5.4　软硬相接输流管路的参数共振区分析

为了验证本章中参数共振区研究方法的正确性，用 Floquet 乘子判别法对一段均匀输流管路的前两阶参数共振区进行计算，并将计算结果和现有文献结果进行对比[21]，如图 2.5.5 所示。文献[21]中，质量比为 $\beta = 0.64$，无量纲平均流速为 $u_0 = 1.88$。图 2.5.5 表明，本小节计算结果与参考文献计算结果十分吻合，第一阶、第二阶参数共振区的位置与文献[21]基本重合，只是参数共振区的具体范围有微小的差异，这是因为数值计算中存在误差，证明了本章用数值计算方法计算输流管路参数共振区的正确性。

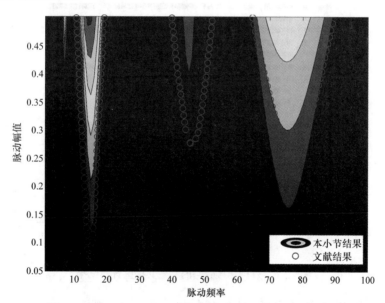

图 2.5.5　均匀输流管路的前两阶参数共振区计算结果对比

为了研究软硬相接管路的参数共振，软管长度比 $x_0 = 0.5$，软管质量比 $\beta_1 = 0.5$，硬管质量比与软管质量比之比 $\beta_2 / \beta_1 = 1$，硬管与软管弹性模量比 $E_2 / E_1 = 2$。分别采用 Bolotin 方法和 Floquet 乘子判别法对软硬相接管路的参数共振区进行计算，结果如图 2.5.6 所示。

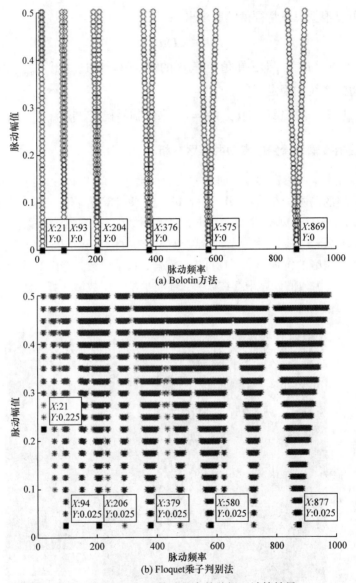

图 2.5.6 软硬相接管路的参数共振区计算结果

通过对比 Floquet 乘子判别法和 Bolotin 方法计算得到的结果，可以发现，两种结果显示的管路参数共振区的位置相同，但是利用 Floquet 乘子判别法得到的失稳区更宽，这是由于两种方法自身特点不同。Bolotin 方法每次计算都只针对某一阶参数共振，而事实上，参数共振区存在多阶重叠的情况，虽然 Bolotin 方法可以对一部分重叠区进行考虑，但仍然不够全面。相比之下，Floquet 乘子判别法则是针对整个系统所能包含的全模态同时进行计算，可以考虑所有参数共振区的重叠区域,这就导致 Floquet 乘子判别法的计算量较大,并且在利用 Runge-Kutta 法求解系统单值矩阵过程中所产生的截断误差将会对 Floquet 乘子的求解结果造成影响,这种影响主要是截断误差导致病态单值矩阵,病态矩阵元素值的微小变化会导致巨大的特征值的变化。因此,为了提高求解精度,减少出现病态单值矩阵的概率,本小节采用状态转移矩阵求解法,即将一个周期 τ_p 分成若干个小段,每一小段进行数值积分,求得状态转移矩阵 $[D_1],[D_2],[D_3],\cdots$,然后将其相乘即为系统的单值矩阵。

图 2.5.7 为两种不同平均流速下的参数共振区,图中颜色变化代表坐标点 (ω_p, μ) 的特征乘子 $|\mu_k|_{\max}$ 的数值变化;数值计算采用前六阶 Galerkin 截断,脉动幅值范围为 0~0.5,脉动频率范围为 0~1000。Floquet 特征乘子 $|\mu_k|_{\max}$ 的大小分别对应图中颜色的深浅:最外层三角区外特征乘子 $|\mu_k|_{\max} < 1$,对应非失稳区,系统做衰减运动;最大三角区内特征乘子 $|\mu_k|_{\max} > 1$,对应失稳区,即参数共振区,系统运动在一个周期后幅值增大,经过多个周期后幅值超过许应值,运动失稳;最大三角区的边界特征乘子 $|\mu_k|_{\max} = 1$,对应渐进稳定区,系统做周期运动,既不会衰减也不会失稳。当脉动幅值和脉动频率的坐标点 (ω_p, μ) 落在图中的三角区时,对应的 Floquet 特征乘子 $|\mu_k|_{\max} > 1$,系统就会出现参数共振。随着坐标点 (ω_p, μ) 向上移动落在较小的三角区,其对应的特征乘子 $|\mu_k|_{\max}$ 比大三角区的特征乘子大,而特征乘子 $|\mu_k|_{\max}$ 越大,系统失稳越快。

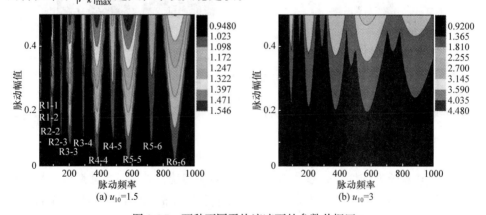

图 2.5.7　两种不同平均流速下的参数共振区

从图 2.5.7 中观察到两种参数共振区:次谐波共振区、组合参数共振区,两种参数共振区交替出现。其中次谐波共振区 6 个 R1-1($\omega_p = 2\omega_{01}$)、R2-2($\omega_p = 2\omega_{02}$)、R3-3($\omega_p = 2\omega_{03}$)、R4-4($\omega_p = 2\omega_{04}$)、R5-5($\omega_p = 2\omega_{05}$)、R6-6($\omega_p = 2\omega_{06}$),对应图中较大的三角区部分;组合参数共振区 5 个 R1-2($\omega_p = \omega_{01} + \omega_{02}$)、R2-3 ($\omega_p = \omega_{02} +$

ω_{03})、R3-4($\omega_{\mathrm{p}}=\omega_{03}+\omega_{04}$)、R4-5($\omega_{\mathrm{p}}=\omega_{04}+\omega_{05}$)、R5-6($\omega_{\mathrm{p}}=\omega_{05}+\omega_{06}$),对应图中两个较大三角区中间的小三角区。随着参数共振阶数的增大,参数共振区逐渐变宽。平均流速$u_{10}=3$的参数共振区明显比平均流速$u_{10}=1.5$的参数共振区面积大很多。当平均流速$u_{10}=3$,脉动幅值$\mu>0.2$时,非参数共振区的面积很小,此时很难使脉动幅值和脉动频率的坐标点落在非共振区,因此只有减小平均流速或者减小脉动幅值,才能避免出现参数共振现象。

图 2.5.8 为两种不同脉动幅值下的参数共振区,图中颜色变化代表坐标点$(\omega_{\mathrm{p}},u_{10})$的特征乘子$|\mu_k|_{\max}$数值变化。平均流速范围为 0~3,脉动频率范围为 0~1000。平均流速和脉动频率的参数共振区与脉动幅值和脉动频率的参数共振区形状大致相同,而且共振区的位置没有变化,都会在次谐波共振频率点和组合共振频率点附近存在一个三角区。当平均流速和脉动频率的坐标点落在图中的三角区时,对应的 Floquet 特征乘子$|\mu_k|_{\max}>1$,系统就会出现参数共振。

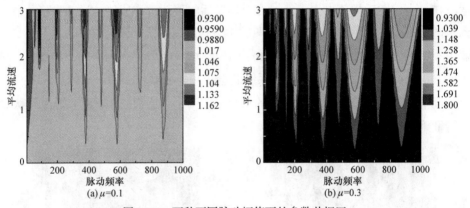

图 2.5.8 两种不同脉动幅值下的参数共振区

2.5.5 系统参数对参数共振区的影响

1. 软管长度比

随着软管长度的增加,参数共振区向低频区移动,各阶参数共振区变窄,这是因为软硬相接管路系统的固有频率随着软管长度比的增加而减小。当软管长度比为$x_0<0.4$时,各阶参数共振区虽然间隔大,但其宽度大;当$x_0>0.5$时,各阶参数共振区宽度小,但其共振区间隔小。因此在以上两种情况下,参数共振区的面积都很大。当软管长度比为$0.4<x_0<0.5$时,参数共振区宽度和间隔相对处于平衡的阶段,参数共振区面积相对较小,如图 2.5.9 所示。

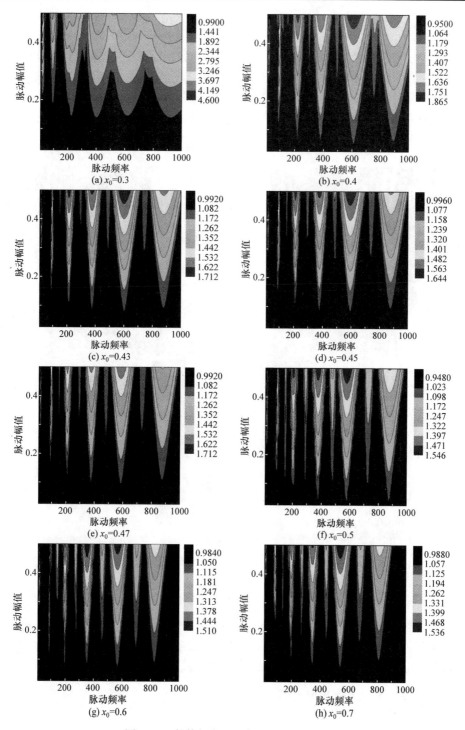

图 2.5.9 软管长度比对参数共振区的影响

2. 硬管与软管弹性模量比

随着硬管与软管弹性模量比 E_2/E_1 的增大，参数共振区向高频区移动，各阶参数共振区相互之间也在远离，参数共振区变得稀疏，这是因为当弹性模量比增大时，系统各阶固有频率都在增大，且各阶固有频率之差也在增大，所以参数共振区会随固有频率的位置变化而同步变化。当 $E_2/E_1 > 26$ 时，系统前两阶固有频率基本稳定为 13、79，故前两阶参数共振区的位置也稳定下来，如图 2.5.10 所示。

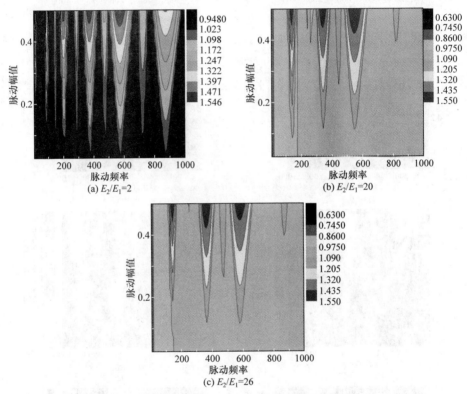

(a) $E_2/E_1=2$

(b) $E_2/E_1=20$

(c) $E_2/E_1=26$

图 2.5.10　硬管与软管弹性模量比对参数共振区的影响

3. 软管质量比

随着软管质量比(含流体)的增加，各阶参数共振区的中心位置没有移动，这可以解释为系统的固有频率随着质量比的增加基本不发生变化。软管质量比越大参数共振区越宽，对应的参数共振区的面积越大，也就是说当流体的质量占比越小，越不容易发生参数共振，如图 2.5.11 所示。

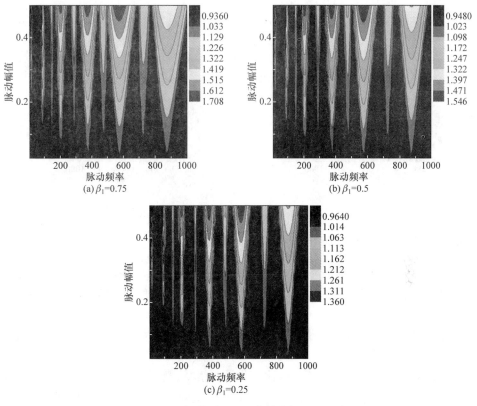

图 2.5.11 软管质量比对参数共振区的影响

4. 边界条件

如图 2.5.12 所示,四种不同的边界条件中软管端部固支、硬管端部简支时,参数共振区面积最小,这说明增加软管端部的刚度(增强约束)可以有效地增加系统的稳定性。

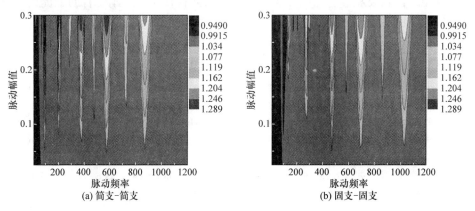

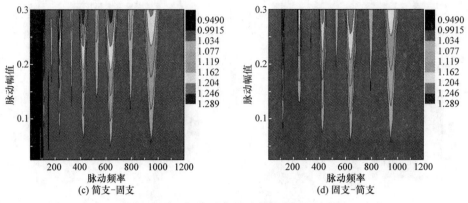

图 2.5.12　不同边界条件对参数共振区的影响

2.5.6　软硬相接管路流固耦合动力学设计建议

总结上述分析,为了提高软硬相接管路的动力稳定性,可以采用如下设计建议。

(1) 缩短软管部分长度或者增加硬管弹性模量可以有效提高管路系统的动力学刚度。

(2) 平均流速和脉动幅值对管路系统参数共振有很大影响,增加两者数值使参数共振区明显变宽。

(3) 参数共振区对于软管长度比变化最为敏感,随着软管长度比增大,参数共振区变窄,并且向低频区移动;随着软管长度比减小,参数共振区变宽,并且向高频区移动;当硬管与软管弹性模量比为 2,软管长度比设计为 0.4~0.5 时,参数共振区面积最小,系统最不容易发生参数共振。

(4) 随着流体密度的增大,参数共振区也在变宽,但是参数共振区中心位置没有移动。

(5) 在常见的几种边界条件中,软管端为固支、硬管端为简支时,参数共振区面积最小,在软硬相接管路的支撑设计中,增强软管端支撑刚度有助于提高管路系统的稳定性。

参 考 文 献

[1] PAIDOUSSIS M P, SUNDARAJAN C. Parametric and combination resonances of a pipe conveying pulsating fluid[J]. Journal of Applied Mechanics, 1975, 42(4): 780-784.

[2] PAIDOUSSIS M P. Fluid-Structure Interactions: Slender Structures and Axial Flow[M]. California: Academic Press, 1998.

[3] TIJSSELING A S. Fluid-structure interaction in liquid-filled pipe systems: A review[J]. Journal of Fluids and Structures, 1996, 10(2): 109-146.

[4] WIGGERT D C, TIJSSELING A S. Fluid transients and fluid-structure interaction in flexible liquid-filled piping[J]. Applied Mechanics Reviews, 2001, 54(5): 455-581.

[5] BOEDONI PG. Stress Waves in Solid[M]. Oxford: Clarendon Press, 1953.

[6] THORLEY A. Pressure transients in hydraulic pipelines[J]. Journal of Fluids Engineering, 1969, 91(3): 453-460.

[7] 王树人. 水击理论与水击计算[M]. 北京: 清华大学出版社, 1981.

[8] 张立翔, 杨柯. 流体结构互动理论及其应用[M]. 北京: 科学出版社, 2004.

[9] TENTARELLI S C. Propagation of Noise and Vibration in Complex Hydraulic Tubing Systems[D]. Bethlehem: Lehing University, 1990.

[10] KOO G H, PARK Y S. Vibration analysis of a 3-dimensional piping system conveying fluid by wave approach[J]. International Journal of Pressure Vessels and Piping, 1996, 67(3): 249-256.

[11] OLSON L G, JAMISON D. Application of a general purpose finite element method to elastic pipes conveying fluid[J]. Journal of Fluids and Structures, 1997, 11(2): 207-222.

[12] LEE D M, CHOI M J, OH T Y. Transfer matrix modelling for the 3-dimensional vibration analysis of piping system containing fluid flow[J]. Journal of Mechanical Science and Technology, 1996, 10(2):180-189.

[13] WU J S, SHIH P Y. The dynamic analysis of a multispan fluid-conveying pipe subjected to external load[J]. Journal of Sound and Vibration, 2001, 239(2): 201-215.

[14] JUNG D, CHUNG J. In-plane and out-of-plane motions of an extensible semi-circular pipe conveying fluid[J]. Journal of Sound and Vibration, 2008, 311(1-2): 408-420.

[15] HUANG Y M, LIU Y S, LI B H, et al. Natural frequency analysis of fluid conveying pipeline with different boundary conditions[J]. Nuclear Engineering and Design, 2010, 240(3): 461-467.

[16] 李宝辉, 高行山, 刘永寿, 等. 输液曲管平面内振动的波动方法研究[J]. 固体力学学报, 2012, 33(3): 1-7.

[17] DOLL R W, MOTE C D. On the dynamic analysis of curved and twisted cylinders transporting fluids[J]. Journal of Pressure Vessel Technology, 1976, 98(2): 143-150.

[18] DAI H L, WANG L, QIAN Q, et al. Vibration analysis of three-dimensional pipes conveying fluid with consideration of steady combined force by transfer matrix method[J]. Applied Mathematics and Computation, 2012, 219(5): 2453-2464.

[19] PAIDOUSSIS M P, ISSID N T. Dynamic stability of pipes conveying fluid[J]. Journal of Sound and Vibration, 1974, 33(3): 267-294.

[20] ŁUCZKO J, CZERWINSKI A. Parametric vibrations of flexible hoses excited by a pulsating fluid flow, Part Ⅰ: Modelling, solution method and simulation[J]. Journal of Fluids and Structures, 2015, 55: 155-173.

[21] JIN J D, SONG Z Y. Parametric resonances of supported pipes conveying pulsating fluid[J]. Journal of Fluids and Structures, 2005, 20(6): 763-783.

第3章　液压管路系统的流固耦合响应分析与优化技术

飞行器管路系统的动力学设计，需要考虑其流固耦合特性及其响应特性，而这些特性的获得是建立在合理的管路流固耦合动力学模型基础上。根据管路不同的边界条件，构建管路系统的特征方程组，然后求解该偏微分方程组，即可分析输流管路的动力学特性[1-7]。但是，若管路系统布局复杂，这些方程组即使经过简化后也很难得到解析形式的响应解。所以目前飞行器复杂管路系统的流固耦合响应分析仍然以数值仿真求解为主。

其中，有限元法是解决复杂空间管路动态特性的一种比较成熟的数值计算方法，该方法将流体管路系统离散成各自不同的单元形式，能求解具有复杂几何形状及复杂边界条件的流固耦合问题。对输流管路进行有限元分析的关键是处理流体流速产生的科氏力、离心力、惯性力及复杂卡箍、机体等的耦合边界条件的影响。而且有限元法计算精度受网格划分程度的影响较大，对于复杂的管路系统，往往需要较细致的网格，才能达到较好的计算精度，而此时计算量较大。

研究表明，飞行器管路系统受布局空间限制和复杂功能的要求，管形布局变化较多，管路弯角部位造成流体运动状态的突变，是使管路产生流固耦合作用的重要激励源[8-13]。本章采用有限元数值仿真方法，研究飞行器不同管形结构在非定常流动、机体变形、液压脉动、机体振动等激励下的响应数值计算方法，给出管路弯曲部位的"Ω"弯曲管形的力学机制和优化方法，以及"机体-卡箍-管路"的仿真与设计方法，能够在一定程度上减轻流固耦合作用引起的结构振动。

3.1　三段式弯曲的肘形导管的优化设计方法

飞行器液压管路系统中经常采用直角弯曲的管形布局形式，这种管形又称为肘形导管，其进、出口端方向相互垂直。本节提出了一种能够降低管内非定常流动的三段式弯曲管形，并对该管形的细节布局实施了参数化建模，通过优化计算得到了该管形的结构参数最优解。计算结果表明，三段式弯曲管形减小了整个弯曲段的涡流涡量平均值、二次流强度和压力损失。还进一步讨论了不同管径和边界条件(压力、流速)时,对优化结果的影响。最后,总结出不同情形下三段弯曲管形的参数设计的规律,为导管的减振降噪设计提供了参考[14]。

3.1.1　液压管路弯曲处的紊流分析

取一段直径为 20mm、弯曲角度为 90°、壁厚为 1.5mm 的液压导管进行分析,其压力高于 21MPa,流速大于 12m/s。设流体密度为 $\rho = 965.35\mathrm{kg/m^3}$,涡黏性系数为 $\mu = 3.145 \times 10^{-4}\mathrm{Pa \cdot s}$。此时,管内流体的雷诺数为 2320,其运动状态为紊流。

高压或大功率时的紊流计算,需要考虑流体黏性和剪切流的影响,应采用可压缩 $k\text{-}\omega$ 模型[15-18],该模型中,紊流动能 k 和比损耗速度 ω 的方程如下:

$$\frac{\partial \rho k}{\partial t} + \rho(\boldsymbol{u} \cdot \nabla)k = \nabla \cdot \left[(\mu + \mu_T \sigma_k)\nabla k \right] + P_k - \beta_0^* \rho \omega k \tag{3.1.1}$$

$$\frac{\partial \rho \omega}{\partial t} + \rho(\boldsymbol{u} \cdot \nabla)\omega = \nabla \cdot \left[(\mu + \mu_T \sigma_\omega)\nabla \omega \right] + \alpha \frac{\omega}{k} P_k - \rho \beta_0 \omega^2 \tag{3.1.2}$$

式中,P_k 为流体压力;$\boldsymbol{u}$ 为管内流体速度矢;∇ 为梯度的微分算子,该算子表达式为 $\nabla = \mathrm{grad} = i_1 \dfrac{\partial}{\partial x_1} + i_2 \dfrac{\partial}{\partial x_2} + i_3 \dfrac{\partial}{\partial x_3}$;$\mu$ 为流体的运动黏性系数;μ_T 为涡黏性系数。

$$P_k = \mu_T \left\{ \nabla \boldsymbol{u}[\nabla \boldsymbol{u} + (\nabla \boldsymbol{u})^\mathrm{T}] - \frac{2}{3}(\nabla \cdot \boldsymbol{u})^2 \right\} - \frac{2}{3}\rho k \nabla \cdot \boldsymbol{u} \tag{3.1.3}$$

其他参数为常数[18],取 $\alpha = 0.52$,$\sigma_k = \sigma_\omega = 0.5$,$\beta_0^* = 0.09$,$\beta_0 = 0.072$。

传统的直角弯曲肘形导管的流场分析如图 3.1.1 所示,这种弯曲方式为一段

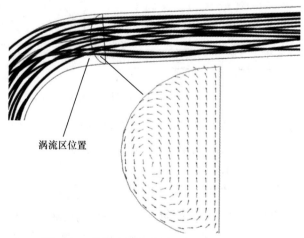

涡流区位置

图 3.1.1　传统直角弯曲肘形导管的流场分析

式，易在弯曲段后端出现流线混乱和"空隙"，造成较大涡流区。并且易在管截面上产生较强的二次流(图中半圆截面的速度分布)。二次流的形成主要是由于管形变化产生了不同于主流速方向的速度分量。流体的涡流和二次流激励，是造成航空导管振动的重要激励源。可见，管形变化是引起飞行器液压管路结构振动的重要原因。

3.1.2　三段式直角弯曲管形设计

针对涡流和二次流的产生机理，可以通过对肘形管弯曲段形状的优化来降低流经管内弯曲段涡流区的大小和二次流强度，在不改变原肘形导管两端坐标位置及弯曲段的前提下，对弯曲段进行局部细节管形的再设计，扩充到三段弯曲管形，从而达到减振降噪的目的。这里从两个角度对肘形导管的管形提出改进设计。

(1) 在弯曲段中段进行优化。由于二次流从这个位置开始产生，在此改变管形，可以显著地降低二次流强度。以下称该弯曲中段优化的管形为管形 I。管形 I 的中线图及切点位置示意图如图 3.1.2 所示。

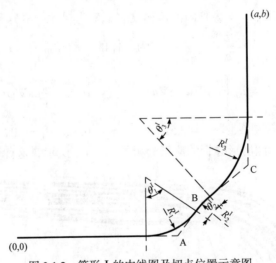

图 3.1.2　管形 I 的中线图及切点位置示意图

(2) 在弯曲段入口处进行优化。在入口处改善流线流入的状况，减小涡流区大小和二次流强度。以下称该弯曲中段优化的管形为管形 II。管形 II 的中线图及切点位置示意图如图 3.1.3 所示。

航空液压管路相关标准要求，弯曲半径应大于 2 倍的导管外径。对应于两种管形，假设管路的初始弯曲段半径 R_1^I 保持为 2 倍导管外径，则上述三段弯曲方式管形 I 需确定的管形参数为：θ_1^I、R_2^I、θ_2^I、θ_3^I、R_3^I。如图 3.1.2 所示，其中 θ_1^I、θ_2^I、

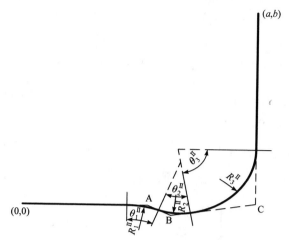

图 3.1.3　管形 II 的中线图及切点位置示意图

θ_3^{I} 分别对应三个弯曲段半径 R_1^{I}、R_2^{I}、R_3^{I} 的弯曲角度，由于本例是直角弯曲，R_3^{I} 对应的弯曲角度 $\theta_3^{\mathrm{I}} = 90 + \theta_2^{\mathrm{I}} - \theta_1^{\mathrm{I}}$，只需 4 个参数 θ_1^{I}、R_2^{I}、θ_2^{I}、R_3^{I} 即可确定出管形 I。管形 II 的参数化与管形 I 类似，用上标 II 加以区别。

　　确定上述两种管形的结构尺寸时，首先绘制如图 3.1.2 和图 3.1.3 所示的管形中线图，其次给出上述 4 个参数、2 倍弯曲半径要求、出入口位置，即可确定两种初始管形三个弯曲段的切点坐标(图中 A、B、C 点即切点位置)。优化前将整个管形通过切点坐标进行参数化建模。

3.1.3　三段式直角弯曲管形的优化设计

1. 目标函数

　　本例设置优化目标为：令导管在弯曲段和出口段的涡流涡量平均值之和最小，数学表达即 $\mathrm{Min}\left(\zeta_{\mathrm{avg}}\right)$。式中，$\zeta_{\mathrm{avg}} = \zeta_{\mathrm{c}} + \zeta_{\mathrm{o}}$，其中 ζ_{c} 为弯曲段的涡流涡量平均值，ζ_{o} 为出口段的涡流涡量平均值。考虑到在弯曲段和出口均存在涡流，采用 ζ_{avg} 表示整个弯曲管形的涡流涡量平均值。

2. 优化变量和约束函数

　　选取管形 I 和管形 II 的 4 个管形参数($R_2, R_2, \theta_1, \theta_2$)为设计变量。其中弯曲半径 R_2 和 R_3 的取值区间为(2*OD，4*OD)；要求对应的弯曲角度大于零，工程师可以根据需求设定角度范围，但几何上必须保证管路入口和出口位置与原管形一致。

3. 优化算法

　　对于非线性目标函数，若受到线性约束和边界约束，采用线性近似约束优化

算法(COBYLA)，一般表达式为

$$\begin{cases} \text{Min } f(x_i), & x_i \in R^n \\ \text{s.t.} \quad c_j(x) \geqslant 0, & j = 1, 2, \cdots, m \end{cases} \tag{3.1.4}$$

式中，Min 为目标值最小化；s.t.为约束条件。该算法的主要思想是由 R^n 中一个非退化单极点 $\{x^j : j = 0, 1, \cdots, n\}$ 处的函数值生成下一个变量矢量，采用线性函数 $\hat{f}(x_i)$ 和约束条件 $\{\hat{c}_j : j = 0, 1, \cdots, m\}$，对极值点处的非线性目标函数 $f(x_i)$ 和非线性约束函数 $\{c_j : j = 0, 1, \cdots, m\}$ 进行插值。将其等价为线性规划问题近似计算：

$$\begin{cases} \text{Min } \hat{f}(x_i), & x_i \in R^n \\ \text{s.t.} \quad \dfrac{\varsigma_2 - \varsigma_1}{\varsigma_1} < 2\% \\ \quad \theta_3 < 90° \\ \quad \theta_2 < \theta_1 \end{cases} \tag{3.1.5}$$

4. 优化步骤

选用上述两种三段弯曲管形方案后，需要进一步确定各个弯曲段的最优参数。优化计算可分为以下四个步骤，具体流程图如图 3.1.4 所示。

步骤一：建立一段式管形模型，设置流体参数和边界条件，采用 k-ω 模型对原肘形导管内流场进行数值分析，获得涡流和二次流计算结果。

步骤二：按照图 3.1.2 和图 3.1.3，采用参数化建模方法，建立三段式管形 I 和 II，并设置与步骤一相同的流体参数和边界条件。

步骤三：以四个管形参数为设计变量，设定上述目标函数、约束条件和优化算法，实施优化设计并选取一组最优结果。

步骤四：优化效果对比。提取优化后两种管形的涡流涡量平均值、二次流强度与压力损失，与步骤一中原始管形的计算结果进行对比，最终得出最优管形参数。

5. 最优管形结果

以 20mm 管径的直角肘形弯曲导管为例，入口坐标为(0, 0)，出口坐标为(150, 150)(单位：mm)，初始弯曲半径设置为 2 倍的导管直径。管形 I 和 II 的初始值如表 3.1.1 所示，表中同时给出了设计变量的取值范围。采用上述步骤对该管形采用三段式弯曲优化计算，获得两种管形参数的最优值列于表 3.1.1 中，两种最优管形的形状如图 3.1.5 所示。

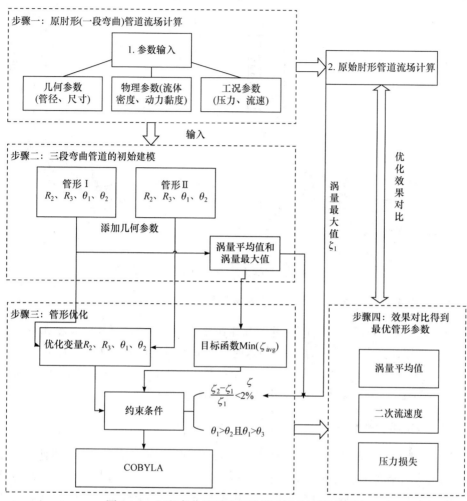

图 3.1.4　三段弯曲的肘形管路设计优化计算流程图

表 3.1.1　两种管形参数的优化结果

管形 I				管形 II			
参数	初始值	区间	优化后	参数	初始值	区间	优化后
θ_1^{I}	50.0°	(45°,90°)	53.0°	θ_2^{II}	50°	(45°,90°)	55.3°
R_2^{I} /mm	60	(40,80)	80	R_1^{II}	40	(40,80)	40
θ_2^{I}	10.0°	(5°,45°)	15.5°	θ_1^{II}	20°	(5°,45°)	20.7°
R_3^{I} /mm	50	(40,80)	70	R_3^{II}	45	(30,80)	80

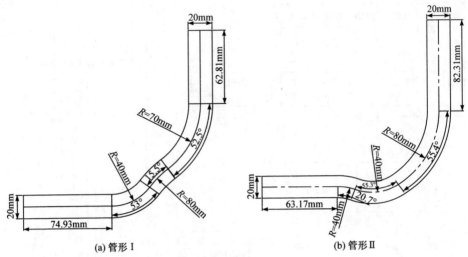

(a) 管形 I　　　　　　　　　　　　　　　(b) 管形 II

图 3.1.5　三段弯曲方式的肘形导管最优管形尺寸图

3.1.4　三段式直角弯曲管形优化前后效果对比

优化效果主要通过对比弯曲段、出口直管段的涡流涡量平均值大小和二次流强度变化(以流速分量的平均值表示)体现；将原一段式弯曲改为了三段式弯曲，路程的变化会导致流体的压力损失发生变化等，所以还需对比其他不同工况(如循环脉动或者瞬态流量变化等)对优化结果的影响。

1. 涡流涡量平均值

分别比较三段弯曲与一段弯曲管形 3 个观测点处(入口直管处、弯曲处、出口直管处)的涡流涡量平均值，如表 3.1.2 所示，优化后的三段弯曲管形比原始管形的涡流涡量平均值降低了 4.30%以上。由原始管形的涡流涡量平均值数据对比可知，弯曲段和出口直管段的涡流涡量平均值较大。管形 I 通过中段弯曲的变化降低涡流，再通过较大的出口弯曲段过渡，使流体缓慢过渡至出口处；管形 II 在入口段反向弯曲，使流体沿着较大弯曲半径的管路流动，减小涡流。

表 3.1.2　三段弯曲与一段弯曲管形的涡流涡量平均值对比

项目	管路各部分的涡流涡量平均值/s⁻¹			涡流涡量平均值/s⁻¹ (不含入口)	涡量降低率/%
	入口直管段	弯曲段	出口直管段		
原始管形	1135.41	1239.55	1269.67	1257.40	—
管形 I	1141.00	1184.73	1165.66	1178.33	6.29
管形 II	1141.18	1199.45	1209.40	1203.37	4.30

图 3.1.6 为三种管形流线分布、涡流区位置和截面速度对比图，相对原始管形，优化后的三段式管形流线分布更加均匀，涡流及二次流的影响变小；由于涡流区位置流体速度变化有较大的梯度，通过截面速度分布查看涡流区大小的变化。选取管路中涡流区域的三个截面($A—A$；$B—B$；$C—C$)，由截面速度分布图中的流速梯度变化得知，涡流区(图中左边的流线图)由大到小的排列顺序为：管形 I >原始管形>管形 II。管形 I 的涡流区增大是入口段反向弯曲导致。

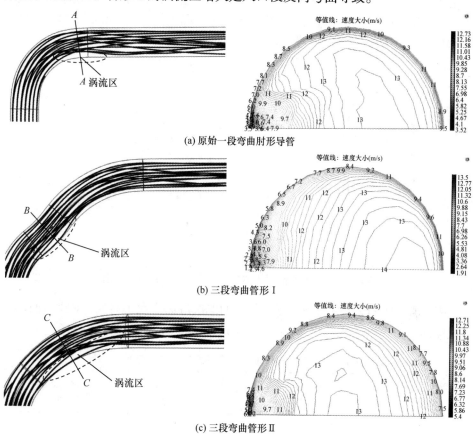

(a) 原始一段弯曲肘形导管

(b) 三段弯曲管形 I

(c) 三段弯曲管形 II

图 3.1.6　三种管形流线分布、涡流区位置和截面速度对比图

2. 二次流速度大小

二次流的强弱可以用管路截面内流体的速度分量 U 来描述：

$$U = \sqrt{(u\sin^2\alpha)^2 + (v\cos^2\alpha)^2 + w^2} \tag{3.1.6}$$

式中，u 为流速在 x 方向上的速度分量；v 为流速在 y 方向上的速度分量；w 为流速在 z 方向上的速度分量。判断流速分量的大小的方法，以图 3.1.6(a)中的 $A—A$ 截面为例说明。该截面与 y 轴的夹角为 α，其法向量可以表示为 $\boldsymbol{n} = (\cos\alpha, \sin\alpha, 0)$，通过向量的计算可将该截面上的流速分量表示为：$(u\sin^2\alpha, v\cos^2\alpha, w)$，其模长即为截面速度的大小。

图 3.1.7 给出了 U 随流体的运动方向(x 方向)的变化。对于原始一段式管形，U 在入口直管段几乎为零，主要从流体进入弯曲段开始增大，在弯曲角度为 $50°$ 左右达到最大，之后开始下降。管形 I 和管形 II 也有类似的现象，由于弯曲入口段和中段管形的变化，在弯曲入口段出现二次流极大值。管形 II 由于弯曲入口段变形较小，产生的二次流并不强烈。

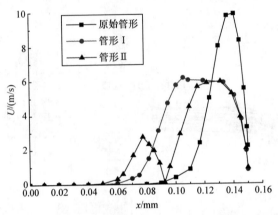

图 3.1.7　管路截面内流体的速度分量随 x 方向的变化

表 3.1.3 为三段弯曲与一段弯曲管形的二次流速度大小对比，对比弯曲段出口截面的平均速度，优化后管形 I 和 II 的二次流速度大小约下降 50%。

表 3.1.3　三段弯曲与一段弯曲管形的二次流速度大小对比

项目	弯曲段出口截面 U 的最大值/(m/s)	弯曲段出口截面 U 的平均值/(m/s)	二次流速度下降幅度(最大值)/%
原始管形	3.177	2.199	—
管形 I	1.526	0.815	51.97
管形 II	1.653	0.930	47.97

3. 压力损失

压力损失是管路中的流体动能损失的主要原因。造成局部压力损失的主要原因是管形变化。由表 3.1.4 中的对比数据可知，优化后管形的压力损失比原始管形的压力损失低 8% 以上。优化后的管形主要是通过弯曲段的调整，减小二次流，削弱其对流场的影响,从而降低流体通过弯曲段的局部压力损失。

表 3.1.4　三段弯曲与一段弯曲管形的压力损失对比

项目	入口压力值/Pa	出口压力值/Pa	压力损失/Pa	降低幅度/%
原始管形	21014689.29	20999809.79	14879.51	—
管形 I	21012857.55	20999858.76	12998.80	12.64
管形 II	21013487.64	20999832.40	13655.25	8.23

3.1.5　最优管形尺寸的影响讨论分析

飞行器管路通常包括多种管径,不同用途管路的压力、流速有所不同。为了确定在其他情形下,上述管形优化方法同样适用,有必要对最优管形尺寸的影响因素进行讨论。本小节从工况、流速、管径、压力这 4 个方面进行对比。

1. 瞬态液压冲击工况对优化结果的影响

3.1.4 小节的结果是稳态流动工况的计算结果,飞行器工作状态的变化,经常会使管路内流场处于瞬态或者循环变化工况。这里需要研究工况变化后,是否会对上述优化结果产生影响。在上述模型中不改变其他输入,将非稳态工况分为瞬态冲击和循环脉动,研究非稳态工况对优化结果的影响。

将肘形导管入口的恒定压力条件改为液压冲击函数,飞机设计相关手册和标准规定,液压冲击的最大压力幅值为稳态幅值的 135%。假设瞬间冲击发生时间为 0.02s,目标函数在稳态和瞬态研究下一致,约束条件、优化变量相同。计算结果表明,涡流大小在 0.02s 左右保持稳定,最终稳定在 1258s^{-1},这个数值和表 3.1.2 中一段弯曲管形的结果相近,最终得到的优化细节管形参数也与稳态保持一致。

2. 循环压力脉动工况对优化结果的影响

将肘形导管入口的恒定压力条件改为循环压力脉动,以正弦函数的形式表示为 $p = \bar{p} \times [1 + 0.1 \times \sin(\omega t)]$,其中 ω 取为航空液压泵的最大工作频率 600Hz,$\bar{p}$ 为平均压力(本例中为 21MPa),脉动幅值为平均压力的 10%。目标函数、约束条件、优化变量均相同。优化计算结果表明,目标函数的变化趋势与原始管形一致,都在 0.02s 左右开始稳定,两种管形的分析结果均与上述稳态结果相近,如图 3.1.8 所示。

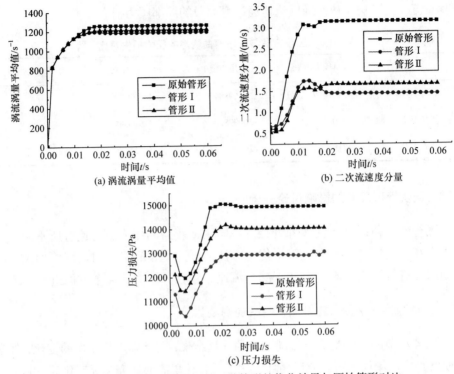

图 3.1.8　循环压力脉动工况下两种管形的优化效果与原始管形对比

由此可见，工况变化对管形最终优化结果的影响较小，工程应用中，稳态工况获得的最优管形可以直接应用于非稳态工况。

3. 流速对优化结果的影响

改变入口处的流速(分别设为12m/s、14m/s、16m/s、18m/s、20m/s)，压力和管路直径等其他条件保持不变。不同流速下三段弯曲管路的四个设计参数的最优值变化情况如图 3.1.9 所示。由图 3.1.9(a)和(c)可见，管形Ⅱ中的弯曲半径 R_1^{II} 和 R_3^{II} 的最优值基本保持不变，分别为 2 倍外径和 4 倍外径。但是，随着流速增大，管形Ⅰ中的中段和后段的弯曲半径 R_2^{I}、R_3^{I} 出现变化。由图 3.1.9(b)和(d)中纵坐标的尺度范围来看，不同流速下两种管形的弯曲角度的变化范围较小，分别为 $\theta_1^{\mathrm{I}} \in [52.2°,53.8°]$，$\theta_2^{\mathrm{I}} \in [13.8°,17.65°]$ 和 $\theta_1^{\mathrm{II}} \in [53.34°,55.34°]$，$\theta_2^{\mathrm{II}} \in [16.68°,20.67°]$。

4. 管径对优化结果的影响

不改变流速和压力等其他条件，研究不同管径对优化结果的影响。如图 3.1.10 所示，管形Ⅰ和管形Ⅱ中，$R_2^{\mathrm{I}}(R_1^{\mathrm{II}})$ 的取值呈现波动式变化，而 $R_3^{\mathrm{I}}(R_3^{\mathrm{II}})$ 随着管径的增大，R/D 的最优值稳定在 4 倍的管径值；无论管形Ⅰ和管形Ⅱ，后弯曲段都是以较大的弯曲半径过渡，可以在一定程度上降低涡流区大小和二次流的速度分量；弯曲角度方面，随着管径的增大，管形Ⅰ和管形Ⅱ的第一段弯曲角度 θ_1 和中段弯曲角度 θ_2 逐渐趋于稳定，其中 θ_1 保持约 53°，θ_2 保持约 16°。

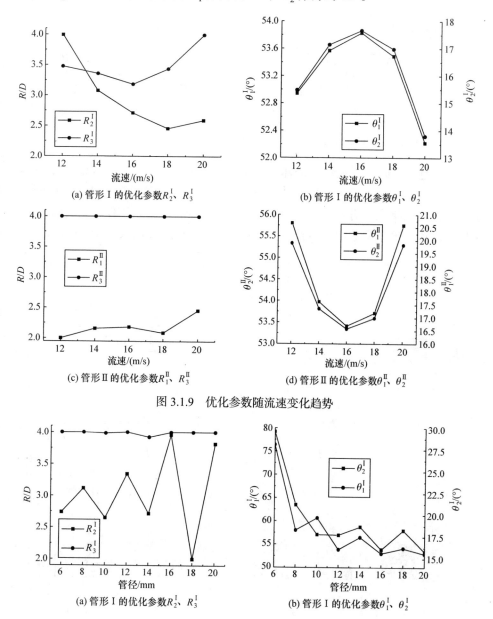

(a) 管形Ⅰ的优化参数 R_2^{I}、R_3^{I}　　　　　(b) 管形Ⅰ的优化参数 θ_1^{I}、θ_2^{I}

(c) 管形Ⅱ的优化参数 R_1^{II}、R_3^{II}　　　　　(d) 管形Ⅱ的优化参数 θ_1^{II}、θ_2^{II}

图 3.1.9　优化参数随流速变化趋势

(a) 管形Ⅰ的优化参数 R_2^{I}、R_3^{I}　　　　　(b) 管形Ⅰ的优化参数 θ_1^{I}、θ_2^{I}

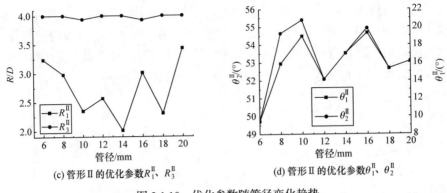

(c) 管形Ⅱ的优化参数$R_1^{Ⅱ}$、$R_3^{Ⅱ}$　　　　(d) 管形Ⅱ的优化参数$\theta_1^{Ⅱ}$、$\theta_2^{Ⅱ}$

图 3.1.10　优化参数随管径变化趋势

5. 工作压力对优化结果的影响

令流速(12m/s)和管径(20mm)相同，研究三种工作压力(本例中分别为 21MPa、28MPa、35MPa)下的管形最优尺寸。由图 3.1.11(a)和(b)中可以发现，压力的变化对管形的弯曲半径没有影响。通过弯曲段弧长的变化来分析工作压力对弯曲总长的影响。这里三个弯曲段的弧长 $L_i = R_i \times \theta_i$(其中 θ_i 以弧度制表示)，如图 3.1.11(c)

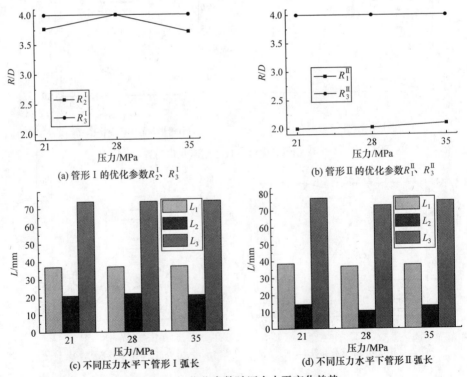

(a) 管形Ⅰ的优化参数$R_2^{Ⅰ}$、$R_3^{Ⅰ}$　　　　(b) 管形Ⅱ的优化参数$R_1^{Ⅱ}$、$R_3^{Ⅱ}$

(c) 不同压力水平下管形Ⅰ弧长　　　　(d) 不同压力水平下管形Ⅱ弧长

图 3.1.11　优化参数随压力水平变化趋势

和(d)所示，三种工作压力下弯曲弧长大小变化规律一致。可见，压力并不会显著影响管形参数的最优值。

综上，流体的压力和系统运行工况状态(稳态、瞬态、循环脉动)对最优管形的尺寸参数影响较小。也就是说，工程上针对不同压力和不同运行工况情形下，三段弯曲的最优弯管的管形尺寸可以一致。但是，流速和管径对最优管形尺寸的影响较大。这主要是由于流速和管径直接影响雷诺数，而涡流的大小与雷诺数的变化直接相关。

本节提出了一种三段式弯曲管形结构参数的优化设计方法，相较传统一段式弯曲方式，在一定程度上降低了高压高速流体流经弯曲段的涡流、二次流和压力损失。三段弯曲方式不仅适用于直角弯曲，也适用于其他角度的弯管。

3.2　"Ω"弯曲管形的力学机制探讨

由于空间受限和多种功能要求，飞行器液压、燃油等管路系统的走向和布局极其复杂，飞行器上的弯曲管路能够在一定程度上缓解热胀冷缩和强制安装等产生的应力。"Ω"弯曲管形(即 3.1 节中的管形Ⅱ)在美、俄等国先进飞行器的高压(28MPa、35MPa)液压管路系统中时常被采用，如图 3.2.1 所示。因此，探究"Ω"弯曲管形布局方案背后的力学机制，对进一步分析飞行器管路布局细节设计具有重要的意义。

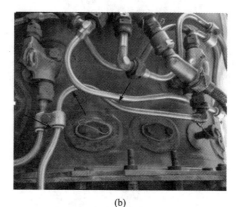

(a)　　　　　　　　　　　　　　　　(b)

图 3.2.1　飞行器管路系统的"Ω"弯曲管形

对于高压高速流体而言，管形弯曲必然会带来内部流体运动状态的变化，引起涡流和二次流。管路的流固耦合仿真研究表明，流体参数、结构特性、边界条件对流固耦合特性均有影响，而管内流体运动与管路运动耦合产生的离心力、科氏力、压力波动等均与弯曲管形密切相关，因此弯曲管路的流固耦合振动规律更为复杂[19-24]。3.1 节从降低飞行器管路流(管内非定常流动)致振动的角度，研究了两种弯曲管形参数优化方法。但是，"Ω"弯曲管形的布局对管路的其他影响还需进一步讨论。本节通过对"Ω"弯曲管形与其他三种弯曲管形进行对比分析，定量研究了"Ω"弯曲管形在抗变形、降应力、削脉动等方面的特性。

根据 3.1 节，"Ω"弯曲管形可以采用三段弯曲的方法获得，即初始弯曲段、中弯曲段和末弯曲段，三段弯曲的三个弧段通过几何相切的关系连接在一起，可以看到，"Ω"弯曲管形减小了传统一段弯曲管形的过渡突变，以三个相对较缓的弯过渡。而且，实现了与原来一段弯曲导管相同的端口位置和功能要求。采用上述三段弯曲建模方法，在弯曲部位采用四种不同的弯曲管形，分别为：传统一段弯曲管形(管形①)、两段弯曲管形(管形②、③)和"Ω"弯曲管形(管形④)，如图 3.2.2 所示，研究这四种弯曲方式的差异。

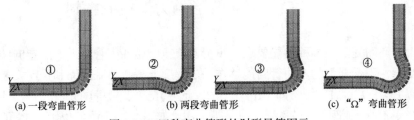

(a) 一段弯曲管形　　　　(b) 两段弯曲管形　　　　(c) "Ω"弯曲管形

图 3.2.2　四种弯曲管形的肘形导管图示

3.2.1　"Ω"弯曲管形降低安装应力的作用

实际飞行器管路安装时，管路两端接头即便是较小的安装偏差，都会在管路约束部位产生较大装配应力。这里考察在相同端部安装偏差位移情况下，几种不同弯曲管形的最大应力。为了便于量化对比，本小节取 16mm 和 18mm 两种管径，壁厚为 1mm，材料为不锈钢。得到管路结构的应力分布云图如图 3.2.3 所示。可

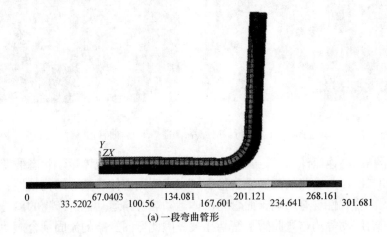

| 0 | 33.5202 | 67.0403 | 100.56 | 134.081 | 167.601 | 201.121 | 234.641 | 268.161 | 301.681 |

(a) 一段弯曲管形

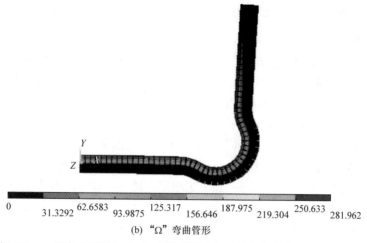

(b) "Ω" 弯曲管形

图 3.2.3　一段弯曲管形和 "Ω" 弯曲管形在相同端部安装偏差时的应力云图

以看到, 管路末端在相同安装偏差位移下, "Ω" 弯曲管形较传统的一段弯曲管形所承受的最大应力更小。四种管形根部的最大应力列于表 3.2.1 中。"Ω" 弯曲管形的最大应力比一段弯曲管形和两段弯曲管形的最大应力要小。相比传统一段弯曲管形, "Ω" 弯曲管形的最大应力降低约 6.5%。可见, "Ω" 弯曲管形能够一定程度上减轻管路根部的安装应力。

表 3.2.1　四种管形在相同端部载荷时的根部最大应力

管径/mm	最大应力/MPa				降低幅度/%
	管形①	管形②	管形③	管形④	
16	301.681	302.295	287.399	281.962	6.536
18	339.913	340.543	323.843	317.669	6.544

　　在管路部件安装或者设备运行过程中, 通常会由于载荷或者空间受限等因素, 与管路相连的机体结构、附件接头等发生变形或位移, 连接在其上的管路端口也随之位移。这里采用数值仿真的方法, 对四种管形的末端均施加 5mm 的面内水平位移, 考察四种管形的弯曲段末端(相同 Y 坐标)点处的最大变形并列于表 3.2.2。对比发现, "Ω" 弯曲管形在该点处的最大变形最小, 相比传统一段弯曲管形最大变形减少约 41%。可见, "Ω" 弯曲管形具有抗变形能力。

表 3.2.2　四种管形在相同端部变形时的最大变形

管径/mm	最大变形/mm				减少幅度/%
	管形①	管形②	管形③	管形④	
16	2.199	2.062	2.659	1.287	41.49
18	2.200	2.013	2.658	1.294	41.17

3.2.2　"Ω"弯曲管形降低压力脉动的作用

　　飞行器液压系统的压力水平目前主要为 21MPa、28MPa、35MPa。管内形成了高压高速流体，弯曲处的流体受到沿半径向外的离心力，导致外壁处的压力增大，内壁处压力减小，这种"压力差"(即压力脉动幅值)引起管路结构的振动[7]。这里以 16mm 管径为例，采用相同的入口流速 12m/s，在三种压力水平下，考察四种管形管内流场变化导致的压力脉动幅值的变化并列于表 3.2.3。对比不同管形的压力脉动幅值可以发现，压力水平几乎不影响弯曲段的压力脉动幅值，"Ω"弯曲管形中的弯曲段压力脉动幅值最小，相比传统一段弯曲管形，压力脉动幅值减小约 3.3%。说明"Ω"弯曲管形可在一定程度上减小流体作用在管壁上的作用力。

表 3.2.3　四种管形在弯曲段的压力脉动幅值

出口压力/MPa	压力脉动幅值/Pa				减少幅度/%
	管形①	管形②	管形③	管形④	
21	75826.904	75125.391	74962.239	73296.648	3.34
28	75778.312	75125.461	74780.970	73296.711	3.27
35	75826.904	75125.461	74500.659	73296.774	3.34

　　涡流和二次流表征管内流场流线的"混乱"程度，也影响管内压力脉动的变化。图 3.2.4 中的流线图可直观显示管路弯曲形式变化对流场的影响，四种管形出口直管段的涡流涡量平均值列于表 3.2.4，可以看到，"Ω"弯曲管形出口直管段涡流涡量平均值较一段弯曲管形减小约 17%。即使对于不同的管径，"Ω"弯曲管形的涡流涡量平均值均小于一段弯曲管形。

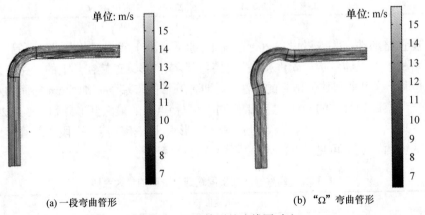

(a) 一段弯曲管形　　　　　　　　　　(b) "Ω"弯曲管形

图 3.2.4　两种管形的流线图对比

表 3.2.4　出口直管段的涡流涡量平均值

管径/mm	出口压力/MPa	涡流涡量平均值/s⁻¹				降低幅度/%
		管形①	管形②	管形③	管形④	
16	21	1699.65	1697.95	1627.10	1404.87	17.34
	28	1698.18	1698.19	1564.03	1404.87	17.27
	35	1699.65	1698.19	1563.58	1404.87	17.34
18	21	1580.62	1531.68	1695.74	1309.52	17.15
	28	1580.63	1531.69	1695.74	1309.51	17.15
	35	1580.63	1531.69	1695.73	1309.50	17.15

二次流为垂直于流动方向的管截面内流动，不同管形弯曲段出口截面二次流速度最大值列于表 3.2.5。"Ω"弯曲管形弯曲段出口截面二次流速度较一段弯曲管形降低了 60%～70%。对比表 3.2.4 和表 3.2.5 中的数据还可发现，不同管径下，"Ω"弯曲管形的流体性能均优于一段弯曲管形。

表 3.2.5　弯曲段出口截面二次流速度最大值

管径/mm	出口压力/MPa	速度最大值/(m/s)				降低幅度/%
		管形①	管形②	管形③	管形④	
16	21	2.085	2.207	1.598	0.600	71.2
	28	2.085	2.207	1.526	0.600	71.2
	35	2.084	2.207	1.526	0.601	71.2
18	21	2.239	2.148	2.004	0.809	63.9
	28	2.239	2.148	2.004	0.809	63.9
	35	2.239	2.148	2.004	0.809	63.9

3.2.3　"Ω"弯曲管形的调频作用

管形的改变会造成管路质量和刚度的变化，从而影响管路的固有频率与振型。这里以 16mm 管路为例，研究"Ω"弯曲管形对模态特性的影响。表 3.2.6 中给出不同状态下一段弯曲管形和"Ω"弯曲管形的前四阶固有频率对比。可以看出"Ω"弯曲管形相对一段弯曲管形固有频率有所减少，这是由于"Ω"弯曲管形的弯曲段相比一段弯曲管形质量有所增加，其中，三阶频率降低约 10%，因此，合理利用"Ω"弯曲管形的调频作用，以避开与某阶固有频率相近的共振激励频率。

表 3.2.6　一段弯曲管形与"Ω"弯曲管形的前四阶固有频率对比

阶数	空管频率/Hz		减少幅度/%	充液频率/Hz		减少幅度/%
	管形①	管形④		管形①	管形④	
一阶(面外)	207.03	200.35	3.22	177.15	171.68	3.08
二阶(面内)	214.69	204.67	4.67	183.66	175.48	4.45

续表

阶数	空管频率/Hz		减少幅度/%	充液频率/Hz		减少幅度/%
	管形①	管形④		管形①	管形④	
三阶(面外)	535.27	477.88	10.72	457.67	410.42	10.32
四阶(面内)	615.45	566.95	7.88	526.63	485.6	7.79

　　两种管形的振型结果如图 3.2.5 所示,对管路前四阶的振型分析可知,相比一段弯曲管形,"Ω"弯曲管形并未造成管路振型的变化。一阶振型均为面外振动,二阶为面内振动,之后面外、面内振型交替出现。在管路结构的失效分析机理中,应分析外界激励频率下管路所激发出的主振型、对应的最大应力位置和应力状态。

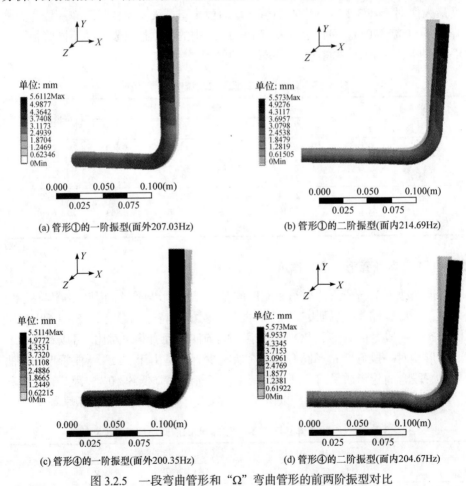

(a) 管形①的一阶振型(面外207.03Hz)　　　　(b) 管形①的二阶振型(面内214.69Hz)

(c) 管形④的一阶振型(面外200.35Hz)　　　　(d) 管形④的二阶振型(面内204.67Hz)

图 3.2.5　一段弯曲管形和"Ω"弯曲管形的前两阶振型对比

3.2.4　"Ω"弯曲管形降低面内流固耦合共振响应的作用

高压高速脉动流体流经弯曲管路时，当流体脉动频率与管路结构某阶固有频率相近时，还会引起管路结构的流固耦合共振。这里研究两种管形在一阶共振频率、三阶共振频率、四阶共振频率和非共振频率下产生的流固耦合振动应力。

为了便于分析，这里取管路入口流体压力脉动方程为 $p = p_0 + 0.05p_0 \sin(\omega t)$，其中 p_0 为工作压力，压力脉动幅值设为工作压力的 5%。根据 3.2.3 小节中计算的管路在充液状态下的固有频率，两种管形的流体脉动频率 ω_1 和 ω_2 分别取为一段弯曲管形和"Ω"弯曲管形的一阶、三阶固有频率及非共振频率 $f = 470\text{Hz}$。仍以 16mm 管径为例，工作压力为 21MPa。得到管路在流固耦合作用下，一阶共振频率下的应力响应曲线如图 3.2.6 所示。将不同管形在压力脉动下的流固耦合最大应力响应的峰-峰值列于表 3.2.7。由图和表中的数据可得以下结论："Ω"弯曲管形相对一段弯曲管形后流固耦合共振应力降低约 7.04%，最大应力部位均为肘管根部外侧。其他共振频率下的流固耦合响应分析类似，"Ω"弯曲管形可以降低管路流固耦合共振应力，具体效果因频率和管形参数而异。

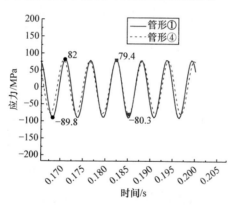

图 3.2.6　两种管形的一阶流固耦合共振应力响应曲线

表 3.2.7　两种管形压力脉动导致的流固耦合最大应力响应的峰-峰值

最大应力响应峰-峰值/MPa		减少幅度/%
管形①	管形④	
171.8	159.7	7.04

3.3　大展弦比机翼中液压管路的抗大变形设计方法

长航时无人飞行器的液压管路在狭长的大展弦比机翼内布局，针对机翼、机舱等特殊空间内的液压管路的布局设计问题，已经得到关注[25-26]。大展弦比机翼在飞行过程中产生较大的变形量,布置在机翼内的液压管路系统会随之一起变形,从而使管路发生非预期的位移,并在卡箍约束处产生额外的应力,严重时会引发卡箍或者管路结构的断裂故障,直接影响飞行安全。

本节首先建立大展弦比机翼不同布局管路结构的简化模型,研究在机翼大变形时,管路不同布置方式对其应力和变形的影响。其次提出大展弦比机翼上管路布局优化设计思路[27]。

3.3.1　大展弦比机翼-管路的简化力学模型

为了研究大变形情形下管路布局方法,将大展弦比机翼简化为矩形平板模型,主要用于约束管路并提供大变形。为了便于计算分析,这里取机翼矩形薄板的长、宽、厚尺寸为 1000mm×400mm×5mm,其上沿机翼平板的长度方向布置一段长度为 700mm 的管路,管路外径为 8mm,壁厚为 0.8mm,模型尺寸如图 3.3.1(a)所示。

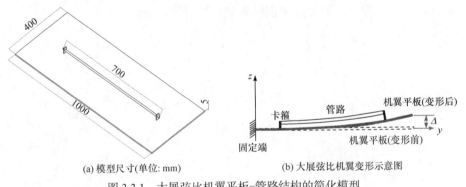

(a) 模型尺寸(单位: mm)　　　　　　　(b) 大展弦比机翼变形示意图

图 3.3.1　大展弦比机翼平板-管路结构的简化模型

为了模拟机翼变形,将机翼平板的一端固定,另一端沿 z 方向施加变形量 Δ,如图 3.3.1(b)所示。这里以选取的变形量为机翼长度的 10%为例进行分析。卡箍和机翼设置为绑定约束;翼板发生变形时卡箍与管路之间可能存在相对位移,因此将卡箍与管路之间的接触约束设置为摩擦约束,摩擦系数为 0.25。

3.3.2　管路的主要布局参数

为了研究管路不同布局形式的抗大变形能力的差异,保持所有管路沿机翼平板的长度方向的长度不变,取几种不同布局参数的 Z 形管路开展仿真研究,如图 3.3.2 所示。

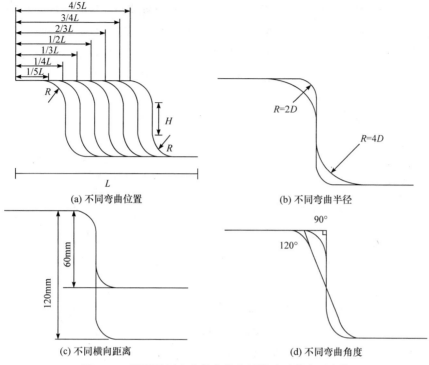

图 3.3.2   机翼平板上几种弯曲布局管路及其主要参数

对 Z 形管而言,主要布局参数为四种,即弯曲位置、弯曲半径、横向距离、弯曲角度,设置布局参数如下。

(1) 弯曲位置的影响:弯曲位置分别在管路轴向长度的比例为 1/5、1/4、1/3、1/2、2/3、3/4、4/5 处,如图 3.3.2(a)所示。

(2) 弯曲半径的影响:根据航空管路的设计习惯,弯曲半径分别取为 2D 和 4D(这里 D 为管路外径),如图 3.3.2(b)所示。

(3) 横向距离 H 的影响:对比两种不同横向距离,分别为 60mm、120mm,如图 3.3.2(c)所示。

(4) 弯曲角度的影响:分别取直角弯曲和斜角(120°)弯曲,如图 3.3.2(d)所示。

为了便于表示这些不同布局管路,采用"弯曲角度-弯曲半径-横向距离-弯曲位置"记号方式,如"90°-2D-60-1/2"表示弯曲角度为 90°、弯曲半径为 2D、横向距离为 60mm、弯曲位置为轴向长度的 1/2 处。

3.3.3   布局参数对管路根部应力的影响

为了研究机翼发生大变形时,管路结构上的应力与布局参数之间的关系,首先选择 6 种典型布局参数组合的管形，计算相同的机翼变形量时，这 6 种布局管路结构根部应力(用 σ_r 表示)，并与相同加载条件下的直管计算数据进行对比，结果如图 3.3.3 所示。可见，相同轴向长度的管形中，采用弯曲管形时其根部应力均小于直管根部的最大应力。且在这 6 种 Z 形管布局中，当弯曲位置向变形端移动时，弯管根部应力呈现逐步增大的趋势。

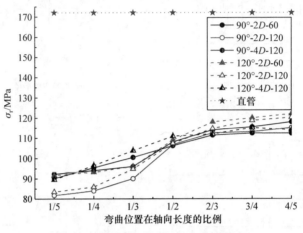

图 3.3.3　不同管形对根部应力的影响

　　计算结果表明，机翼-直管布局的最大应力多数出现在管路根部附近，如图 3.3.4(a)所示。但是若管路走向发生改变，管路的最大应力分布及其位置也可能会发生变化，如图 3.3.4(b)所示。

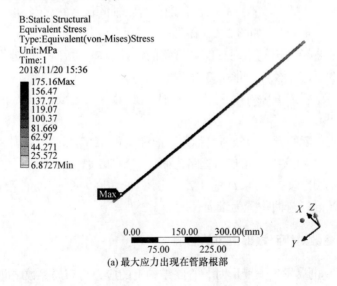

(a) 最大应力出现在管路根部

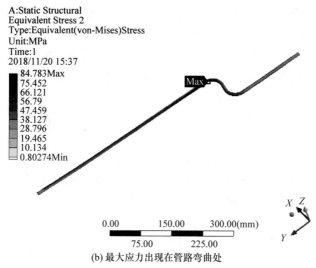

(b) 最大应力出现在管路弯曲处

图 3.3.4　机体相同变形下两种管形最大应力的位置

分析布局参数对管路最大应力 σ_m 的影响。对这六种弯曲管路布局的最大应力变化情况进行统计，如图 3.3.5 所示。弯管的横向距离增加，最大应力会出现明显的降低趋势，最大降低为 120°-2D-1/2 处，下降幅度为 28.5%；随着弯曲位置向变形处移动，在 4/5 位置处达到最小。随着弯曲半径增加，最大应力会出现小幅(8%以内)下降。

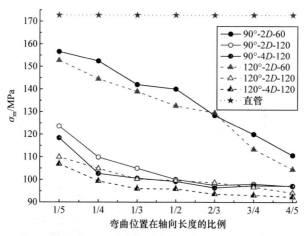

图 3.3.5　不同管形对最大应力的影响

3.3.4　布局参数对管路卡箍处变形的影响

当机翼发生变形时，弯曲管路的变形形态并不完全与机翼协调一致，卡箍处是两者变形的连接点。因此，卡箍处管路的变形量会受到限制，导致卡箍处的应力集中，甚至出现管路沿卡箍发生轴向相对移动的现象。

若在管路轴向中点处布置一个卡箍，以该卡箍布置点的变形量为考察点。例如，管路轴向长度为700mm，则卡箍布置点的轴向坐标为380mm。考察在相同的机翼大变形时不同布局下的该点的三个方向的变形量(δ_x, δ_y, δ_z)，如图 3.3.6 所示。其中 x 方向表示管路的轴向，y 方向是管路的水平横向，z 方向是机翼变形方向。

从图 3.3.6 所示变化趋势可以得出以下结论。

(1) 管路的主要变形以机翼变形方向为主。但是采用弯曲管形时，卡箍处会产生小幅横向变形而产生额外应力。

(2) Z 形管的弯曲位置对卡箍布置点的变形量有较大影响。当弯曲位置设置在管路的中部时，观测点的变形值最小。

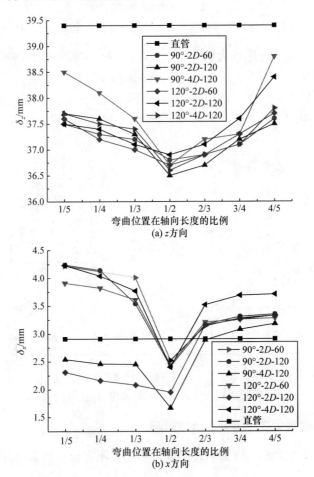

(a) z方向

(b) x方向

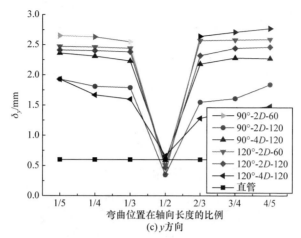

图 3.3.6　机翼大变形时管路 380mm 处的变形量

(3) 横向距离对一些管形观测点的变形量有显著影响。例如，对于 120°-2D 弯管，横向距离的增加仅对 x 方向变形有明显影响，弯曲位置小于 1/2 处时，x 方向变形量平均下降了 40%。

(4) 弯曲半径对管路变形量的影响较大。尤其对于 120°-120-1/2 的管路，改变半径使得 x 方向变形增加 23%。

(5) 弯曲角度对观测点处的变形影响较小(小于 8%)。

3.3.5　大变形机翼中液压管路的布局优化设计

1. 结构参数化及优化步骤

从上述典型管形的分析可见，大展弦比机翼发生变形时，管路的布局参数会对管路结构自身的应力和变形产生不同影响。为了获得最优的布局设计，即满足机翼大变形时管路观测点处(卡箍处)附近最大应力达到最小，需要对管路结构参数进行优化设计。

首先将该管路的布局尺寸进行参数化，主要参数为 Z 形管路直线段的长度 L_1 和 L_2、弯曲半径 R、弯曲角度 θ 和两弯管之间间距 H_1，如图 3.3.7 所示。

从 3.3.3 小节和 3.3.4 小节分析可知，当弯曲位置在中部时，六种典型管路的观测点变形量均为最小。因此，确定 Z 形管路弯曲位置在管路的中部即 $L_1=L_2$ 时最优，仅对剩下的布局参数 θ、R、H_1 进行优化设计。

2. 目标函数与约束条件

根据实际管路的可行布局范围，确定在优化设计中各变量的取值范围，如表 3.3.1 所示。

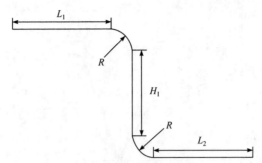

图 3.3.7　弯管结构布局参数示意图

表 3.3.1　设计变量取值范围

设计区间	设计变量		
	x_1/mm	x_2/(°)	x_3/mm
下限	25	90	32
上限	75	120	40

为了提高管路结构的抗疲劳性能，在设计阶段就需要优化管形布局参数，优化目标是使机翼大变形时，卡箍预设点处的最大应力 σ_{max} 达到最小。最大应力的函数：

$$\sigma_{max} = \sqrt{\left(\frac{M}{W}\right)^2 + 4\left(\frac{T}{W_p}\right)^2}$$

$$= \sqrt{\left(\frac{0.38F}{W}\right)^2 + 4\left\{\frac{F\left[H_1 + 2R(1-\sin\theta)\right]}{W_p}\right\}^2} \tag{3.3.1}$$

式中，F 为传递到管路变形端的力；W 为结构的抗弯刚度；W_p 为结构的扭转刚度；M 为结构上的弯矩；T 为扭矩。

单目标优化设计问题的数学模型如下：

$$\begin{cases} \text{find } \boldsymbol{x} = (x_1, x_2, x_3)^T \\ \min(\sigma_{max}) \\ \text{s.t.} \quad \sigma_r(x) < \sigma_{rs} \\ \quad\quad \delta_x(x) < \delta_{xs} \\ \quad\quad \delta_z(x) < \delta_{zs} \\ \quad\quad x_{il} \leqslant x_i \leqslant x_{ih}, \quad i = 1,2,3 \end{cases} \tag{3.3.2}$$

式中，x 为设计变量组成的向量；x_1 为两弯头之间的横向距离 H_1；x_2 为弯曲角度 θ；x_3 为弯曲半径 R；x_{il} 为变量下限值；x_{ih} 为变量上限值；$\sigma_{\max}$ 为优化后最大应力；σ_{rs} 为优化前作为参考标准的直管的根部应力；δ_{xs} 为优化前作为参考标准的直管的轴向变形；δ_{zs} 为优化前作为参考标准的直管的 z 方向变形。

3. 优化结果

采用遗传算法实施优化计算。最大应力优化历程如图 3.3.8 所示。优化结果如表 3.3.2 所示。两弯头之间直管长度 H_1 最终稳定在 75mm 附近，弯曲角度 θ 的取值稳定在 90°，弯曲半径 R 的取值稳定在 36mm。

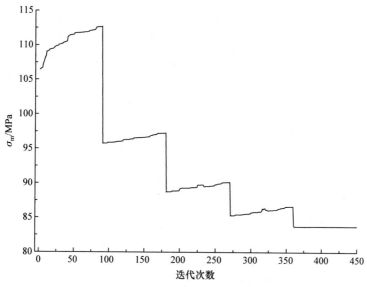

图 3.3.8　最大应力的优化历程

表 3.3.2　最优结构参数及取值

参数	H_1/mm	θ/(°)	R/mm	卡箍处 x 方向位移/mm	卡箍处 z 方向位移/mm	最大应力/MPa
最优取值	74.8	90	36	0.26	36.9	84.719

按照该优化结果，在管路中部安装卡箍，管路最大应力约为 79.912MPa。相比直管而言，管路结构参数优化之后最大应力比优化前最大应力 159.5MPa 有了明显的降低，最大降低约 50%。优化管形与直管在相同位置布置卡箍后的应力结果如图 3.3.9 所示，且满足规定的约束条件。因此，在大展弦比液压管路抗大变形设计中，可以采取以上的优化方案进行设计。

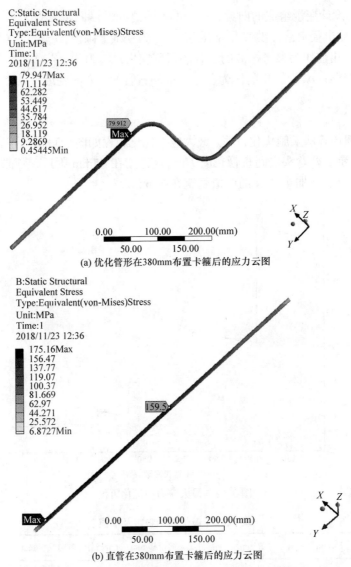

(a) 优化管形在380mm布置卡箍后的应力云图

(b) 直管在380mm布置卡箍后的应力云图

图 3.3.9　优化管形与直管在相同位置布置卡箍后的应力结果

3.4　机体振动激励下"机体-卡箍-管路"系统的仿真分析

管路经常通过卡箍约束在机体结构上,若是处在发动机或者泵部位的高振区,飞行器管路系统的动力学响应还受到机体振动载荷影响。为了研究"机体-卡箍-管路"的整体响应特性,本节设计了"机体-卡箍-管路"试验系统,首先通过模态分析结合谐响应分析,根据某型发动机开车状态下转子转动特征,确定了引发管路系统共振频率;其次,计算了管路系统在这些机体振动激励频率下的响应特性,获得了"机体-卡箍-管路"结构的振动的薄弱环节。

3.4.1 "机体-卡箍-管路"系统分析模型

"机体-卡箍-管路"系统如图 3.4.1 所示。主要由机体、卡箍和布置在圆筒(模拟机体或发动机筒)的管路系统(包括直管、不同曲率半径的弯管、油滤和管接头)组成。机体为圆筒形结构,筒体与筒的中轴线采用肋条支撑固定,筒体轴线长 3m,直径为 1.75m,材料为钢质。筒体两端设置两个支架,模拟机体附件支架。管路有两条,材料都为 0Cr18Ni9。一条管路较长,记为管道①,其外径为 8mm,另一条管路较短,记为管道②,其外径为 10mm。卡箍为塑料垫块卡箍。

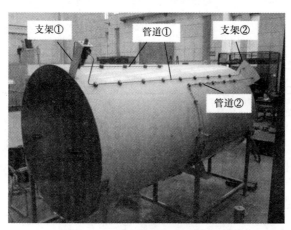

图 3.4.1 "机体-卡箍-管路"系统

"机体-卡箍-管路"系统的有限元模型见图 3.4.2。在筒体外表面施加固定约束,卡箍与筒体连接设置为绑定约束,管路与卡箍接触方式定义为绑定约束。

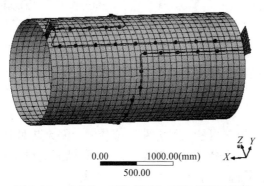

图 3.4.2 "机体-卡箍-管路"系统有限元模型

3.4.2 "机体-卡箍-管路"系统的模态分析

某型飞机机体的振动主要来源于发动机转子转动产生的交变激振力和叶片气动负荷的激励[22],发动机在不同开车状态下,低/高压转子的转速及旋转频率见表 3.4.1。在发动机实际工作状态下,机体振动频率包含由于转子不平衡转动的激励频率及二阶谐频(约为激励频率的 2 倍)。这里重点关注发动机不同开车状态下转子旋转基频和二阶谐频这个频率段,故研究频率区间定为 160~400Hz。

表 3.4.1 不同开车状态下低/高压转子的转速及旋转频率

项目	80%		100%		加力	
	低压	高压	低压	高压	低压	高压
转速/(r/min)	9936	10698	10600	11030	11190	11400
激励频率/Hz	165.6	178.3	176.7	183.1	186.5	190.0
二阶谐频/Hz	331.2	356.6	353.4	366.2	373	380

管路系统在 160~400Hz 这个频率区间内的固有频率如表 3.4.2 所示。可以看出,"机体-卡箍-管路"结构的频率较为密集,在 160~400Hz 这个频率区间内,管路系统有多阶模态。

表 3.4.2 管路系统在 160~400Hz 的固有频率

模态阶次	一阶	二阶	三阶	四阶	五阶
频率/Hz	162.36	192.87	253.9	277.16	278.26
模态阶次	六阶	七阶	八阶	九阶	十阶
频率/Hz	279.61	294.34	330.73	342.84	350.97

对比发动机不同开车状态下的特征频率,管路系统的一阶固有频率与 80%开车状态下低压转子的激励频率接近;二阶固有频率与加力开车状态下高压转子的激励频率接近;八阶固有频率与 80%开车状态下低压转子的二阶谐频接近;十阶固有频率与 100%开车状态下低压转子的二阶谐频接近。由于这四个特征频率与管路系统固有频率接近,可能引发管路系统共振,因此这四个特征频率为危险频率,需要重点分析这几个特征频率激振力作用下管路系统的响应。四个危险特征频率与接近的管路系统固有频率对照如表 3.4.3 所示。

表 3.4.3　转子特征频率与管路系统固有频率对照表

管路系统	模态阶次	一阶	二阶	八阶	十阶
	固有频率/Hz	162.36	192.87	330.87	350.97
发动机转子	特征频率/Hz	165.60	190.00	331.20	353.40
	转子工况	80%低压激励频率	加力高压激励频率	80%低压二阶谐频	100%低压二阶谐频

　　另外，160～400Hz 频率区间内的固有振型结果表明，管路系统前十阶模态变形较大的位置集中在三处：第一处是一、二、三、五、七、八阶模态变形较大的位置，在靠近支架①的管道部分；第二处是四、六阶模态变形较大的位置，在管道①靠近支架②的部分；第三处是九、十阶模态变形较大的位置，在支架②附近的管道②部分。在 160～400Hz 频率区间激振力作用下，这三处管路部分易发生较大的响应。将振动位移较大的三个位置标记为管路结构振动的危险点，如图 3.4.3 所示。

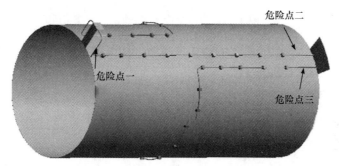

图 3.4.3　管路系统危险点标记示意图

3.4.3　"机体-卡箍-管路"系统的谐响应分析

　　根据 3.4.2 小节的分析结果，确定了四个发动机不同开车状态时与管路系统固有频率接近的共振危险频率，需要继续分析管路系统在这四个特征频率激振下的响应。由于发动机转子不平衡转动引发的振动主要为周期性简谐激励，故通过谐响应分析来确定"机体-卡箍-管路"系统在发动机开车状态下响应较大的部位及其应力幅值水平。

　　对系统进行谐响应仿真分析，计算管路系统三个危险点在发动机不同开车状态振动频率区间 160～400Hz 的响应。采用多点约束方法，将筒体的位移与筒体的中轴点关联起来，再在中轴点上施加简谐激励载荷，模拟发动机开车状态下由转子不平衡转动引起的载荷激励。这里假设激振力幅值为 4000N，载荷方向竖直向上，如图 3.4.4 所示。频率计算步长为 4Hz，阻尼比取为 0.02。求解方法采用模态叠加法。

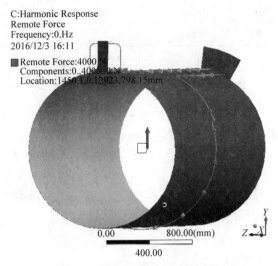

图 3.4.4　机体激振载荷施加示意图

危险点一处沿发动机筒体中轴线方向的位移及加速度的频率响应如图 3.4.5 所示。在 160～400Hz 频段内，该点响应最大时的激振频率为 164Hz。沿筒体轴线方向最大位移为 0.16mm，最大加速度为 17.4g。

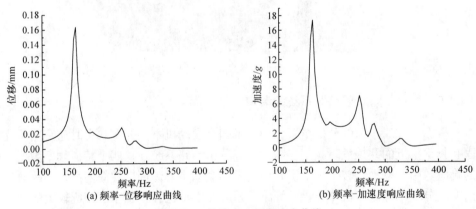

(a) 频率-位移响应曲线　　　　　　　　(b) 频率-加速度响应曲线

图 3.4.5　危险点一频率响应曲线

危险点二处的频率响应曲线如图 3.4.6 所示。该处响应最大时的激振频率为 280Hz，最大位移响应为 0.09mm，最大加速度响应为 28.6g。危险点三处的频率响应曲线如图 3.4.7 所示。该观测点响应最大时的激振频率为 352Hz，最大位移为 0.05mm，最大加速度响应为 24.4g。可见不同频率下，管路系统出现最大响应的位置及其幅值有所不同,这也是判断薄弱环节或者故障溯源的重要参考。

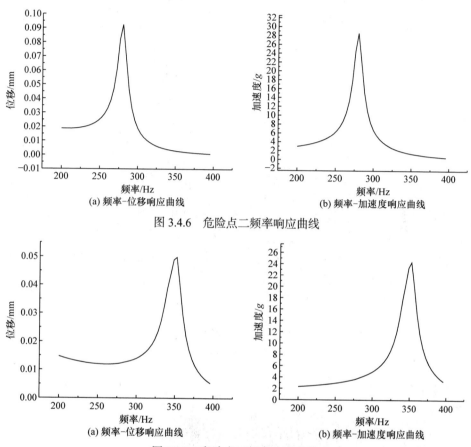

(a) 频率-位移响应曲线　　(b) 频率-加速度响应曲线

图 3.4.6　危险点二频率响应曲线

(a) 频率-位移响应曲线　　(b) 频率-加速度响应曲线

图 3.4.7　危险点三频率响应曲线

3.4.4　"机体-卡箍-管路"系统的随机振动分析

有时机体结构还会受到随机激励的作用,本小节对"机体-卡箍-管路"结构在随机振动下的响应特性进行分析,获得管路结构系统不同部位的随机振动响应。根据《军用设备环境试验方法　振动试验》,随机激励谱选用安装在喷气式飞机上的设备的振动谱,如图 3.4.8 所示。激励谱为加速度谱,图 3.4.8 中, W_0 值为 $0.4g^2/\mathrm{Hz}$,"可变"频率值设置为 53Hz。该谱适用于某型飞机靠近发动机部位管路系统的振动环境。将加速度功率谱密度施加到简体的中轴点上,定义方向与谐响应分析中激振力方向一致。

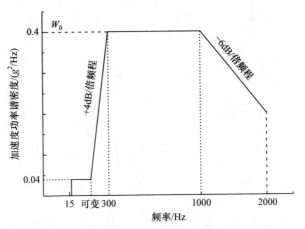

图 3.4.8　安装在喷气式飞机上的设备的振动谱

　　施加上述随机加速度激励谱，进行随机振动响应计算，选取"机体-卡箍-管路"结构上的管路危险点一进行分析，如图 3.4.9(a)所示，该点沿筒体轴线方向加速度功率谱密度(power spectral density，PSD)曲线如图 3.4.9(b)所示，在频率162.4Hz 处最大，最大值为 139g^2/Hz。

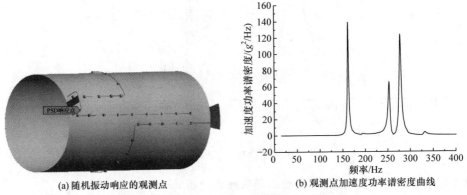

(a) 随机振动响应的观测点　　　　　　　(b) 观测点加速度功率谱密度曲线

图 3.4.9　观测点及对应的加速度功率谱密度曲线

　　管路系统沿载荷方向的振动位移响应均方差云图如图 3.4.10(a)所示，沿激励方向最大位移响应的均方差为 0.037mm，最大响应位置为靠近支架Ⅱ的管路部分。管路系统沿筒体轴线方向变形位移响应均方差云图如图 3.4.10(b)所示，最大位移响应均方差为 0.03mm，最大响应位置为靠近支架Ⅰ的管路部分。管路系统等效应力响应均方差云图如图 3.4.10(c)所示，最大等效动应力响应均方差为 6.47MPa，从图中可以看出等效应力最大位置为管路①且靠近支架Ⅱ附近的卡箍约束处，通过随机振动分析能够确定"机体-卡箍-管路"结构的抗振薄弱环节。

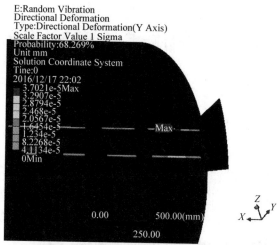

(a) 沿载荷方向振动位移响应均方差(最大为0.037mm)

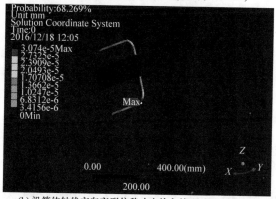

(b) 沿筒体轴线方向变形位移响应均方差(最大为0.03mm)

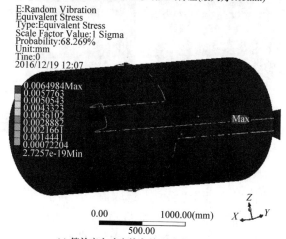

(c) 等效应力响应均方差(最大为6.47MPa)

图 3.4.10　"机体-卡箍-管路"结构在随机振动下的响应均方差

3.5　压力脉动激励下"机体-卡箍-管路"系统的响应分析

未来飞机功率和载荷更大,作动响应也更快,过大的压力脉动对液压管路系统的危害很大,一旦发生共振,将在管路结构(特别是约束部位)上持续产生峰值较高的交变应力。而且,压力脉动幅值越大,产生的交变应力峰值越大,管路系统越容易产生较快的疲劳破坏。

本节建立了机体液压管路系统压力脉动模拟试验台。基于此试验台,测试了在不同工况压力脉动作用下管路相对于静压状态下的动态应变及管路的加速度响应。针对试验条件对管路进行仿真计算。研究了不同压力脉动参数对管路应变波动的影响,获得了管路在压力脉动作用下的应力状态。

3.5.1　"机体-卡箍-管路"系统压力脉动试验台

建立的液压管路系统压力脉动模拟试验,如图 3.5.1(a)所示。该系统能够达到 21MPa、28MPa、35MPa 不同机载压力等级,可提供的最高压力为 42MPa;额定流量为 120L/min,电机功率为 55kW,油箱为 300L;能够根据需要产生正弦、矩形和三角波形的压力脉动。加压系统通过高压软管与试验模型连接,对试验管路系统提供压力脉动,压力脉动参数通过与之配套的计算机软件进行设置,图 3.5.1(b)为压力加载系统的计算机控制界面。

(a) 模拟试验台　　　　　　　　　　　(b) 计算机控制界面

图 3.5.1　液压管路系统压力脉动模拟试验系统

试验在机体管路模拟试验台上开展,选取模型上其中一段 L 形弯曲管路作为试验对象,流体进出口如图 3.5.2 所示。管路入口通过加压系统实现给定参数的油液压力脉动,脉动波形为正弦波,试验系统中最高脉动频率为 15Hz。

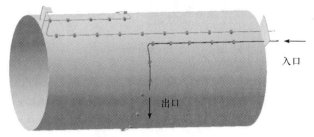

图 3.5.2　试验管路示意图

　　管路结构上共设置五个动态响应观测点(图 3.5.3)，包括三个应变观测点及两个加速度响应观测点。其中，应变观测点 1 和应变观测点 2 分别关注周向及轴向的应变，应变观测点 3 关注轴向应变。加速度测试方向为垂直发动机筒体外表面，通过两卡箍之间及卡箍根部的加速度响应分析管路系统加速度响应特性，加速度单位为 g。

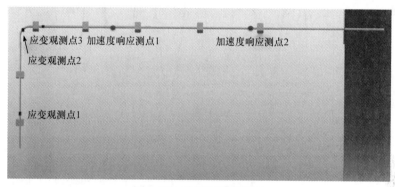

图 3.5.3　响应观测点设置

　　利用 DH5922 动态应变仪采集应变信号，应变片型号为 BE120-1AA，应变采样频率设为 100Hz。试验中最高脉动频率为 15Hz，根据采样定理，采样频率应该大于或等于结构振动频率的两倍，故采样频率能够满足需求。利用 PCB352C22 加速度传感器测定管路系统加速度响应。加速度信号采样频率为 512Hz。

　　试验共完成不同工作压力水平(重点测试三种工作压力：21MPa、28MPa、35MPa)，不同脉动幅值比例(5%、7.5%、10%)，不同脉动频率(5Hz、10Hz、15Hz)等工况下的液压管路脉动响应测试。取应变观测点 1 的动态应变数据分析管路压力脉动参数对于管路结构应变波动的影响，试验测得的具体数值为微应变($\mu\varepsilon$)，微应变与应变 ε 换算关系为 $\varepsilon=10^{6}\mu\varepsilon$。试验中在工况对应压力水平的静压状态下进行应变仪的"归零"操作，即将对应压力水平下静压状态管路应变设为 0。试验测得动应变的数值是在静压状态管路应变基础上的波动值。

3.5.2 不同压力水平下管路应变波动分析

1. 不同压力水平下管路周向应变波动分析

图 3.5.4 显示了脉动幅值为 5%，脉动频率为 5Hz 时，三种压力水平 21MPa、28MPa、35MPa 压力脉动作用下管路周向应变波动比较。21MPa 时管路应变波动单峰值为 17$\mu\varepsilon$，28MPa 时管路应变波动单峰值为 24$\mu\varepsilon$，相对于 21MPa 增大了 29%，35MPa 时管路应变波动单峰值为 29$\mu\varepsilon$，相对于 21MPa 增大了 71%。

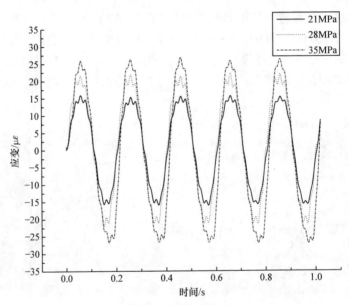

图 3.5.4　不同压力水平下管路周向动态应变波动

2. 管路轴向与周向动态应变波动对比分析

图 3.5.5 显示了脉动幅值为 5%，脉动频率为 5Hz 时，三种压力水平 21MPa、28MPa、35MPa 压力脉动作用下管路系统应变观测点 1 轴向与周向动态应变波动比较。三种压力水平 21MPa、28MPa、35MPa 压力脉动作用下管路周向应变波动峰值都远大于轴向应变波动峰值。周向应变波动峰值分别是轴向应变峰值的 3.8 倍、3.4 倍、2.9 倍。表 3.5.1 为不同压力水平下管路应变单峰值对比，可以看出，压力水平变化对轴向应变波动峰值的影响大于对周向应变波动峰值的影响。

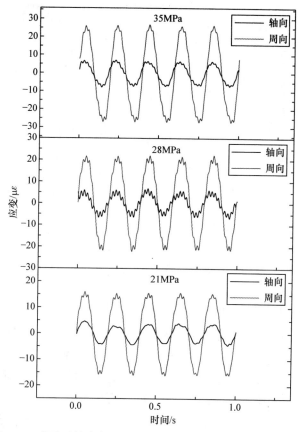

图 3.5.5 管路系统应变观测点 1 轴向与周向动态应变波动比较

表 3.5.1 不同压力水平下管路应变单峰值对比

应变	21MPa		28MPa		35MPa	
	单峰值/$\mu\varepsilon$	相对 21MPa 增大比例/%	单峰值/$\mu\varepsilon$	相对 21MPa 增大比例/%	单峰值/$\mu\varepsilon$	相对 21MPa 增大比例/%
周向	17	—	24	29	29	71
轴向	4.5	—	7	55	10	122
周/轴	3.8	—	3.4	—	2.9	—

3.5.3 不同脉动幅值下管路周向应变波动分析

图 3.5.6 显示了频率为 5Hz, 压力水平为 21MPa 时, 不同脉动幅值(5%、7.5%、10%)下管路周向动态应变波动对比。5%、7.5%、10%三种脉动幅值下动态应变波动单峰值分别为 17$\mu\varepsilon$、26$\mu\varepsilon$、32$\mu\varepsilon$。脉动幅值从 5%增至 7.5%时, 周向应变幅值增大了 52.9%, 脉动幅值从 5%增至 10%时, 周向应变幅值增大了 88.2%。

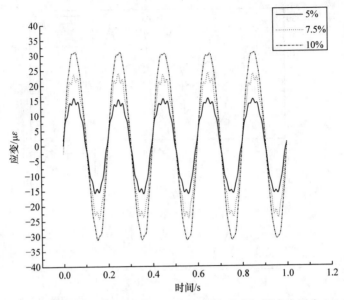

图 3.5.6　不同脉动幅值下管路周向动态应变波动对比(压力水平为 21MPa)

　　图 3.5.7 显示了频率为 5Hz，压力水平为 28MPa 时，不同脉动幅值(5%、7.5%、10%)作用下管路周向动态应变波动对比。5%、7.5%、10%三种脉动幅值下动态应变波动单峰值分别为 $24\mu\varepsilon$、$34\mu\varepsilon$、$45\mu\varepsilon$。脉动幅值从 5%增至 7.5%时，周向应变幅值增大了 42%，脉动幅值从 5%增至 10%，周向应变幅值增大了 104%。

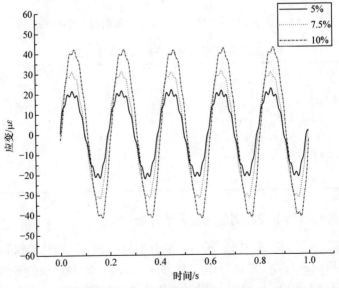

图 3.5.7　不同脉动幅值下管路周向动态应变波动对比(压力水平为 28MPa)

图 3.5.8 显示了在频率为 5Hz,压力水平为 35MPa 时,不同脉动幅值(5%、7.5%、10%)的作用下管路周向应变波动对比。5%、7.5%、10%三种脉动幅值下应变波动单峰值分别为 24με、42με、54με。脉动幅值从 5%增至 7.5%时,周向应变幅值增大了 75%,脉动幅值从 5%增至 10%,周向应变幅值增大了 125%。

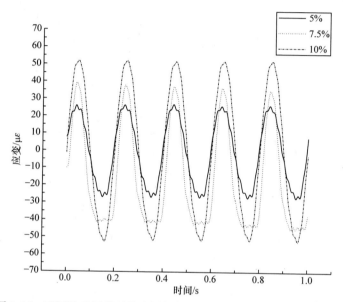

图 3.5.8 不同脉动幅值下管路周向应变波动对比(压力水平为 35MPa)

通过以上三种压力水平下脉动幅值对于管路周向动态应变分析可以看出,管路内部压力越高,脉动幅值对管路应变峰值的影响就越大。不同压力水平下脉动幅值对管路应变波动峰值的影响如表 3.5.2 所示。

表 3.5.2 不同压力水平下脉动幅值对管路应变波动峰值的影响

压力/MPa	脉动幅值为 5%		脉动幅值 7.5%		脉动幅值 10%	
	单峰值/με	相对 5%增大比例/%	单峰值/με	相对 5%增大比例/%	单峰值/με	相对 5%增大比例/%
21	17	—	26	52.9	32	88.2
28	24	—	34	42	45	104
35	24	—	42	75	54	125

3.5.4 不同脉动频率下管路周向应变波动分析

图 3.5.9 是压力为 35MPa,幅值为 10%时三种频率(5Hz、10Hz、15Hz)压力脉动作用下管路周向应变波动比较。不同频率压力脉动作用下管路应变波动峰值基

本一致，应变的波动频率随着脉动频率的变化而变化。由于压力脉动激励频率远小于结构的固有频率，试验结果显示，压力脉动频率变化对应变波动峰值的影响很小。但是对于共振响应，需要额外再讨论，本小节重点研究非共振情形下的响应特点。

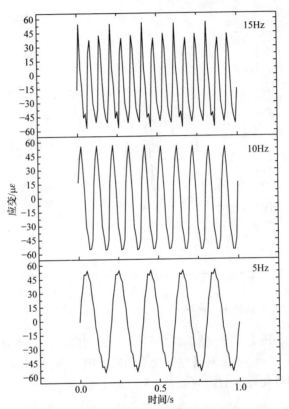

图 3.5.9　不同脉动频率下管路周向应变波动比较

3.5.5　压力脉动作用下管路系统加速度响应结果分析

加速度响应最大的工况为 35MPa-10%-15Hz，加速度危险点一的响应峰值达到了 0.58g，加速度危险点二的响应峰值为 0.28g。两个危险点加速度响应对比如图 3.5.10 所示。

图 3.5.11 为 21MPa-5%-5Hz 工况下两个危险点的加速度响应，其中危险点一的加速度峰值为 0.54g，危险点二的加速度峰值为 0.27g。两卡箍中间管路部分加速度峰值为卡箍根部加速度峰值的两倍，其他工况下测试结果也类似，对比结果列于表 3.5.3 中。

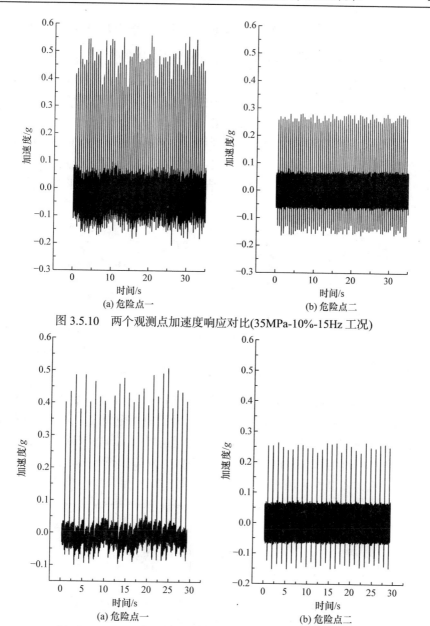

图 3.5.10　两个观测点加速度响应对比(35MPa-10%-15Hz 工况)

图 3.5.11　两个危险点加速度响应对比(21MPa-5%-5Hz 工况)

表 3.5.3　不同工况下各测点加速度峰值比较

工况	加速度峰值/g			
	21MPa-5%-5Hz	28MPa-5%-5Hz	35MPa-5%-5Hz	35MPa-10%-15Hz
危险点一	0.51	0.53	0.55	0.58
危险点二	0.26	0.28	0.28	0.28

3.5.6　"机体-卡箍-管路"系统压力脉动的流固耦合仿真方法

利用 ANSYS-CFX 联合仿真对试验测试管路模型进行压力脉动响应仿真计算。采用双向流固耦合计算方法，ANSYS-CFX 双向流固耦合分析流程如图 3.5.12 所示。管路及流体模型在 Geometry 模块中建立，先建立管路模型，通过"Fill"命令在管路内部建立流体模型。在 Transient Structural(ANSYS)中进行管路结构的分析设置，将管路内壁面定义为流固耦合面。在 Fluid Flow(CFX)中进行流体的分析设置，将流体与管路结构接触的面定义为"Wall"。计算时在管路结构内壁面及"Wall"上进行双向数据交换，流体分析结果传递给管路结构的同时，管路结构的分析结果反向传递给流体。

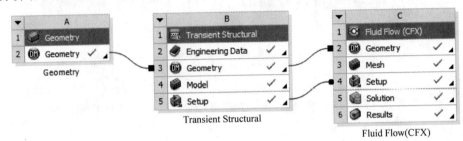

图 3.5.12　ANSYS-CFX 双向流固耦合分析流程

计算工况 21MPa-5%-5Hz 压力脉动作用下管路结构的响应特性。试验管路模型外径为 9.9mm，壁厚为 1.2mm，仿真计算中管路模型截面尺寸采用实际测量值。管路材料为 0Cr18Ni9，密度为 7930kg/m³，弹性模量为 $2×10^{11}$Pa，泊松比为 0.3，管路内部液体密度为 878kg/m³，动力黏性系数为 0.036kg/(m·s)，温度为 25℃。管路结构及流体模型均采用六面体单元，如图 3.5.13 所示。

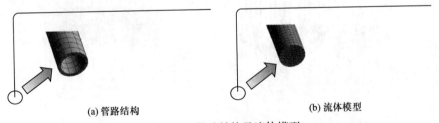

(a) 管路结构　　　　　　　　　　　　　(b) 流体模型

图 3.5.13　管路结构及流体模型

管路入口压力脉动函数与试验中设置相同，入口边界条件设为额定工作压力 5%的压力脉动幅值。压力脉动函数曲线如图 3.5.14 所示。出口压力边界设为 21MPa。求解先后顺序为首先进行流体的求解，其次进行管路结构的求解。

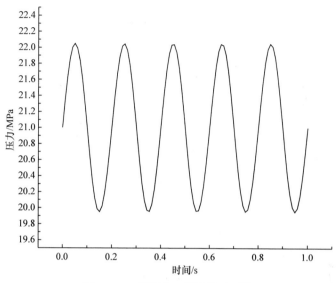

图 3.5.14　管路入口压力脉动函数

　　管路结构的应力云图如图 3.5.15 所示。管路稳态响应观测点 1 的周向脉动最大应力为 85.4MPa，最小为 78.9MPa。脉动峰-峰值为 6.5MPa，如图 3.5.16 所示。该工况试验测试结果应变单峰值为 $17\mu\varepsilon$，峰-峰值为 $34\mu\varepsilon$，根据应力-应变关系，得到试验测试结果应力峰-峰值为 6.8MPa。试验测试结果与仿真计算结果误差为 4.6%。

　　综上所述，建立了机体液压管路系统模拟试验台。基于该试验台，测定了管路系统在不同工况液压脉冲作用下的动态应变及加速度响应。对比了管路周向及轴向应变波动特点，得到了不同压力脉动参数对于管路应变波动峰值的影响规律。针对工况 21MPa-5%-5Hz 对管路进行仿真分析，得到了管路的应力状态，验证了试验结果。

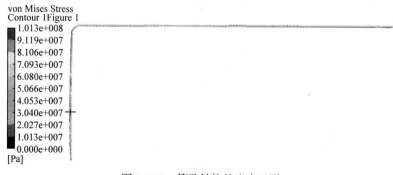

图 3.5.15　管路结构的应力云图

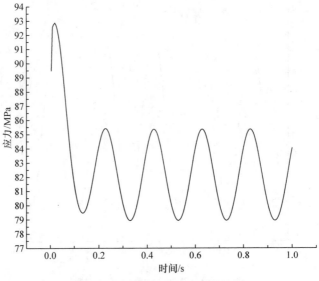

图 3.5.16　管路结构应力计算结果

3.6　发动机液压管路系统的卡箍布局多目标优化

　　管路系统是发动机介质传输和动力传递的通道，布局走向复杂。卡箍是固定与支承管路的重要装置，对提高管路刚度、实现管路调频具有重要作用，合理的卡箍布局是抑制管路系统振动的最有效、最简便的方法。目前工程中，很多卡箍的选型、位置和数量，是从原型机上直接比对仿制过来的；一些局部管路的卡箍有时还需要技术人员现场调整，随机性较大，缺乏具体的理论指导。在较宽的激励频段下，容易导致管路系统的结构共振或振动应力过大等问题。因此，研究发动机复杂管路的卡箍布局优化设计方案具有重要意义。

　　目前卡箍优化研究存在两个问题：①研究对象主要为直管或者平面管路，然而在实际工程中，管路的结构多样，走向复杂，此外，发动机管路和卡箍需要布置在机匣曲面上，需要研究曲面复杂管路的参数化方法；②现有优化的调频目标主要是单频段错频，然而发动机激励经常是一个较宽的频段，结构的多阶固有频率可能会与激励频率接近，引发管路其他频段的共振，采用如错频或者随机振动的单一目标的控制方法难以满足需求。因此，需要探讨发动机复杂管路卡箍布局优化的多目标优化方法。

　　本节先采用灵敏度分析的方法确定对发动机曲面上的管路系统动力学特性影响较大的若干卡箍位置参数，然后对关键卡箍位置参数进行优化设计，为飞行器复杂液压管路系统的振动控制提供参考。

3.6.1　发动机液压管路系统多目标设计要求

对发动机管路外筒卡箍布局进行优化设计，首先需要确定优化目标，本小节的优化目标有两个：①实现错频，使结构前四阶固有频率远离外界激励；②随机振动的应力均方根响应最小化。

1. 错频

根据振动设计要求，卡箍的安装应使结构的固有频率远离共振区，在本小节共振区即为发动机工作频率附近。

令 $\lambda = \omega/\omega_n$，$\omega$ 为发动机工作频率，ω_n 为结构的第 n 阶固有频率，λ 为频率比，工程中通常取 $0.75 < \lambda < 1.25$ 为共振区。由此可以近似推导出，当结构的第 n 阶固有频率满足 $0.8\omega < \omega_n < 1.3\omega$ 时，结构有产生共振的风险。为了使第 n 阶固有频率离开共振区，该阶固有频率需要满足

$$P_n = (\omega_n - 0.8\omega)(\omega_n - 1.3\omega) > 0 \tag{3.6.1}$$

同时，为了比较不同的卡箍布局下第 n 阶固有频率远离共振区的程度，定义 $Q_n = |\omega_n - 1.05\omega|$，$Q_n$ 即为第 n 阶固有频率相对于共振区中心的偏离程度，错频优化的目标是使式(3.6.1)满足的同时，Q_n 最大化。

2. 随机振动的应力均方根响应

发动机管路处在复杂的振动环境中，这里考察管路的随机振动响应。随机振动可视为概率统计问题，无法获得某一瞬时具体响应数值，随机振动的响应分布可近似看作高斯分布，主要考察各物理量的均方根响应，某个物理量的均方根响应可看作该物理量响应分布的标准差。这里取管路结构的最大应力均方根响应为优化目标。

3.6.2　发动机液压管路系统仿真模型

1. 卡箍模型

卡箍的作用主要是限制管路径向位移。将卡箍简化为弹簧单元，如图 3.6.1 所示，一端连接管路，与发动机连接的一端全约束，对沿管路径向的位移进行限制。

2. 管路模型

发动机管路结构主要由两段长度不同的直管与一段圆弧弯管组成，如图 3.6.2 所示，长直管用 L1 表示，长

图 3.6.1　卡箍限制管路的两个径向位移的示意图

度为2700mm；短直管用L2表示，长度为1200mm；圆弧弯管用L3表示；旋转半径为720mm；旋转角度为240°；管路两端固定。与一般的直管优化不同，该结构的卡箍分布在圆柱曲面上，不仅需要考虑直管上卡箍的直线移动，还需要考虑弯曲形状的管路上卡箍沿弯管的移动。管路材料为1Cr18Ni9Ti不锈钢，密度为$7.8g/cm^3$，弹性模量为206GPa，泊松比为0.31，管径为8mm，壁厚为1mm，所受内压为21MPa。

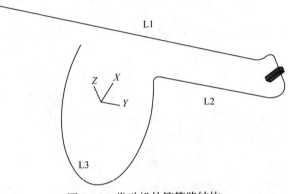

图3.6.2　发动机外筒管路结构

3. 初始卡箍位置

发动机外筒管路卡箍的初始布局如图3.6.3所示，管路结构中有23个卡箍，

(a) 直管上的卡箍布局

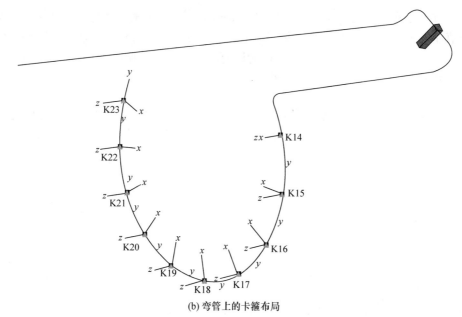

(b) 弯管上的卡箍布局

图 3.6.3 发动机外筒管路卡箍的初始布局图

依次编号为 K1～K23，L1 上卡箍数量为 9 个(K1～K9)，L2 上卡箍数量为 4 个(K10～K13)，如图 3.6.3(a)所示。L3 上卡箍数量为 10 个(K14～K23)，如图 3.6.3(b)所示。每一个局部坐标系代表一个卡箍所在的位置，卡箍径向刚度为 1×10^4 N/mm。

4. 原管路结构的动态特性分析

在优化计算中，发动机在某一试车工况下的工作频率为 100Hz，根据式(3.6.1)，对应的共振频段为[80Hz，130Hz]。结构受到的随机振动功率谱密度见表 3.6.1，功率谱采用标准规定的机载设备谱，该随机激励的方向沿着图 3.6.2 所示坐标系中的 x 方向。

表 3.6.1 功率谱密度

频率/Hz	PSD/(g^2/Hz)
15	0.04
53	0.04
300	0.4
1000	0.4
2000	0.04

对原管路系统进行模态分析与随机振动分析，固有频率与x方向应力均方根幅值如表 3.6.2 所示。从计算结果可以看出，结构在优化前x方向应力均方根幅值RS1 为 34.318MPa，且第二、三、四阶固有频率均处于共振区[80Hz，130Hz]，有引发共振的风险，需要对卡箍位置进行优化。

表 3.6.2　原管路系统的固有频率和应力均方根幅值结果

项目		原管路系统
固有频率	ω_1	47.1Hz
	ω_2	107.82Hz
	ω_3	114.18Hz
	ω_4	116.89Hz
	ω_5	164.72Hz
应力均方根幅值		34.318MPa

3.6.3　发动机液压管路卡箍位置的参数化与参数灵敏度分析

1. 卡箍位置的参数化

为了对结构进行优化设计，首先需要将卡箍位置参数化，如图 3.6.4(a)所示。对于 L1 上的卡箍 K1～K9，以 L1 左端约束处为参考零点，卡箍 Ki($i=1,2,3,\cdots,9$) 到 L1 参考零点的距离为 m_i；对于 L2 上的卡箍 K10～K13，设 L2 右端起始处为参考零点，卡箍 Ki ($i=10,11,12,13$) 到 L2 参考零点的距离为 m_i；对于 L3 上的卡箍 K14～K23，设 L3 与接头连接处为参考零点，参考零点绕圆弧管路圆心旋转到达卡箍 Ki 位置时转动的角度为 θ_i，为了便于卡箍编号与位置参数的对应，参数 θ_i 由 $i=14$ 开始计数($i=14,15,16,\cdots,23$)，如图 3.6.4(b)所示。m_i 与 θ_i 即为表达卡箍位置的参数，当全部参数确定时，管路上有唯一一种卡箍布局与之对应。

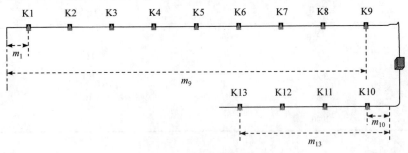

(a) 直管上的卡箍位置参数化

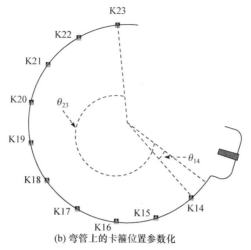

(b) 弯管上的卡箍位置参数化

图 3.6.4　发动机外筒管路上的卡箍位置参数化示意图

2. 卡箍位置参数灵敏度分析

设函数 $y = f(x)$，x 为设计参数，当 $x = x_0$ 时有增量 Δx。设计响应变化为 Δy，用

$$\lim_{\Delta x \to 0} \frac{\Delta y}{\Delta x} \tag{3.6.2}$$

表述在 x_0 附近参数 x 对参数 y 的敏感程度。设计响应往往同时与几个设计参数有关，因此用响应对该参数的偏导数来表述设计参数对设计响应的敏感程度。

发动机管路卡箍数量众多，对所有卡箍进行位置优化是复杂且效率极低的工作，需要选择对优化目标影响较大的卡箍进行分析，因此在优化前需要对参数进行灵敏度分析，挑选灵敏度较大的参数进行控制与优化。

求解各参数对于前四阶固有频率以及 x 方向应力均方根的灵敏度，由于 m_i 与 θ_i 的单位不同，为了便于对其灵敏度进行比较，进一步求解各参数的归一化灵敏度 d_x^y。归一化灵敏度是函数相对增量与参数相对增量之比，也称为相对灵敏度，其表达式为

$$d_x^y = \frac{x}{y} \cdot \frac{\partial y}{\partial x} \tag{3.6.3}$$

相对灵敏度计算结果如图 3.6.5～图 3.6.9 所示，挑选对前四阶固有频率和应力均方根幅值影响最大的卡箍位置参数。对第一阶固有频率影响最大的参数为 θ_{14}；对第二阶固有频率影响最大的参数为 m_{13}；对第三阶固有频率影响最大的参数为 m_9；对第四阶固有频率影响最大的参数为 m_{10}；对应力均方根幅值影响最大的参数为 θ_{21}，因此着重对这五个变量进行优化设计。

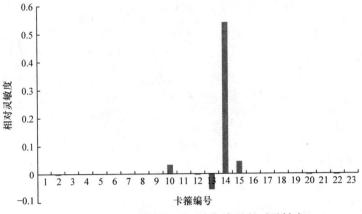

图 3.6.5　各卡箍对第一阶固有频率的相对灵敏度

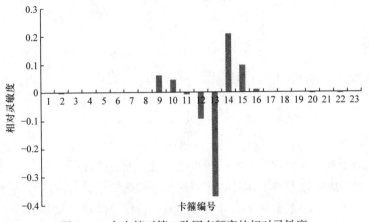

图 3.6.6　各卡箍对第二阶固有频率的相对灵敏度

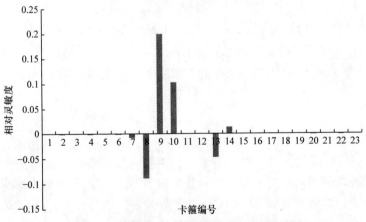

图 3.6.7　各卡箍对第三阶固有频率的相对灵敏度

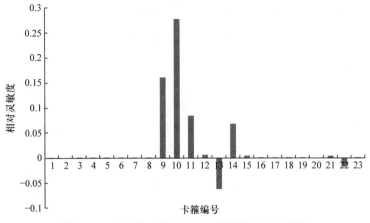

图 3.6.8　各卡箍对第四阶固有频率的相对灵敏度

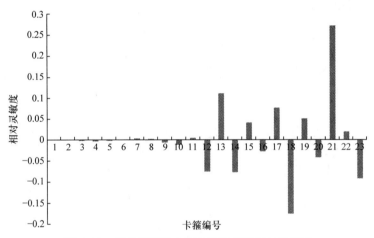

图 3.6.9　各卡箍对应力均方根幅值的相对灵敏度

3.6.4　发动机液压管路卡箍位置的多目标优化设计

根据灵敏度计算结果，选择出需要进行优化的五个卡箍位置参数，这五个参数的取值范围如表 3.6.3 所示。

表 3.6.3　参数取值范围

参数	下限	上限
m_9 /mm	2410	2690
m_{10} /mm	10	290
m_{13} /mm	910	1190
θ_{14} /(°)	2	22
θ_{21} /(°)	170	190

根据前述制定的两个优化目标，优化设计所设定的约束条件如下：

$$\begin{cases} (\omega_n - 80)(\omega_n - 130) > 0 \\ \max\ Q_n \qquad\qquad (n = 1, 2, 3, 4) \\ \min\ RS1 \end{cases} \qquad (3.6.4)$$

要求优化使得前四阶固有频率最大限度远离共振区[80Hz，130Hz]，并使随机激励下的应力均方根最大值尽可能减小。本小节采用多目标遗传算法进行优化计算，设置遗传代数 Q 和每代的种群数 D，优化流程如图 3.6.10 所示。

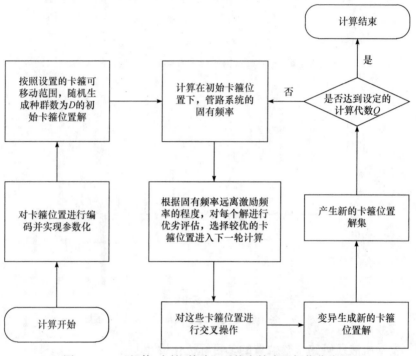

图 3.6.10 "机体-卡箍-管路"系统卡箍多目标优化流程

计算结束后从最后一代的种群中挑选出适应度较高的三个结果如表 3.6.4 所示，管路结构的最大应力均方根响应在卡箍位置优化后比优化前的 34.318MPa 有不同程度的降低(至少降低了 17.3%)。可以看到，优化 1 使得结构的固有频率最大限度地远离了共振区，然而并没有最大限度降低结构 x 方向的最大应力均方根；优化 2 对应最小的应力均方根，但共振频段偏离程度不如其他两个优化方案，可能造成某个频率的谐响应劣于其他两个优化方案；优化 3 的错频效果和降低最大应力均方根的效果则介于两者之间。

表 3.6.4　"机体-卡箍-管路"系统卡箍多目标优化结果

项目	优化前	优化 1	优化 2	优化 3
m_9 /mm	2550	2637.2	2646.9	2647.2
m_{10} /mm	150	61.286	72.174	72.922
m_{13} /mm	1050	916.07	932.95	920.13
θ_{14} /(°)	12	20.992	17.41	17.984
θ_{21} /(°)	180	183.46	184.99	182.50
ω_1 /Hz	47.1	39.382	41.263	40.844
ω_2 /Hz	107.82	54.946	63.919	60.931
ω_3 /Hz	114.18	136.89	134.39	135.94
ω_4 /Hz	116.89	140.56	136.06	140.20
应力均方根幅值 /MPa	34.318	28.374	26.391	27.675

优化前与优化后结构固有频率的对比如图 3.6.11 所示。可以看出优化后的结构固有频率都离开了共振区[80Hz，130Hz]，实现了错频的目标，可以有效避免结构由于发动机工作而引发的共振。多目标优化会产生多种优化方案，不同目标函数之间存在相互的影响。即当其中的一个目标参数得到改善的同时，出现其他目标却因此而发生劣化的情况。因此，最终的优化方案还需要根据工程实际需求进行选取。

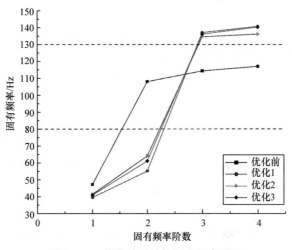

图 3.6.11　优化前后结构固有频率对比

参 考 文 献

[1] WIGGERT D C, HATFIELD F J, STUCKENBRUCK S. Analysis of liquid and structural transients in piping by the method of characteristics[J]. Journal of Fluids Engineering, 1987, 109(2): 161-165.

[2] ERATH W, NOWOTNY B, MAETZ J. Modelling the fluid structure interaction produced by a water hammer during shutdown of high-pressure pumps[J]. Nuclear Engineering and Design, 1999, 193(3): 283-296.

[3] 王世忠, 于石声. 载流管路固液耦合振动计算[J]. 哈尔滨工业大学学报, 2001, 33(6): 816-818.

[4] 张智勇, 沈荣瀛. 充液直管管系中的固-液耦合振动响应分析[J]. 振动工程学报, 2000, 13(3): 455-461.

[5] 王琳, 倪樵. 用微分求积法分析输液管路的非线性动力学行为[J]. 动力学与控制学报, 2004, 2(4): 56-61.

[6] LIU G, LI S, LI Y, et al. Vibration analysis of pipelines with arbitrary branches by absorbing transfer matrix method[J]. Journal of Sound and Vibration, 2013, 332(24): 6519-6536.

[7] LI S J, LIU G M, KONG W T. Vibration analysis of pipes conveying fluid by transfer matrix method[J]. Nuclear Engineering and Design, 2014, 266(1): 78-88.

[8] WALKER J S, PHILLIPS J W. Pulse propagation in fluid-filled tubes[J]. Journal of Pressure Vessel Technology, 1977, 44(1): 31-35.

[9] KWON H J. Analysis of transient flow in a piping system[J]. KSCE Journal of Civil Engineering, 2007, 11(4): 209-214.

[10] 李杰, 郝鹏飞, 张锡文, 等. 弯管流动的非均匀性及其整流[J]. 机械工程学报, 2002, 38(12): 146-148.

[11] MOUJAES S F, AEKULA S. CFD predictions and experimental comparisons of pressure drop effects of turning vanes in 90° duct elbows[J]. Journal of Energy Engineering, 2009, 135(4): 119-126.

[12] 付永领, 荆慧强. 弯管转角对液压管路振动特性影响分析[J]. 振动与冲击, 2013, 32(13): 165-169.

[13] WANG S, REN C, SUN Y, et al. A study on the instantaneous turbulent flow field in a 90-degree elbow pipe with circular section[J]. Science and Technology and Nuclear Installations, 2016, 11: 1-8.

[14] 刘伟, 张展. 90°弯管的三段弯曲式管形优化设计[J]. 机械科学与技术, 2019, 38(1): 142-151.

[15] 李国君, 丰镇平, 徐克鹏, 等. 可压缩 k-ω 方程紊流模型及其应用[J]. 工程热物理学报, 1999, 20(3): 309-312.

[16] 董亮, 刘厚林, 代翠, 等. 不同湍流模型在 90°弯管数值模拟中的应用[J]. 华中科技大学学报(自然科学版), 2012, 40(12): 18-22.

[17] 丁珏, 翁培奋. 90°弯管内流动的理论模型及流动特性的数值研究[J]. 计算力学学报, 2004, 21(3): 314-321.

[18] KIM J, YADAV M, KIM S. Characteristics of secondary flow induced by 90-degree elbow in turbulent pipe flow[J]. Engineering Applications of Computational Fluid Mechanics, 2014, 8(2): 229-239.

[19] ROHRIG R, JAKIRLIC S, TROPEA C. Comparative computational study of turbulent flow in a 90° pipe elbow[J]. International Journal of Heat and Fluid Flow, 2015, 55: 120-131.

[20] 林君哲, 周恩涛. 杜林森, 等. 流体参数对航空发动机液压管路振动特性的影响[J]. 东北大学学报(自然科学版), 2012, 33(10): 1453-1456.

[21] TUNSTALL M J, HARVEY J K. On the effect of a sharp bend in a fully developed turbulent pipe-flow[J]. Journal of Fluid Mechanics, 2006, 34(3): 595-608.

[22] 王国荣, 蒋金辰, 陶思宇, 等. 脉动内流作用下 L 型弯管应力&振动特性实验研究[J]. 应用力学学报, 2017, 34(4): 628-633.

[23] 杨莹, 陈志英. 航空发动机管路流固耦合固有频率计算与分析[J]. 燃气涡轮试验与研究, 2010, 23(1): 42-46.

[24] 陶瑜华, 黄佑, 邹涛. 某型飞机液压系统流固耦合仿真与脉动应力分析[J]. 机床与液压, 2008, 36(10): 161-162.

[25] 夏鹤鸣, 范平, 韩定邦. 民用飞机机翼液压管路设计探讨[J]. 机械制造与自动化, 2012, 41(2): 32-33.

[26] 肖翔, 夏语冰, 姜逸民, 等. 超薄翼型上液压系统的布置设计分析[J]. 民用飞机设计与研究, 2010(4): 6-8.

[27] 张显涛, 刘伟. 大展弦比机翼中液压管路的抗大变形设计与优化方法[J]. 应用力学学报, 2020, 37(2): 509-516, 923.

第4章 多源激励下管路流固耦合振动试验研究

在飞行器飞行过程中,管路结构的工作载荷环境较为复杂,如会受到来自发动机、机体结构等通过卡箍传递过来的激励;管路内部流体由于液压泵持续吸排油动作、开关阀动作和管形突变造成流体状态的剧烈变化,从而产生压力脉动激励。作用在管路上的激励按照来源分为两个部分:外部机械振动和内部流致振动。这些激励以一定的频率作用在管路或者流体上,会造成管路振动。研究不同布局的管路在不同激励源下的响应规律,对飞行器管路的振动故障溯源和流固耦合动力学设计具有重要的意义。

弯曲管路是航空管路系统经常采用的形式。根据机载液压设备或者附件接头位置的要求,两个接头之间的管路可以采用不同的弯曲布局方案。例如,对于最简单的弯曲管路——肘形管路,其布局参数包括弯曲位置、弯曲半径和弯曲角度。显然,对于不同布局参数的管路和边界条件,即使在相同的激励环境下,其模态特性、流固耦合响应特性也不尽相同[1-7]。

目前,在液压管路系统流固耦合振动试验上的探索较少[8-12]。本章设计不同管形参数的试验件,研究典型管路结构的模态试验、单源激励试验、多源激励试验方法,分析不同条件(压力水平、激励类型、管形布局参数)下管路结构的流固耦合振动响应规律。对比这些不同布局参数的管路在不同状态(空管、充液)和不同压力水平(21MPa、28MPa、35MPa)下的模态特性。获得单源激励(压力脉动、振动台施振)和多源组合激励下管路响应的差异,研究肘形管的弯曲布局对流固耦合响应的影响规律,以期对飞行器液压、燃油管路的振动试验评估和弯曲布局设计提供参考。

4.1 布局参数对肘形管路模态特性影响的试验分析

4.1.1 不同布局参数的肘形管路模态试验

1. 试验件设计

为研究肘形管弯曲位置、半径和角度对模态及响应的影响,设计了不同布局参数的肘形管路试验件:管路总长均为850mm(保证管路质量不变),管路外径为8mm,壁厚为0.8mm,材料为0Cr18Ni9不锈钢。指定三组不同的管路:①考虑不同的弯曲位置，将管路在 1/4、1/2 和 3/4 处弯曲，弯曲半径为 4 倍管路外径(4D)，弯曲角度为 90°，如图 4.1.1(a)所示，分别以 A_1、A_2、A_3 对管路进行命名。②考虑不同的弯曲半径，管路弯曲位置在 1/2 处，弯曲角度定为 90°，弯曲半径为 2D、4D 和 6D，如图 4.1.1(b)所示，分别以 B_1、B_2、B_3 对管路命名。③考虑不同的弯曲角度，弯曲位置均在 1/2 处，弯曲半径均为 4D，弯曲角度为 90°、120°、150°，如图 4.1.1(c)所示，分别以 C_1、C_2、C_3 对管路命名。

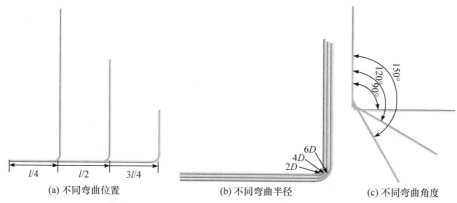

图 4.1.1　不同布局参数的肘形管试验件设计图

2. 约束方式

管路通过夹具固定在振动台上，夹具为一可以通油的密封阀块，如图 4.1.2 所示。试验件加工时在管路两端扩口处理，并添加管接头，用于管路的固定和油泵的连接。当管内充液时，管路另一端的接头用堵头进行堵塞，避免流体溢出，并获得管内充压和压力脉动。

图 4.1.2　管路夹具及固定方式

考虑到后文流体脉动激发出的流固耦合响应测试，由于试验中油泵脉动频率的限制(其可施加的最高脉动频率为15Hz)，为了激发出共振，将管路设计为悬臂约束方式，以降低其一阶频率。试验过程中，管路采用一端用夹具固定在振动台上，另一端自由的悬臂约束方式。

3. 管路模态试验测试方法——锤击法

试验模态分析主要通过数据采集仪器采集被测系统的激励信号、响应信号，提取出描述系统动力学特征的相关参数，主要模态参数有固有频率、模态振型、模态阻尼等。频响函数的获取有两种方法：①锤击法——可采用单点激振、多点响应和多点激振、单点响应的方法进行测试。使用力锤在试件表面进行敲击，产生宽频带的激励，可激发出宽频率范围内的各阶模态。②扫频法——将被测物体通过夹具与振动台或激振器进行连接，振动台或激振器在所需测试的整个频率区间进行快速扫频，时间在60s左右，激振力在测试过程中基本相等。

首先采用锤击法，采用单点敲击测试多点响应的方式。在测试前，需进行预试验，挑选合适的锤头和恰当的激励点。可选择的锤头材质有：软橡胶、硬塑料、铝和钢。锤头的硬度会影响频率的带宽，且采用硬锤头锤击时，低频段的频率不易激发。这里主要分析肘形管的前六阶固有频率，其范围为0~650Hz，采用软橡胶材质的锤头进行试验。对于激励点的选择，若激励点刚好位于某一振型节点上，该阶频率会被遗漏。应多次敲击对比观察，各阶频率均被激发出来，确定恰当的激励点。

用到的仪器为：力锤(PCB 086C03)、数据采集及分析仪(亿恒 ECON)和加速度传感器(PCB 352C22)。其中 ECON 系统可进行信号的采集与处理，将模态参数(固有频率、振型)显示出来。加速度传感器测点布置采用均匀布点方式，沿着管路外侧中线方向每隔100mm布一个加速度测点，如图4.1.3所示，一共7个，分别编号为1~7。

图 4.1.3　加速度测点位置

4. 管路模态试验测试方法——扫频法

为验证锤击法的正确性,采用扫频法对试验件进行模态测试。扫频法的激振设备为振动台,扫频频率范围为 0～900Hz,加速度幅值为 0.8g;通过设定频谱与反馈信号对比,确保作用在管路上的频率和加速度符合预设值。扫频法的频谱函数由粘贴在管路表面的加速度传感器获得,通过对响应的实时监测,并结合该时段振动台的频率,获得管路的固有频率。以 A_2 管路空管状态下为例(A 组管路中,弯曲位置在 1/2 处),扫频法的信号和管路频谱图如图 4.1.4 所示。

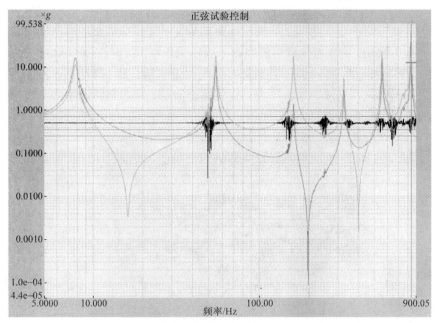

图 4.1.4　振动台扫频信号和管路频谱图(A_2 管路)

5. 固有频率试验结果对比

为了验证锤击法试验结果的准确性,有时需要将其与扫频法的结果进行对比,若误差较大,则需要重新进行测试。表 4.1.1 为 A_2 管路空管状态下分别采用锤击法和扫频法获得的前六阶固有频率。对比数据可知,扫频法和锤击法获得的固有频率几乎相同,最大误差为 2.206%,说明试验结果是可信的。

表 4.1.1　锤击法和扫频法获得的前六阶固有频率

阶数	锤击法/Hz	扫频法/Hz	频率误差/%
一阶	7.813	7.844	0.395
二阶	27.34	26.75	2.206
三阶	131.3	132.44	0.861

阶数	锤击法/Hz	扫频法/Hz	频率误差/%
四阶	197.7	200.32	1.308
五阶	437.5	432.94	1.053
六阶	576.6	568.97	1.341

4.1.2　肘形管路的模态影响因素及其规律分析

1. 压力水平的影响

将试验管路连接到图 4.1.5 所示的地面油泵装置，该油泵能够产生不同压力水平和压力脉动，首先对比肘形管路在不同压力水平[空管与充液(0MPa、21MPa、28MPa、35MPa)]的固有频率。将管路一端与油泵连接，另一端堵头，通过油泵中的压力控制器进行充液和加载压力。在管路充液前，应先将管路中的空气排空，确保液压油完全充满管路内部。

图 4.1.5　产生不同压力水平及压力脉动的地面油泵

在充液、加压后的模态计算结果中，取 A_2 管路的前六阶频率进行对比，如表 4.1.2 所示。管路充液后的频率相对空管有一定程度的降低，原因主要是液压油增加了管路质量，从而使管路的固有频率略有降低。以前三阶固有频率为例，一阶下降 2.01%，二阶下降 7.97%，三阶下降 1.83%，可以看出对第二阶固有频率影响较大。不锈钢管本身刚度较高，实测表明，管路内部施加不同的压力后，其固有频率和振型变化均不显著。

表 4.1.2　管路状态对 A_2 管路固有频率的影响　　　　(单位：Hz)

管路状态		一阶	二阶	三阶	四阶	五阶	六阶
空管		7.813	27.34	131.3	197.7	437.5	576.6
充液	0MPa	7.656	25.16	128.9	191.4	434.4	557.0
	21MPa	7.645	25.08	128.9	191.4	432.8	556.3

管路状态		一阶	二阶	三阶	四阶	五阶	六阶
充液	28MPa	7.656	25.08	128.9	190.6	432.8	555.5
	35MPa	7.587	25.16	128.9	190.6	432.8	554.7

2. 弯曲位置的影响

由表 4.1.2 中的数据可知，管路在充液加压后的固有频率几乎不发生变化。这里以液压管路为例，研究固有频率随弯曲位置的变化规律。A 组管路的前六阶固有频率如表 4.1.3 所示。其中一、三、五阶为面外振型，二、四、六阶为面内振型。前五阶频率均体现出弯曲位置在中部时(A_2 管路的横坐标为总长的中点处)一阶频率最高，二阶频率最低。说明弯曲位置在管路的中部时，管路具有面外刚度大，面内刚度小的特性。

表 4.1.3　A 组管路固有频率(前六阶)的试验结果　　　　(单位：Hz)

类别	一阶	二阶	三阶	四阶	五阶	六阶
A_1	6.641	43.55	96.56	222.5	423.2	538.5
A_2	7.698	25.12	128.9	191.0	432.8	556.3
A_3	7.520	27.54	82.50	227.5	414.4	558.2

3. 弯曲半径的影响

对 B 组中不同弯曲半径液压管路的前六阶固有频率进行对比分析，如表 4.1.4 所示。当管路弯曲半径从 $2D$ 增大至 $4D$、$6D$ 后，一阶、三阶固有频率略有减小，说明当总管长不变时，增大弯曲半径，降低了面外刚度。B 组管路偶数(二、四、六)阶固有频率无显著趋势规律，从变化幅值上看，弯曲半径对固有频率的影响较小。

表 4.1.4　B 组管路固有频率(前六阶)的试验结果　　　　(单位：Hz)

类别	一阶	二阶	三阶	四阶	五阶	六阶
B_1	7.813	24.80	129.7	194.15	427.3	546.1
B_2	7.656	25.16	128.9	191.0	434.4	557.0
B_3	7.520	24.32	124.2	189.8	410.9	537.5

4. 弯曲角度的影响

对 C 组中不同弯曲角度的液压管路的前六阶固有频率进行对比分析，如表 4.1.5 所示。当管路弯曲角度从 90°增大至 120°、150°后，一阶固有频率呈现减小的趋势，二阶固有频率呈现显著增大的趋势，且 C 组管路偶数(二、四、六)阶固有频率均呈现增长趋势，说明当总管长不变时，增大弯曲角度，面外刚度略有降低，但是能够显著提高面内刚度。

表 4.1.5　C 组管路固有频率(前六阶)的试验结果　　　　(单位：Hz)

类别	一阶	二阶	三阶	四阶	五阶	六阶
C_1	7.656	25.16	128.9	191.4	434.4	557.0
C_2	7.461	31.48	141.4	221.1	475.8	607.8
C_3	7.324	41.89	143.8	242.5	481.3	623.5

4.1.3　不同布局参数的肘形管路模态数值仿真分析

1. 肘形管流固耦合仿真模型

采用数值仿真方法分别对肘形管空管和充液 0MPa、21MPa、28MPa、35MPa的模态进行模拟计算。管路材料弹性模量为 200GPa，泊松比为 0.3，考虑到两端接头质量和加工误差，为使仿真中的管路质量、模型与试验管件相同，通过称重，空管质量为 177.6g，堵头质量为 28.58g。如图 4.1.6(a)所示，对管路材料密度重新进行设置，考虑到试验管件自由一端堵头质量对模态的影响，在几何模型的相同位置添加质量块；管内液体为液压油，密度 ρ=878kg/m³，动力黏度 υ=0.0087kg/(m·s)。边界条件为入口固定，出口自由。管路流体域的网格划分如图 4.1.6(b)所示。

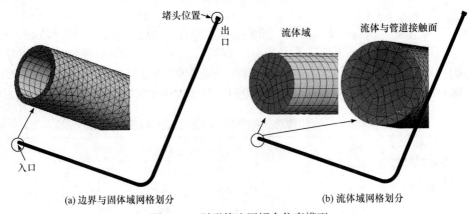

(a) 边界与固体域网格划分　　　　　　　　　(b) 流体域网格划分

图 4.1.6　肘形管流固耦合仿真模型

2. 固有频率预测结果及其与试验结果对比

当管路弯曲后，两个弯曲段会形成一个面，如图 4.1.7 所示，肘形管路处于图中的 X-Y 平面，若振型在该平面振动，称为面内振动；垂直于该平面(Y-Z 平面)的振动，称为面外振动。试验的测试结果为管路面外方向固有频率，根据振型的振动方向，固有频率分为面内振动固有频率和面外振动固有频率。可见管形弯曲形式对管路的模态特性有重要影响。

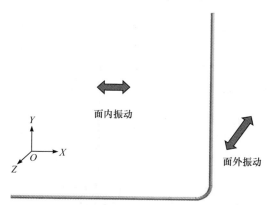

图 4.1.7 肘形管路面内、面外振动示意图

将仿真计算后的频率按照上述方式进行区分，在锤击法试验过程中，由于传感器位置均粘贴在面外方向，仅测试出面外方向的固有频率。选取仿真计算结果中的面外固有频率与锤击法试验值进行对比。以 A_2 管路空管的仿真和试验结果为例，其前六阶面外固有频率计算结果如表 4.1.6 所示。仿真计算结果与试验结果的误差小于 6%。

表 4.1.6 A_2 管路空管状态下的面外固有频率对比

阶数	固有频率/Hz		仿真与锤击法误差/%
	锤击法	仿真	
一阶	7.813	8.180	4.697
二阶	27.34	25.72	5.925
三阶	131.3	126.7	3.503
四阶	197.7	193.9	1.922
五阶	437.5	411.9	5.851
六阶	576.6	543.3	5.775

3. 固有振型预测结果及其与试验结果对比

所有不同布局参数的试验件，试验和仿真的固有振型均表现出面外(奇数阶)、面内(偶数阶)振动交替出现的特点，特别是前四阶。取 A_2 管路的面外(奇数阶)固有振型进行对比,如图 4.1.8 所示,仿真振型与试验振型吻合。在一阶固有频率下,管路振动形式表现为面外横向摆振,如图 4.1.8(a)所示;当为高阶面外振型时,出现节点,管路振动表现为节点两端的面外扭摆振动,如图 4.1.8(b)和(c)所示。

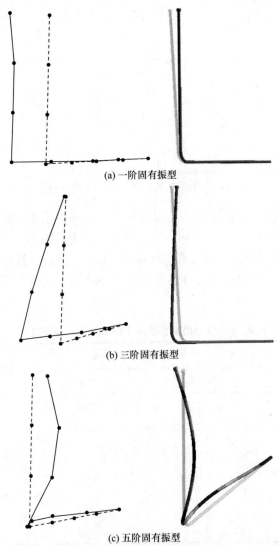

(a) 一阶固有振型

(b) 三阶固有振型

(c) 五阶固有振型

图 4.1.8　A₂管路面外振型的试验和数值仿真结果对比

在约束形式(如本例中为悬臂约束)不发生变化的情况下,当布局参数变化时,管路的面外、面内刚度发生变化,且呈现面外、面内振型交替出现的规律。相对而言,面外刚度更低,管路的一阶振型体现为面外振型。这里以 A 组管路的一阶面外振动进行说明。如图 4.1.9 所示，不同弯曲位置时的 A 组管路，其一阶振型均为面外摆振。

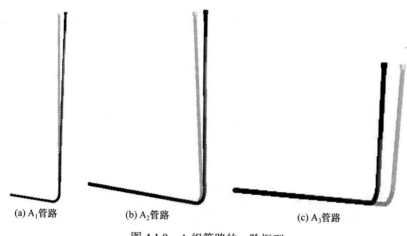

(a) A₁管路　　　　　(b) A₂管路　　　　　(c) A₃管路

图 4.1.9　A 组管路的一阶振型

4. 调整肘形管路面内、面外刚度的方法

对于简单管路，模态分析结果显示管路面内、面外振动交替出现，其实质是弯曲后结构的面外、面内刚度存在差异，即弯曲位置、弯曲半径、弯曲角度对面外、面内刚度有影响。

根据上述分析，可以总结出肘形管面内、面外刚度的调整方法。以肘形管的一阶面外、二阶面内固有频率为例进行说明：随着弯曲位置的后移，一阶固有频率先增大后减小，而二阶固有频率呈现相反的趋势(表 4.1.3)，说明当弯曲位置在中部时，管路的面外刚度最大，面内刚度最小；当弯曲位置在靠近端部时，管路的面外刚度小，面内刚度大。增大弯曲半径(表 4.1.4)，二阶固有频率逐渐增大，说明面内刚度增大；随着弯曲角度的增大(表 4.1.5)，一阶固有频率逐渐减小，说明面外刚度减小。因此，对于一端固定，一端自由的肘形管，若需提高一阶(低频)面外刚度，也采用弯曲位置靠近管路的中部、大弯曲半径(6R)、直角(90°)弯曲进行设计。

另外，弯曲布局对低阶和高阶固有频率的影响并不相同，具体需要根据外部激励频率进行调整。以肘形管路的第五阶面外、第六阶面内固有频率为例，分析弯曲布局对高阶固有频率的影响，如表 4.1.7 所示。第六阶面内共振频率与面外共振频率随弯曲布局的变化趋势相同，随着弯曲位置的后移，固有频率先减小后增大，但仍比弯曲位置在 1/4 处的值小；随着弯曲半径的增大，固有频率逐渐增大；随着弯曲角度的增大，固有频率也逐渐增大。因此，若需增加悬臂肘形管五阶面外刚度，需采用弯曲位置在 1/4 处、大弯曲半径(6R)、大角度(150°)对肘形管设计。

表 4.1.7　弯曲布局对肘形管路第五阶面外、第六阶面内固有频率的影响 (单位：Hz)

项目	弯曲位置			弯曲半径			弯曲角度		
	1/4	1/2	3/4	2R	4R	6R	90°	120°	150°
第五阶面外	598.6	543.3	554.8	540.2	543.3	545.2	543.3	590.8	635.2
第六阶面内	618.1	549.6	543.7	540.8	549.6	552.7	549.6	602.2	661.5

4.2　单一机体振动激励下肘形管路振动响应规律的试验分析

本节测试单一机体振动激励下管路的流固耦合振动响应，仍然采用 4.1 节中 A、B、C 三组不同布局参数的肘形管路，研究单一机体振动激励下弯曲位置、弯曲半径和弯曲角度对管路结构振动响应的影响规律。

4.2.1　单一机体振动激励工况及响应测试方法

1. 单一机体振动工况

试验件固定方式如图 4.1.2 所示。机体振动激励采用振动台来施加，对管路施加面外(y 方向)正弦加速度激励，加速度激励幅值为 0.8g。考虑到激励频率与管路结构本身的固有频率之间的关系，对应不同压力水平的管路(空管和充液 0MPa、21MPa、28MPa、35MPa)，激励频率分别设置为管路的一阶、二阶共振频率和非共振频率，根据表 4.1.1，本试验中非共振频率选为 12Hz。

2. 应力与加速度测试

为了监测管路在上述工况下的响应，被测管路根部固定端附近粘贴 2 个轴向应变片(BFH120-3AA-D-D100，阻值为 120Ω)，粘贴位置分别在管路侧向和上部。在肘形管路弯曲部位，高度距离水平直管段 5mm 附近粘贴三向加速度传感器，对该点 x、y、z 方向的加速度分量进行测量。应力和加速度响应的监测位置如图 4.2.1 所示，并定义图示的坐标系，即管路在 xoz 平面内，z 向为管路约束端的轴向，y 向为管路的面外振动方向。在管路根部上方(面内应变)和侧方(面外应变)粘贴应变片的数据, 应变数据由 DH5922N 动态数据采集系统进行采集。

图 4.2.1 肘形管应力和加速度响应监测点位置

4.2.2 单一机体振动激励下管路流固耦合振动响应

1. 管内压力水平对加速度响应的影响分析

这里取 A_2 管路的试验结果为例, 对不同压力单源机体振动下管路结构的加速度响应进行分析。A_2 管路在一阶共振频率下测点三个方向的加速度响应如图 4.2.2 所示。可见, y 方向比其他两个方向的响应幅值高。空管较充液加压管路的加速度响应幅值高, 说明压力水平的增大, 一定程度上增加了管路的刚度(膨胀拉直效应)。

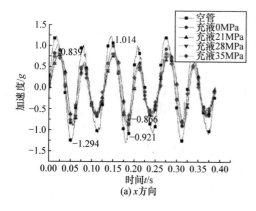
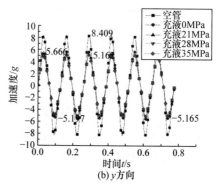

(a) x 方向

(b) y 方向

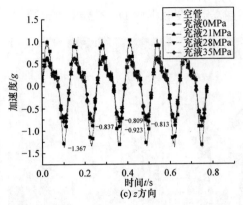

图 4.2.2　不同压力下 A_2 管路在一阶共振频率下的加速度响应

将一阶共振时，A_2 管路在不同压力水平下的加速度幅值数据列于表 4.2.1 中。加速度响应充液加压后均比空管状态下的低，且随着压力的升高，响应逐渐减小。以一阶共振下 y 方向加速度响应为例，当管路状态由空管变为充液 0MPa(充液不加压)，加速度响应由 $8.409g$ 变为 $5.666g$，降低了 21.64%，而管路加压状态由 0MPa 变为 21MPa 时，加速度响应由 $5.666g$ 变为 $5.197g$，降低 9.021%。

表 4.2.1　一阶共振下 A_2 管路各个方向加速度响应的幅值对比　　　(单位：g)

管路状态	x 方向	y 方向	z 方向
空管	1.294	8.409	1.367
充液 0MPa	1.014	5.666	0.923
充液 21MPa	0.921	5.197	0.837
充液 28MPa	0.866	5.165	0.813
充液 35MPa	0.839	5.162	0.809

2. 管内压力水平对一阶共振下管路根部应力的影响分析

在一阶固有频率激励下，对 A_2 管路的根部应变进行分析，管路根部面外、面内两个轴向应变测点的试验数据如图 4.2.3 所示。将最大应变幅值统计在表 4.2.2 中。可以看到，由于一阶共振频率下激发的是管路面外振型，面外应变($1712.25\mu\varepsilon$)显著高于面内应变($204.53\mu\varepsilon$)。因此，振动环境中管路结构的应力危险点与管路所处的振动环境中所激发出的振型密切相关，这也是故障分析的重要参考依据。

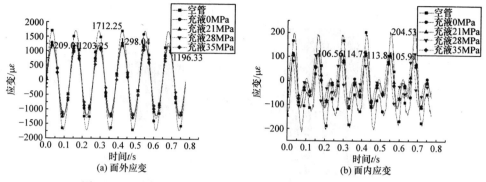

图 4.2.3　不同压力下 A_2 管路在一阶共振频率下的应变响应曲线

表 4.2.2　不同压力下 A_2 管路在一阶共振频率下的最大应变幅值对比　　（单位：$\mu\varepsilon$）

管路状态	面外一阶	面内一阶
空管	1712.25	204.53
充液 0MPa	1298.04	114.75
充液 21MPa	1209.01	113.84
充液 28MPa	1203.25	105.97
充液 35MPa	1196.33	106.56

3. 激励频率对动应力的影响

A_2 管路空管状态下的一阶共振、二阶共振和非共振频率对应的面外加速度响应和应变响应如图 4.2.4 所示，管路在共振与非共振状态下的响应有很明显的区别：对于面内振动，二阶共振响应(30.38g)是一阶共振加速度响应(8.534g)的 3.56 倍，如图 4.2.4(a)所示。对于面外振动，一阶共振频率下的面外应变(1709.93$\mu\varepsilon$)是非共振频率下面外应变(76.98$\mu\varepsilon$)的 22.21 倍。二阶共振频率下的面外应变(686.31$\mu\varepsilon$)是一阶共

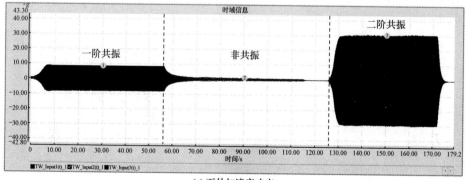

(a) 面外加速度响应

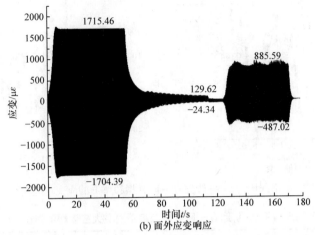

图 4.2.4　A₂管路在一阶共振、二阶共振和非共振频率激励下的面外加速度和应变响应

振频率下面外应变的 0.41 倍,如图 4.2.4(b)所示。这一结果主要是管路在一、二阶频率下的振型不同所致。

4.2.3　布局参数对单一机体振动激励下振动响应的影响

1. 弯曲位置的影响

如图 4.2.5 所示,选取 A 组管路在充液 28MPa 的响应测试结果进行对比,分析弯曲位置对肘形管路在一阶共振、非共振和二阶共振频率下的响应影响。本小节将 y 方向的加速度响应和弯曲应变响应进行对比。最大幅值列于表 4.2.3 中,在第一阶固有频率激励下(振动台施加),其加速度响应随着弯曲位置的后移逐渐增大。弯曲位置在 1/4 较 3/4 时响应增大约 7 倍。在非共振频率下,其加速度响应随着弯曲位置的后移呈现出先减小后增大的趋势,弯曲位置在 1/4 时的加速度响应最大。在二阶共振频率下,加速度响应随着弯曲位置后移逐渐减小,弯曲位置在 3/4 较 1/4 时加速度响应减小了 72.3%,弯曲位置的变化对一阶共振下的响应影响最大。

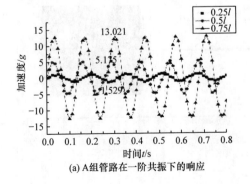

(a) A组管路在一阶共振下的响应

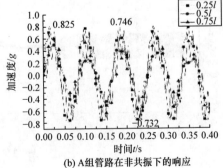

(b) A组管路在非共振下的响应

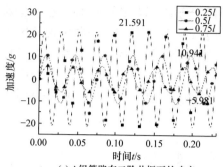

(c) A组管路在二阶共振下的响应

图 4.2.5　A 组管路在三种激励频率下的加速度响应

表 4.2.3　A 组管路在各阶固有频率下的加速度响应幅值最大值　　（单位：g）

激励频率	0.25l	0.5l	0.75l
一阶共振	1.529	5.175	13.021
非共振	0.825	0.732	0.746
二阶共振	21.591	10.941	5.981

在频率不同的情况下，应变响应随弯曲位置的变化趋势并不相同。如图 4.2.6

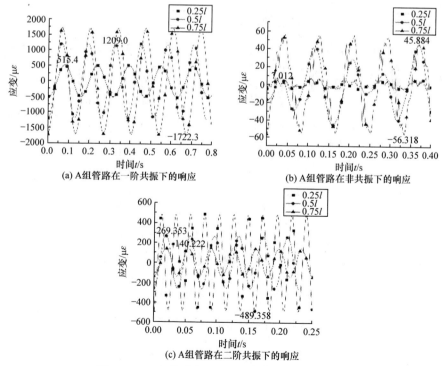

(a) A组管路在一阶共振下的响应　　　　(b) A组管路在非共振下的响应

(c) A组管路在二阶共振下的响应

图 4.2.6　A 组管路在三种激励频率下的应变响应

所示，一阶共振频率下随着弯曲位置的后移，应变响应逐渐增大；二阶共振频率下随着弯曲位置的后移，应变响应逐渐减小。非共振频率下应变响应的变化趋势与加速度响应不尽相同，应变响应随着弯曲位置的后移逐渐增大。从弯曲位置对应变响应的影响程度来看，一阶固有频率下弯曲位置为 3/4 处较 1/4 处管路的应变响应增大 234.2%，二阶固有频率下 3/4 处较 1/4 处应变响应减小 234.7%，弯曲位置对二阶固有频率下的应变响应影响最大。

2. 弯曲半径的影响

分析弯曲半径对肘形管响应的影响。选取 B 组管路充液 28MPa，在不同的激励频率下(分别是一阶共振、非共振和二阶共振频率)，对比 y 方向的加速度响应和侧向的应变响应分别如图 4.2.7 和图 4.2.8 所示。在不同激振频率下，加速度响应均随着弯曲半径的增大呈现先减小后增大的趋势。其中，二阶共振频率下的响应由 20.06g 到 10.941g 再到 23.889g，相对于弯曲半径为 2D 的加速度响应，半径为 4D 的加速度响应降低 45.5%，半径为 6D 的加速度响应增加 19.1%；一阶共振下的加速度响应，半径为 4D 的加速度响应降低 42.3%，半径为 6D 的

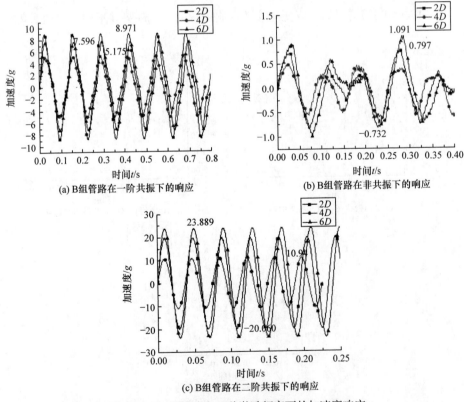

(a) B组管路在一阶共振下的响应　　(b) B组管路在非共振下的响应

(c) B组管路在二阶共振下的响应

图 4.2.7　B 组管路在三种激励频率下的加速度响应

加速度响应降低 15.3%。相对来说，弯曲半径的变化对二阶共振下的加速度响应
影响最大。

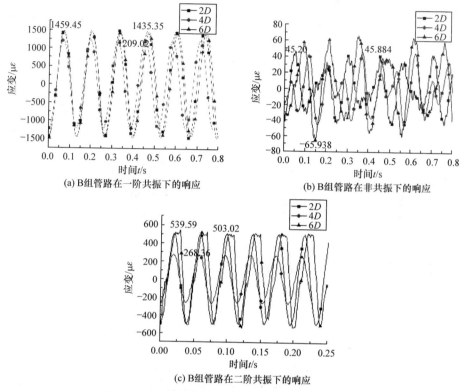

(a) B 组管路在一阶共振下的响应

(b) B 组管路在非共振下的响应

(c) B 组管路在二阶共振下的响应

图 4.2.8　B 组管路在三种激励频率下的应变响应

如图 4.2.8 所示，肘形管在共振状态下的应变响应与加速度响应变化趋势相
同，随着弯曲半径的增大，先减小后增大。一阶共振下，相对弯曲半径为 2D 的
管路根部应变，半径为 4D 的应变降低 17.2%(应变由 1459.45$\mu\varepsilon$变为 1029.02$\mu\varepsilon$)，
半径为 6D 的应变降低 1.7%(1435.35$\mu\varepsilon$)。二阶共振状态下，半径为 4D 的管路根
部应变降低 46.7%，半径为 6D 的应变增加 7.3%(应变由 503.02$\mu\varepsilon$变为 268.35$\mu\varepsilon$再
到 539.59$\mu\varepsilon$)，弯曲半径的变化对二阶共振下的应变响应影响较大。非共振状态下
的应变响应随着弯曲半径的增大(从 2D 增长到 6D)，增大了 45.88%。

3. 弯曲角度的影响

选取 C 组管路充液 28MPa 状态下的固有频率及其响应进行对比分析，主要
对比面外方向(y 方向)的加速响应与管路根部侧向应变响应。一阶共振、非共振和
二阶共振下的加速度响应与应变响应分别如图 4.2.9 和图 4.2.10 所示。各个频率

下的加速度响应随弯曲角度的变化趋势并不相同，在一阶共振频率作用下，加速度响应随着弯曲角度的增大逐渐增大，弯曲角度由 90°变为 150°时，其加速度响应由 5.174g 变为 8.363g，增大 61.64%；非共振频率下的响应由 0.732g 变为 0.266g，降低 63.66%；而二阶共振频率下的加速度响应随着弯曲角度的增大先减小后增大，相对弯曲角度为 90°的加速度响应，弯曲角度为 120°的加速度响应减小 40.05%，弯曲角度为 150°的加速度响应增大 110.5%，弯曲角度对二阶共振下的加速度响应影响较大。

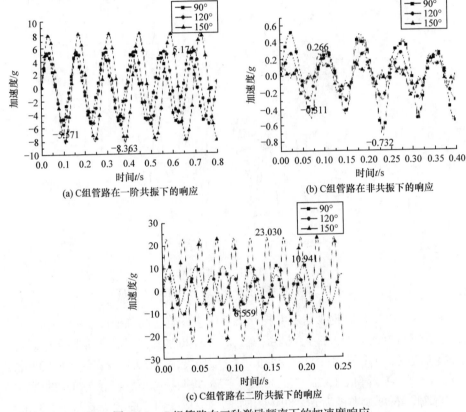

(a) C组管路在一阶共振下的响应

(b) C组管路在非共振下的响应

(c) C组管路在二阶共振下的响应

图 4.2.9　C 组管路在三种激励频率下的加速度响应

由图 4.2.10 可以看出，在共振状态下的应变响应随弯曲角度的变化趋势与加速度响应变化趋势相同。一阶共振频率下，随着弯曲角度由 90°变为 150°，应变响应增加 54.53%；二阶共振频率下，相对弯曲角度为 90°的管路根部应变响应，弯曲角度为 120°的管路根部应变响应降低 48.2%，弯曲角度为 150°的管路根部应变响应增加 96.0%。非共振频率下应变响应随角度的变化趋势与加速度响应变化趋势不同，呈现出先减小后增大，与二阶共振下的应变响应变化趋势相同。

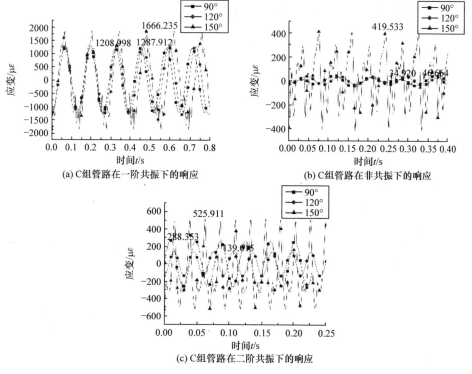

(a) C 组管路在一阶共振下的响应　　　　(b) C 组管路在非共振下的响应

(c) C 组管路在二阶共振下的响应

图 4.2.10　C 组管路在三种激励频率下的应变响应

4.3　单一压力脉动激励下肘形管路振动响应规律的试验分析

本节测试单一压力脉动激励下管路的流固耦合振动响应，仍然采用 4.1 节中 A、B、C 三组不同布局参数的肘形管路，研究单一压力脉动激励下弯曲位置、半径和角度对管路结构振动响应的影响规律。

4.3.1　单一压力脉动激励工况

压力脉动由压力水平、脉动幅值和脉动频率决定，任一参数的变化均会导致脉动发生变化，进而影响管路的流固耦合振动响应。管路内部流体压力脉动激励使用油泵激励模拟，将该激励作为管路入口压力，该压力脉动模型可以采用函数表示：

$$P = P_0 + A \cdot P_0 \cdot \sin(\omega t) \tag{4.3.1}$$

式中，P_0 为额定压力水平；A 为泵工作产生的压力脉动幅值，这里采用相对于额定压力的比例来表示；ω 为压力脉动激励的频率。

单一压力脉动激励工况条件如表 4.3.1 所示,试验中选取飞行器液压系统三种额定压力水平 21MPa、28MPa、35MPa,脉动幅值为 2.5%、5% 和 10%。当压力水平为 35MPa 时,由于油泵最高压力的限制,脉动幅值不能达到要求的 10%,35MPa 时的脉动幅值为 2.5% 和 5%。设置两种压力脉动激励频率进行试验对比:试验管路的一阶共振(采用锤击法确定,前文分析表明压力水平对管路固有频率影响较小,本试验采用试验管路充液 0MPa 状态下的一阶共振频率作为压力脉动激励)频率、非共振频率(试验中选用 12Hz)。管路的加速度和应力响应测试方法同 4.2.1 小节,将三个方向的加速度响应以及管路根部粘贴的应变片(上方和侧向)测得的数据进行对比。

表 4.3.1　单一压力脉动激励工况条件

压力脉动工况	压力水平/MPa	脉动幅值/%	脉动频率
1		5	一阶共振
	21		
2		10	非共振
3		5	一阶共振
	28		
4		10	非共振
5		2.5	一阶共振
	35		
6		5	非共振

4.3.2　单一压力脉动激励下管路流固耦合振动响应

1. 对加速度响应的影响

不同单一压力脉动激励工况条件下 A₂ 管路的加速度响应曲线归纳于表 4.3.2 中。为了便于对比,将其幅值信息列于表 4.3.3 中。可以看到,x、y、z 三个方向的加速度响应随着压力水平、幅值的增大而增大,随着脉动频率(共振、非共振)的变化规律较为复杂。共振频率下 y、z 方向的响应明显大于非共振下的响应,但 x 方向脉动响应变化趋势与此相反,非共振频率选取 12Hz,在该频率下产生了较大的面内振动,造成 x 方向的加速度响应增大。在 28MPa 及 35MPa 下响应趋势与 21MPa 下响应趋势类似,以 5% 脉动幅值非共振下的压力脉动响应为例,压力水平由 21MPa 上升为 35MPa 的过程中,y 方向的加速度响应由 0.051g 逐渐增大至 0.128g,加速度响应随着压力水平的增大呈增大趋势。

表 4.3.2 不同单一压力脉动激励工况条件下 A₂ 管路的加速度响应

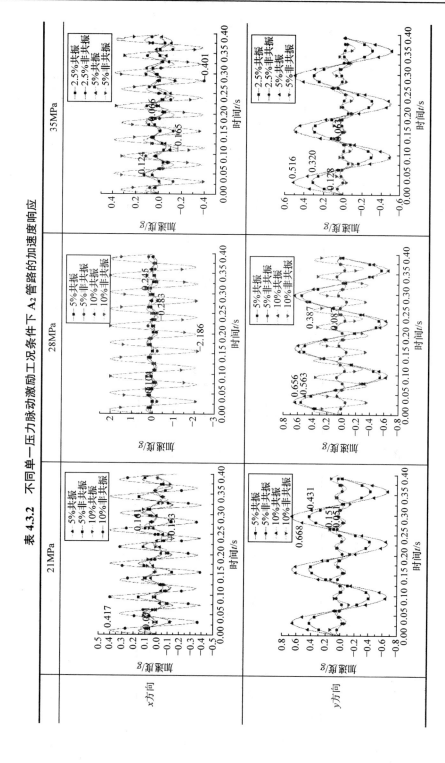

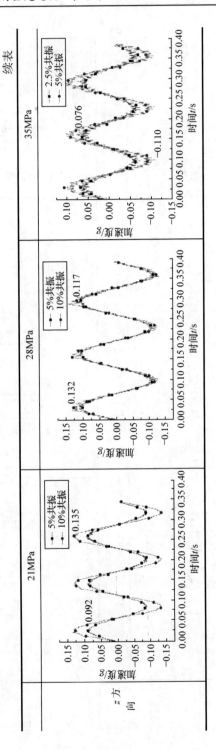

表 4.3.3　不同压力水平、频率和幅值下 A₂ 管路的加速度响应幅值　　（单位：g）

压力	方向	5%共振	5%非共振	10%共振	10%非共振
	x	0.071	0.161	0.133	0.417
21MPa	y	0.431	0.051	0.668	0.151
	z	0.092	0.027	0.135	0.052
	x	0.104	0.283	0.245	2.186
28MPa	y	0.516	0.087	0.656	0.387
	z	0.117	0.052	0.132	0.110
压力	方向	2.5%共振	2.5%非共振	5%共振	5%非共振
	x	0.066	0.165	0.124	0.401
35MPa	y	0.320	0.063	0.563	0.128
	z	0.076	0.043	0.110	0.055

2. 对动应变响应的影响

以 21MPa 下压力脉动响应为例，研究脉动幅值大小对管路根部应变响应的影响。如图 4.3.1(a)和(b)所示，相较于面外应变，面内应变很小，是面外应变的 10% 左右，因此，本节的对比讨论仅考虑面外(y 向)应变。

激励频率对响应幅值有决定性影响。例如，频率由共振转变为非共振，在脉动幅值为 5%的情况下，应变幅值降低了 93%;脉动幅值为 10%时应变降低了 84%。另外，当脉动幅值由 5%增大到 10%，共振状态下，面外应变增大了 70%。

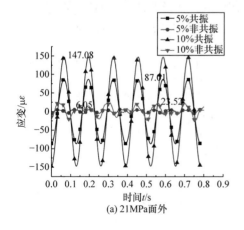

(a) 21MPa面外

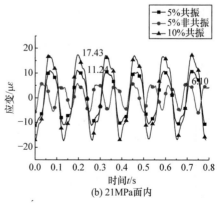

(b) 21MPa面内

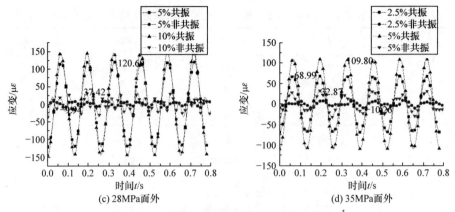

图 4.3.1　不同脉动幅值下肘形管路的应变响应

对比图 4.3.1(a)、(c)、(d)，面外应变随压力水平的增大而增大。对比 5%共振下面外应变随压力的变化，可明显看到应变有不同程度的增大，相较于 21MPa 下的应变，28MPa 下的应变增大了 38.6%，35MPa 下的应变增大了 26.2%。5%非共振下的应变随着压力的增大，也呈现增大的趋势。

4.3.3　布局参数对单一压力脉动激励下振动响应的影响

选取不同布局参数的 A、B、C 三组管路，施加相同的压力水平 28MPa，且脉动幅值均为 10%，脉动频率为一阶共振和非共振下管路加速度和应变响应进行对比，同样选取 y 方向加速度响应和侧向应变进行分析。

1. 弯曲位置的影响

取 A 组管路充液 28MPa 的响应测试结果，分析弯曲位置对肘形管路一阶共振和非共振(12Hz)频率下响应的影响。由图 4.3.2 中 A 组管路在不同频率下的响

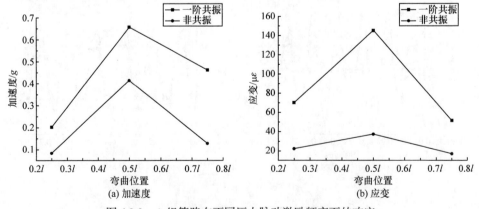

图 4.3.2　A 组管路在不同压力脉动激励频率下的响应

应变化趋势可知：共振频率下的响应比非共振频率下的响应大很多，共振下的响应最少为非共振下响应的 1.585 倍；在不同频率的单一压力脉动激励下，其加速度响应、应变响应随弯曲位置的变化规律相同，均随着弯曲位置的后移先增大后减小，共振状态下的响应随弯曲位置的变化波动较大。以共振状态下的响应为例，弯曲位置在 1/4 处较 3/4 处管路的加速度响应增大 224.8%，应变响应增大 107.0%；弯曲位置在 3/4 处较 1/4 处管路的加速度响应增大 128.7%，应变响应减小 26.8%。相对弯曲位置对管路加速度响应影响更大。

　2. 弯曲半径的影响

　　取 B 组充液管路 28MPa 下的响应测试结果进行分析。从图 4.3.3 中可知，相比于弯曲半径 2D 和 6D，当弯曲半径为 4D 时加速度和应变响应均为最大。从响应的影响程度来看，弯曲半径的变化对共振下的应力响应更为敏感。随着弯曲半径的增大，相对弯曲半径为 2D 时的响应，半径为 4D 时的加速度增长约一倍，半径为 6D 时的加速度增长 36.4%；半径为 4D 时的应变增长约 3 倍，半径为 6D 时的应变增长 139.4%。

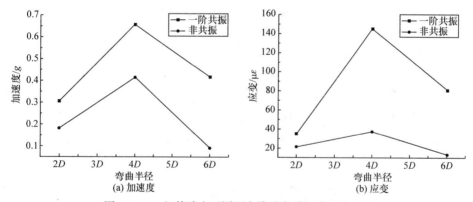

图 4.3.3　B 组管路在不同压力脉动激励频率下的响应

　3. 弯曲角度的影响

　　C 组管路在充液 28MPa 压力水平下的单一压力脉动激励频率下的响应如图 4.3.4 所示，响应随弯曲角度的变化趋势与其随弯曲位置、弯曲半径的变化趋势并不同。两种频率下的加速度响应随弯曲角度的增大逐渐减小；共振状态下的应变响应变化趋势与加速度响应变化趋势相同，但非共振下的应变响应随着弯曲角度的增大先减小，后略有增大。在一阶共振频率下，相对于弯曲角度为 90° 的管路，弯曲角度为 150° 管路的加速度响应降低 70.3%，应变响应降低 85.7%。

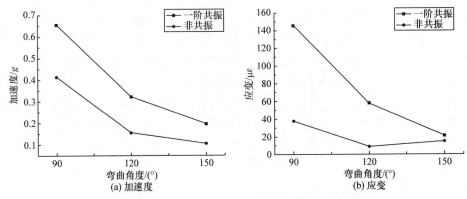

图 4.3.4　C 组管路在不同压力脉动激励频率下的响应

4.4　多源组合激励下肘形管路振动响应规律的试验分析

液压系统服役的过程中，外部机体结构振动和管内压力脉动均会作用在管路上。本节将外部机体结构振动(振动台实现)和管内压力脉动(油泵施加)同时作用于管路上，研究多源激励对不同布局参数的管路的流固耦合振动响应。

设定振动台施加的加速度激励幅值为 0.8g，激励的方向为 y 方向(管路的面外方向，也称为横向)，激励频率为一阶共振、非共振(12Hz)和二阶共振。管内压力分为 21MPa、28MPa、35MPa，脉动幅值为 5%、10%，脉动频率分别为一阶共振频率、非共振频率。这样形成了多源组合激励。与单一激励源下的流固耦合响应进行对比，分析多源组合激励对结构流固耦合振动的影响；然后对比 A、B、C 三组布局形式的管路在上述组合激励下的响应，分析弯曲布局对响应的影响。以下按照激励源的频率、幅值、压力分析上述因素对组合激励响应的影响。

4.4.1　多源组合激励频率对加速度响应的影响

1. 振动台一阶共振激励频率时组合激励下的响应

在振动台一阶共振和油液脉动(21MPa，5%，脉动频率分别为一阶共振频率与非共振频率)组合激励下，A_2 管路弯曲测点处三个方向上的加速度响应对比如图 4.4.1 所示。可以看出三个方向中 y 方向的加速度响应最大，因此这里以 y 方向的加速度响应为例进行说明。压力脉动频率变化导致加速度响应由 6.54g 变为 6.35g，而单源压力脉动激励下的响应由 0.425g 变为 0.052g，非共振时比共振时压力脉动响应降低 87.8%，压力脉动非共振时较共振时组合激励响应降低 2.9%，压力脉动频率变化对组合激励响应影响较小。

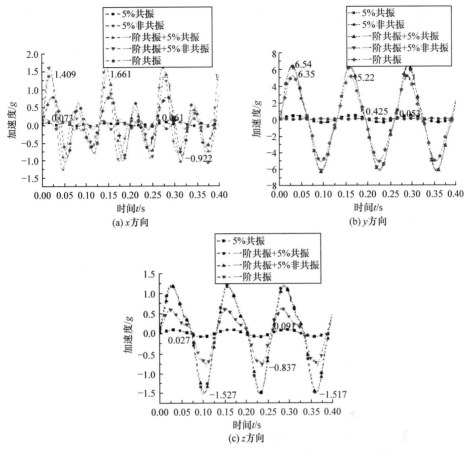

图 4.4.1　振动台一阶共振+21MPa、幅值 5%组合激励下加速度响应对比

　　将 21MPa、幅值 5%、一阶共振下加速度响应的最大幅值数据列于表 4.4.1 中，组合激励响应较单激励响应均有不同程度的增大。组合激励的响应是单压力脉动激励响应的 15.4 倍，是单振动台激励响应的 1.25 倍；压力脉动激励的主激励方向（z 方向）组合激励的响应是单压力脉动激励响应的 16.8 倍，是单振动台激励响应的 1.82 倍。组合激励对监测点三个方向的加速度产生不同程度的影响，对 z 方向响应的影响较大。

表 4.4.1　单激励与多源组合激励(振动台一阶共振+21MPa、幅值 5%)的加速度响应幅值对比

(单位：g)

方向	油泵激励		振动台激励	组合激励	
	5%共振	5%非共振	一阶共振	一阶共振+5%共振	一阶共振+5%非共振
x	0.073	0.161	0.922	1.409	1.661
y	0.425	0.052	5.220	6.540	6.350
z	0.091	0.027	0.837	1.527	1.517

2. 振动台非共振激励频率时组合激励下的响应

图 4.4.2 为 A_2 管路在振动台非共振和油液脉动(21MPa，5%，脉动频率分别为一阶共振频率与非共振频率)组合激励下，弯曲测点处 y 方向上的加速度响应对比。施加振动台激励后(非共振频率)，组合激励响应较单激励响应均有不同程度的增大。各种工况下加速度响应最大幅值列于表 4.4.2 中，组合激励响应是单一压力脉动激励响应的 1.66 倍，是单振动台激励响应的 1.15 倍；在压力脉动激励的主激励方向(z 方向)，组合激励响应是单一压力脉动激励响应的 3.56 倍，是单振动台激励响应的 1.27 倍。在 y 方向上，压力脉动共振时的加速度幅值是非共振时组合激励时的 1.13 倍，振动台频率为非共振频率时，压力脉动频率变化对组合响应影响较大(1.03 倍变为 1.13 倍)。

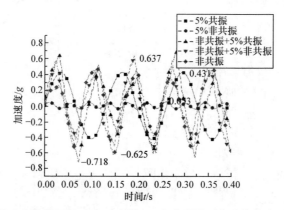

图 4.4.2　振动台非共振+21MPa、幅值 5%组合激励下加速度响应对比(y 方向)

表 4.4.2　单激励与多源组合激励(振动台非共振+21MPa、幅值 5%)**的加速度响应幅值对比**

(单位：g)

方向	油泵激励		振动台激励	组合激励	
	5%共振	5%非共振	非共振	非共振+5%共振	非共振+5%非共振
x	0.073	0.161	0.400	0.204	0.325
y	0.431	0.053	0.625	0.718	0.637
z	0.091	0.027	0.255	0.324	0.306

3. 振动台二阶共振激励频率时组合激励下的响应

图 4.4.3 为 A_2 管路在振动台二阶共振和油液脉动(21MPa，5%，脉动频率分别为一阶共振频率与非共振频率)组合激励下，弯曲测点处三个方向上的加速度响应对比。由表 4.4.3 中的数据可知，振动台频率为二阶共振频率时，组合激励响应是

单一压力脉动响应的 37.97 倍,是单振动台响应的 1.49 倍。在振动台主激励方向(y 方向)上,非共振响应比一阶共振响应降低 88.03%,二阶共振响应较一阶共振响应增大 109.6%。可见,在不同固有频率下,管路的振型不同,对应在同一测点下的响应也不同。

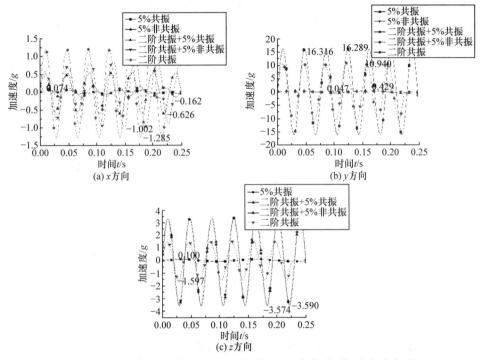

图 4.4.3 振动台二阶共振+21MPa、幅值 5%组合激励下加速度响应对比

表 4.4.3 单激励与多源组合激励(振动台二阶共振+21MPa、幅值 5%)的加速度响应幅值对比

(单位: g)

方向	油泵激励		振动台激励	组合激励	
	5%共振	5%非共振	二阶共振	二阶共振+5%共振	二阶共振+5%非共振
x	0.074	0.162	1.285	0.626	1.002
y	0.429	0.047	10.940	16.316	16.289
z	0.100	0.027	1.597	3.574	3.590

综上对比多种工况下多源组合激励对应的管路结构的振动加速度响应幅值发现,振动台激励频率(模拟机体结构受到的激励频率)变化会引起多源组合激励下管路的加速度响应发生变化,试验中振动台一阶共振、非共振、二阶共振时,对应的加速度响应幅值分别为 6.54g、0.718g、16.289g,组合激励非共振响应较一阶

共振响应降低 89.1%，二阶共振响应较一阶共振增大 149.1%。与单源激励下的响应相比，多源组合激励下管路结构的加速度响应幅值更大。

4.4.2　多源组合激励频率对动态应变响应的影响

图 4.4.4 为振动台一阶共振和 21MPa、幅值 5%组合激励下应变响应与单源激励响应的对比，由单一压力脉动激励造成的响应，面外应变是面内应变的 7.74 倍；单一机体振动激励的响应，面外应变是面内应变的 10.49 倍；组合激励产生的响应，面外应变是面内应变的 10.16 倍。对比面内和面外的应变可知，面内应变相对面外应变小很多，下面主要采用面外应变进行响应规律研究。

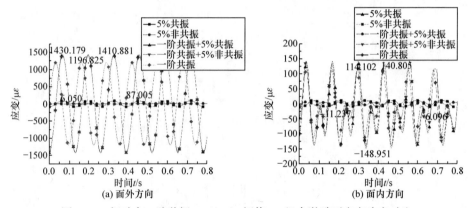

图 4.4.4　振动台一阶共振+21MPa、幅值 5%组合激励下应变响应对比

表 4.4.4 为 21MPa、幅值 5%单激励与多源组合激励应变响应幅值对比。对比共振和非共振的数据，单一压力脉动激励的应变响应由 87.005$\mu\varepsilon$ 降至 6.050$\mu\varepsilon$，流体共振状态下应变响应是非共振状态下应变响应的 14.38 倍，因流体脉动频率的变化，组合激励的面外应变响应由 1430.179$\mu\varepsilon$ 降至 1410.881$\mu\varepsilon$，非共振应变相对于共振状态时仅降低了 1.35%，因为管路的二阶共振振型为面内振动，此时面外振动应力响应变化较小。

表 4.4.4　21MPa、幅值 5%单激励与多源组合激励应变响应幅值对比　（单位：$\mu\varepsilon$）

应变片位置	油泵激励		振动台激励	组合激励	
	5%共振	5%非共振		振动台+5%共振	振动台+5%非共振
一阶(面外)	87.005	6.050	1196.825	1430.179	1410.881
一阶(面内)	11.237	6.096	114.102	140.805	148.951

当振动台频率为非共振状态时，管路在组合激励下的响应曲线如图 4.4.5 所示，

因压力脉动频率的变化，应变由 $77.869\mu\varepsilon$ 降至 $56.795\mu\varepsilon$，非共振时较共振状态下的应变降低 27.1%；当振动台频率为二阶共振状态时，如图 4.4.6 所示，组合激励响应由 $400.362\mu\varepsilon$ 降至 $385.364\mu\varepsilon$，压力脉动非共振状态较共振降低 3.75%。可见，振动台激励频率不同时，管路内部脉动频率变化对组合激励响应的影响程度也不相同。

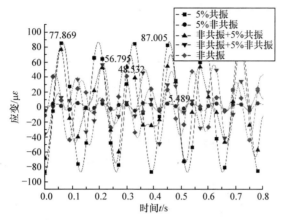

图 4.4.5 振动台非共振+21MPa、幅值 5%组合激励下应变响应对比(面外方向)

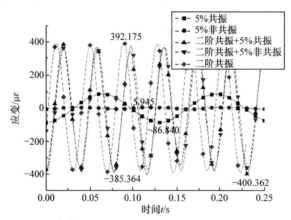

图 4.4.6 振动台二阶共振+21MPa、幅值 5%组合激励下应变响应对比(面外方向)

上述两种工况的脉动幅值列于表 4.4.5，组合激励的应变比单激励的应变大，以一阶共振下的数据为例，组合激励应变响应较单一机体振动响应增大了约20%，较单一压力脉动激励的应变响应增大了 15 倍。对于组合激励的应变响应来说，振动台频率的变化导致应变由 $1430.179\mu\varepsilon$ 降至 $77.869\mu\varepsilon$ 再至 $400.362\mu\varepsilon$，一阶共振状态下应变响应是非共振状态下应变响应的 18.37 倍，二阶共振状态下应变响应是非共振状态下应变响应的 5.14 倍，振动台频率变化对组合激励应变响应的影响较单一机体振动激励应变响应的影响小。

表 4.4.5　单激励与组合激励下管路面外应变响应幅值　　　（单位：$\mu\varepsilon$）

激励频率	油泵激励		振动台激励	组合激励	
	5%共振	5%非共振		振动台+5%共振	振动台+5%非共振
一阶共振	87.005	6.050	1196.825	1430.179	1410.881
非共振	87.005	5.489	48.532	77.869	56.795
二阶共振	86.840	5.945	392.175	400.362	385.364

4.4.3　多源组合激励压力脉动幅值对加速度响应的影响

本小节中主要讨论多源组合激励的压力脉动幅值对组合激励响应的影响，仍然取 A_2 管路的响应做对比分析。图 4.4.7 为 A_2 管路在振动台一阶共振和油液脉动(21MPa，幅值 10%，压力脉动一阶共振与非共振)的多源组合激励下，弯曲测点处三个方向上的加速度响应对比。

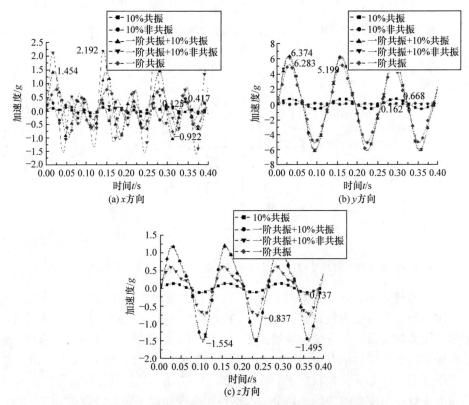

图 4.4.7　振动台一阶共振+21MPa、幅值 10%组合激励下加速度响应对比

　　加速度响应幅值列于表 4.4.6 中，可见同为 21MPa、一阶共振的组合激励下，脉动幅值增大一倍(由 5%增大到 10%)后，y 方向组合激励的响应是单压力脉动激励响应的 9.54 倍，是单一机体振动激励响应的 1.23 倍；z 方向组合激励的响应是单压力脉动激励响应的 11.34 倍，是单一机体振动激励的 1.856 倍。对比脉动幅值可知，在单一压力脉动激励下，脉动频率为一阶共振频率，脉动幅值由 5%变为 10%，x 方向响应增大 71.2%，y 方向响应增大 57%，z 方向响应增大 50.5%。对于组合响应，脉动幅值由 5%变为 10%，x 方向的响应增大了 3.19%，y 方向响应减小了 2.5%，z 方向响应增大了 1.77%。说明脉动幅值的变化，对单一压力脉动激励响应的影响较大。

表 4.4.6　21MPa、幅值 10%、一阶共振下单激励与组合激励加速度
响应幅值对比　　　　　　　　　　　(单位：g)

方向	油泵激励		振动台激励	组合激励	
	10%共振	10%非共振	一阶共振	一阶共振+10%共振	一阶共振+10%非共振
x	0.125	0.417	0.922	1.454	2.192
y	0.668	0.162	5.199	6.374	6.283
z	0.137	0.052	0.837	1.554	1.495

　　在振动台激励为非共振频率和油液压力脉动(21MPa、幅值 10%)多源组合激励下，试验件测点处 y 方向上的加速度响应对比如图 4.4.8 所示。与单源激励相比，当压力脉动频率为一阶共振频率，幅值由 5%上升为 10%时，组合激励 x 方向加速度响应增大 47.55%，y 方向加速度响应增大 50.28%，z 方向加速度响应增大 22.22%，与单一压力脉动激励中因脉动幅值变化引起的加速度响应变化程度接近。不同工况下的加速度响应幅值如表 4.4.7 所示。

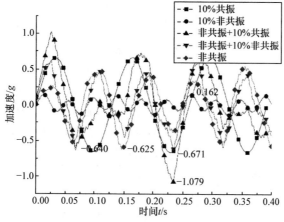

图 4.4.8　振动台非共振+21MPa、幅值 10%组合激励下加速度响应对比(y 方向)

表 4.4.7　21MPa、幅值 10%、非共振下单激励与组合激励加速度
响应幅值对比　　　　　　　　　　（单位：g）

方向	油泵激励		振动台激励	组合激励	
	10%共振	10%非共振	非共振	非共振+10%共振	非共振+10%非共振
x	0.125	0.417	0.400	0.301	0.665
y	0.671	0.162	0.625	1.079	0.640
z	0.137	0.052	0.255	0.396	0.308

当振动台频率为二阶共振频率时，组合激励下加速度响应曲线如图 4.4.9 所示，幅值结果列于表 4.4.8 中，对比可知，压力脉动频率为一阶共振频率，幅值由 5%变为 10%时，组合激励加速度响应在 x 方向增大 12.30%，y 方向增大 0.78%，z 方向增大 0.87%。

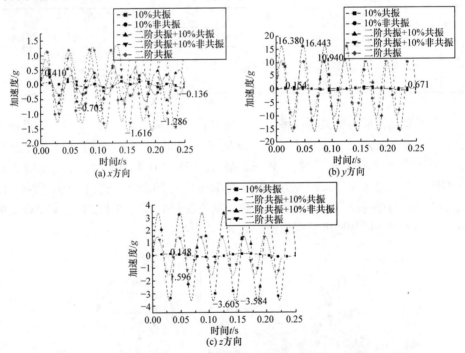

图 4.4.9　振动台二阶共振+21MPa、幅值 10%组合激励下加速度响应对比

表 4.4.8　21MPa、幅值 10%、二阶共振下单激励与组合激励加速度
响应幅值对比　　　　　　　　　　（单位：g）

方向	油泵激励		振动台激励	组合激励	
	10%共振	10%非共振	二阶共振	二阶共振+10%共振	二阶共振+10%非共振
x	0.136	0.410	1.286	0.703	1.616
y	0.671	0.154	10.940	16.443	16.380
z	0.148	0.052	1.596	3.605	3.584

综上所述,在不同的振动台激励频率下(一阶共振、非共振、二阶共振频率时),管内压力脉动幅值的增大均会造成组合激励下管路加速度响应幅值的增大。同时,不同的振动台激振频率下,压力脉动幅值变化对组合激励加速度响应的影响程度不同。可见,降低管内流体的压力脉动幅值,是降低管路结构流固耦合振动的重要手段。

4.4.4 多源组合激励压力脉动幅值对动态应变响应的影响

继续研究压力脉动幅值对动态应变响应的影响。当振动台激励为一阶共振时,组合激励下的应变响应曲线如图 4.4.10 所示。随着脉动幅值的增大,管路根部的面外应变由 $87.005\mu\varepsilon$ 增大至 $147.101\mu\varepsilon$,脉动幅值为 10%下的应变响应较脉动幅值为 5%下的应变响应增大了 69.07%;组合激励的应变响应随着脉动幅值的增大逐渐减小,由 $1430.179\mu\varepsilon$ 略降至 $1398.195\mu\varepsilon$,脉动幅值为 10%下的应变响应较脉动幅值为 5%下的应变响应降低 2.24%。

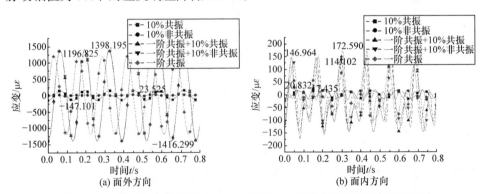

图 4.4.10 振动台一阶共振+21MPa、幅值 10%组合激励下应变响应对比

如图 4.4.11 所示,当振动台激励为非共振频率时,多源组合激励下管路的面

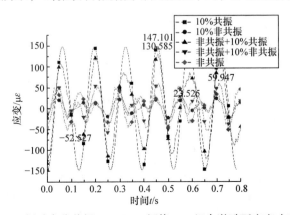

图 4.4.11 振动台非共振+21MPa、幅值 10%组合激励下应变响应对比

外应变响应由 $77.869\mu\varepsilon$ 增大至 $130.585\mu\varepsilon$，脉动幅值为 10%下的应变响应，较脉动幅值为 5%下的应变响应增大 67.7%；如图 4.4.12 所示，当振动台激励为二阶共振频率时，多源组合激励下管路的面外应变响应由 $400.362\mu\varepsilon$ 增大至 $423.501\mu\varepsilon$，脉动幅值为 10%下的应变响应较 5%时的应变响应增大 5.78%。

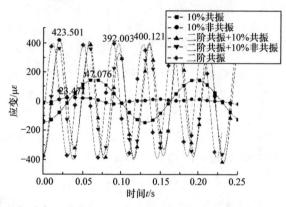

图 4.4.12 振动台二阶共振+21MPa、幅值 10%组合激励下应变响应对比

4.4.5 多源组合激励压力水平对加速度响应的影响

变换压力水平，将试验油泵的压力水平由 21MPa 提升至 28MPa，其他载荷激励工况与前文相同。图 4.4.13 为 A_2 管路在振动台一阶共振和油液脉动(28MPa，5%)组合激励下，测点处三个方向上的加速度响应对比。由表 4.4.9 中数据可知，28MPa、幅值 5%、一阶共振下单激励与组合激励下的响应关系与压力为 21MPa 下的情况相同，组合激励响应比单激励响应大很多。y 方向组合激励的响应是单压力脉动激励响应的 12.19 倍，是单一机体振动激励响应的 1.21 倍；z 方向组合激励的响应是单压力脉动激励响应的 13.29 倍，是单一机体振动激励的 1.88 倍。

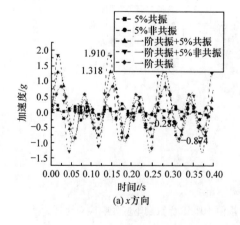

(a) x 方向

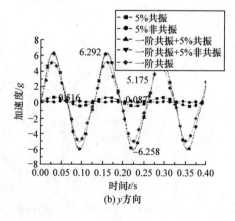

(b) y 方向

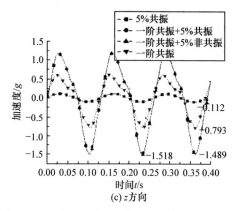

图 4.4.13　振动台一阶共振+28MPa、幅值 5%组合激励下加速度响应对比

表 4.4.9　28MPa、幅值 5%、一阶共振下单激励与组合激励

加速度响应幅值对比　　　　　　　　（单位：g）

测试方向	油泵激励		振动台激励	组合激励	
	5%共振	5%非共振	一阶共振	一阶共振+5%共振	一阶共振+5%非共振
x	0.104	0.288	0.874	1.318	1.910
y	0.516	0.087	5.175	6.292	6.258
z	0.112	0.052	0.793	1.489	1.516

　　继续将试验油泵的压力水平提升至 35MPa，其他载荷激励工况与前文相同。图 4.4.14 为 A₂ 管路在振动台一阶共振和油液脉动(35MPa，5%)组合激励下，弯曲测点处三个方向上的加速度响应对比。当振动台激励频率为一阶共振频率时，通过对单激励与组合激励下的响应数据对比可知，组合激励响应与单激励响应并不是单纯叠加的关系，比二者叠加起来的响应大。y 方向组合激励的响应是单压力脉动激励响应的 11.15 倍，如表 4.4.10 所示，是单一机体振动激励响应的 1.23 倍；z 方向组合激励的响应是单压力脉动激励响应的 14.7 倍，是单一机体振动激励的 1.90 倍。

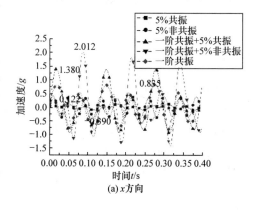

(a) x 方向

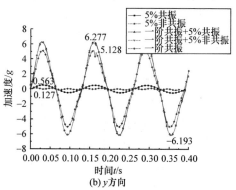

(b) y 方向

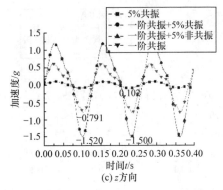

(c) z 方向

图 4.4.14　振动台一阶共振+35MPa、幅值 5%组合激励下加速度响应对比

表 4.4.10　35MPa、幅值 5%、一阶共振下单激励与组合激励加速度

响应幅值对比　　　　　　　　　（单位：g）

方向	油泵激励		振动台激励	组合激励	
	5%共振	5%非共振	一阶共振	一阶共振+5%共振	一阶共振+5%非共振
x	0.122	0.390	0.835	1.380	2.012
y	0.563	0.127	5.128	6.277	6.193
z	0.102	0.058	0.791	1.500	1.520

对比表 4.4.1、表 4.4.9、表 4.4.10 中的数据可知，随着压力水平的增大，单一机体振动激励的加速度响应逐渐减小，以 y 方向为例，随着压力水平的增大，单一机体振动激励下加速度响应由 5.22g 降至 5.175g 再至 5.128g，压力水平为 28MPa 时振动台响应较压力水平为 21Mpa 时降低 0.86%，压力水平 35MPa 时响应较 21MPa 时降低 1.76%；压力增大，组合激励加速度响应逐渐减小，与单一机体振动激励响应变化趋势相同。以 y 方向响应为例，由 6.54g 至 6.292g 再至 6.277g，压力水平为 28MPa 时组合激励响应较 21MPa 时降低 3.79%，压力水平为 35MPa 时组合激励响应较 21MPa 时降低 4.02%。

4.4.6　多源组合激励压力水平对动态应变响应的影响

本小节分析三种不同的额定压力水平对管路根部动态应变的影响，图 4.4.15 为 A$_2$ 管路在振动台一阶共振和油液脉动(28MPa，5%)组合激励下，弯曲测点处三个方向上的加速度响应对比。应变响应最大幅值列于表 4.4.11 中。图 4.4.16 为 A$_2$ 管路在振动台一阶共振和油液脉动(35MPa，5%)组合激励下，弯曲测点处三个方向上的加速度响应对比。应变响应最大幅值列于表 4.4.12。

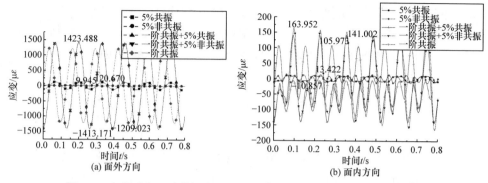

图 4.4.15　振动台一阶共振+28MPa、幅值 5%组合激励下应变响应对比

表 4.4.11　28MPa、幅值 5%单激励与组合激励应变响应幅值对比　　（单位：$\mu\varepsilon$）

应变片位置	油泵激励		振动台激励	组合激励	
	5%共振	5%非共振		振动台+5%共振	振动台+5%非共振
一阶(面外)	120.670	9.945	1209.023	1423.488	1413.171
一阶(面内)	10.857	13.422	105.973	141.002	163.952

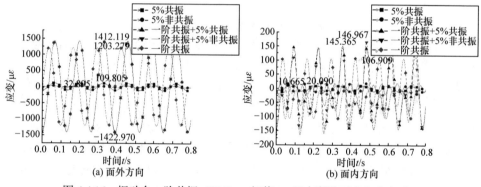

图 4.4.16　振动台一阶共振+35MPa、幅值 5%组合激励下应变响应对比

表 4.4.12　35MPa、幅值 5%单激励与组合激励应变响应幅值对比　　（单位：$\mu\varepsilon$）

应变片位置	油泵激励		振动台激励	组合激励	
	5%共振	5%非共振		振动台+5%共振	振动台+5%非共振
一阶(面外)	109.805	32.895	1203.279	1412.119	1422.970
一阶(面内)	10.665	20.090	106.909	145.365	146.967

　　对比表 4.4.5、表 4.4.11 和表 4.4.12 中的数据可知，组合激励的应变响应受压力的影响规律为：在一阶共振下，随着额定压力水平的增大，组合激励下管路根

部应变响应变化不大,分别为 1430.179με、1423.488με和1412.119με,28MPa 下组合激励应变较 21MPa 下组合激励应变减小 0.47%,35MPa 下组合激励应变比 21MPa 下组合激励应变减小 1.26%,与单一机体振动响应随额定压力水平的变化趋势相同。

4.4.7　布局参数对多源组合激励下管路流固耦合振动响应的影响

通过对不同单激励源下弯曲布局对肘形管路响应影响的研究发现:机体振动和压力脉动激励下,管路流固耦合响应随弯曲位置、半径和角度的变化不同。当两者组合激励作用在管路上时,其响应随弯曲位置、半径和角度的变化并不能直接确定。因此,需对多源组合激励下管路流固耦合响应进行研究,分析弯曲位置、半径和角度这些布局参数对多源组合激励流固耦合响应的影响。

为便于与不同单源激励下管路布局对流固耦合响应影响进行对比,组合激励分析中采用压力为 28MPa,脉动幅值为 10%,压力脉动频率为一阶共振频率和非共振频率,振动台频率为一阶共振、非共振和二阶共振频率若干种工况下的响应数据。

1. 弯曲位置的影响

选取 A 组管路在上述工况下的数据进行对比,弯曲位置在总长的 1/4、1/2 和 3/4 处时的 y 方向加速度响应见图 4.4.17,分析其对组合激励下的流固耦合响应的影响。表 4.4.13 列出了不同激励频率下的加速度响应幅值。在一阶共振频率下,管路的加速度响应随弯曲位置的后移逐渐增大,弯曲位置在总长 1/2 处的加速度响应较 1/4 处的加速度响应增大 294.3%,弯曲位置在总长 3/4 处的加速度响应较 1/4 处的加速度响应增大 738.4%。非共振频率下,管路加速度响应随弯曲位置后移呈现先减小后增大的趋势,在总长 3/4 处管路的加速度响应达到最大。二阶共振频率下,管路加速度响应随弯曲位置后移逐渐减小,其中弯曲位置在总长 1/2 处的加速度响应较 1/4 处减小 56.6%,弯曲位置在总长 3/4 处的加速度响应较 1/4 处减小 67.2%。

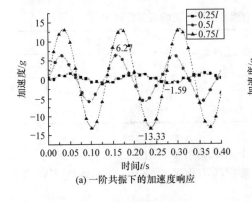

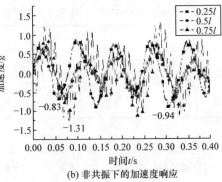

(a) 一阶共振下的加速度响应　　　　　　(b) 非共振下的加速度响应

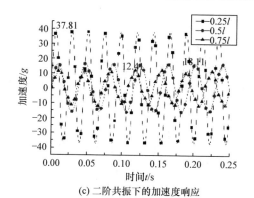

(c) 二阶共振下的加速度响应

图 4.4.17　A 组管路在不同激励频率下的加速度响应

表 4.4.13　A 组管路在不同激励频率下的加速度响应幅值　　　　（单位：g）

激励频率	0.25l	0.5l	0.75l
一阶共振	1.59	6.27	13.33
非共振	0.94	0.83	1.31
二阶共振	37.81	16.41	12.41

　　不同弯曲位置的肘形管路在三种激励频率下管路根部的面外应变响应如图 4.4.18 所示。在一阶共振和二阶共振激励频率下，管路根部应变响应随弯曲位置的变化趋势与加速度响应变化趋势相同，在一阶共振频率下，应变响应随弯曲位置后移逐渐增大，其中弯曲在 3/4 处的应变响应较 1/4 处增加 223.8%；在二阶共振频率下，应变响应随弯曲位置后移逐渐减小，其中弯曲位置在 3/4 处的应变响应较 1/4 处降低 59.8%。在非共振频率下，管路根部应变响应与加速度响应变化趋势不同，应变响应随弯曲位置的后移，呈现逐渐增大的趋势，

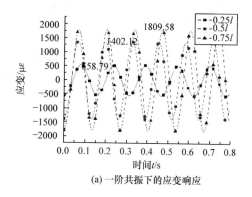

(a) 一阶共振下的应变响应

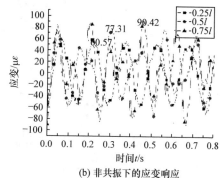

(b) 非共振下的应变响应

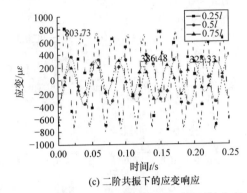

(c) 二阶共振下的应变响应

图 4.4.18　A 组管路在不同激励频率下的面外应变响应

主要由于非共振频率下，管路根部应变相对较小，弯曲位置对其影响不太明显。对比单一机体振动激励、油泵激励和组合激励应变响应可知，弯曲位置对外部机体振动激励更为敏感。

2. 弯曲半径的影响

选取 B 组管路，三种不同的弯曲半径(2D、4D、6D)，分析弯曲半径对组合激励响应的影响，不同弯曲半径时加速度响应见图 4.4.19。在共振频率下，管路的加速度响应随弯曲半径的增大先减小后增大，在非共振频率下，加速度响应随弯曲半径增大逐渐减小。对比表 4.4.14 中的幅值变化，在一阶共振频率下，随着弯曲半径的增大，弯曲半径为 4D 的加速度响应较 2D 的减小 29.9%，弯曲半径为 6D 的加速度响应较 2D 的减小 17.0%；而在二阶共振频率下，弯曲半径增大，4D 的加速度响应比 2D 的减小 18.7%，6D 的加速度响应比 2D 的增大 18.2%。相对而言，当振动台激励频率为二阶固有频率时，弯曲半径变化对组合激励加速度响应影响更大。

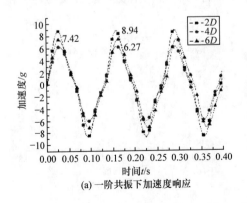

(a) 一阶共振下加速度响应

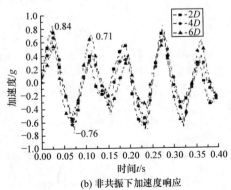

(b) 非共振下加速度响应

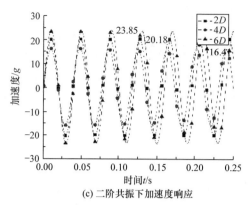

(c) 二阶共振下加速度响应

图 4.4.19　B 组管路在不同激励频率下的加速度响应

表 4.4.14　B 组管路在不同激励频率下加速度响应幅值　　　　　　（单位：g）

激励频率	2D	4D	6D
一阶共振	8.94	6.27	7.42
非共振	0.84	0.76	0.71
二阶共振	20.18	16.41	23.85

　　继续讨论弯曲半径对应变的影响。图 4.4.20 为 B 组管路在不同激励频率下的应变响应。共振频率下，应变响应随弯曲半径的变化趋势与加速度响应变化趋势相同，均随着弯曲半径的增大，先减小后增大。非共振频率下的应变响应随弯曲半径的增大，先增大后减小。

　　表 4.4.15 为 B 组管路在不同激励频率下的应变响应幅值，在一阶共振频率下，随着弯曲半径的增大，相对弯曲半径为 2D 的应变响应，半径为 4D 的管路根部应变响应减小 2.3%，半径为 6D 的应变响应减小 0.6%；在二阶共振频率下，相

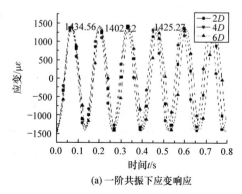

(a) 一阶共振下应变响应

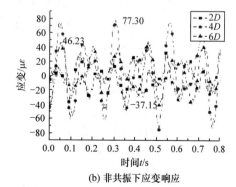

(b) 非共振下应变响应

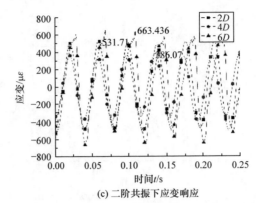

(c) 二阶共振下应变响应

图 4.4.20　B 组管路在不同激励频率下的应变响应

表 4.4.15　B 组管路在不同激励频率下应变响应幅值　　　　　(单位：με)

激励频率	2D	4D	6D
一阶共振	1434.56	1402.12	1425.27
非共振	37.15	77.30	46.23
二阶共振	531.71	386.07	663.44

对半径为 2D 的管路根部应变，半径为 4D 的应变响应减小 27.4%，半径为 6D 应变响应增大 24.8%。对比单一机体振动激励、单一压力脉动激励和组合激励下的加速度响应，弯曲半径变化对单一压力脉动激励下的响应影响程度较大。相对弯曲半径为 2D 的应变响应，由于弯曲半径的变大，单一压力脉动激励的应变响应增大 315.1%，而单一机体振动激励和组合激励中，应变响应分别增大 46.7%和29.9%。

3. 弯曲角度的影响

继续研究肘形管路弯曲角度对振动响应的影响，取 C 组管路对数据进行分析，通过弯曲角度(90°、120°、150°)的变化，分析其对组合激励响应的影响，将对应工况的数据绘制于图 4.4.21 中。在一阶共振和二阶共振频率下，组合激励的加速度响应随弯曲角度的增大逐渐增大；在非共振频率下，加速度响应随弯曲角度的增大逐渐减小。在一阶共振频率和非共振频率下，组合激励加速度响应随弯曲角度的变化趋势与单一机体振动激励的加速度响应变化趋势相同，二阶共振频率下与单一机体振动激励下的加速度响应变化趋势有细微差距。

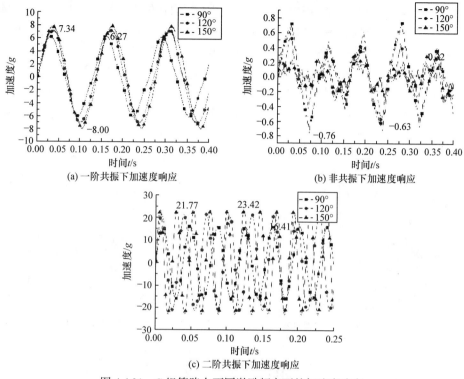

图 4.4.21 C 组管路在不同激励频率下的加速度响应

表 4.4.16 为 C 组管路在不同激励频率下的加速度响应幅值。在一阶共振频率下，相对弯曲角度为 90°时的加速度响应，弯曲角度为 120°时的加速度响应增大 17.1%，弯曲角度为 150°时的加速度响应增大 27.6%；二阶共振频率下，弯曲角度为 120°时的加速度响应增大 32.7%，弯曲角度为 150°时的加速度响应增大 42.7%。弯曲角度的变化对二阶共振下的组合激励加速度响应影响较大。

表 4.4.16 C 组管路在不同激励频率下加速度响应幅值 （单位：g）

激励频率	90°	120°	150°
一阶共振	6.27	7.34	8.00
非共振	0.76	0.63	0.32
二阶共振	16.41	21.77	23.42

C 组管路在不同的振动台激励频率下管路根部的应变响应如图 4.4.22 所示，一阶共振下的组合激励应变响应随弯曲角度的增大逐渐增大，与加速度响应变化趋势相同；在非共振频率和二阶共振频率下，应变响应随弯曲角度的增大呈现先

增大后减小的趋势。对比图中的数据可得，随着弯曲角度的增大，在一阶共振频率下，相对弯曲角度为 90°时的组合激励应变响应，弯曲角度为 150°时的应变响应增大 23.3%；二阶共振频率下，角度为 120°时的应变响应增大 22.3%。将组合激励响应与单一机体振动激励和单一压力脉动激励响应进行对比，弯曲角度的变化对单一机体振动响应影响程度较大。弯曲角度使单一机体振动激励响应增大96%，单一压力脉动激励响应减小 85.7%，组合激励响应增大 27.6%，弯曲角度变化对组合激励响应影响最小。

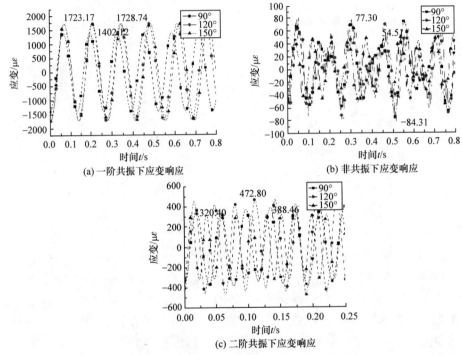

图 4.4.22　C 组管路在不同激励频率下的应变响应

4.4.8　多源组合激励下管路结构流固耦合规律

在试验基础上，研究管路状态和弯曲布局对组合激励下响应的影响，获得的主要规律总结如下。

(1) 组合激励响应并不是简单地将振动台激励和油泵激励的响应叠加起来，而是比二者叠加起来的响应大。其中，一阶共振(振动台和油泵激励频率)情况下，组合激励响应是单一机体振动激励响应的 1.23 倍以上，单一压力脉动激励响应的9.54 倍以上，二者响应叠加的 1.16 倍。

(2) 按照激励大小不同，从三个角度(频率、幅值、压力)对组合激励响应进行分析。

振动激励频率和压力脉动频率：在组合激励响应中，以一阶共振下的响应为例，压力脉动响应占7.53%，单一机体振动激励响应占92.47%。由此可知，与振动台频率变化相比，压力脉动频率变化对组合激励响应影响较小。压力脉动频率变化造成组合激励响应2.9%的波动，而振动台激励频率的变化造成组合激励响应89.1%的波动。

压力脉动幅值：压力脉动幅值的增大会造成组合激励响应增大，与脉动幅值对单一压力脉动激励响应影响相同。以振动台频率为一阶共振为例，脉动幅值由5%到10%的变化，造成单一压力脉动激励57%的波动，而仅造成组合激励2.5%的波动，波动大小与单一压力脉动激励响应在组合激励响应的占比有关。

脉动压力：在不同的振动台激振频率下，组合激励响应变化趋势不同。在一阶共振频率下，压力增大，组合激励响应逐渐减小，与压力变化对单一机体振动激励响应影响相同。压力由21MPa增至28MPa再至35MPa的变化，造成单一机体振动激励响应1.76%的波动，组合激励响应4.02%的波动。二阶共振频率下，随着压力的增大，组合激励响应逐渐增大。

(3) 弯曲布局(位置、半径、角度)对组合激励响应的影响：不同的振动台激振频率下，弯曲布局对组合激励响应影响不同，与其对单一机体振动激励响应影响几乎一致，对其进行分析。

弯曲位置：随着弯曲位置的后移，在一阶共振下，组合激励响应逐渐增大；二阶共振频率下，组合激励响应逐渐减小。弯曲位置的变化对各个频率下组合激励响应的影响程度也不同，一阶共振下造成最大738.4%的波动，二阶共振下造成最大67.2%的波动，对一阶共振下组合激励响应影响较大。

弯曲半径：在共振频率下，随着弯曲半径的增大，组合激励响应先减小后增大。一阶共振下，造成组合激励29.9%的波动，而对比单源激励响应的影响，造成单一机体振动激励响应46.7%的波动，单一压力脉动激励响应315.1%的波动，弯曲半径变化对单一压力脉动激励响应影响较大。

弯曲角度：共振频率下，弯曲角度增大，组合激励响应也逐渐增大。例如，在一阶共振频率下角度的变化造成组合激励响应27.6%的波动，振动台激励响应61.4%的波动，单一压力脉动激励响应85.7%的波动，角度变化对组合激励响应影响最小。

通过对比三个因素(弯曲位置、弯曲半径、弯曲角度)对组合激励响应影响程度可发现，弯曲位置的变化对组合激励响应影响最大，因此合理布置管路系统弯曲位置尤为重要。

参 考 文 献

[1] VARDY A E, FAN D, TIJSSELING A S. Fluid-structure interaction in a t-piece pipe[J]. Journal of Fluids and Structures, 1996, 10(7): 763-786.

[2] TIJSSELING A S, VARDY A E, FAN D. Fluid-structure interaction and cavitation in a single-elbow pipe system[J].Journal of Fluids and Structures, 1996, 10(4): 395-420.

[3] TIJSSELING A S, VAUGRANTE P. FSI in L-Shaped and T-Shaped Pipe Systems[C]. 10th International Meeting of the Work Group on the Behavior of Hydraulic Machinery under Steady Oscillatory Conditions, Trondheim, 2001.

[4] TIJSSELING A S. Water hammer with fluid-structure interaction in thick-walled pipes[J]. Computers and Structures, 2007, 85(11-14): 844-851.

[5] KERAMAT A, KOLAHI A G, AHMADI A. Water hammer modelling of viscoelastic pipes with a time-dependent poisson's ratio[J]. Journal of Fluids and Structures, 2013, 43:164-178.

[6] LIANG F, WEN B C. Forced vibrations with internal resonance of a pipe conveying fluid under external periodic excitation[J]. Acta Mechanica Solida Sinica, 2011, 24(6):477-483.

[7] XU Y Z, JOHNSTON D N, JIAO Z X, et al. Frequency modelling and solution of fluid-structure interaction in complex pipelines[J]. Journal of Sound and Vibration, 2014, 333(10): 2800-2822.

[8] 陈果, 罗云, 郑其辉, 等. 复杂空间载流管路系统流固耦合动力学模型及其验证[J]. 航空学报, 2013, 34(3): 597-609.

[9] 赵孟文, 袁朝晖, 王鸿辉. 高压力脉冲试验台设计[J]. 液压与气动, 2009(11): 23-25.

[10] 鲁华平, 贾普荣, 刘永寿, 等. 基于模态测试的航空管路动力学响应实验与分析[J]. 中国机械工程, 2012, 23(16): 1925-1929.

[11] 杨飞益. 复杂空间管路系统动力特性分析与实验验证[D]. 南京: 南京航空航天大学, 2012.

[12] 赵通来, 刘伟, 韦顺超, 等. Z 型航空液压管道布局参数对其模态特性影响研究[J]. 机械科学与技术, 2017, 36(12): 1970-1974.

第5章 管路、接头和密封件的失效分析方法

5.1 管路结构的疲劳试验和寿命分析

在飞行器液压管路系统中，管路受机身振动、管内液压油压力作用，这些都是交变载荷[1-3]；管路结构产生振动变形后，会在卡箍、接头等约束部位产生较大应力；在一些装配和接触位置往往存在应力集中。这些使得管路在疲劳载荷作用下，发生裂纹萌生和扩展现象[4-8]，导致漏油等可能危及正常飞行功能的事件。针对该问题，本节分别对直管、含接头直管和含缺口直管进行弯曲疲劳试验，结合疲劳试验结果，进行疲劳寿命曲线拟合，得到疲劳寿命曲线。在此基础上，建立寿命预测模型，进行寿命预测，并与试验结果进行比较，验证模型的有效性。

5.1.1 直管疲劳试验和寿命分析

直管的弯曲疲劳试验参考 GB/T 232—2010《金属材料 弯曲试验方法》[9]和YB/T 5349—2014《金属材料 弯曲力学性能试验方法》[10]，选取飞行器液压管路中常用的直径为8mm和12mm的直管进行三点弯曲疲劳试验，夹具设计见图5.1.1(a)，夹具的跨距为320mm。

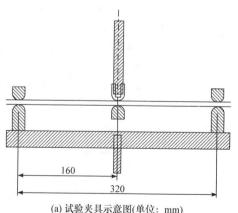

(a) 试验夹具示意图(单位：mm)　　　　　　(b) 试验照片

图 5.1.1　直管三点弯曲疲劳试验夹具图和试验照片

根据直管的直径设定载荷/位移幅值，使两种直径的管路在对应位移下的最大应力基本保持一致。试验中 8mm 直管设置位移分别为 3.0mm、3.5mm、4.0mm、4.5mm、5.0mm 和 6.0mm，12mm 直管设置位移分别为 2.0mm、2.33mm、2.67mm、

3.0mm、3.33mm 和 4.0mm。每个位移幅值等级对应的有效试件数量至少为 5 件。在 Instron-8871 型号的疲劳试验机上进行直管三点弯曲疲劳试验,设备载荷范围为±25kN,行程为 100mm,如图 5.1.1(b)所示。

图 5.1.2 为典型的直管疲劳试验曲线,在试验开始后的较长的一段循环加载过程中,力幅值基本保持恒定,这一区域称为裂纹萌生区;在循环后段,力幅值急剧下降,一般是因为裂纹扩展,承载面积减少,从而导致管路承载力迅速丧失,这一区域称为裂纹扩展区。两区域对应的疲劳寿命分别称为裂纹萌生寿命和裂纹扩展寿命。

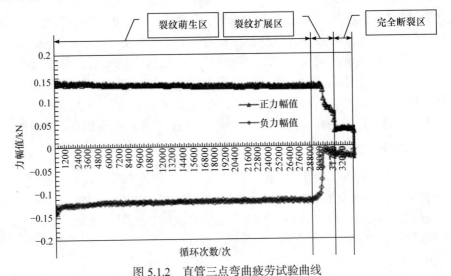

图 5.1.2　直管三点弯曲疲劳试验曲线

表 5.1.1 和表 5.1.2 分别为 8mm 和 12mm 直管在三点弯曲疲劳试验中的结果。直管裂纹萌生寿命占直管完全断裂时寿命的大部分,除个别载荷外,基本可达90%以上;直管裂纹扩展寿命只占很少的一部分,基本在萌生寿命的 10%以下。图 5.1.3 为通过试验数据拟合得到的曲线。

表 5.1.1　8mm 直管三点弯曲疲劳试验结果

位移幅值/mm	对应载荷/N	裂纹萌生寿命/次	裂纹扩展寿命/次	(萌生寿命/全寿命)/%	(扩展寿命/萌生寿命)/%
3.0	89.6	302450	15800	95.04	5.22
3.5	101.1	89280	3133	96.61	3.51
4.0	107	43550	2212	95.17	5.08
4.5	115.8	21175	1486	93.44	7.02
5.0	127.9	11050	1700	86.67	15.38
6.0	129	5700	400	93.44	7.02

表 5.1.2   12mm 直管三点弯曲疲劳试验结果

位移幅值/mm	对应载荷/N	裂纹萌生寿命/次	裂纹扩展寿命/次	(萌生寿命/全寿命)/%	(扩展寿命/萌生寿命)/%
2.0	332.7	237250	13150	94.75	5.54
2.33	335	109620	6916	94.07	6.31
2.67	352.3	57430	4118	93.31	7.17
3.0	369.4	30707	2223	93.25	7.24
3.33	372.4	26268	1754	93.74	6.68
4.0	408.1	12587	749	94.38	5.95

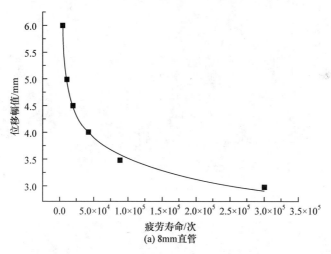

(a) 8mm直管

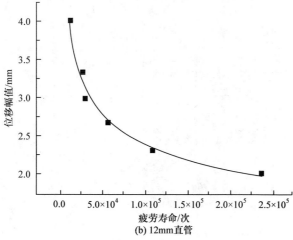

(b) 12mm直管

图 5.1.3   直管三点弯曲疲劳试验拟合曲线

　　图 5.1.4 展示了直管断口上的裂纹萌生区、裂纹扩展区、完全断裂区的形貌。由图 5.1.4(a)中裂纹萌生区中的放射状条纹，可判断裂纹萌生源是点源，另外，在萌生区还可以看到深色的小平面存在，在裂纹扩展中存在着脆性断裂。图 5.1.4(b)中可见疲劳辉纹，图 5.1.4(c)中可以看到韧窝，这是试件完全断裂区承受了很大的载荷作用导致的。

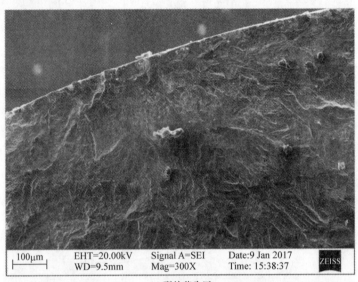

100μm	EHT=20.00kV	Signal A=SEI	Date:9 Jan 2017	ZEISS
	WD=9.5mm	Mag=300X	Time: 15:38:37	

(a) 裂纹萌生区

10μm	EHT=20.00kV	Signal A=SEI	Date:9 Jan 2017	ZEISS
	WD=9.5mm	Mag=1.00KX	Time: 15:41:35	

(b) 裂纹扩展区

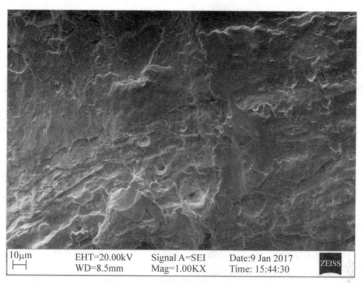

(c) 完全断裂区

图 5.1.4　直管三点弯曲断口形貌

5.1.2　含接头直管疲劳试验和寿命分析

含接头直管在工程中很常见[11-12]，即通过螺母接头将两个扩口(喇叭口)管路连接在一起。为了研究含接头直管的疲劳特性，本节选取飞行器液压管路中常用的直径为 8mm 和 12mm 的直管，连接接头置于整个管路的中点处，试验件及其加载装置如图 5.1.5(a)所示。在 Instron-8872 型号的疲劳试验机上进行直管三点弯曲疲劳试验，疲劳试验中 8mm 含接头直管设置位移分别为 3.0mm、3.5mm、4.0mm、4.5mm、5.0mm 和 6.0mm，12mm 含接头直管设置位移分别为 2.0mm、2.33mm、2.67mm、3.0mm、3.33mm 和 4.0mm，试验照片如图 5.1.5(b)所示。

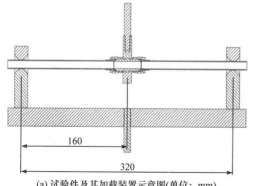

(a) 试验件及其加载装置示意图(单位：mm)

(b) 试验照片

图 5.1.5　含接头直管三点弯曲疲劳试验夹具图和试验照片

表 5.1.3 和表 5.1.4 分别为 8mm 和 10mm 含接头直管三点弯曲疲劳试验结果。管路裂纹萌生寿命占管路完全断裂时寿命的大部分，基本可达 80%以上；管路裂纹扩展寿命只占很少的一部分，占萌生寿命的 7.3%~23.3%。图 5.1.6 是通过试验数据拟合得到的曲线。

表 5.1.3　8mm 含接头直管三点弯曲疲劳试验结果

位移幅值/mm	对应载荷/N	裂纹萌生寿命/次	裂纹扩展寿命/次	(萌生寿命/全寿命)/%	(扩展寿命/萌生寿命)/%
3.0	129.3	230400	30500	88.31	13.24
3.5	157.4	72350	5310	93.16	7.34
4.0	170.5	17767	1300	93.18	7.32
4.5	176.3	14420	3100	82.31	21.50
5.0	191.8	11975	900	93.01	7.52
6.0	212.3	7700	1000	88.51	12.99

表 5.1.4　12mm 含接头直管三点弯曲疲劳试验结果

位移幅值/mm	对应载荷/N	裂纹萌生寿命/次	裂纹扩展寿命/次	(萌生寿命/全寿命)/%	(扩展寿命/萌生寿命)/%
2.0	384.9	81988	15540	84.07	18.95
2.33	428.2	31218	7275	81.10	23.30
2.67	448.4	23593	2403	90.76	10.19
3.0	468.2	18021	1669	91.52	9.26
3.33	470.8	11947	1618	88.07	13.54
4.0	541.1	6284	1264	83.25	20.11

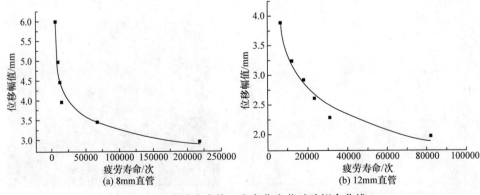

(a) 8mm直管　　　　(b) 12mm直管

图 5.1.6　含接头直管三点弯曲疲劳试验拟合曲线

含接头直管的疲劳破坏位置通常在管接头与管嘴接触部位。图 5.1.7 为管路

扩口处断口位置照片，断口主要在两个位置：①平管嘴(衬套边缘)处，如图 5.1.7(a)
所示，约占总失效的 80%；②扩口(喇叭口)处，如图 5.1.7(b)所示，约占总失效的
20%。这两个位置是管路约束处结构不连续和应力较大的位置。

(a) 平管嘴(衬套边缘)处　　　　　　　　(b) 扩口(喇叭口)处

图 5.1.7　含接头直管的疲劳破坏断口位置

　　对断口形貌进行分析，图 5.1.8 是试件断口形貌照片。由图 5.1.8(a)和(b)可见，
含接头直管在循环载荷作用下，上述两个位置处的管壁上在裂纹萌生区产生裂纹，
并向内扩展，直至直管完全断开。裂纹萌生区附近的管壁凹凸不平，裂纹的起源
点在凹坑较深的地方，而凹坑两边的区域较为平齐，在弯曲载荷作用下，直管与
管嘴之间反复接触，在管壁上发生了磨损，形成了图中的凹坑，并诱发裂纹在此
处萌生与扩展。另外，考虑到直管的断口位置位于管接头、平管嘴和喇叭口接触
的几何突变处，在载荷作用下，此处会产生应力集中，也是裂纹形核的重要原因。
图 5.1.8(c)和(d)分别是断口在平管嘴和扩口部位管道疲劳裂纹扩展区，其中，断口
在平管嘴时，扩展区的疲劳条带更加显著。

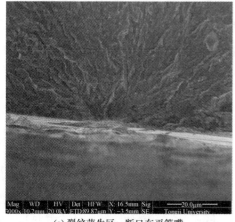
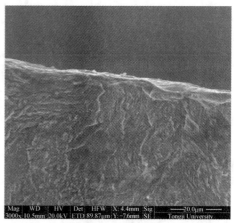

(a) 裂纹萌生区：断口在平管嘴　　　　　　　　(b) 裂纹萌生区：断口在扩口

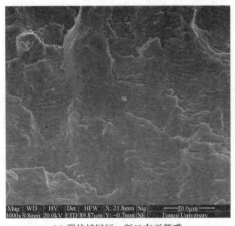

(c) 裂纹扩展区：断口在平管嘴　　　　　　　(d) 裂纹扩展区：断口在扩口

图 5.1.8　含接头直管管嘴和扩口根部断口形貌照片

重点分析扩口根部区域与管嘴边缘处的应力情况。对含接头 8mm 直管三点弯曲进行有限元数值仿真，如图 5.1.9 所示，A、B 两点为直管扩口根部外边缘，C 点为管嘴边缘。可以发现，弯曲过程中这两处均产生应力集中，由于扩口加工过程不可避免地有残余应变，进行疲劳寿命分析时需把加载前的塑性应变作为平均应变来考虑，在之后的加载中考虑应变幅值的影响。

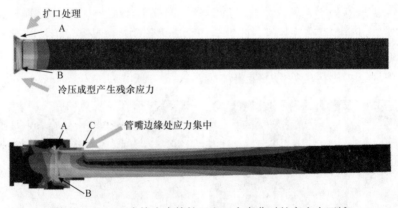

图 5.1.9　8mm 含接头直管扩口和三点弯曲时的高应力区域

5.1.3　含缺口直管疲劳试验和寿命分析

飞行器管路在服役和维修的过程中，可能会受到外物磕碰，在管路外表面产生微小缺陷[13-14]。为了研究这种缺陷对管路疲劳寿命的影响，本小节制备了含缺口直管疲劳试验件。在直管中部预先切割 0.2mm 左右深度的缺陷，缺陷方向与直管轴向夹角有 45°和 90°两种。参考 YB/T 5349—2014，采用四点弯曲方法，其夹具设计见图 5.1.10(a)。选取直径为 8mm 的直管进行四点弯曲疲劳试验，中部夹头设置位移分别为 2.5mm、3.0mm、3.5mm、4.0mm、4.5mm 和 5.0mm，图 5.1.10(b) 为试验照片。

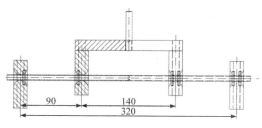

(a) 试验夹具示意图(单位：mm)　　　　　　　　　(b) 试验照片

图 5.1.10　预制缺陷直管四点弯曲疲劳试验夹具示意图和试验照片

　　试验过程中，由于主应力方向与缺陷方向不同，45°预制缺陷直管的裂纹发生转折，图 5.1.11 和图 5.1.12 为两种缺陷角度直管的破坏照片和断口形貌。

(a) 破坏照片　　　　　　　　　　　　　(b) 断口形貌

图 5.1.11　45°预制缺陷直管四点弯曲试验的直管破坏照片和断口形貌

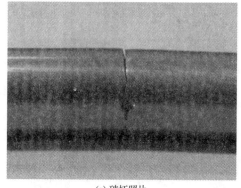

(a) 破坏照片　　　　　　　　　　　　　(b) 断口形貌

图 5.1.12　90°预制缺陷直管四点弯曲疲劳试验的直管破坏照片和断口形貌

1. 疲劳寿命分析

表 5.1.5 和表 5.1.6 分别为两种直管四点弯曲疲劳试验结果。可以看到，疲劳寿命(裂纹萌生寿命+裂纹扩展寿命)呈现随着振动位移幅值的增长而降低的趋势，缺陷试样裂纹扩展寿命占萌生寿命的比例低于 8%。图 5.1.13 为基于寿命试验数据，拟合得到的含预制缺陷直管四点弯曲疲劳试验曲线。

表 5.1.5　8mm 含 45°预制缺陷直管四点弯曲疲劳试验结果

位移幅值/mm	对应载荷/N	裂纹萌生寿命/次	裂纹扩展寿命/次	(萌生寿命/全寿命)/%	(扩展寿命/萌生寿命)/%
2.5	165.6	304850	10150	96.78	3.33
3.0	222.2	98040	5020	95.13	5.12
3.5	249.4	54980	2880	95.02	5.24
4.0	274.3	31020	1760	94.63	5.67
4.5	296.4	25000	1157	95.58	4.63
5.0	311.8	16575	950	94.58	5.73

表 5.1.6　8mm 含 90°预制缺陷直管四点弯曲疲劳试验结果

位移幅值/mm	对应载荷/N	裂纹萌生寿命/次	裂纹扩展寿命/次	(萌生寿命/全寿命)/%	(扩展寿命/萌生寿命)/%
2.5	196.8	205300	11100	94.87	5.41
3.0	220.3	64160	3185	95.27	4.96
3.5	254.1	30640	2580	92.23	8.42
4.0	275.9	21520	1740	92.52	8.09
4.5	304.5	16980	1080	94.02	6.36
5.0	306.8	7775	550	93.39	7.07

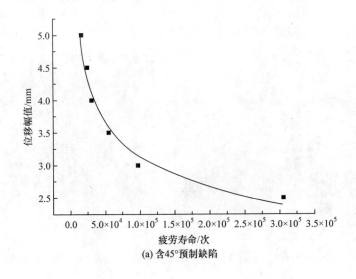

(a) 含45°预制缺陷

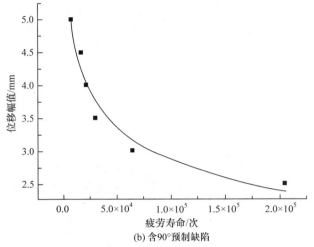

(b) 含90°预制缺陷

图 5.1.13　含预制缺陷直管四点弯曲疲劳试验拟合曲线

2. 含 45°预制缺陷直管疲劳断口分析

图 5.1.14 是含 45°预制缺陷直管断口裂纹萌生区逐步放大的形貌图，可以看

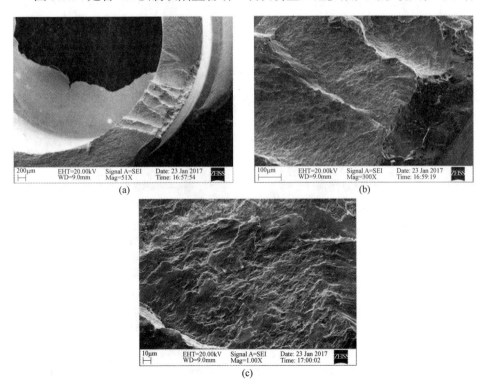

图 5.1.14　含 45°预制缺陷直管断口裂纹萌生区

到缺陷根部有放射状条纹，这表明初始裂纹源在预制缺陷的根部，与缺陷根部存在应力集中、最大应力在缺陷根部的预期一致。沿着预制缺陷的根部，还可以看到几条明显的台阶，这些台阶是由裂纹在不同平面上相交产生的，台阶根部有白色痕迹，这是由滑移线在此堆叠产生的。在循环加载的过程中，滑移线在局部区域堆叠，产生局部应力集中，进而产生微裂纹，微裂纹逐渐扩展，与其他平面产生的裂纹相交，形成了台阶。

图 5.1.15 是含 45°预制缺陷直管在不同位移幅值下裂纹扩展区的放大图，从图

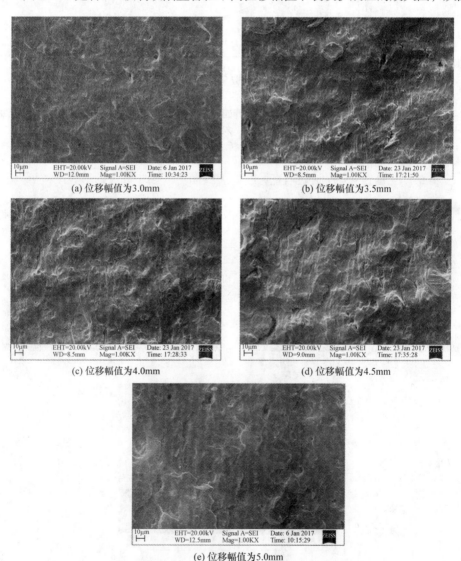

(a) 位移幅值为3.0mm   (b) 位移幅值为3.5mm

(c) 位移幅值为4.0mm   (d) 位移幅值为4.5mm

(e) 位移幅值为5.0mm

图 5.1.15　含 45°预制缺陷直管不同位移幅值下的裂纹扩展区

中可以看出，随着位移幅值的增加，疲劳辉纹的间距越来越大，而痕迹越来越浅，二次裂纹逐渐增多，区域内暗色的平面占比逐渐增加，这说明载荷的增加使得管路的断裂性质逐渐由韧性转向脆性。

3. 含 90°预制缺陷直管疲劳断口分析

图 5.1.16(a)是含 90°预制缺陷直管断口裂纹扩展区及其局部区域放大后的形貌，图中可见细密的疲劳辉纹，以及小平面和浑浊状的白色区域，表明在裂纹扩展的过程中，材料同时表现出韧、脆两种性质，而管路的材料是奥氏体不锈钢，属于韧性材料，因此可以判断在疲劳载荷作用下，材料的局部区域存在韧脆转变，此处的断裂方式是穿晶断裂。图 5.1.16(b)是含 90°预制缺陷直管断口完全断裂区及其局部区域放大图，图中可见明显的二次裂纹，以及在管路外壁存在点状裂纹源，呈人字形，在裂纹源处无明显的杂质及缺陷，材料在疲劳载荷作用下，产生塑性变形累积，形成局部缺陷，造成应力集中，诱发裂纹萌生。从局部区域放大图可见有很多韧窝和小孔洞聚集在一起，韧窝及孔洞的大小各异，属于穿晶断裂。

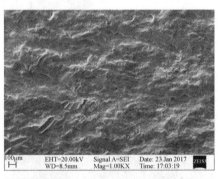

(a) 裂纹扩展区及其局部放大图

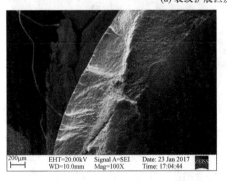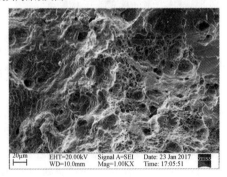

(b) 完全断裂区及其局部放大图

图 5.1.16　含 90°预制缺陷直管断口裂纹扩展区和完全断裂区

图 5.1.17 是含 90°预制缺陷直管在位移幅值 2.5mm 载荷作用下的断口形貌。

从图 5.1.17(a)中可以看出预制缺陷的根部有放射状条纹产生，表明裂纹在预制缺陷的根部产生。这与缺陷根部存在应力集中，以致最大应力也在缺陷根部一致。图中，沿着缺陷根部，由不同平面的裂纹扩展相交产生的台阶靠近缺陷根部，从外向内，台阶的高度逐渐减小并消失，形成一个完整的平面。初始裂纹不在一个平面内，这与用电火花工艺预制缺陷的根部不平整、缺陷分布不规律有关。图 5.1.17(b)是裂纹扩展区及其局部放大的断口形貌图，从图中的亮白色痕迹线及其细密疲劳辉纹可以看出，裂纹的扩展沿着直管的周向进行，扩展区有许多细小的孔洞，即较浅的韧窝。

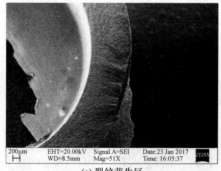

(a) 裂纹萌生区

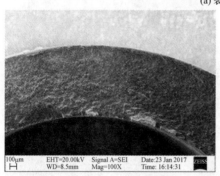 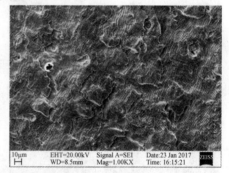

(b) 裂纹扩展区及其局部放大图

图 5.1.17　含 90°预制缺陷直管在位移幅值 2.5mm 下的断口形貌

4. 预制缺陷管路的仿真分析

对含 45°和 90°预制缺陷直管四点弯曲试验进行数值模拟，有限元方法计算模型及网格如图 5.1.18 所示，需要在预制缺陷部位对网格进行局部加密处理。

对含 45°和 90°预制缺陷直管进行不同振动位移载荷下的受力分析，图 5.1.19 (a)和(b)分别为两种直管缺陷位置处的 Mises 应力云图。可以看到管路缺陷附近的应力和应变值高于非缺陷位置的应力和应变值，且在相同的位移载荷下 90°预制缺陷的应力值高于 45°预制缺陷的应力值。

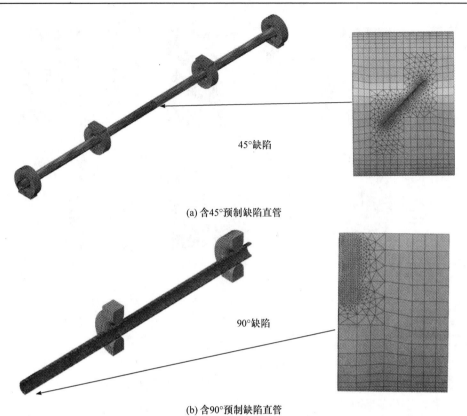

(a) 含45°预制缺陷直管

(b) 含90°预制缺陷直管

图 5.1.18 含 45°和 90°预制缺陷直管四点弯曲的有限元计算模型及网格图

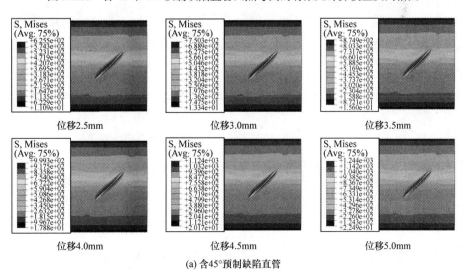

位移2.5mm   位移3.0mm   位移3.5mm

位移4.0mm   位移4.5mm   位移5.0mm

(a) 含45°预制缺陷直管

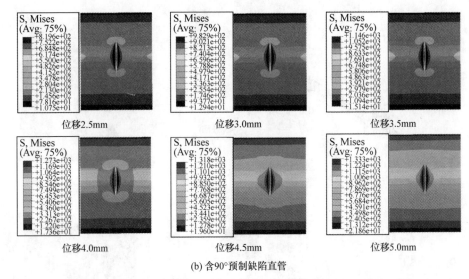

(b) 含90°预制缺陷直管

图 5.1.19　预制缺陷直管不同位移载荷下缺陷附近的 Mises 应力云图

5.1.4　管路疲劳寿命分析预测模型

管路的寿命受载荷、表面粗糙度和尺寸等多种因素影响。本小节基于上述试验数据和数值模拟，建立液压管路的多参数寿命预测模型。

建立考虑多参数的管路疲劳寿命模型[15]：

$$\varepsilon_{e,R} = \varepsilon_{eb}C_L C_S C_D C_R \tag{5.1.1}$$

式中，$\varepsilon_{e,R}$ 为管路材料的应变疲劳极限；ε_{eb} 为管路材料的弯曲应变疲劳极限；载荷系数 C_L=1.0(无应力集中)；表面系数 C_S=0.97；可靠性水平系数 C_R=1；尺寸系数一般规定为

$$C_D = \begin{cases} 1.0, & d < 8\text{mm} \\ 1.189d^{-0.097}, & 8\text{mm} \leqslant d < 250\text{mm} \end{cases} \tag{5.1.2}$$

据此，8mm 和 12mm 管径的管路尺寸系数如表 5.1.7 所示。

表 5.1.7　尺寸系数与相应管路外径

管路外径/mm	8	12
C_D	0.972	0.934

由于实际试验寿命次数在 10^5 以下，基于 Manson-Coffin 公式对管路进行应变寿命分析：

$$\varepsilon_{\text{eb}} = \frac{\sigma'_{\text{f}}}{E}(2N)^b + \varepsilon'_{\text{f}}(2N)^c \tag{5.1.3}$$

式中，σ'_{f} 为疲劳强度系数；b 为疲劳强度指数；ε'_{f} 为疲劳延性系数；c 为疲劳延性指数；E 为材料的弹性模量；N 为疲劳寿命。

联合式(5.1.1)和式(5.1.3)，可得

$$\varepsilon_{\text{e,R}} = C_{\text{L}} C_{\text{S}} C_{\text{D}} C_{\text{R}} \left[\frac{\sigma'_{\text{f}}}{E}(2N)^b + \varepsilon'_{\text{f}}(2N)^c \right] \tag{5.1.4}$$

利用 Mitchell 方法对式(5.1.4)的参数作了进一步修正。其中，$\sigma'_{\text{f}} = \sigma_{\text{b}} + 345$，$b = \dfrac{1}{6}\lg\left(\dfrac{0.5\sigma_{\text{b}}}{\sigma_{\text{b}}+345}\right)$，$\varepsilon'_{\text{f}} = \varepsilon_{\text{f}}$，$c$ 取值为–0.6 或者–0.5。

采用公式(5.1.4)，对 12mm 直管进行寿命预测，结果如图 5.1.20 所示。

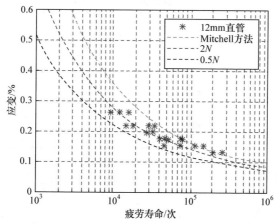

图 5.1.20　12mm 直管寿命模型 2 倍区间与试验数据分布

12mm 管路共包含 25 个试件。从图 5.1.26 中试验数据点的分布可知，试验寿命基本落在寿命模型的 2 倍区间内。

5.1.5　含缺陷管路的疲劳寿命分析

上述疲劳寿命模型基于应变疲劳的 Manson-Coffin 公式，适用于无缺陷管路。对于含缺陷管路，需考虑应变集中的影响。

管路缺陷的敏感性可以采用应变集中系数 k_t 来表征，它是局部缺陷(点)应变与名义(平均)应变(无缺陷管路应变)的比值。

常疲劳寿命(在寿命 $N_{\text{f}} = 10^6 \sim 10^7$ 次或更大时)的实际降低系数称为疲劳缺口系数，用 k_{f} 表示。本小节中，将 k_{f} 引入应变疲劳公式。如果缺口尖端的半径较大，则 k_{f} 约等于 k_t，如果半径很小，k_{f} 将比 k_t 小得多。试验研究表明，材料的塑性是

影响 k_f 的主要原因之一。塑性好的材料，k_f 远小于 k_t，即疲劳强度对缺口不敏感；而脆性材料 k_f 较接近 k_t，即疲劳强度对缺口敏感。为此引入缺口敏感性系数 q：

$$q = \frac{k_f - 1}{k_t - 1} \tag{5.1.5}$$

式中，$0 \leqslant q \leqslant 1$，是 k_f 和 k_t 一致性的量度。考虑到试验中含缺陷管路的缺口根部为钝缺口(深度 a=0.2mm，根部缺口半径 ρ=0.1mm)，采用 Peterson 公式：

$$k_f = 1 + \frac{k_t - 1}{1 + a/\rho} \tag{5.1.6}$$

对表 5.1.8 中数值模拟轴向应变集中系数取平均值，得到含 90°缺陷时 $k_{t(90°)}$= 3.77，根据式(5.1.6)计算得到疲劳缺口系数 $k_{f'(90°)}$ =1.92。

表 5.1.8　直管轴向应变集中系数

位移载荷/mm	轴向应变/%		$k_{t(90°)}$
	含 90°缺陷	无缺陷	
2.5	0.398	0.108	3.69
3.0	0.477	0.13	3.67
3.5	0.556	0.152	3.66
4.0	0.635	0.173	3.67
4.5	0.751	0.195	3.85
5.0	0.879	0.216	4.07

对表 5.1.9 中试验结果取平均值，得到平均疲劳缺口系数 $k_{f(90°)}$=2.03，误差 $\dfrac{k_{f(90°)} - k_{f'(90°)}}{k_{f(90°)}} = 5.4\%$。

表 5.1.9　直管疲劳缺口系数

位移载荷/mm	寿命/次		$k_{f(90°)}$
	无缺陷	含 90°缺陷	
2.5	364000	207850	1.75
3.0	144000	65060	2.21
3.5	70600	31280	2.26
4.0	40500	21740	1.86
4.5	25100	13330	1.88
5.0	17000	7600	2.24

如图 5.1.21 所示，对含 90°预制缺陷基于疲劳系数的疲劳寿命曲线与试验结果作对比，在两倍寿命区间内，试验件共 25 件，在寿命区间范围内的有 24 件，只有一件偏离寿命区间。

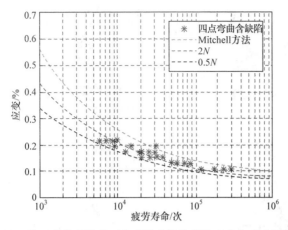

图 5.1.21 基于疲劳系数的四点弯曲含缺陷管路寿命与寿命模型区间

5.1.6 管路裂纹扩展寿命分析

对于给定的材料和一组试验条件，可以用循环裂纹扩展速率 $\mathrm{d}a/\mathrm{d}N$ 和应力强度因子幅 ΔK 之间的关系来描述裂纹扩展行为。在对数坐标上进行试验数据拟合，ΔK 的中间部分在对数坐标上通常为一段直线。常用 Paris 公式表示：

$$\frac{\mathrm{d}a}{\mathrm{d}N} = C(\Delta K)^m \tag{5.1.7}$$

式中，C 为常数；m 为该直线在对数坐标上的斜率，可由试验结果拟合确定。

管路疲劳寿命试验中由于客观条件限制无法观测到相应的裂纹扩展。为了探究管路的裂纹扩展寿命，本小节针对不同的试验工况进行数值模拟，得到不同工况下的应力场，然后对管路裂纹扩展寿命进行分析。

图 5.1.22 为 8mm 直管内表面裂纹扩展 Mises 应力云图。根据试验得到相应的裂纹扩展循环次数 N，结合有限元数值模拟，得到相应的管路裂纹长度 a(mm) 与应力强度因子 K_{I}(MPa·m$^{1/2}$)。图 5.1.23 为 8mm 直管在不同循环次数下的裂纹扩展情况。初始时，裂纹较小，在恒定加载下的应力强度因子较小，故裂纹扩展较慢，在到达管路的中性轴之前(图 5.1.23(a)~(f))，裂纹扩展速率随着裂纹长度的

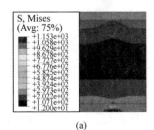
(a)

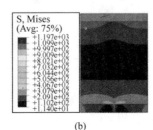
(b)

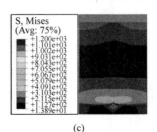
(c)

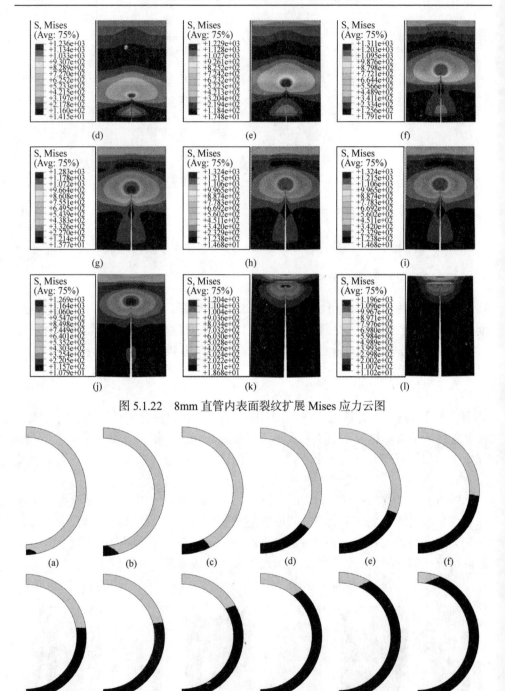

图 5.1.22　8mm 直管内表面裂纹扩展 Mises 应力云图

图 5.1.23　8mm 直管裂纹扩展情况

增加而增加。当裂纹扩展到中性轴之后(图 5.1.23(g)~(l)),由于管路在中性轴上侧位置有部分受压区域,裂纹附近的拉应力逐渐减小,应力强度因子幅也相应降低,致使裂纹扩展速率减小。

如图 5.1.24 所示,对裂纹扩展阶段的反力试验值与计算值进行比较,发现反力随循环次数的变化趋势较为接近。需要说明的是,由于试验机精度等原因,在管路即将断裂时,实际反力较小,试验机无法准确采集反力的相关信息。

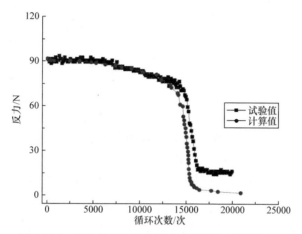

图 5.1.24 裂纹扩展阶段的反力试验值与计算值对比

8mm 直管和含接头直管的裂纹长度与循环次数关系见图 5.1.25。由裂纹长度与循环次数可以拟合出 Paris 公式中的参数。由最小二乘法得到的关系曲线见图 5.1.26。

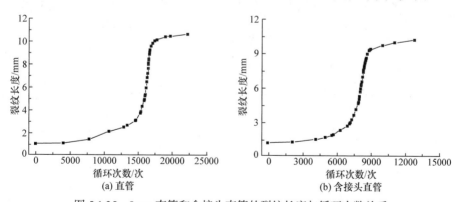

图 5.1.25 8mm 直管和含接头直管的裂纹长度与循环次数关系

对于直管和含接头直管,Paris 公式分别为

$$\frac{\mathrm{d}a}{\mathrm{d}N} = 1.482 \times 10^{-8} (\Delta K)^{2.8592} \tag{5.1.8}$$

$$\frac{\mathrm{d}a}{\mathrm{d}N} = 9.5054 \times 10^{-8} (\Delta K)^{2.8965} \tag{5.1.9}$$

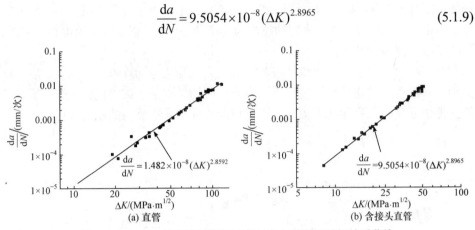

图 5.1.26 8mm 直管裂纹扩展速率与应力强度因子幅关系曲线

利用式(5.1.8)和式(5.1.9)对 12mm 直管和含接头直管的寿命进行预测,同时与试验结果进行比较,见图 5.1.27。图 5.1.28 为试验值和预测值之间的误差,直管和含接头直管预测值和试验值的最大误差为 15.57%和 18.84%。

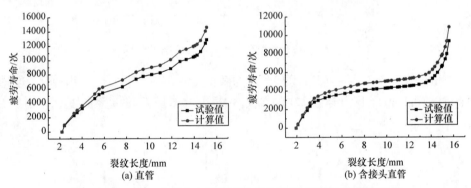

图 5.1.27 12mm 直管和含接头直管疲劳寿命试验值与预测值比较

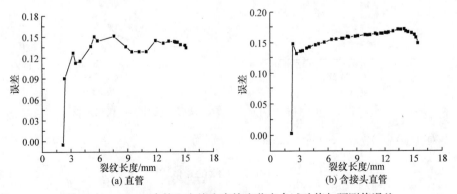

图 5.1.28 12mm 直管和含接头直管疲劳寿命试验值与预测值误差

如果考虑管路表面系数(0.97)和尺寸系数(0.934), 则裂纹扩展模型的精度分别为95.3%和92.7%。精度偏差原因可能有以下几点:

(1) 管路为曲面, 应力强度因子的计算存在一定偏差。

(2) 直管裂纹扩展位置为加载处, 有夹具夹持, 试验时可能存在摩擦, 管路与夹具有相对位移, 对裂纹扩展的速率有一定影响, 数值计算时未考虑该因素的影响[16]。

(3) 含接头直管的裂纹萌生处主要在管嘴边缘, 可能存在微动疲劳的影响。

5.2　金属扩口管接头接触密封失效影响因素分析

液压系统管路通过管接头实现管路连接, 并形成有效密封。扩口式管接头连接应用较广且经验成熟, 我国目前飞机中的液压管路系统如典型的苏-27的28MPa液压系统几乎均采用扩口式连接。液压管路中的扩口管接头通过接头体与扩口管路相接触, 形成密封, 防止液压油的泄漏。它属于接触式密封, 也是一种静密封形式。本节对液压扩口式管接头的密封接触特性和管接头接触部位的微观密封接触摩擦磨损进行分析讨论。

5.2.1　扩口管接头的拧紧力矩和接触应力分析

在液压管路安装阶段, 拧紧力矩对扩口式接头有很大影响。拧紧力矩过大会造成管接头组成部件损坏, 进而减少结构使用寿命, 拧紧力矩过小则起不到密封效果。本小节对管接头的拧紧力矩进行预测研究, 并基于 Mises 应力和接触应力分析液压系统内部压力、接触部位的摩擦系数、管路半径等因素对扩口管接头有效密封接触部位的影响。

扩口式管接头由扩口导管、接头体、螺母和平管嘴组成, 如图 5.2.1 所示。螺

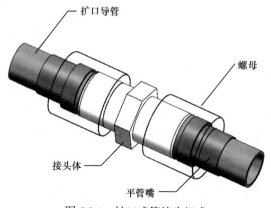

图 5.2.1　扩口式管接头组成

母在预紧力矩作用下，带动平管嘴产生轴向强迫运动，在平管嘴的强迫运动下依靠管接头锥口与扩口管路扩口接触面完成密封作用。

《扩口管路连接件通用规范》[17]对航空液压管接头的相关尺寸进行了规定，参考标准尺寸绘制结构组件，在模型的处理中对一些区域进行了合理的简化，如忽略了结构中的螺纹、螺母中的棱角边等。最终简化后采用的模型如图 5.2.2 所示。根据管接头的尺寸建立扩口管路外径为 12mm 的有限元模型，考虑对称性，将模型处理为如图 5.2.3 所示的轴对称模型。扩口管接头中螺母、平管嘴、扩口管路均采用实际使用的 1Cr18Ni9Ti 材料。考虑到液压管接头在安装过程中，接头体受到卡箍及固定支座的作用，计算模型的扩口式管接头处采用固定约束。

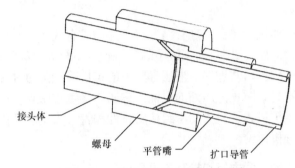

图 5.2.2　扩口式管接头简化剖面图

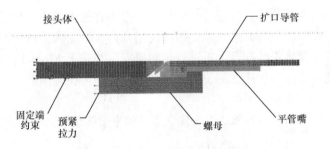

图 5.2.3　扩口式管接头轴对称模型

接触面之间的相互作用包括两部分，即接触面间的法向作用和切向的摩擦行为，并且接触过程中一定存在接触的法向作用。扩口式管接头中存在多处接触面，如接头体与螺母、接头体与扩口管路、螺母与平管嘴、平管嘴与扩口管路等。通过有限元软件的通用接触算法和有限滑移公式建立接触对之间的面与面设置。忽略模型中接触对接触属性的不同，将接触模型设置为：法向"硬"接触，切向罚摩擦接触，摩擦系数取 0.2。

扩口式管接头中的预紧作用实现的过程为：螺母旋紧时产生轴向强迫位移，作用于螺纹接触面上的压力及摩擦力完成对结构的预紧作用。计算模型中为了等

效螺母对结构产生的预紧力，采取在螺母端面上均匀地施加轴向拉力的方法。其中，螺母对管接头产生的预紧力计算公式为

$$T = 0.2Fd \tag{5.2.1}$$

式中，T 为螺母的预紧力矩；F 为预紧拉力；d 为螺母的直径。

为了得到扩口式管接头在安装时的合理力矩范围，对管接头在不同预紧力作用下的应力、应变进行计算分析。然后，根据扩口式管接头结构材料的强度极限进行外力加载范围的确定。

图 5.2.4 为不同预紧力矩作用下的扩口式管接头应力分布云图，从中发现随

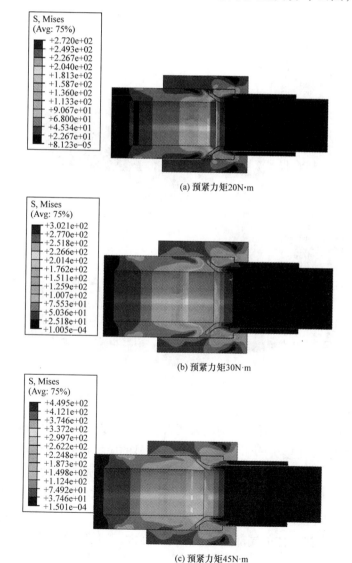

(a) 预紧力矩20N·m

(b) 预紧力矩30N·m

(c) 预紧力矩45N·m

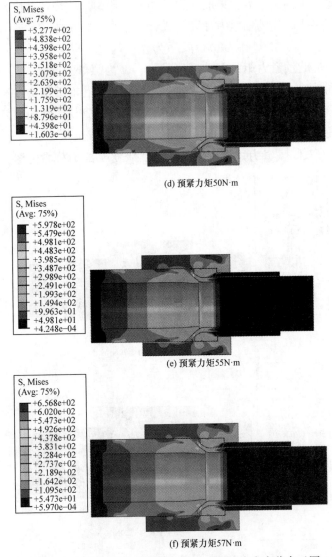

(d) 预紧力矩50N·m

(e) 预紧力矩55N·m

(f) 预紧力矩57N·m

图 5.2.4　不同预紧力矩作用下扩口式管接头应力分布云图

着预紧力矩增大，扩口式管接头中应力变大。当预紧力矩为 20N·m、30N·m 时 (图 5.2.4(a)和(b))，在接头体和扩口部位存在明显的应力梯度，但是随着预紧力矩增大，应力分布变得均匀。在应力云图中不难发现应力最大位置出现在平管嘴与扩口管路喇叭口的接触位置，随着预紧力矩增大，扩口管路喇叭口发生严重变形，接触部位的厚度减小。例如，当力矩为 55N·m 时，扩口管路喇叭口的厚度减小约 0.32mm。接头体的端部随着预紧力矩增大，端部也发生严重变形。

如图 5.2.5 所示，随着加载预紧力矩增大，液压扩口式管接头的最大应力增大。在力矩为 57N·m 时最大达到 656.8MPa，非常接近材料强度极限 665MPa。由于非线性接触的原因，随着载荷的增大，计算收敛的难度增加，当力矩为 57N·m 时，最大应力已经接近材料的强度极限，可以参考此时的应力值。比较当力矩分别为 45N·m、50N·m、55N·m 时的最大应力，发现最大应力差值分别为 78.2MPa、70MPa，在力矩差值为 5N·m 时，结构会产生较大应力变化。考虑现实中结构制造过程中已经存在的残余应力、材料损伤等多种因素，保守地认为结构的最大预紧力矩为 55N·m。

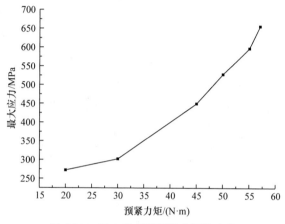

图 5.2.5　最大应力随预紧力矩的变化

扩口式管接头中的接头体与扩口管路喇叭口的接触位置为有效的密封接触位置，选取如图 5.2.6 所示的应力路径比较接头体与扩口管路喇叭口的 Mises 应力和接触应力的变化。

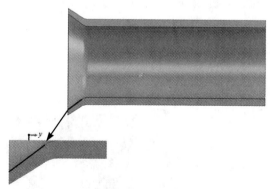

图 5.2.6　扩口管路喇叭口选取的应力路径

图 5.2.7 为扩口管路喇叭口在不同预紧力矩作用下应力路径中的 Mises 应力变化。在相同的预紧力矩作用下，应力路径中应力变化呈抛物线形状，在离扩口外边界 0.5～1.5mm 区域出现应力峰值，主要原因是该区域为平管嘴对接头体与扩口管路喇叭口接触区域施加强迫预紧作用位置，形成了有效密封区域。当预紧力矩较小时，扩口管路接触区域的应力随着预紧力矩增大出现明显的增大趋势。当预紧力矩增大到一定值时，仅在离扩口外边界 0.5～1.5mm 区域出现应力的增大趋势，其他作用位置无明显的变化。

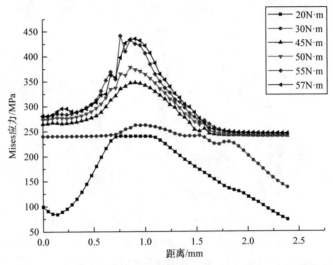

图 5.2.7　不同预紧力矩作用下应力路径中的 Mises 应力变化

液压管接头形成密封的条件是接触区域的接触应力大于流体介质压强。扩口式管接头中接头体与扩口管路的相互接触位置为主要的密封区域，对扩口管路接触位置的接触应力进行分析。图 5.2.8 是预紧力矩分别为 45N·m、50N·m、55N·m、

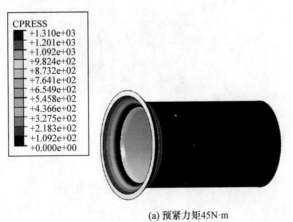

(a) 预紧力矩45N·m

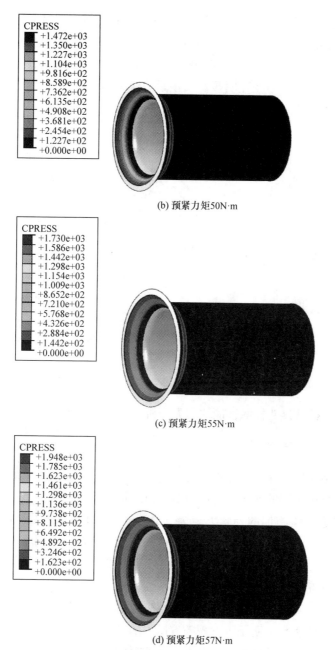

CPRESS
+1.472e+03
+1.350e+03
+1.227e+03
+1.104e+03
+9.816e+02
+8.589e+02
+7.362e+02
+6.135e+02
+4.908e+02
+3.681e+02
+2.454e+02
+1.227e+02
+0.000e+00

(b) 预紧力矩50N·m

CPRESS
+1.730e+03
+1.586e+03
+1.442e+03
+1.298e+03
+1.154e+03
+1.009e+03
+8.652e+02
+7.210e+02
+5.768e+02
+4.326e+02
+2.884e+02
+1.442e+02
+0.000e+00

(c) 预紧力矩55N·m

CPRESS
+1.948e+03
+1.785e+03
+1.623e+03
+1.461e+03
+1.298e+03
+1.136e+03
+9.738e+02
+8.115e+02
+6.492e+02
+4.892e+02
+3.246e+02
+1.623e+02
+0.000e+00

(d) 预紧力矩57N·m

图 5.2.8　扩口管路在不同预紧力矩下的接触应力分布

57N·m 作用下扩口管路的接触应力分布。从图中发现随着预紧力矩增大，扩口管路接触区域的接触应力增大。

　　同样，选取图 5.2.6 所示的应力路径，对扩口式管接头中接头体与扩口管路的接触应力进行分析。图 5.2.9 为不同预紧力矩作用下应力路径中的接触应力变化。随着预紧力矩的增大，接触位置的接触应力变大。同样在离扩口外边界 0.5～1.5mm 区域的接触应力变化明显。当预紧力矩为 45N·m 时，最大接触应力为 389MPa，能够形成有效密封。

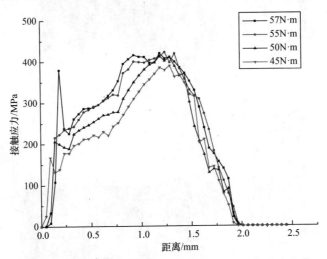

图 5.2.9　不同预紧力矩作用下应力路径中的接触应力变化

5.2.2　影响扩口管接头接触性能的因素分析

1. 液压压力水平的影响

　　液压管路在传输介质与能量的过程中，其连接件受到液压系统压力水平的影响。接下来分析不同的液压系统压力对扩口式管接头的影响。

　　扩口式管接头施加的预紧力矩为 55N·m，液压系统的压力水平分别设为 21MPa、28MPa、35MPa，得到扩口式管接头在预紧力矩与不同压力作用下的应力分布，如图 5.2.10 所示。应力分布总体并无明显变化，但液压管路受力发生明显变化，在平管嘴末端与扩口管路的作用加强。

　　选取如图 5.2.6 所示接触区域的应力路径，分析不同压力作用下的 Mises 应力变化，结果如图 5.2.11 所示。发现随着压力的增大，接触区域的应力减小，但是应力仍然呈现抛物线的形式，并且在最大位置的应力随着压强变化明显，其他部位的应力变化不大。

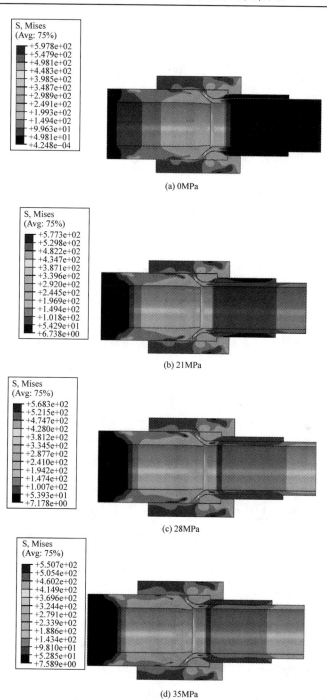

(a) 0MPa

(b) 21MPa

(c) 28MPa

(d) 35MPa

图 5.2.10　不同压力下的 Mises 应力分布

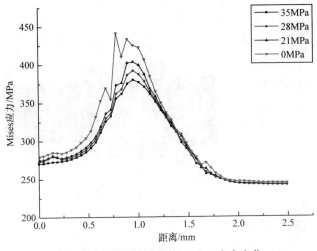

图 5.2.11　不同压力下的 Mises 应力变化

　　对不同压力作用下的密封接触区域的接触应力进行分析讨论，如图 5.2.12 所示。从应力路径开始处(即扩口管路的喇叭口端部)到应力最大值，接触应力随着管路压力的增大而减小，在应力最大值到应力路径结束处，接触应力随着压力的增大而增大。

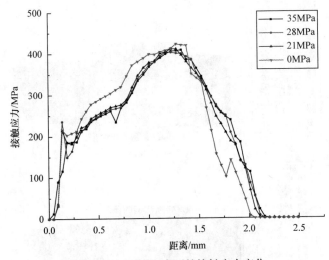

图 5.2.12　不同压力下的接触应力变化

2. 摩擦系数的影响

　　一般来讲，摩擦系数与相互接触作用表面的接触状态、材料特性、表面膜和润滑状态有关。在扩口式管接头装配、工作过程中，会经历干摩擦接触、半润滑接触、润滑接触等状态，同时结构件加工过程导致表面形貌不同也会形成不同的

摩擦系数。接下来分析预紧作用过程中不同的摩擦系数对 Mises 应力和接触应力
等的影响。

继续选取相同的应力路径,比较扩口式管接头中接触区域的 Mises 应力分布。
由图 5.2.13 可以发现,随着摩擦系数的增大,Mises 应力减小。原因是摩擦系数
的增大间接减小了螺母对接触区域形成的预紧效果。

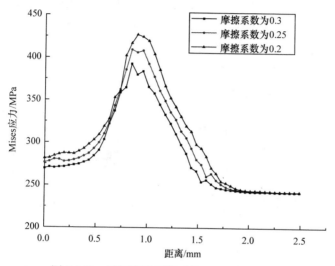

图 5.2.13　不同摩擦系数下的 Mises 应力变化

图 5.2.14 为不同摩擦系数下选取应力路径上的接触应力变化。由于摩擦系数
的影响,接触应力在较大区域中随着摩擦系数的增大而减小,这与实际工程中的
结果相似。

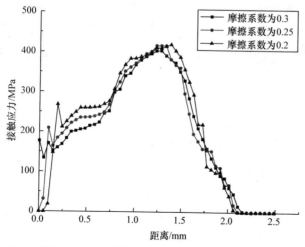

图 5.2.14　不同摩擦系数下的接触应力变化

3. 管路管径的影响

对液压管路外径分别为 8mm、10mm、12mm 的扩口式管接头连接件施加相同载荷，当管径减小时，施加于管接头中的预紧力会变大。分析采取的力矩为 20N·m。

由于尺寸的差异，当扩口式管接头管径不同时，液压扩口管路喇叭口的长度不同，随着液压管路半径的减小，喇叭口长度减小。管路喇叭口与管接头相互接触的扩口面上的 Mises 应力分布如图 5.2.15 所示。随着半径的增大，接触位置的最大应力减小；由于模型差异等原因，最大应力出现的位置不同，分别出现在扩口管路喇叭口的顶端和中间位置。

(a) 外径8mm　　　　(b) 外径10mm　　　　(c) 外径12mm

图 5.2.15　不同管径下扩口面上的 Mises 应力分布

同样对接触位置的接触应力进行分析，如图 5.2.16 所示，当管路外径为 8mm、10mm 时，最大接触应力分布于扩口管路的喇叭口端部，而管路外径为 12mm 时，最大接触应力分布于接触位置的中间部位。随着管路半径的增大，接触应力减小。

(a) 外径8mm　　　　(b) 外径10mm　　　　(c) 外径12mm

图 5.2.16　不同管径下扩口接触面接触应力分布

5.2.3　含扩口管接头液压管路的疲劳模拟

液压管路在服役过程中受到复杂交变载荷作用，表现为弯曲振动与径向振动。考虑飞机中液压管路受到的弯曲振动，本小节采用带扩口管接头的液压管路结构，分析标准疲劳试验件(图 5.2.17)的弯曲振动响应，模拟其在正弦位移激振作用下的疲劳寿命及多种因素对疲劳寿命的影响。

有限元模型如图 5.2.18 所示。正弦激振位移施加到液压管路端部,模拟液压管路受到的外部振动激励作用。

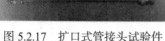

图 5.2.17　扩口式管接头试验件　　　　　　图 5.2.18　有限元模型

对扩口式管接头有限元模型的接头体端部施加固定约束。采用两个分析步模拟,首先分别施加预紧力矩 35N·m、40N·m、45N·m,其次在液压管路的末端施加正弦位移载荷。根据激振器的加速度范围与航空工业标准[5]疲劳试验频率参考范围,正弦位移载荷的频率选取为 30Hz。

当液压管接头施加位移过小时,液压管路不会发生疲劳破坏。当液压扩口管路在最大位移为 5mm 的正弦载荷作用下,循环 78900 次,疲劳损坏出现的位置在管路扩口边缘、管路扩口倒角位置及距离倒角一定位置的管路表面,如图 5.2.19 所示。

图 5.2.19　5mm 幅值正弦位移载荷下液压扩口管路的疲劳寿命分析

取位移幅值为 10mm,如图 5.2.20 所示,循环 41988 次。由于正弦载荷的位移增加,平管嘴对管路的约束作用得以体现,在大振动位移时,管路与平管嘴相互磨碰,疲劳破坏区域转变为管路与平管嘴相互接触的位置。

图 5.2.20　10mm 幅值正弦位移载荷下液压扩口管路的疲劳寿命分析

同样能够得到管路在不同正弦位移载荷下的疲劳寿命,如表 5.2.1 所示,随着正弦位移载荷的增大,疲劳寿命减少,管路发生疲劳破坏的位置也发生改变。

表 5.2.1　不同正弦位移载荷下的疲劳寿命

正弦位移载荷幅值/mm	疲劳寿命/次	失效位置
5mm	78900	喇叭口
6mm	61392	喇叭口
8mm	52737	喇叭口
10mm	41988	管路与平管嘴相交位置

在不同管路长度(L_1)和相同位移载荷下对扩口管路进行应力分析和疲劳寿命估算,得到不同管路长度的疲劳寿命,如图 5.2.21 所示,发现随着管路长度的减小,疲劳寿命减小,也就是说带有接头的管路固定装置之间的间距越小越容易引起管路的断裂。这能够为液压管路的支撑设计提供参考。

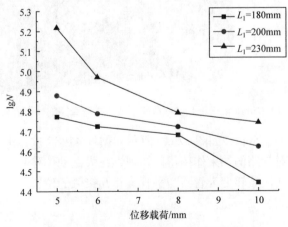

图 5.2.21　不同管路长度下的疲劳寿命

模拟三种不同预紧力矩下的疲劳寿命，如图 5.2.22 所示，可以发现，预紧力矩增大，疲劳寿命减小。

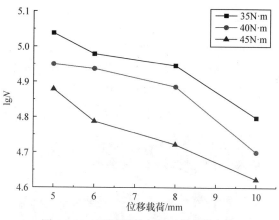

图 5.2.22　不同预紧力矩下的疲劳寿命

5.2.4　基于随机粗糙度的管接头的锥口-扩口接触磨损分析

对航空液压管接头的锥口-扩口密封表面进行加工时,虽然有加工工艺标准的要求，但由于原材料及加工等不确定因素，采用实际工程中的粗糙度检测方法，不能避免加工后在微观状态下表面凹凸不平的情形存在，也就是说管接头的锥口-扩口密封面的粗糙不平实际上具有一定的随机性。当管路结构振动时，管接头也处于微幅高频振动的状态，此时管接头的锥口-扩口密封面粗糙度对结构的磨损、密封等方面有显著的影响。

如图 5.2.23 所示，液压管接头的锥口-扩口接触部位存在严重的变形和磨损现象。管接头的预紧载荷、材料供货商、服役环境等多种不确定因素导致液压管接头接触部位的变形与磨损具有很高的不确定性。另外，液压管接头接触位置变形与磨损极小，很难对液压管接头锥口-扩口的接触与磨损进行定量研究。

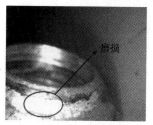

图 5.2.23　液压管接头锥口-扩口接触部位的变形和磨损

本小节利用 MATLAB 形成高斯随机分布的三维粗糙表面，并在 CATIA 中建立数值模型，将模型导入 ABAQUS 中模拟微观表面的接触，分析表面参数对接触应力、接触面积等的影响；结合 Archard 磨损公式得到不同条件下的磨损量，从而对扩口式管接头摩擦磨损导致的密封失效分析提供参考。

1. 接触压力的确定

实际表面是随机粗糙不平的，以 Greenwood 和 Williamson 建立的粗糙模型(GW 模型)为参考，分析接触应力情况。GW 模型认为表面粗糙不平处的凸起近似为高斯分布，如图 5.2.24 所示。GW 模型用抛物体代替每一个凸起部分，并假设所有的粗糙凸起具有相同的曲率半径，而且峰顶的高度在均值附近随机分布。

图 5.2.24　GW 模型简图

接触表面粗糙度的存在使接触表面必须用某一最小压力压在一起，形成有效密封。接触面积随着外在压力的增加使接触部位形成连续簇，从而隔断所有可能通过接触面的路径。通常认为表面粗糙度被挤压变形一半时，即实际接触面积 A 达到名义接触面积一半时，达到压入的极限，实际接触面需要的平均应力为

$$\sigma_{\text{sealed}} = \frac{1}{4}E^*\nabla z \tag{5.2.2}$$

式中，E^* 为等效弹性模量；∇z 为表面轮廓平均梯度，$\nabla z = \sqrt{\langle z'^2 \rangle}$，其中 z' 为接触表面的轮廓高度。因此，能够形成有效密封的必要条件之一是使接触面产生的平均接触应力大于 σ_{sealed}。

2. 金属微观粗糙表面的高斯模拟

数值模拟技术可以获得合理的表面粗糙度数据。模拟表面不但能充分反映实际表面的几何特征，还能根据表面的统计规律，快速、灵活多变地构造出多种类型的粗糙表面。目前，常用的表面建模方法主要包括分形几何法、基于自相关函数(或功率谱密度函数)的逆傅里叶变换法和小波分析法。本小节采用自相关函数法的逆傅里叶变换法模拟表面。

随机粗糙表面可以由高度分布函数和自相关函数来表征。其中，高度分布函数描述距离平均表面的高度分布，自相关函数描述波峰和波谷在表面上的分布。粗糙表面用 $z = z(x, y)$ 表示，认为高度分布函数和自相关函数均服从高斯分布。高

度分布函数 $p_h(z)$ 和自相关函数 $R(x,y)$ 分别为

$$p_h(z) = \frac{1}{\sqrt{2\pi}l} \exp\left(-\frac{z^2}{2l^2}\right) \tag{5.2.3}$$

$$R(x,y) = \exp\left[-\left(\frac{2x^2}{\tau_x^{\,2}} + \frac{2y^2}{\tau_y^{\,2}}\right)\right] \tag{5.2.4}$$

式中，l 为均方根粗糙度；τ_x 为在 x 方向的相关长度；τ_y 为在 y 方向的相关长度。

首先用高斯随机数在 x-y 平面上使用高斯数据生成函数产生一个离散的数据分布 $z_u(x,y)$，为了使这些数据之间产生关系，对其进行高斯过滤，表示为

$$z = z(x,y) = \int_{-\infty}^{\infty}\int_{-\infty}^{\infty} R(x-x', y-y') \cdot z_u(x',y') \mathrm{d}x'\mathrm{d}y' \tag{5.2.5}$$

将式(5.2.5)变为求和形式，并进行傅里叶变换，得

$$Z(w_x, w_y) = P(w_x, w_y)A(w_x, w_y) \tag{5.2.6}$$

式中，$Z(w_x, w_y)$、$P(w_x, w_y)$ 和 $A(w_x, w_y)$ 分别为 $z(x,y)$、$R(x',y')$ 和 $z_u(x',y')$ 的傅里叶变换。

生成自相关函数的高斯粗糙表面的实现步骤为：①通过计算机生成符合高斯分布规律的白噪声随机序列 $z_u(x',y')$，得到其傅里叶变换 $A(w_x, w_y)$；②根据自相关函数 $R(x',y')$，通过傅里叶变换计算得到 $P(w_x, w_y)$；③由式(5.2.6)得到 $Z(w_x, w_y)$；④对 $Z(w_x, w_y)$ 进行逆傅里叶变换得到粗糙表面的高度分布函数 $z(x,y)$。

根据相关标准，在航空液压扩口式管接头的接触处的粗糙度要求为 0.8μm，模拟所取的范围应尽可能合理，考虑生成点数目对构建模型的影响，取表面的长度为 100μm。

如图 5.2.25 所示，随着 x、y 方向相关长度的增大，粗糙表面的波峰及波谷的峰值减小，并且波峰和波谷的密度也变小，波峰及波谷相对变得更加的平缓。

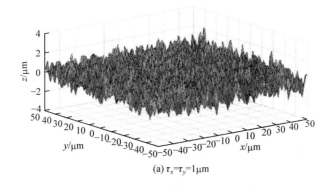

(a) $\tau_x = \tau_y = 1\mu m$

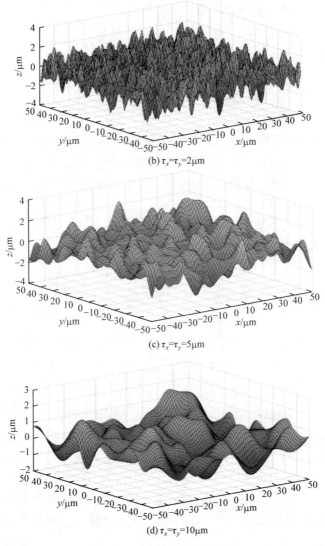

图 5.2.25　各向同性高斯表面

　　定义 $\gamma = \tau_x / \tau_y$ 为纹理方向参数，通过改变 τ_x 和 τ_y 的比值大小，模拟具有一定纹理特征的各向异性表面。由图 5.2.26 中发现，当 $\gamma > 1$ 时，生成的表面具有 y 方向的纹理特征，γ 值越大，y 方向纹理特征越明显；当 $\gamma < 1$ 时，生成的表面具有 x 方向的纹理特征，γ 值越小，x 方向的纹理特征越明显。

　　在相关长度 $\tau_x = \tau_y = 1\mu m$ 时，建立不同均方根粗糙度的模型。如图 5.2.27 所示，可以看出随着均方根粗糙度 l 的不同，粗糙表面的峰值大小发生改变。

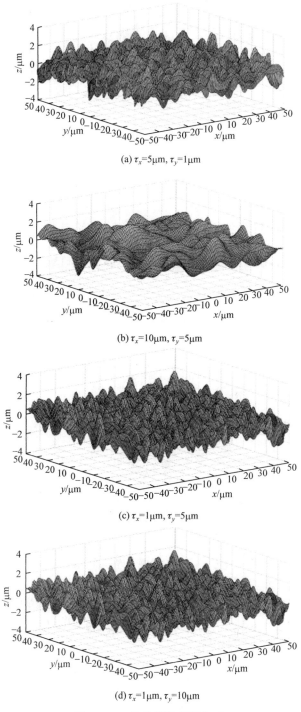

(a) τ_x=5μm, τ_y=1μm

(b) τ_x=10μm, τ_y=5μm

(c) τ_x=1μm, τ_y=5μm

(d) τ_x=1μm, τ_y=10μm

图 5.2.26　各向异性高斯表面

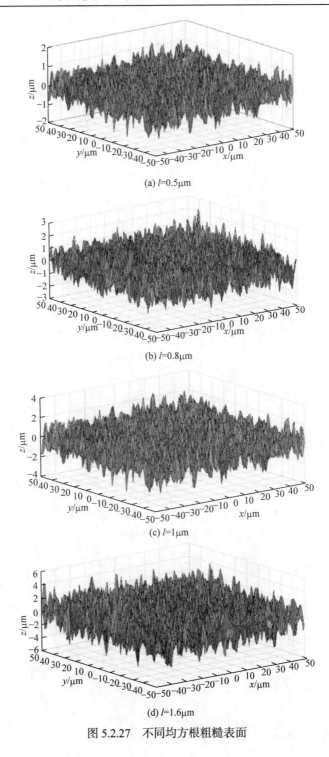

(a) l=0.5μm

(b) l=0.8μm

(c) l=1μm

(d) l=1.6μm

图 5.2.27　不同均方根粗糙表面

通过 MATLAB 生成粗糙表面的点坐标，利用 CATIA 的逆向重建功能构建数值模型。微观粗糙表面的模型如图 5.2.28 所示。

图 5.2.28　微观粗糙表面的模型

3. 数值模型建立

对刚性表面与变形粗糙表面的接触摩擦磨损进行分析，参考 GW 模型，构建一个光滑的刚性表面与变形粗糙表面的模型，如图 5.2.29 所示。

图 5.2.29　刚性表面与变形粗糙表面的模型

有限元分析中使用的材料为 1Cr18Ni9Ti。对模型进行网格划分时，网格划分的质量和数量决定求解的精度与效率。不规则粗糙表面的存在，导致对模型不能进行规则网格的划分，故将模型切割为 2 部分，基底部位为 C3D8I 的六面体单元，粗糙表面部位为 C3D4 四面体组成的网格，如图 5.2.30 所示。

图 5.2.30　粗糙表面有限元模型网格图

这里将粗糙表面变形基体的下表面固定，对刚性表面施加 z 方向的位移载荷 d，并且将 x、y 方向的位移进行固定，通过 z 方向的位移来实现接触载荷的加载，完成粗糙表面接触有限元模型的构建。

对不同的粗糙表面构建不同的接触模型，这里选用 $l=0.8\mu m$，相关长度 $\tau_x = \tau_y = 1\mu m$ 的接触模型进行计算，分析不同模型的受力与变形、接触面积和等效接触载荷的变化。

4. 接触模型的受力和变形特征

通过有限元模型分析当每组接触模型刚性表面施加的位移载荷 d 不断增加时，粗糙表面的 Mises 应力分布，如图 5.2.31 所示。可以发现，接触点数随着法向位移的增加而增加，接触点的 Mises 应力随着法向位移的增加而变大。在 $d=0.7\mu m$ 时，接触点的最大 Mises 应力达到材料的强度极限，说明比例极小的一部分微凸体接触点已经出现塑性变形，但是大部分微凸体还未能发生接触。随着接触载荷的增大，发生接触的区域越来越多。由于微凸体的接触面积很小，极小的接触载荷就使接触区域的微凸体发生塑性变形。随着接触载荷的增大，接触区域发生塑性变形的微凸体数量增多。相对于具有粗糙表面的模型而言，接触载荷微小，发生的弹性变形量微小，因此接触结合面所发生的变形量约等于刚性光滑表面施加的位移。

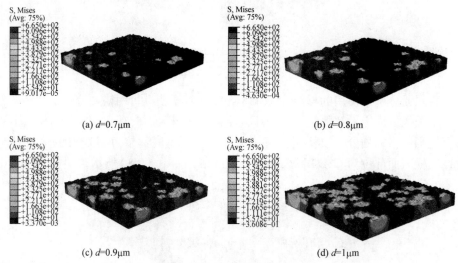

(a) $d=0.7\mu m$　　　　　　　　　　　　(b) $d=0.8\mu m$

(c) $d=0.9\mu m$　　　　　　　　　　　　(d) $d=1\mu m$

图 5.2.31　不同位移载荷下粗糙表面的 Mises 应力分布

5. 接触面的接触应力

通过构建的有限元模型，能够获得结合面的接触压力和接触面积的变化规律。

如图 5.2.32 所示，在每组模型的接触载荷作用下获得的接触应力很大，并且随着施加在模型中接触载荷的增加，较大接触应力的区域变大。例如，在 $d=0.7\mu m$ 载荷作用下，最大法向接触应力为 7.163GPa，此时的接触应力极易使材料发生损坏，如果有微小的相对运动，那么接触的微凸体会被剪切脱落，形成磨损。虽然法向接触应力较大，但是对接触面积、等效法向载荷分析后可知，当 $d=0.7\mu m$ 的载荷作用时，真实接触面积比为 0.0363%，等效法向载荷为 0.0335N。

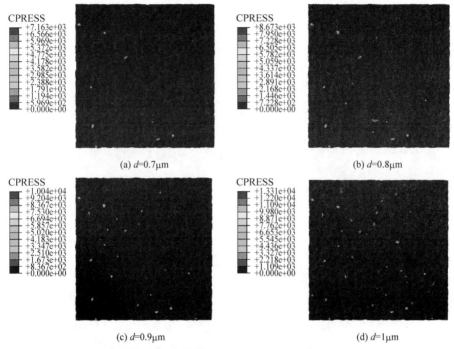

(a) $d=0.7\mu m$ (b) $d=0.8\mu m$

(c) $d=0.9\mu m$ (d) $d=1\mu m$

图 5.2.32 不同位移载荷下的接触应力分布

利用有限元软件的后处理得到模型作用的等效法向载荷 F_N，如图 5.2.33 所示，等效法向载荷随着位移载荷 d 的增大呈非线性增大，且增大的速率变大。

用等效法向载荷 F_N 除以名义接触面积 A_0 能够获得等效法向平均接触应力 P_0，分析不同位移载荷下的等效法向平均接触应力得到如图 5.2.34 所示的 d-P_0 曲线。图中的曲线斜率为法向接触刚度，随着位移载荷增大，法向接触刚度变大，直至整个接触面发生屈服。

6. 影响因素分析

不同的机械加工方式，如切削、研磨、车铣等使零件具有不同的表面微观形貌，在微观角度会呈现不同的接触状态。从前面的粗糙表面分析发现，不同的相关长度 τ 及均方根粗糙度 l 能够构建不同的粗糙表面，进而建立不同的接触模型，并可供分析不同表面形貌对接触面积和接触应力的影响。

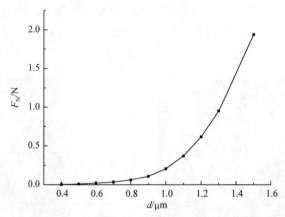

图 5.2.33　等效法向载荷随位移载荷的变化

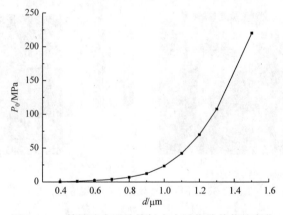

图 5.2.34　等效法向平均接触应力随位移载荷的变化

1) 不同相关长度的影响

选取 $l=0.8\mu m$，相关长度 $\tau=1\mu m, 5\mu m, 10\mu m$ 的接触模型进行比较，分析接触面积的变化，如图 5.2.35 所示，其中 A_r/A_0 为真实接触面积比。随着相关长度的增大，真实接触面积增大，原因是随着相关长度的增大，接触表面区域趋于平滑，在相同的位移载荷作用下，发生接触的微凸体的数量增多。

图 5.2.36 为不同相关长度下的法向接触应力，能够看出当相关长度 $\tau=10\mu m$ 时，法向接触应力较大。

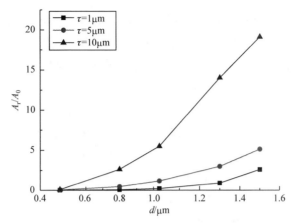

图 5.2.35　不同相关长度下的接触面积

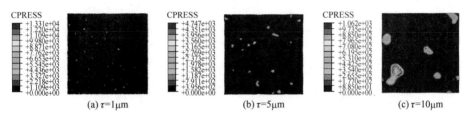

图 5.2.36　不同相关长度下的法向接触应力

2) 均方根粗糙度影响

随着均方根粗糙度的增大，形成表面的峰值会变大，以 $l = 0.5\mu m$ ，$0.8\mu m$ ，$1\mu m$ 的粗糙表面构建接触模型，分析均方根粗糙度的影响。

图 5.2.37 为不同均方根粗糙度下的接触面积。真实接触面积比随着位移载荷增大呈现非线性变化趋势。对不同的均方根粗糙度模型，达到相同的接触面积比，均方根粗糙度越大，所需的载荷越大。

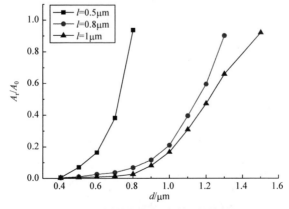

图 5.2.37　不同均方根粗糙度下的接触面积

图 5.2.38 为不同均方根粗糙度下的等效法向平均接触应力。随着位移载荷的增大，等效法向平均接触应力 P_0 呈非线性增大；且曲线的斜率逐渐增大，说明接触表面法向接触刚度非线性增大；当位移载荷相同时，均方根粗糙度越小，接触刚度越大，即相同位移载荷下，粗糙度越小，接触表面的等效法向平均接触应力越大。

通过以上相关长度与均方根粗糙度的分析发现，如果接触面的均方根粗糙度越小，接触面的微凸体峰值越小，接触表面的最大法向接触应力和等效法向平均接触应力就越小，能够减少材料的损坏；如果接触面的相关长度越大，接触表面越光滑，则接触表面的接触面积越大。

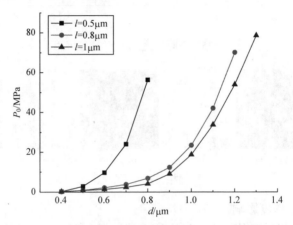

图 5.2.38　不同均方根粗糙度下的等效法向平均接触应力

7. 摩擦磨损分析

图 5.2.39 为不同位移载荷下的等效摩擦力(F_s)。可以发现，等效摩擦力随着

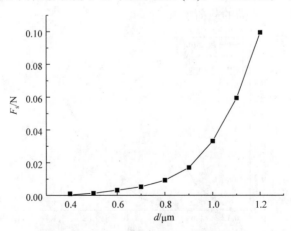

图 5.2.39　不同位移载荷下的等效摩擦力

位移载荷的增加呈非线性变化。另外，虽然在接触载荷作用下，微凸体会产生极大的接触应力与摩擦应力，但由于接触面积较小，等效摩擦力不大。

对有限元模型进行接触摩擦分析，发现模型在作用过程中接触面积小，接触应力和接触摩擦应力较大，会发生材料磨损。结合 Archard 简单黏着模型计算磨损度，不同位移载荷下的等效总载荷(F_m)如图 5.2.40 所示，发现随着作用位移载荷增大，得到的等效总载荷呈非线性变大。比较等效法向载荷、等效摩擦力、等效总载荷发现，作用过程中等效法向载荷对磨损起主导作用。

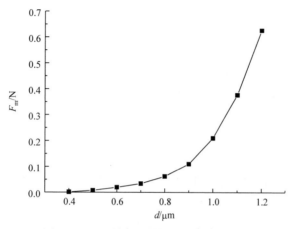

图 5.2.40　不同位移载荷下的等效总载荷

粗糙表面摩擦分析过程中，磨损度计算所采用的不同材料的磨损系数(K_s)如表 5.2.2 所示。在模型接触摩擦分析过程中，材料设置为 1Cr18Ni9Ti，接触状况为无润滑剂和干燥空气环境，因此采用 $K_s=1.0\times10^{-3}$。

表 5.2.2　不同材料的磨损系数

材料		气氛	润滑剂	K_s
磨损表面	配对表面			
合金钢	合金钢	干燥氩气	无	1.0×10^{-2}
低碳钢	低碳钢	空气	无	2.3×10^{-3}
合金钢	合金钢	干燥空气	无	1.0×10^{-3}
合金钢	合金钢	空气	环乙烷	8.4×10^{-6}
合金钢	合金钢	空气	石蜡油	3.2×10^{-7}
渗碳钢	渗碳钢	空气	齿轮油	1.6×10^{-9}
合金钢	合金钢	空气	引擎油	$<2.0\times10^{-10}$

图 5.2.41 显示磨损度$(\mathrm{d}v/\mathrm{d}s$，Archard简单黏着模型计算磨损度$)$随位移载荷的变化，发现随着位移载荷的增大，磨损度呈非线性增大。

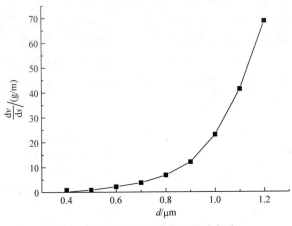

图 5.2.41　不同位移载荷下的磨损度

5.3　橡胶密封件性能退化及寿命预测方法研究

飞机液压系统发生密封失效，就会导致"跑冒滴漏"。因此确保密封结构的可靠性，才能提升飞行器液压系统的可靠性。O形密封圈因结构简单且密封方式牢靠而被广泛应用于液压系统中，其使用寿命及对应装置的可靠性对于液压系统非常重要，但是在使用过程中易老化，其使用寿命大大受限[18-19]。通过对密封圈进行加速老化试验可以简单有效地推算其使用寿命。研究橡胶老化导致的泄漏问题，探索失效机理，预测使用寿命，对密封圈的合理使用具有指导意义。

5.3.1　橡胶密封件老化性能表征

橡胶密封件老化的测试方法主要有两种，分别为自然老化法和人工加速老化法。自然老化法是最为准确的评定材料环境寿命的方法，但它的试验周期过长，人工模拟环境条件无法控制，多种影响因素无法分离研究；人工加速老化(包括热老化、臭氧老化、光臭氧老化、化学介质老化、光老化、生物老化、高能辐射老化、电老化等)法，可以分别对多种因素进行相应的验证。1920 年，就有学者开始关注老化对橡胶物理机械性能的作用规律，最早的加速老化试验是通过吸氧量来反映橡胶加速老化进行的程度。经过长期的实践总结，认为最接近自然老化的方案是烘箱加速老化，不仅可以控制环境条件，还可以缩短试验周期。伴随着科技的发展，出现了老化试验烘箱，它能模拟紫外线、高温及潮湿环境。想要快速有效地得到理想的老化预测结果,必须尽可能模拟与实际使用条件相近的试验条件,这也是未来加速老化试验方法发展的方向。

老化性能的表征方法对正确反映老化程度、认识和探索老化机理有非常重要的影响。热分析、傅里叶变换红外光谱仪(Fourier transform infrared spectrometer, FTIR)和核磁共振(nuclear magnetic resonance, NMR)法等是橡胶密封件老化性能最常用的分析手段。

热分析法是研究物质受热而引起的各种物理及化学变化过程的手段,在程序控制温度下研究物质的物理性能与温度的关系,探究高聚物的热氧化、热降解等各类反应。

(1) 热重分析(thermogravimetric analysis, TGA)。TGA 是一种常用的热分析技术,通过设定程序控制温度的变化速率来检测分析试样的质量随温度的变化。

(2) 差热分析(differential thermal analysis, DTA)。DTA 是一种常用的聚合物热性能分析方法,主要测定试样在发生热反应时的特征温度及吸收或放出的热量,包括物质分解、化合、相变、脱水、凝固、蒸发等物理或化学反应。研究橡胶密封件的老化经常需要 TGA 和 DTA 的配合。

(3) 动态热机械分析(dynamic thermomechanical analysis, DMA)。DMA 主要测试试样的热力学和动态力学性能等,通过其性能变化来评价试样耐老化性能。

(4) 差示扫描量热分析(differential scanning calorimetry, DSC)。DSC 可以精准测量试样的转变焓和转变温度,在高分子材料的分析中被广泛使用,是高分子材料的一种基本测试和研究分析方法。

FTIR 法可以得到橡胶密封件老化发生的结构变化,可以测定样品含有的官能团,同时可以根据吸收峰的位置和强度变化来分析橡胶密封件老化过程中样品是否发生结构性的变化。常规红外光谱已被广泛应用于表征橡胶密封件在热氧老化过程中分子结构的动态变化。由于刚开始老化时,产物浓度低,其红外信号较弱,而到老化后期,复杂产物谱带相互重叠产生干扰,又难以分辨。与常规红外光谱相比,FTIR 法具有高检测灵敏度、高测量精度、高分辨率、测量速度快、散光低以及波段宽等特点,可以清晰地观察橡胶老化过程中细微的结构变化,应用范围也更为广泛。

NMR 是研究橡胶密封件微观结构的有力工具。通过它可以预测橡胶密封件老化过程的氧化降解机理,分析链段运动和化学结构的变化,通常将 NMR 法与其他检测方法所得数据进行综合分析。应用表明 NMR 法可定量评估橡胶密封件的降解程度,并可将降解水平与不同的性能表现相联系,是一种非破坏性的测试方法。

除以上分析方法外,橡胶密封件老化性能的分析方法还包括凝胶分析法、紫外可见光谱法、化学荧光法、气相色谱法、电子自旋共振光谱法、薄层色谱法、质谱法和扫描电镜法等。

5.3.2　O 形密封圈的失效准则和失效判据

密封失效准则是指密封介质的压力高于密封耦合表面间的接触压力，从而使得密封介质通过耦合表面泄漏到外界，密封装置丧失了密封性能。目前普遍采用的失效准则和失效判据是从密封面最大接触压力、密封槽槽口转角位置处剪切应力两个方面来考虑。

密封圈结构中密封压力超过密封面的最大接触压应力时会使密封圈失去密封效果，故应保证密封圈满足：

$$\sigma_{max} \geqslant P \tag{5.3.1}$$

式中，σ_{max} 为密封圈结构中密封界面上的接触压应力，与密封圈材料及截面形状、压缩量及工作压力有关；P 为工作压力。

密封圈内剪切应力高于橡胶材料的抗剪切强度时，密封圈会被撕裂甚至被剪断，造成密封圈失效，因此应保证密封下的剪切应力满足：

$$\tau_{xy} < \tau_{b} \tag{5.3.2}$$

式中，τ_{xy} 为橡胶圈所受最大的剪切应力；τ_{b} 为橡胶圈的橡胶材料抗剪切强度。

O 形密封圈的永久变形见图 5.3.1，主要失效形式如下。

图 5.3.1　O 形密封圈的永久变形

(1) 压缩率：较大的压缩率会降低 O 形密封圈因应力松弛而产生的应力，使其发生永久变形，密封能力也随之失去。

(2) 温度：较高的工作温度会加速 O 形密封圈的老化，使其压缩永久变形也随之增大。

(3) 摩擦力：O 形密封圈的工作压力越大，摩擦力也越大，工作产生大量的摩擦热，会加速橡胶的老化，发生永久变形。

(4) 密封沟槽的同轴度偏差：由图 5.3.2 可知，如果高度 H_1 和 H_2 不同，会导致某一部分的压缩量过大，某一部分压缩量过小。当密封沟槽的同轴度 e 大于密封圈的压缩量时，整个装置不起密封作用。除此之外，同轴度偏差会导致密封圈产生扭转，使整个装置漏油或者漏气。

(5) 间隙挤出引起 O 形圈的咬伤：在油介质压力作用下，密封圈靠近间隙的那一部分容易挤出，会导致密封圈局部产生应力集中，随着油介质的压力越来越大，会将其某一部分破坏，从而引起泄漏，如图 5.3.3 所示。此外，油介质的压力和振动频率越大，硬度越大，越容易发生间隙挤出。

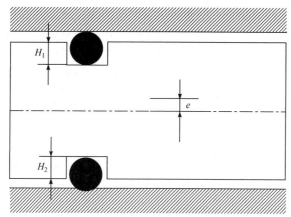

图 5.3.2　密封沟槽的同轴度偏差示意图

图 5.3.3　间隙挤出引起的 O 形圈咬伤

(6) 密封零件表面的粗糙度：滑动密封零件的表面粗糙度越低，其表面越难形成润滑油膜，导致密封圈与零件之间的摩擦力增大，因此会产生大量热量，加速密封圈的老化，从而失去密封性；粗糙度太高会对密封圈产生较大的磨损，损坏密封件。产生泄漏的原因是间隙太大，因此，为了阻止泄漏应该尽量缩小间隙。

实际应用时，密封圈往往同时出现一种以上的失效模式，而且每一种失效模式并不是独立的，会互相影响，加快橡胶圈失效。例如，摩擦力太大不仅会加快磨损，还会导致高温而加快橡胶圈老化，老化之后又导致密封圈材料永久变形。由于密封圈失效形式的多样性，判断密封圈的可靠性以及对密封圈的寿命进行寿命预测是比较艰难的工作。

5.3.3 橡胶密封件老化密封寿命预测方法

橡胶耐热老化性的评定有定性评定和定量评定。定性评定是比较和筛选不同橡胶材料之间的耐热老化性;而定量评定则是指预测某种配方的使用寿命或贮存寿命。随着科技的发展,很多领域需要用到橡胶材料,特别是航空航天和尖端军事装备研发领域,对产品可靠性的要求越来越高,因此对橡胶寿命的定量评定方法研究在橡胶应用研究中越来越重要。

20 世纪 50 年代以来,人们开始关注橡胶寿命预测方法的研究。目前国内外研究机构执行的橡胶材料寿命预测标准都是基于 Arrhenius 公式外推计算得到的。但是随着橡胶种类的增多及使用要求的提升,为了改善橡胶材料试验室老化和实际贮存及使用老化的相关性,人们对寿命预测方法进行了修正和完善,并针对橡胶寿命预测提出了一系列新的理论方法。

(1) 动力学曲线模型。寿命 t_e 和温度(T)之间为线性关系:

$$\ln t_e = a + \frac{b}{T} \tag{5.3.3}$$

式中, $a = \frac{1}{A}\ln\frac{p_0}{p_e}$; $b = U/R$。其中, p_0 为老化前的性能值; p_e 为性能的临界值; U 为活化能; A 和 R 为常数。

通过这个公式先确定一个性能值,然后通过试验来确定达到这一性能值时的温度、时间,用物理化学的方法测出活化能。试验研究表明式(5.3.3)对橡胶材料及制品的老化是适用的。该方法最大的劣势在于每一个温度 T 下老化寿命的变化都需要达到临界值之后,这就使得试验时间被延长。

(2) 基于叠加原理的寿命预测模型。根据时温等效原理,即高聚物的同一力学松弛现象在低温长时和高温短时都可以观察到,升高温度与延长观察时间对分子运动是等效的,对高聚物的黏弹行为也是等效的。最终得到的数学公式如下:

$$\alpha_\tau = \exp[E_a / R(1/T_\gamma - 1/T)] \tag{5.3.4}$$

式中, α_τ 为平移因子; E_a 为 Arrhenius 活化能; R 为气体常数; T_γ 为参考温度; T 为试验温度。

通过分析橡胶材料在多个温度下的数据,得到平移因子 α_τ 的具体数值,从而可以预测橡胶材料在很多温度下的寿命。

5.3.4 氟橡胶热氧老化性能研究

氟橡胶是主链或侧链的碳原子上含有氟原子的一种合成高分子弹性体,氟橡胶的拉伸强度较高、摩擦系数低、耐热老化性能优良、耐化学介质性能优异、耐候性好等,被应用于许多顶尖工业领域。但是氟橡胶在贮存和使用的过程中,在多个因素的共同作用下会发生老化，使用性能下降甚至不能再继续使用。因此需要考察氟橡胶材料的耐老化性能。

本小节研究氟橡胶在空气介质中，分别于 23℃、100℃、150℃下的老化特性。通过红外光谱、扫描电镜、热重分析仪等手段表征氟橡胶材料结构组成变化。分析研究橡胶材料老化前后硬度、拉伸强度、压缩永久变形等性能的变化，预测橡胶材料的使用寿命。试验采用的是 F121 橡胶圈，规格为 Φ18.5mm×1.9mm，如图 5.3.4 所示。

图 5.3.4　F121 橡胶圈

试验材料见表 5.3.1。

表 5.3.1　试验材料

名称	规格
F121 橡胶圈	Φ18.5mm×1.9mm
15 号航空液压油	分析纯(AR，红标签二级品)

试验设备见表 5.3.2。

表 5.3.2　试验设备

名称	型号
电子分析天平	TG328
电子数显卡尺	SF200000878286
真空干燥箱	DZF

续表

名称	型号
邵氏硬度仪(A 型)	LX-A
电子拉力试验机	CMT5105
压缩永久变形模具	—
高压试验模具	—
液压站	NXQA-10
傅里叶变换红外光谱仪	WQF-300
热失重分析仪	TGAQ50
扫描电子显微镜	QUANTA200

(1) 试验过程及性能表征：F121 橡胶圈的热氧老化试验(图 5.3.5)依据 GB/T 5720—2008《O 形橡胶密封圈试验方法》进行。其中，①热氧老化温度为 100℃、150℃；②加速老化时间为 7d、21d、35d、91d、182d；③压缩率为轴向压缩 25%；④每种条件下试样数为 5 个。

图 5.3.5　F121 橡胶圈热氧老化试验

F121 橡胶圈硬度、拉伸强度和压缩永久变形测试方法见表 5.3.3。

表 5.3.3　　F121 橡胶圈性能测试方法

序号	测试项目	测试方法
1	硬度	GB/T 6031—1998
2	拉伸强度	GB/T 528—2009
3	压缩永久变形	GB/T 7759—1996

　　F121 橡胶圈硬度试验如图 5.3.6 所示。使用前应检查邵氏硬度计，检查指针在自由状态下是否指向零位。调整工作台高度，掀动手柄当指针指向 100°时方可使用。将 O 形橡胶密封圈放在工作台上，用手按压手柄使邵氏硬度计压足垂直压在密封圈上，观察并记录邵氏硬度计压足接触密封圈 1s 内的读数。每个试样测试 5 次，测试点距离大于 6mm，测试结果取其平均值。测试数量为 3 个，取中位数且整数位。

图 5.3.6　F121 橡胶圈硬度试验

　　F121 橡胶圈拉伸强度试验如图 5.3.7 所示。使用电子数显卡尺测量 F121 橡胶圈的内径及截面直径，并将结果输入电脑测试软件中；将橡胶圈套在靠近的上下夹具的轴轮上，使橡胶圈尽可能不受力，接着连接好伸长测量系统，并清零；开动万能试验机以 500mm/min 的速度拉伸试样，记录试样拉断时的负荷及伸长量。

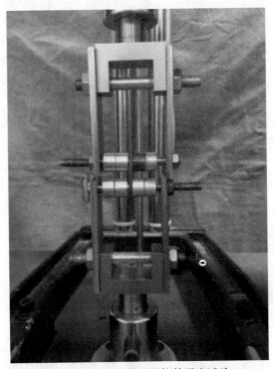

图 5.3.7　F121 橡胶圈拉伸强度试验

拉伸强度的计算结果按式(5.3.5)计算：

$$T = \frac{F}{2A} = \frac{F}{1.57d^2} \tag{5.3.5}$$

式中，T 为拉伸强度(单位：MPa)；F 为橡胶圈所受负荷(单位：N)；A 为橡胶圈横截面面积(单位：mm^2)；d 为橡胶圈横截面直径(单位：mm)。

压缩永久变形试验过程：首先测量橡胶圈的轴向截面直径；其次将其按图 5.3.8 放置于夹具的各层压板间。橡胶圈与限位器不得互相接触，拧紧螺母的同时不能将橡胶圈扭转；将夹具及试样在室温下停放半小时，接着放入设定好温度的老化箱中，并记录时间；到达设定的老化时间后应立即取出夹具并取出试样，在室温下恢复半小时后，最后按规定测量试样的轴向截面直径。

压缩永久变形按式(5.3.6)计算：

$$C_1 = \frac{d_1 - d_2}{d_1 - h_s} \times 100 \tag{5.3.6}$$

式中，C_1 为橡胶圈的压缩永久变形率(单位：%)；d_1 为橡胶圈的初始轴向截面直径(单位：mm)；d_2 为橡胶圈的恢复后轴向截面直径(单位：mm)；h_s 为限制器的高度(单位：mm)。

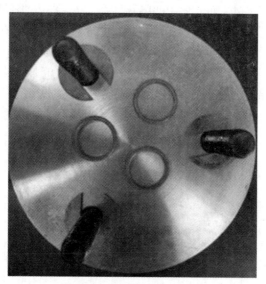

图 5.3.8　压缩永久变形试验

(2) 结果分析：硬度用来表达橡胶材料受到外界压力时变形的程度或者橡胶材料的抗刺穿能力，与材料的一系列物理机械性能(定伸应力、撕裂强度、弹性、压缩永久变形、模量等)密切相关。硬度既可以理解为橡胶材料抵抗形变、抵抗塑性变形的能力，也能用来表述橡胶材料抵抗残余变形、抵抗破坏的能力。图 5.3.9 为 F121 橡胶圈在 23℃、100℃和 150℃下热氧老化后的硬度曲线对比。

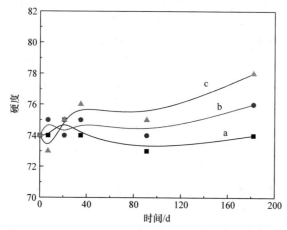

图 5.3.9　不同温度下 F121 橡胶圈热氧老化后的硬度曲线对比
a. 23℃热氧老化；b. 100℃热氧老化；c. 150℃热氧老化

从图 5.3.9 中可以看出，F121 橡胶圈在 23℃热氧老化后，硬度基本不变，老化前为 74，老化 182d 后为 74。F121 橡胶圈在 100℃热氧老化后，老化后期略有增加，老化前硬度为 74，而老化 182d 后硬度为 76。F121 橡胶圈在 150℃热氧老化后，老化前硬度为 74，老化 182d 后硬度为 78。对比老化前后试验结果，硬度变化不太明显。原因是 F121 橡胶圈在热氧条件下性能较稳定。

　　橡胶的拉伸强度可以用来表示材料抵抗拉伸破坏的极限能力。它是橡胶重要的性能指标之一，大部分橡胶制品的使用寿命与拉伸强度性能有一定关系。图 5.3.10 是 F121 橡胶圈在 23℃、100℃和 150℃下热氧老化后拉伸强度曲线对比。

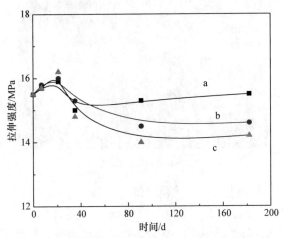

图 5.3.10　不同温度下 F121 橡胶圈热氧老化后的拉伸强度曲线对比
a. 23℃热氧老化；b. 100℃热氧老化；c. 150℃热氧老化

　　从图 5.3.10 可以发现，F121 橡胶圈经过 23℃热氧老化后，老化前期拉伸强度逐渐增大，老化 21d 后到达最大值为 15.9MPa，老化中期开始下降，老化 35d 后降至 15.0MPa，老化后期趋于平稳，老化 182d 后，变化不大，仍为 15.5MPa。F121 橡胶圈经过 100℃热氧老化后，老化前期拉伸强度略微减小，老化 7d 后降至 15.1MPa，老化中期开始逐渐升高，老化 21d 后为 15.4MPa，接着开始下降，老化 92d 后降至最小值为 14.5MPa，老化后期略微增大，老化 182d 后为 14.6MPa。F121 橡胶圈经过 150℃热氧老化后，老化前期拉伸强度逐渐增大，老化 21d 后到达最大值 16.2MPa，老化中期开始下降，老化 92d 后降至最小值 14MPa，老化后期略微增大，老化 182d 后为 14.2MPa。对比老化前后试验结果，拉伸强度性能变化不大，说明 F121 氟橡胶在热氧环境下性能稳定。在老化初期拉伸强度略有增加，可能是取样时不同样品间的性能差异引起的。

　　压缩永久变形的大小反映了橡胶弹性的高低，选择压缩永久变形作为橡胶老化评价指标，既可以反映橡胶的老化程度又可以用来推测橡胶的使用性能。表 5.3.4 是 F121 橡胶圈在不同温度下的压缩永久变形率测试结果。图 5.3.11 是

F121 橡胶圈在 23℃、100℃和 150℃下热氧老化后压缩永久变形率曲线对比。

表 5.3.4　F121 橡胶圈在不同温度下的压缩永久变形率测试结果　(单位：%)

老化温度	未老化	老化 7d	老化 14d	老化 35d	老化 91d	老化 182d
23℃	0	0	0	2.11	4.21	6.31
100℃	0	6.74	10.75	13.11	18.74	23.79
150℃	0	5.45	12.42	15.68	22.95	29.47

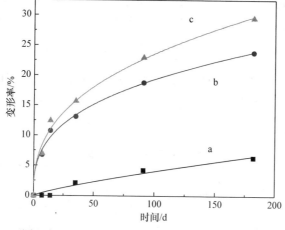

图 5.3.11　不同温度下 F121 橡胶圈热氧老化后的压缩永久变形率曲线对比
a. 23℃热氧老化；b. 100℃热氧老化；c. 150℃热氧老化

由图 5.3.11 可以看出，F121 橡胶圈在 23℃空气中老化 182d 后压缩永久变形率为 6.31%；在 100℃空气中老化 182d 后为压缩永久变形率为 23.79%；在 150℃空气中老化 182d 后压缩永久变形率为 29.47%，变形较大，其中老化 7d 时压缩永久变形率达 5.45%。F121 橡胶圈的压缩永久变形随着试验时间的延长呈逐渐增大趋势。试验前期增长的速率较快，后期增长速率较慢。可能原因是，老化时在温度和压缩力作用下，橡胶分子链间作用力增大使得其恢复变形的能力降低，压缩永久变形增加。

(3) 氟橡胶热氧老化寿命研究：某一温度下，橡胶材料随时间老化的规律可以用如下经验公式进行描述：

$$P = A\exp(-K\tau^{\alpha}) \tag{5.3.7}$$

式中，P 为对应于压缩永久变形为 $1-\varepsilon$（ε 为时间 τ 的压缩永久变形率）的寿命；A 为试验常数；K 为老化速度常数；τ 为老化时间(单位：d)；α 为待定常数。

对式(5.3.7)两边求对数得

$$\ln P = \ln A - K\tau^{\alpha} \tag{5.3.8}$$

令 $Y = \ln P$ ，$x = \tau^{\alpha}$ ，则式(5.3.8)变为 $Y = ax + b$ 的一元回归方程。通过这个一元回归方程，对不同温度的试验数据进行回归分析，就可以得到 A 和 K 的值。对于系数 α ，将按照标准所述，采用逐次逼近法，求得 α 的优化值。再根据经验公式就可以对不同温度和不同介质中的试验数据进行拟合，预测橡胶材料在某一老化时间的性能变化 τ^{α} 。

采用逐次逼近法确定 α 的值，逼近的准则是 α 精确到小数点后两位时，使 I 值（I 值指残差平方和，表示随机误差的效应）最小。I 的计算公式如下：

$$I = \sum_{i=1}^{m} \sum_{j=1}^{n} (P_{ij} - \bar{P}_{ij}) \tag{5.3.9}$$

式中，P_{ij} 为第 i 个老化试验温度下，第 j 个测试点的性能变化指标试验值；$\bar{P}_{ij}$ 为第 i 个老化试验温度下，第 j 个测试点的性能变化指标预测值。

计算结果见表 5.3.5。

表 5.3.5　使用逐次逼近法求 I 值

α 预设值	I 值
0.50	0.0003282
0.40	0.0001430
0.30	0.0001627
0.35	0.0001326
0.36	0.0001301
0.37	0.0001299
0.38	0.0001321

由表 5.3.5 可知，当 $\alpha = 0.37$ 时 I 值最小。采用最小二乘法对不同温度下的压缩永久变形数据进行线性拟合，结果如图 5.3.12 所示。

由图 5.3.12 可以看出，温度相同时，压缩永久变形随着老化时间的延长而增大；当老化时间相同时，压缩永久变形随着温度的升高而增大。同时可以看出随着老化温度的升高，F121 橡胶圈的压缩永久变形增大的速率呈现增大的趋势。不同温度下 F121 橡胶圈的预期使用寿命见表 5.3.6，可以看出，其在 150℃下可以使用 191d，在 100℃下可以使用 365d，在 23℃下可以使用 7292d。

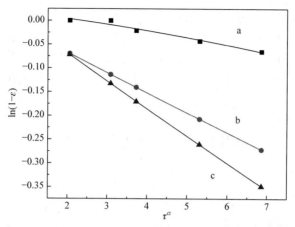

图 5.3.12　不同温度下 F121 橡胶圈压缩永久变形与时间的关系

a. 23℃热氧老化；b. 100℃热氧老化；c. 150℃热氧老化

表 5.3.6　不同温度下 F121 橡胶圈的预期使用寿命

温度	预期寿命/d
23℃	7292
100℃	365
150℃	191

5.3.5　氟橡胶老化机理分析

橡胶密封件老化是指橡胶密封件在加工、贮存和使用过程中，化学因素和物理因素的作用使其结构发生化学变化，致使性能逐渐下降，使用价值逐渐丧失的现象。橡胶密封件老化通常分为物理老化和化学老化两类。物理老化指在外界条件作用下，材料内部的链段结构出现松弛，整体性能也随之发生改变，此类变化不涉及分子结构；化学老化则是指在热、氧、臭氧、光照等环境因素条件下，橡胶分子链出现降解或再交联、界面损伤等，使橡胶的分子结构发生改变，导致橡胶材料发生变硬、龟裂、力学强度值降低等不可逆变化。化学老化发生的同时常伴随物理老化。橡胶密封件在老化过程中发生的化学反应主要有两种，即降解反应和交联反应(也称结构化反应)。而且降解反应和交联反应并非彼此孤立、毫无联系，这两种反应往往同时发生，由于橡胶分子结构的特征和老化条件的不同，其中的一种反应占主导地位。

橡胶密封件老化表现形式主要有以下几种。

外观的变化：材料变硬、表面龟裂、发黏以及光学颜色的变化等。

力学性能的变化：拉伸强度、撕裂强度、扯断伸长率等的变化。

物理化学性能的变化：交联密度、溶胀率、耐寒性、耐介质性等的变化。

电气性能变化：介电常数、导电率和击穿电压等性能的变化。

橡胶密封件寿命受环境条件(化学因素和物理因素等)的影响极大，如氧、臭氧、化学介质、热、光、应力等均能加速橡胶的老化过程。因此，橡胶的老化反应是多种因素参与的复杂化学反应。受到普遍关注的是氧化老化、臭氧老化和疲劳老化等反应。橡胶老化现象的宏观表现是变软发黏、变脆龟裂或发霉粉化等，造成橡胶性能下降，丧失使用价值。

采用 FTIR 研究 F121 橡胶圈的热氧老化情况，扫描范围为 400～4000cm^{-1}，分辨率为 1.5cm^{-1}。FTIR 可直观观察到橡胶老化过程中细微的结构变化。为了观察 F121 橡胶圈的断面微观结构形貌，采用 S-4700 扫描电子显微镜对 F121 橡胶圈的断面进行微观结构形貌的观测。由于 F121 橡胶圈为非导电材料，在使用扫描电子显微镜进行观测前需使用真空镀膜仪进行喷金操作。TGA 是目前研究物质材料热稳定性和耐热性较常采用的方法。本小节采用 TGAQ50 热失重分析仪测定 F121 橡胶圈热失重曲线。在 N$_2$ 氛围保护下，取样 5mg 左右，温度范围为室温～550℃，升温速率为 15℃/min。

1. 红外光谱图分析

F121 橡胶圈在 23℃、100℃及 150℃热氧老化 182d 的红外光谱对比图如图 5.3.13 所示。从图中可以看出，1397cm^{-1} 和 888cm^{-1} 处的中强峰为 CH$_2$=CF$_2$ 的特征吸收峰；在 1160cm^{-1} 处极强的宽峰为 C-F 的特征吸收峰；在 500cm^{-1}，820cm^{-1} 是硫化剂及硫化助剂的峰。通过对比 F121 橡胶圈老化处理前后的红外谱图，发现各个红外特征峰的位置及峰形的变化较小，证实其化学结构基本没有发生改变。

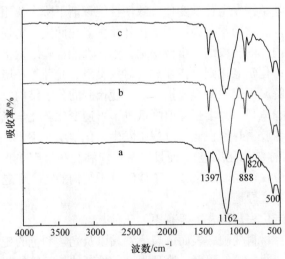

图 5.3.13　F121 橡胶圈在不同温度热氧老化 182d 的红外光谱对比图
a. 23℃热氧老化；b. 100℃热氧老化；c. 150℃热氧老化

2. 扫描电镜观测

图 5.3.14 是 F121 橡胶圈在 23℃下热氧老化 182d 后拉伸断面形貌图。图 5.3.15 是 F121 橡胶圈在 100℃下热氧老化 182d 后拉伸断面形貌图。图 5.3.16 是 F121 橡胶圈在 150℃下热氧老化 182d 后的拉伸断面形貌图。对比图 5.3.14、图 5.3.15 和图 5.3.16 可知，F121 橡胶圈老化 182d 后的拉伸断面形貌图变化不明显，说明氟橡胶在热氧条件下性能较稳定。

(a) 1000 倍形貌

(b) 3000 倍形貌

图 5.3.14　F121 橡胶圈在 23℃热氧老化 182d 后的拉伸断面形貌图

(a) 1000 倍形貌

(b) 3000 倍形貌

图 5.3.15　F121 橡胶圈在 100℃热氧老化 182d 后的拉伸断面形貌图

(a) 1000倍形貌   (b) 3000倍形貌

图 5.3.16   F121 橡胶圈在 150℃热氧老化 182d 后的拉伸断面形貌图

3. 热性能分析

TGA 主要作为评判高分子材料的热稳定性以及得到其热降解反应动力学参数的方法,这些数据可以帮助分析材料老化机理。图 5.3.17 是 F121 橡胶圈在 23℃、100℃和 150℃下热氧老化 182d 后在氮气保护条件下的热失重(TG)变化曲线对比。图 5.3.18 是 F121 橡胶圈在不同温度下热氧老化 182d 后在氮气保护条件下的导数热失重(DTG)变化曲线。表 5.3.7 中列出部分热分解特征参数,如初始热分解温度、最大分解速率对应温度以及 550℃时的残留率。

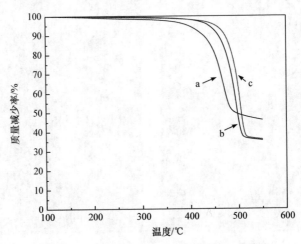

图 5.3.17   不同温度下 F121 橡胶圈的 TG 曲线

a. 23℃热氧老化;b. 100℃热氧老化;c. 150℃热氧老化

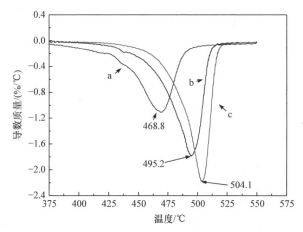

图 5.3.18　不同温度下 F121 橡胶圈的 DTG 曲线
a. 23℃热氧老化；b. 100℃热氧老化；c. 150℃热氧老化

表 5.3.7　F121 橡胶圈的部分热分解特征参数

试验条件	初始热分解温度/℃	最大分解速率对应温度/℃	550℃时的残留率/%
23℃热氧老化 182d	439.2	468.8	46.1
100℃热氧老化 182d	469.8	495.2	35.5
150℃热氧老化 182d	482.5	504.1	36.0

从图 5.3.17 和图 5.3.18 可以看出，F121 橡胶圈热分解为一步完成。23℃热氧老化 182d 的初始热分解温度为 439.2℃，最大分解速率对应温度为 468.8℃，在 550℃时的残留率为 46.1%。100℃热氧老化 182d 的初始热分解温度为 469.8℃，最大分解速率对应温度为 495.2℃，在 550℃时的残留率为 35.5%。150℃热氧老化 182d 的初始热分解温度为 482.5℃，最大分解速率对应温度为 504.1℃，在 550℃时的残留率为 36.0%。

随着热氧老化温度的增加，初始热分解温度和最大分解速率温度逐渐增大，残留率逐渐减少。可能因为在老化过程中分子链间发生了交联，提高了试样的耐热稳定性，所以初始热分解温度和最大裂解速率向高温移动。老化温度越高，残余率越低，原因可能是老化产生的残留物小分子会发生进一步的分解导致质量的减少。

参 考 文 献

[1] PINHEIRO B, PASQUALINO P. Fatigue analysis of damaged steel pipelines under cyclic internal pressure[J]. International Journal of Fatigue, 2009, 31(5): 962-973.

[2] 刘中华, 李兴泉, 贾铎, 等. 航空发动机液压管路裂纹故障分析[J]. 航空发动机, 2020, 46(5): 66-70.

[3] 周畅. 基于结构内载荷的管路焊缝疲劳分析方法[D]. 北京: 中国运载火箭技术研究院, 2020.

[4] FATOBA O, AKID R. Low cycle fatigue behaviour of API 5L X65 pipeline steel at room temperature[J]. Procedia Engineering, 2014, 74: 279-286.

[5] 权凌霄, 赵文俊, 于辉, 等. 随机振动载荷作用下航空液压管路疲劳寿命数值预估[J]. 液压与气动, 2017(6): 43-48.

[6] 史康俊. 基于典型适航载荷的3000psi民机液压管路系统应力分析方法研究[D]. 秦皇岛: 燕山大学, 2020.

[7] 严文军. 液压管路系统随机振动下疲劳分析[J]. 民用飞机设计与研究, 2020(1): 1-5.

[8] 石波, 戴进, 樊根民. 冲压发动机管路断裂故障分析及结构改进[J]. 火箭推进, 2021, 47(1): 43-48.

[9] 中华人民共和国国家质量监督检验检疫总局, 中国国家标准化管理委员会. 金属材料弯曲试验方法: GB/T 232—2010[S]. 北京: 中国标准出版社, 2010.

[10] 中华人民共和国工业和信息化部. 金属材料 弯曲力学性能试验方法: YB/T 5349—2014[S]. 北京:冶金工业出版社, 2014.

[11] 李艳兵, 陈学斌. 管接头漏油故障分析与防范措施[J]. 液压气动与密封, 2020, 40(9): 90-92, 96.

[12] 郭雪杰. 扩口式管路接头密封性能研究[D]. 大连: 大连理工大学, 2020.

[13] 王帅, 张明明, 刘桢, 等. 预载荷作用下管路结构动强度评估方法[J]. 北京航空航天大学学报, 2016, 42(4): 745-750.

[14] 程小勇. 飞机液压导管疲劳实验与应力控制技术研究[D]. 南京: 南京航空航天大学,2014.

[15] LEE Y L, PAN J, HATHAWAY R, et al. Fatigue Testing and Analysis (Theory and Practice)[M]. Oxford UK: Elsevier Butterworth Heinemann, 2005.

[16] 北京航空材料研究所. 航空金属材料疲劳裂纹扩展速率手册[R]. 北京: 北京航空材料研究所, 1984.

[17] 国家国防科技工业局. 扩口管路连接件通用规范: HB 4-1-2020[S]. 北京: 中国航空综合技术研究所, 2020.

[18] 刘刚, 张昱旻, 唐蒙, 等. 氟醚橡胶耐介质和热氧老化性能研究[J]. 液压气动与密封, 2017, 37(5): 34-36, 42.

[19] 边智, 陈允, 崔博源, 等. 综合加速寿命试验与仿真的密封圈性能退化规律研究[J]. 中国测试, 2019, 45(9): 138-142, 148.

第6章 弱支撑卡箍-管路系统刚度分析与流固耦合仿真

6.1 航空卡箍-管路系统动力问题概述

卡箍的作用是将输流管路固定到机体结构上，飞行器卡箍一般体积小、质量轻，适合安装在受飞机机体结构限制的狭小空间或管路布局密集区域。它是飞机液压管路系统中的重要标准件。已有研究表明，卡箍对输流管路振动特性的影响十分显著[1-4]。卡箍对提升管路刚度、实现管路调频具有重要作用，合理的卡箍布局是抑制管路系统振动的最直接、简便的方法[5-8]。

然而，不同于地面管路系统(如石油、天然气、供水管路等)，飞行器管路系统的布局受航空结构本身空间和重量的限制。航空卡箍具有"位置受限"和"弱支撑刚度"(简称为"受限弱支撑")的特性，会使得原本固定简化支撑设计方案下管路系统的动力学特性发生非预期的变化(影响航空管路系统的固定和调频效果)。不仅易造成管路系统的共振失效，削弱整个管路系统的动态品质，而且是导致管路-卡箍的应力状态变化和疲劳失效的重要根源。目前，关于复杂管路流固耦合动力学的研究，大多是基于边界条件简化的理性模型，忽略了卡箍与管路的接触细节，没有考虑卡箍本身刚度的影响，不能很好地分析输流管路的真实振动状态[9-11]。

因此，研究卡箍的受限弱支撑特性对管路的流固耦合特性的影响，揭示流固耦合作用对卡箍组合应力状态的作用机制和有效刚度损伤规律，建立考虑受限弱支撑影响下航空卡箍的布局新方法，对于准确评估卡箍使用寿命、完善航空管路系统的布局设计体系、提高航空管路系统的可靠性具有重要的意义。本章研究卡箍刚度特性的计算、影响因素以及对管路流固耦合振动的影响。

为了满足不同型号液压管路固定的需要，卡箍的类型多样。本章研究两种形式的单点卡箍，这种卡箍主要由箍带(金属箍)、垫圈(衬垫)和螺栓三部分构成，箍带一般采用铝合金或不锈钢；垫圈为橡胶、塑料等材料，垫圈能对液压管路起到一定的吸能减振作用。在卡箍的选用和装配方面充分借鉴 SAE 标准，对卡箍的材料、结构进行优化调整，包含广泛使用的 P 形(单联)和∞形(双联)卡箍，使之更加符合飞机设计的要求[12]。近年来，很多学者研究航空管路振动问题时，已经将卡箍纳入建模考虑的因素中。飞行器管路结构卡箍失效形式较多，包括卡箍垫圈局部压坏、箍带断裂、卡箍螺栓孔边裂纹、卡箍松动等，对其的研究涉及材料的适应性、卡箍装配应力状态、热应力以及振动载荷等方面[13-15]，需要结合对断裂断口的分析，确定卡箍箍带的断裂机理。

在管路、管路系统的流固耦合方程建模中，卡箍常常是由边界约束或者支撑条件经过简化而引入的。主要包括：将卡箍视为支撑约束，研究不同支撑类型、不同支撑跨度或者采用多跨支撑的输流管路的固有特性及响应；研究支撑运动(地基振动)对输流管路振动特性的影响等。理论计算发现，卡箍对管路系统刚度具有重要影响，在一定范围内，弹性支撑的刚度即使发生较小的变化也会引起管路固有特性的改变或者稳定性的变化。因此，管路系统的动力学特性与卡箍的约束状态密切相关，而卡箍的受限弱支撑特性直接决定卡箍的实际约束状态和有效刚度，是影响管路系统动特性的重要因素[16-19]。

常用的卡箍简化方法主要有两种：一种是将卡箍位置所在点看成全刚性固定约束。但是考虑到航空机体结构本身的振动影响，卡箍所在位置结构也在不可避免地发生振动或变形，卡箍点具有很强的弱支撑特性。因此，这种简化方法难以反映航空管路系统的弱支撑卡箍约束特点。另一种方法是将卡箍看成沿管路径向、轴向的弹性约束，类似弹簧单元，弹簧的一端固定，另一端连接在卡箍位置坐标点上，计算过程中赋予弹簧单元一定的刚度系数和阻尼。不难发现，这种简化方法主要将卡箍处理为具有刚度的弹簧单元，实质的处理对象仍然是管路和管路系统，即研究重心仍然在管路系统的动特性，难以评估卡箍本身的受力和失效问题。

对于卡箍而言，这种简化处理也带来两个问题：①点约束形式获得的点位移、点载荷，无法准确反映卡箍-管路实际的体接触约束带来的复杂应力状态。卡箍是完全弹性假设，也无法反映卡箍本身的应力状态和进一步的失效研究。②卡箍是一个空间结构件，在轴向、径向等方向上的刚度及刚度下降规律并不相同，空间不同激振方向上的响应具有差异，难以准确评判航空管路系统的实际特性和时间变化历程。可见，卡箍传统的简化理想模型已不能满足实际情况的需求。

除了卡箍的刚度以外，管路弹性支撑的位置也会对输流管路动力学特性产生较大影响，合理的卡箍位置设计成为脉动应力和振动抑制的重要手段[20-21]。一些研究以调频、调幅、激励振源频率点的特征阻抗加权和等为目标，提出对其支撑进行优化设计来降低管路系统振动的方法[9,10,20-22]。控制固有频率偏离激振频率以外，保证前三阶的管路和流体的谐振频率不与液压泵主动脉频率以及其他外部设备激励频率耦合。为避免液压管路与泵源发生共振，在不同的振动工况(自由、周期、瞬态和随机激励)下，卡箍的最优位置可能不同。有关管路卡箍布局设计优化方面已有较多的讨论，基本能够实现复杂管路系统的卡箍布局优化和减小振动的目的。但是目前研究中，对飞行器管路敷设中的卡箍装配位置受限，以及可能存在的装配调整等问题未能充分考虑，造成理论最优布局有时难以落实。不同卡箍装配位置会影响卡箍本身的受力状态、疲劳损伤以及管路系统的振动响应。因此，飞行器管路系统卡箍布局设计需要考虑卡箍位置受限和弱支撑的结构特点。

美国 MIL-STD-1783、MIL-E-5007D 等关于发动机、液压管路结构的通用规范明确指出：应将卡箍安装在适当部位，并进行振动和应力试验，取得所有安装在发动机、液压系统和外部附件上的加速度计的均方根值和加速度图谱。我国标准 HB 8459—2014《民用飞机液压管路系统设计和安装要求》进行了借鉴和参考，规定了飞机液压、气动等系统卡箍的选用和安装。建议在规定拧紧力矩下，分别采用振动试验、压力循环试验、耐久试验来考核国产卡箍的性能。但是出发点仍然是卡箍质量筛选和性能符合性校核，没有考虑卡箍在实际结构中的变化而引发的组合应力状态变化和刚度下降问题，因此难以做出合理准确的实际卡箍寿命的评定。HB 8459—2014 还对卡箍布局提出了一些通用技术要求。例如，管路在正常振动环境下的最大支撑间距为 400mm，在严酷振动环境下的最大支撑间距为 250mm。卡箍应尽量靠近弯管处，减小伸出的悬臂，但不应卡在管路的弯曲段；当两个卡箍之间装有直通接头或三通接头时，卡箍间距应减小 20%等。布置更多的卡箍对管路系统的基频提升有限，但同时也要考核是否会落入高频激励的共振区；而且过密的卡箍布置还会导致载荷更多地传递到机体壳体支架上，影响整体结构性能。通过敏度分析发现，不同卡箍布置位置对结构动特性影响程度并非一致。显然，这些规定只能够为管路系统的动力学设计和卡箍的布置提供原则性参考，遇到实际结构发生调整和变化时，造成约束、位置、刚度等发生变化，原先的最优位置可能已不再是整个管路系统的最优点。因此，需要进一步探讨综合考虑受限弱支撑下卡箍的布局优化设计方法，获得可以直接工程应用的卡箍位置方案。

综上所述，受限弱支撑是航空卡箍的重要结构特点，该特点对其在机载多源振动激励下的响应和失效产生重要影响。为准确评估航空管路系统的可靠性，完善管路-卡箍结构的布置设计理论与方法，还需开展以下工作：

(1) 卡箍的等效刚度及其影响因素；

(2) 卡箍刚度在振动环境下的损伤演化规律；

(3) 位置受限和弱支撑形式对卡箍结构本身的动应力响应的影响，将实际的受限弱支撑造成的影响也考虑到布局设计约束条件中，进行航空卡箍布局的综合评价和重设计。

6.2　单点 P 形卡箍等效刚度分析

HB3-25LB 系列单点固定带垫 P 形卡箍，实物图如图 6.2.1(a)所示。该卡箍从被约束管路的轴向视角来看，形状类似字母 P。单点 P 形带垫卡箍属于弱支撑，衬垫卡箍是多个结构的组合体，包括箍带、垫圈和螺栓，结构图如图 6.2.1(b)所示。HB3-25LB 系列卡箍结构尺寸参数见表 6.2.1。

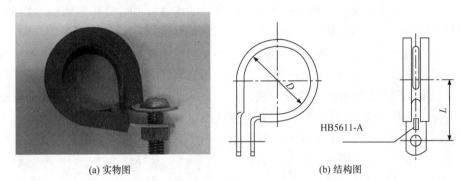

(a) 实物图　　　　　　　　　　　　(b) 结构图

图 6.2.1　单点 P 形卡箍

表 6.2.1　HB3-25LB 系列卡箍结构尺寸参数

D/mm	L/mm	箍带	垫圈	搭铁垫片
6	12.25	1HB-3-25LB7.5	HB3-29-1X23	HB3-28-50
		1HB-3-25LB7.5YZ	HB3-29-1X23B	—
8	13.25	1HB-3-25LB9.5	HB3-29-1X30	HB3-28-60
		1HB-3-25LB9.5YZ	HB3-29-1X30B	—
10	14.25	1HB-3-25LB11.5	HB3-29-1X36	HB3-28-70
		1HB-3-25LB11.5YZ	HB3-29-1X36B	—
12	15.25	1HB-3-25LB13.5	HB3-29-1X43	HB3-28-70
		1HB-3-25LB13.5YZ	HB3-29-1X43B	—

根据卡箍安装位置和用途，垫圈材料一般采用乙丙橡胶、硅橡胶、丁腈橡胶及新型卡箍采用的丁腈-氯丁橡胶混合物，箍带一般采用合金钢、铝合金材料。不同管径下，卡箍的刚度也有差异，这里选取几种典型的管径尺寸，卡箍对应的管径分别为 6、8、10、12(单位：mm)四种规格，垫圈材料为乙丙橡胶(EP8370)，箍带材料为 2A12 铝，标记示例如表 6.2.2 所示。

表 6.2.2　卡箍标记示例

箍带	垫圈	搭铁垫片	标记示例 (D=12mm)
1HB-3-25LB13.5	HB3-29-1X43	HB3-28-70	HB3-25LB12
1HB-3-25LB13.5YZ	HB3-29-1X43B	—	HB3-25LB12B

显然，单点 P 形衬垫卡箍为组合结构，其在载荷作用下会与管路一起发生结构变形。本节研究单点固定带垫卡箍的细节建模方法，分析卡箍的等效刚度特性，通过拉伸试验验证卡箍的等效刚度模型的精度。

6.2.1　卡箍等效刚度分析原理

这里主要研究卡箍的线性刚度问题，因此可以采用线性静态结构分析方法研究卡箍的等效刚度，分析其静刚度时，结构的变形关系为

$$[K]\{x\} = \{F\} \tag{6.2.1}$$

式中，刚度系数矩阵 $[K]$ 为一连续的常量矩阵；$\{F\}$ 为加载到卡箍模型上的集中力，该力是一种静态载荷；$\{x\}$ 为卡箍结构的变形量。

单点固定的带垫卡箍包含垫圈和箍带两个部件，卡箍在小变形情况下可以近似为线性。在实际振动环境下中，卡箍基本处于小变形范围内，卡箍结构可被认为是弹性变形体，因此分析卡箍等效刚度时不考虑卡箍的塑性变形，卡箍在某一方向上的等效刚度也可表示为

$$K_i = \frac{F_i}{\delta_i} \tag{6.2.2}$$

式中，K_i 为卡箍 i 方向的等效刚度；F_i 为施加在卡箍结构上的载荷；δ_i 为卡箍在该载荷作用下的位移。根据卡箍安装方式，研究卡箍在 x 和 y 方向的等效刚度，如图 6.2.2 所示。

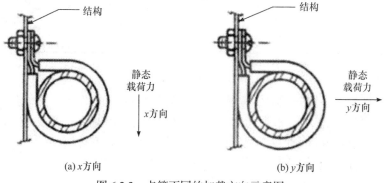

图 6.2.2　卡箍不同的加载方向示意图

6.2.2　卡箍-管路的刚度分析有限元建模

单点 P 形卡箍有限元建模方法如下：

(1) P 形卡箍箍带厚度较小，因此箍带采用壳单元，保证精度及提高计算速度；

(2) 将垫圈在箍带外侧的包边部分去除，只保留箍带内侧部分；

(3) 考虑橡胶垫圈的大变形行为，对垫圈采取实体建模；

(4) 为了剔除管路本身变形给刚度带来的影响，这里把管路视为刚性体。取一段实心圆柱代替刚体管路，采用同轴的方式将圆柱装配到卡箍中，得到的卡箍-管路装配体作为卡箍等效刚度仿真计算模型。

卡箍装配体模型如图 6.2.3 所示，卡箍各部件材料参数见表 6.2.3，包括刚体管路(1Cr18Ni9Ti 不锈钢材料)、箍带(2A12 铝合金)和垫圈(EPDM8370 乙丙橡胶，采用 Mooney-Rivlin 模型模拟)。

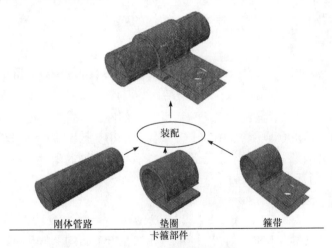

图 6.2.3　卡箍装配体模型图

表 6.2.3　卡箍各部件材料参数

刚体管路		箍带		垫圈		
E/GPa	γ	E/GPa	γ	C10	C01	D0
209	0.3	70	0.33	0.774	0.1935	0.025

注：C10、C01 和 D0 为 Mooney-Rivlin 模型参数。

对卡箍各部件划分网格，考虑到橡胶垫圈的不可压缩性，垫圈划分三维应力 C3D8H 杂交单元。卡箍箍带弯曲部位划分四节点 S4R 减缩积分单元，箍带两脚部分划分三节点 S3 线性单元，箍带单元厚度为 1mm。实体管路采用 C3D8 三维应力完全积分单元。卡箍装配体的网格模型如图 6.2.4 所示。

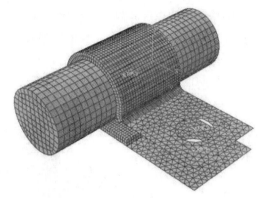

图 6.2.4　卡箍装配体网格模型

在卡箍箍带通孔处设置参考点 RP1、RP2，参考点 RP1、RP2 分别与卡箍箍带通孔建立多点约束(mult-point constrain, MPC)，通过固定约束参考点 RP1、RP2，可以模拟螺栓对卡箍的固定，如图 6.2.5 所示。

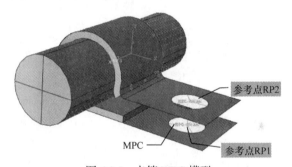

图 6.2.5　卡箍 MPC 模型

为了便于模拟和施加管路的载荷，在刚体管路几何中心处建立参考点 RP3，参考点 RP3 通过耦合分布约束与刚体管路各节点建立集合，在参考点 RP3 施加的载荷会均匀分布在刚体管路各节点中，可以模拟卡箍与管路之间分布式受力情况。图 6.2.6 是通过参考点建立的分布耦合节点。

参考点与实体管路
的耦合约束

图 6.2.6　刚体管路参考点的分布耦合节点

刚体管路与卡箍垫圈接触部位建立接触模型，如图 6.2.7 所示，刚体管路(与卡箍垫圈接触的外表面)作为接触模型的主表面，卡箍垫圈(与刚体管路接触的内表面)作为接触模型的从表面。为了防止刚体管路的主表面入侵到卡箍垫圈单元的从表面内，应设置合理的接触间隙并且将卡箍垫圈的网格划分更精细一些。

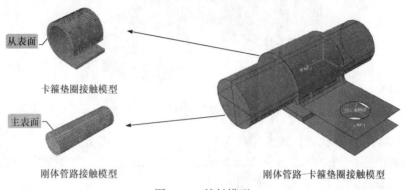

图 6.2.7　接触模型

卡箍发生 x 方向变形时边界条件起到的作用与发生 y 方向变形时有所不同，因此研究卡箍两个方向的等效刚度时需要定义不同的边界条件。卡箍由螺栓固定在金属壁板上，研究卡箍 x 方向的等效刚度时，需要对卡箍箍带下底板 y 方向的位移进行约束，约束面积与卡箍实际的工作状态相关。图 6.2.8 是卡箍 x 方向等效刚度研究中卡箍箍带底板约束有限元模型。

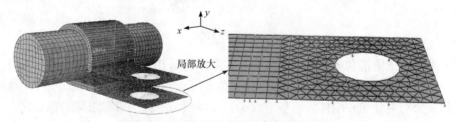

图 6.2.8　卡箍箍带底板约束有限元模型

6.2.3　卡箍的应力状态分析

振动过程中管路不同频率下的振动响应位移对卡箍形成不同方向的拖拽载荷，在卡箍上形成单向和组合应力状态。根据卡箍-管路-支撑的相对位移方向，单向应力状态包括 x、y、z 方向，此时卡箍分别承受拉-拉、剪切、弯曲载荷，如图 6.2.9 所示。卡箍的组合应力状态包括：拉弯(绕 z 向弯曲，绕 y 向弯曲)，拉剪(x 向剪切)，如图 6.2.10 所示。

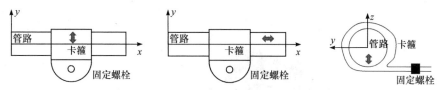

(a) 管路y向位移卡箍受到拉-拉载荷　　(b) 管路x向位移卡箍受到剪切载荷　　(c) 管路z向位移卡箍受到弯曲载荷

图 6.2.9　卡箍受到的单向载荷状态分析

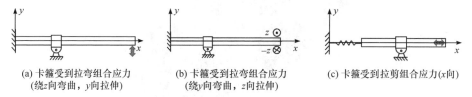

(a) 卡箍受到拉弯组合应力　　　　　(b) 卡箍受到拉弯组合应力　　　　(c) 卡箍受到拉剪组合应力(x向)
　(绕z向弯曲，y向拉伸)　　　　　　　(绕y向弯曲，z向拉伸)

图 6.2.10　卡箍受到的组合载荷状态分析

取 HB3-25LB10B 卡箍为例，在管路的参考点上施加沿 x 方向(方向定义如图 6.2.2 所示)的集中力载荷，卡箍的应力分布如图 6.2.11 所示。可以看出，受到 x 方向载荷的作用，卡箍箍带上板弯曲处(P 形卡箍的"肘窝")出现了应力集中，为卡箍箍带的易失效部位。

图 6.2.11　HB3-25LB10B 卡箍应力分布(施加 x 向载荷)

在管路的参考点上施加 y 方向的集中力载荷，卡箍的应力分布如图 6.2.12 所示。可以看出，受到 y 方向载荷的作用，卡箍箍带上板与螺栓固定部位出现应力集中，最大应力为 133MPa。若卡箍承受的位移载荷过大，该处的应力集中会更加严重，应力一旦超过了箍带材料所能承受的疲劳极限，箍带将在该位置发生疲劳断裂。

图 6.2.12　HB3-25LB10B 卡箍应力分布(施加 y 向载荷)

可以看到，卡箍受到不同方向载荷时，箍带的最大应力大小和部位均有很大差异，这也是造成卡箍不同失效模式的重要原因。例如，当箍带弯曲部位发生断裂时，其对应的主要应力状态为 x 向应力状态；当箍带在螺栓孔部位发生断裂时，其对应的主要应力状态为 y 向应力状态。垫圈的失效位置也成为判断卡箍所处载荷状态以及管路振型状态的重要依据。

6.2.4　卡箍等效刚度随管径变化规律

单点固定带垫卡箍的刚度受环境温度和卡箍尺寸的影响较大，本小节对已建立的不同管径-卡箍模型，计算卡箍在不同方向上的等效刚度，并分析管径、温度和箍带角度对卡箍等效刚度的影响。

图 6.2.13 是室温环境下卡箍等效刚度随管径变化仿真结果。从图 6.2.13(a)中可以看出，卡箍 x 方向等效刚度随管径的增大而大幅下降，当管径大于 10mm 时，下降趋势减缓。由于卡箍 y 方向的悬臂效应更加显著，卡箍 y 方向的等效刚度明显小于卡箍 x 方向的等效刚度，如图 6.2.13(b)所示，卡箍 y 方向的等效刚度值约为卡箍 x 方向等效刚度值的 1/4。这里把 P 形卡箍 x 方向等效刚度称为主刚度，y 方向等效刚度称为副刚度。

表 6.2.4 列出了室温环境中不同管径卡箍的等效刚度及刚度变化量(以 6mm 管径卡箍的等效刚度值作为比较标准)，卡箍管径从 6mm 增加到 12mm，卡箍 x 方向的等效刚度(用 K_x 表示)下降了 36.4%，卡箍 y 方向的等效刚度(用 K_y 表示)下降了 55.4%。说明不同管径相同结构形式的卡箍刚度并不一致，且对于单点 P 形卡

箍而言，若箍带、垫圈结构参数不变，随着管径的增大，卡箍等效刚度降低，在管路设计中应注意这个问题。

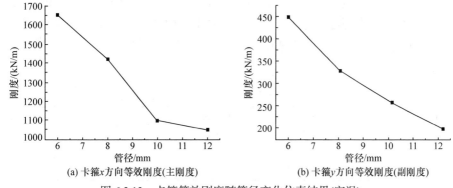

(a) 卡箍x方向等效刚度(主刚度)　　　　(b) 卡箍y方向等效刚度(副刚度)

图 6.2.13   卡箍等效刚度随管径变化仿真结果(室温)

表 6.2.4   不同管径卡箍等效刚度及刚度变化量(室温)

项目	卡箍管径尺寸/mm			
	6	8	10	12
K_x /(kN/m)	1650	1420	1100	1050
x 方向变化量/%	0	−13.9	−33.3	−36.4
K_y /(kN/m)	444	325	256	198
y 方向变化量/%	0	−26.8	−42.3	−55.4

6.2.5   温度对卡箍等效刚度的影响研究

卡箍垫圈采用黏弹性的橡胶材料，温度变化会引起橡胶材料力学性能的剧烈变化，而飞行器在不同服役环境和飞行工况中，液压系统的温度范围跨度为 −55℃～120℃，从而影响卡箍结构的刚度性能，因此有必要考虑卡箍的温度效应。卡箍温度场是依靠热传导建立的，卡箍温度场分析原理如图 6.2.14 所示，即卡

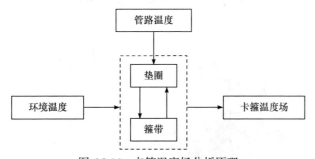

图 6.2.14   卡箍温度场分析原理

箍处于某一温度场中，忽略管路对箍带的热辐射效应，通过分析管路温度与环境温度对卡箍的耦合温度效应，得到卡箍的温度场分布。

本小节对已建立的 HB3-25LB6B、HB3-25LB8B、HB3-25LB10B、HB3-25LB12B 有限元模型进行温度场分析，计算卡箍两个方向(x 向和 y 向)的等效刚度，并分析环境温度对卡箍等效刚度的作用。箍带和垫圈材料的热分析参数列于表 6.2.5。

表 6.2.5　卡箍部件材料的热分析参数

部件	材料	密度/(kg/m³)	导热系数/[W/(m·℃)]	膨胀系数/(1/℃)	比热容/[J/(kg·℃)]
箍带	2A12	$2.7×10^3$	228.0	$2.3×10^{-5}$	880
垫圈	EP8370	$1.4×10^3$	0.25	$4.8×10^{-5}$	1700

假设液压管路的工作温度为 50℃，卡箍的环境温度为室温(22℃)，在该条件下计算箍带和垫圈的温度场，结果如图 6.2.15 所示。

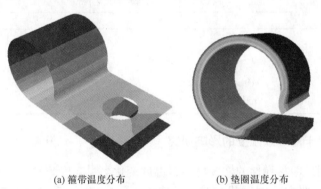

(a) 箍带温度分布　　　　　　　　(b) 垫圈温度分布

图 6.2.15　卡箍部件温度场分布图

将温度场分析结果作为卡箍刚度分析的温度边界条件，通过调整环境温度，可以计算不同温度下的卡箍等效刚度，考虑温度场变化的卡箍有限元模型如图 6.2.16 所示。

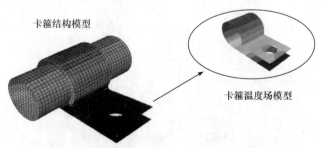

卡箍结构模型

卡箍温度场模型

图 6.2.16　考虑温度场变化的卡箍有限元模型

图 6.2.17 是不同管径卡箍 x 方向等效刚度随温度变化趋势图，可以看出随着温度的升高，卡箍的等效刚度出现明显的下降。由于在 45～80℃橡胶垫圈的力学性能随温度升高出现了明显的劣化，卡箍 x 方向的等效刚度在此温度区间显著下降，与室温下的数据相比，12mm 管径的卡箍等效刚度值下降了 25.62%。

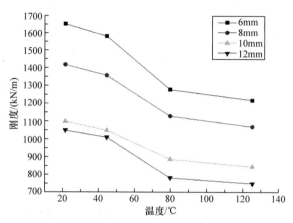

图 6.2.17　卡箍 x 方向等效刚度随温度变化趋势图

以室温(22℃)条件下的卡箍等效刚度作为比较标准，不同管径卡箍 x 方向的等效刚度随温度变化量列于表 6.2.6。从室温升高至 125℃，卡箍 x 方向等效刚度下降幅值均超过 23%，其中 12mm 管径卡箍下降幅值达到 28.67%。从总体上来看，不同管径卡箍的等效刚度随温度变化趋势具有一致性的特点，可以判断在此温度区间，卡箍 x 方向的等效刚度没有明显的尺寸效应(即不随管径尺寸发生比例变化)。

表 6.2.6　卡箍 x 方向等效刚度随温度变化量　　　　　　(单位：%)

管径	22℃	45℃	80℃	125℃
6mm	0	−4.24	−22.42	−26.06
8mm	0	−4.23	−20.42	−24.65
10mm	0	−4.55	−19.36	−23.18
12mm	0	−3.81	−25.62	−28.67

图 6.2.18 是不同管径卡箍 y 方向等效刚度随温度变化趋势图，从图中可以看出，温度升高，卡箍 y 方向的等效刚度有所下降，但是下降趋势较缓。以室温条件下的卡箍等效刚度作为比较标准，不同管径卡箍等效刚度变化量列于表 6.2.7。从室温升高至 125℃，卡箍 y 方向等效刚度下降幅值均超过 17%，12mm 管径卡箍 y 方向等效刚度下降幅值为 20.20%。因此可以判断出卡箍的悬臂效应对卡箍 y

方向等效刚度的作用较 x 方向更加突出。由于卡箍 y 方向的支撑刚度较弱，卡箍箍带在振动载荷作用下容易断裂，因此在卡箍服役过程中，应注意避免卡箍 y 方向受载。

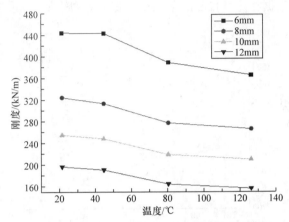

图 6.2.18　卡箍 y 方向等效刚度随温度变化趋势图

表 6.2.7　卡箍 y 方向等效刚度随温度变化量　　　　　（单位：%）

管径	22℃	45℃	80℃	125℃
6mm	0	−0.23	−12.39	−17.57
8mm	0	−3.84	−14.46	−17.85
10mm	0	−2.73	−14.06	−17.58
12mm	0	−3.03	−16.16	−20.20

6.2.6　箍带张角对卡箍等效刚度的影响

卡箍的箍带由于加工和装配的随机性，其末端的角度具有很大的随机性。图 6.2.19 为管径 12mm 的箍带侧视图。所谓末端张角是指图中箍带上侧与下侧两直线段形成的夹角，这个张角在卡箍拧紧后会产生不同预紧力。为了研究该角度对卡箍等效刚度的影响，这里取几个典型箍带张角进行对比研究，箍带张角分别为 0°、5°、10°、15°、20°。

按照前述计算流程，选取不同的箍带张角，计算得到卡箍 x 方向和 y 方向上的线刚度。图 6.2.20 为几种典型箍带张角的卡箍被拧紧后，受到 y 方向上载荷而产生的变形图，根据管路两端中心处的位移，估算卡箍的等效刚度。可以看出随着张角增大，卡箍垫圈上的应力增大。管路受其他方向上的载荷变形及计算与此类似。

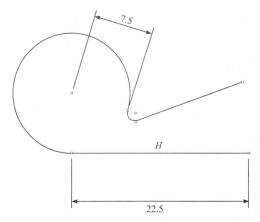

图 6.2.19　箍带侧视图(单位：mm)

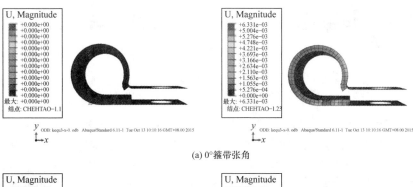

(a) 0°箍带张角

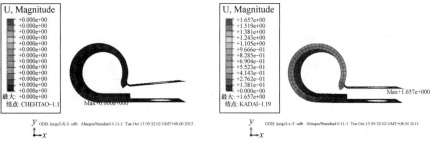

(b) 5°箍带张角

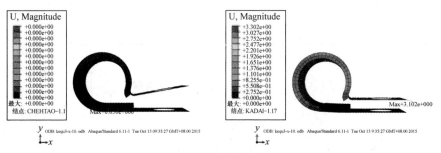

(c) 10°箍带张角

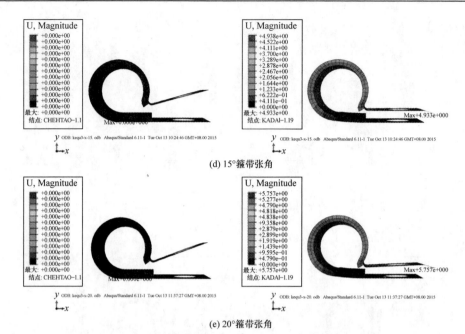

(d) 15°箍带张角

(e) 20°箍带张角

图 6.2.20　不同箍带张角时卡箍受到 y 方向上载荷的应力云图

不同箍带张角下的线刚度如表 6.2.8 所示。箍带张角在 0°～15°时，x 方向线刚度随着箍带张角的增大而增大，当箍带张角从 0°变为 15°时刚度增加 4.87%；当箍带张角大于 15°时，x 方向线刚度有所下降，下降幅度达到 1.94%。箍带张角在 0°～20°，y 方向线刚度随箍带张角增加而增大，增幅从 0°～5°的 2.45%增加到 15°～20°的 3.22%。

表 6.2.8　线刚度与箍带张角的关系

箍带张角/(°)	线刚度/(N/m)	
	x 方向	y 方向
20	2.56034e6	3.98864e5
15	2.61102e6	3.86430e5
10	2.56975e6	3.75200e5
5	2.52552e6	3.65260e5
0	2.48969e6	3.56525e5

6.3　单点 P 形卡箍的等效刚度试验研究

P 形卡箍的组成中，橡胶垫圈的性能对温度较为敏感，考虑到不同的气候条件下，飞机液压系统从冷启动到满负荷工作，其温度范围在-55～125℃。在如此宽的温度区间内，卡箍的等效刚度将发生改变，从而引起液压系统管路振动特性的变化，为飞行安全带来隐患。因此，研究航空卡箍在不同温度下的刚度特性具有十分重要的意义。

本节利用带温度环境箱的电子拉力试验机，采用试验方法分析单点 P 形卡箍在不同温度下的等效刚度，分析了温度、管径对卡箍刚度的影响[23]。

6.3.1　卡箍等效刚度试验

1. 试样及材料

参考航空标准 HB3-25-2002，采用牌号 HB3-25LB6B、HB3-25LB8B、HB3-25LB10B、HB3-25LB12B 的单点 P 形卡箍，对应的管径分别为 6、8、10、12(单位：mm)，如图 6.3.1 所示，其由箍带、垫圈、防松螺丝等几部分构成。试验中各取三件进行测试，取各组结果的均值。

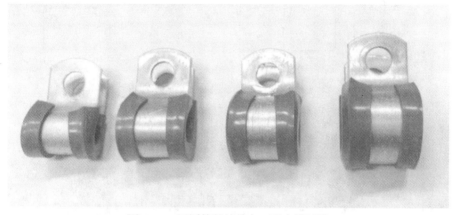

图 6.3.1　不同管径的单点 P 形卡箍试样

2. 等效刚度试验

单点 P 形卡箍刚度试验原理如图 6.3.2 所示。采用 INSTRON 5567 电子万能试验机，对卡箍试样实施单向拉伸，得到载荷-位移曲线。温度环境通过专用的温度箱控制，为了覆盖航空卡箍的典型工作温度范围，这里选择−50℃、−20℃、0℃、22℃(室温)、45℃、80℃、125℃作为试验测试温度。试验前，首先将卡箍安装在夹具上，然后将卡箍在温度箱中保温 5min 后进行拉伸试验。试验系统见图 6.3.3。

由于卡箍试样不是拉伸试验的标准件，需要根据线刚度的计算原理来制作单点 P 形卡箍刚度试验专用夹持装置，该夹具的作用是模拟卡箍的实际装配状态，保证卡箍与夹具受载时自动对中的要求，如图 6.3.4 所示。试验重点研究单点 P 形卡箍自身的结构刚度，为了保证测量精度，必须严格控制夹具和管路的形变，因此，选用具有较高刚度的钢材料制作，同时，采用与卡箍管径相等的实心不锈钢圆棒代替航空液压管路，与单点 P 形卡箍结构形变相比，夹具和圆棒的变形可以忽略不计。

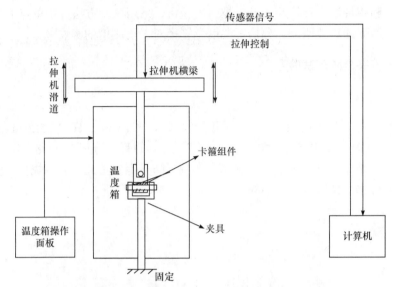

图 6.3.2　单点 P 形卡箍刚度试验原理图

图 6.3.3　单点 P 形卡箍等效刚度测试试验系统

图 6.3.5 是试验测试得到的一条拉伸曲线，可以看到曲线分为两个阶段，分别是线性段(Ⅰ区)和弯曲段(Ⅱ区)。在较低的载荷水平下，在Ⅰ阶段载荷-位移曲线是线性变化的。当载荷超过了 450N，卡箍垫圈与管路间摩擦力达到临界后，出现相对滑动现象，因此在Ⅱ阶段载荷-位移曲线是非线性变化的，该段数据不作为等

效刚度计算。

图 6.3.4　拉伸自动对中试验夹具

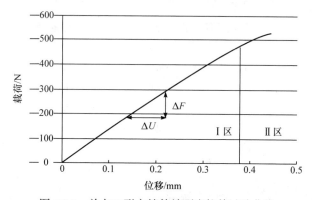

图 6.3.5　单点 P 形卡箍等效刚度拉伸试验曲线

6.3.2　管径对卡箍等效刚度影响的试验分析

　　试验测试了不同管径单点 P 形卡箍的等效刚度，室温下(22℃)的结果如图 6.3.6 所示。可以看到，不同管径下单点 P 形卡箍 y 方向的等效刚度约为 x 方向等效刚度的 1/4，是因为其 x 方向的悬臂效应更加显著，与仿真结果一致。因此，将 y 向称为主刚度方向，x 向称为副刚度方向。在卡箍安装过程中，应根据激励的方向、管路的振型和对应的频率、x 和 y 方向的刚度特点，调整卡箍的安装方向，实现管路的调频和抑振。

　　表 6.3.1 列出了室温环境中不同管径单点 P 形卡箍的等效刚度变化量。若以 6mm 管径卡箍室温下的等效刚度值作为比较标准，当卡箍管径从 6mm 增加到 12mm，卡箍 x 方向等效刚度下降了 33.6%，卡箍 y 方向等效刚度下降了 49.6%。可见，管径对该卡箍的等效刚度影响显著，卡箍等效刚度随着管径的增大呈现降低的趋势。这主要是由于卡箍管径增大时，卡箍尺寸增大，其等效的悬臂结构增加，结构更容易发生形变。

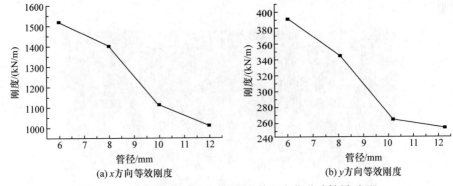

(a) x 方向等效刚度　　　　　　　　　　(b) y 方向等效刚度

图 6.3.6　单点 P 形卡箍等效刚度随管径变化试验结果(室温)

表 6.3.1　不同管径单点 P 形卡箍等效刚度变化量(室温)

项目	卡箍管径尺寸			
	6mm	8mm	10mm	12mm
K_x /(kN/m)	1520	1400	1110	1010
x 方向变化量/%	0	−7.9	−26.9	−33.6
K_y /(kN/m)	391	344	265	197
y 方向变化量/%	0	−12.2	−32.2	−49.6

6.3.3　温度对卡箍等效刚度影响的试验分析

图 6.3.7 是单点 P 形卡箍 x 方向等效刚度随温度变化趋势图。从总体上来看，不同尺寸卡箍 x 方向等效刚度随温度变化的趋势大致相同。图中曲线可以分为三个温度区间来分析：低温段(−50~0℃)，由于卡箍垫圈在低温环境中类似玻璃态，垫圈弹性低、硬度大，低温环境中卡箍刚度较高。中温段(0~45℃)，当温度升至

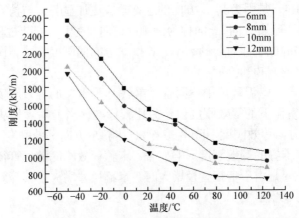

图 6.3.7　单点 P 形卡箍 x 方向等效刚度随温度变化趋势图

室温后，垫圈逐渐恢复其超弹特性，因此卡箍 x 方向等效刚度出现快速下降。高温段(>45℃)，温度升高至 80℃过程中，橡胶垫圈逐渐软化，卡箍的承载性能也因温度升高而变弱，卡箍 x 方向等效刚度继续减小；当温度高于 120℃时，因接近熔化温度，垫圈失效，因此，该型卡箍不能在高温区使用。以室温下的等效刚度值作为比较标准，将等效刚度变化值列于表 6.3.2。

表 6.3.2　单点 P 形卡箍 x 方向等效刚度随温度变化量　　(单位：%)

管径	−50℃	−20℃	0℃	22℃	45℃	80℃	125℃
6mm	+68.4	+38.8	+14.1	0	−8.5	−26.3	−32.9
8mm	+70.0	+34.3	+11.4	0	−4.3	−31.5	−34.7
10mm	+81.8	+44.1	+18.9	0	−4.5	−20.1	−24.9
12mm	+92.1	+32.7	+15.8	0	−12.3	−27.5	−29.9

不同管径的单点 P 形卡箍 y 方向等效刚度随温度的变化趋势如图 6.3.8 所示。总体上看，卡箍 y 方向等效刚度变化经历了迅速下降(低温至中温段)和平稳下降(中温和高温段)两个阶段。而且卡箍尺寸越大，卡箍 y 方向等效刚度下降比例越大，若以室温下试验测定的等效刚度值作为比较标准，不同管径卡箍等效刚度随温度变化量列于表 6.3.3。其中，从−50℃升高到室温的过程中，管径为 6mm 的卡箍等效刚度值下降了 19.6%，管径为 12mm 的卡箍等效刚度值下降了 93.4%，温度高于 80℃后，卡箍橡胶垫圈几乎熔化，导致卡箍夹紧力大大降低，卡箍出现相对滑动现象，可认为卡箍失效。

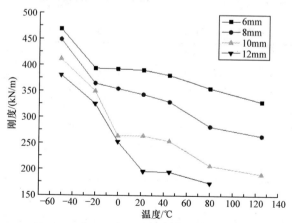

图 6.3.8　单点 P 形卡箍 y 方向等效刚度随温度变化趋势图

表 6.3.3　单点 P 形卡箍 y 方向等效刚度随温度变化量　　　（单位：%）

管径	−50℃	−20℃	0℃	22℃	45℃	80℃	125℃
6mm	+19.6	+0.8	+0.5	0	−2.6	−8.9	−15.6
8mm	+30.5	+6.1	+3.2	0	−4.1	−17.7	−22.9
10mm	+55.5	+32.1	0	0	−3.8	−21.5	−27.5
12mm	+93.4	+65.5	+28.9	0	−5	−11.2	—

6.3.4　试验值与仿真值的对比

将单点 P 形卡箍 x 方向等效刚度仿真计算值与试验值进行对比，数据列于表 6.3.4，单点 P 形卡箍 y 方向等效刚度对比数据列于表 6.3.5。可以看到，仿真计算值与试验值在不同管径和温度下吻合良好，所建立的考虑温度场变化的卡箍有限元接触模型精度可以达到约 85%。因此，本节提出的建模方法和结论，可为航空液压管路系统卡箍支撑刚度初始设计提供参考。

表 6.3.4　仿真计算值与试验值对比(x 方向)

管径/mm	22℃			45℃			80℃			125℃		
	试验值/(kN/m)	计算值/(kN/m)	误差/%	试验值/(kN/m)	计算值/(kN/m)	误差/%	试验值/(kN/m)	计算值/(kN/m)	误差/%	试验值/(kN/m)	计算值/(kN/m)	误差/%
6	1520	1650	8.55	1390	1580	13.67	1190	1280	7.56	1060	1220	15.09
8	1400	1420	1.43	1340	1360	1.49	979	1130	15.42	931	1070	14.93
10	1110	1100	0.90	1060	1050	0.94	887	887	0.00	834	845	1.32
12	1010	1050	3.96	886	1010	14.00	732	781	6.69	708	749	5.79

表 6.3.5　仿真计算值与试验值对比(y 方向)

管径/mm	22℃			45℃			80℃			125℃		
	试验值/(kN/m)	计算值/(kN/m)	误差/%	试验值/(kN/m)	计算值/(kN/m)	误差/%	试验值/(kN/m)	计算值/(kN/m)	误差/%	试验值/(kN/m)	计算值/(kN/m)	误差/%
6	391	444	13.55	385	443	15.06	356	389	9.27	330	366	10.91
8	344	325	5.52	330	314	4.85	283	278	1.77	265	267	0.75
10	265	256	3.40	255	249	2.35	208	220	5.77	192	211	9.90
12	197	198	0.51	196	192	2.04	175	166	5.14	—	158	—

6.4　单点 P 形卡箍的振动疲劳试验研究

油液的压力脉动、液压冲击和整机振动引起的飞行器液压管路振动，使得卡箍承受交变的载荷条件，卡箍在服役过程中经常出现断裂的情况。新一代高压、高速流体液压管路系统的工况更加严峻，不仅要保证管路的安全，还要保证卡箍的正常工作，因此要严格控制管路和卡箍的应力水平，而国内关于卡箍在服役过程中振动疲劳断裂失效的研究很少，缺乏典型应力水平下卡箍振动疲劳寿命的试验数据。本章参考 HB 6167.6—2014《民用飞机机载设备环境条件和试验方法　第 6 部分：振动试验》，研究卡箍在典型振动载荷下的振动疲劳极限，为新一代飞机液压管路系统的动应力控制设计提供有效的试验数据。

6.4.1　振动疲劳试样

本小节研究卡箍在振动载荷下的疲劳极限。试样为单点固定带垫卡箍，如前文所述，卡箍由箍带、垫圈、拧紧螺栓组成。牌号 HB3-25LB10B 的卡箍 15 个，其管径为 $\Phi 10$(单位：mm)，卡箍各部件尺寸和标号见表 6.4.1，卡箍各部件(包含管路)材料参数同前。

表 6.4.1　卡箍各部件尺寸及标号

D/mm	L/mm	卡带	衬套	搭铁垫片
10	14.25	1HB-3-25LB11.5	HB3-29-1X36	HB3-28-70
		1HB-3-25LB11.5YZ	HB3-29-1X36B	——

6.4.2　试验原理及方法

卡箍为非标结构，其振动疲劳寿命测试需参考标准试样疲劳极限测定的方法和流程，制作专用支撑和固定用的支架，振动疲劳的加载采用激振器实施。为了便于激振器加载，在支架上固定一个 U 形槽钢横梁，将固定卡箍的夹头安装在该横梁上，卡箍夹具采用与等效刚度试验中相同的夹具。用计算机控制激振器实施加载，激振器的顶杆对卡箍在主刚度方向(x 方向)上实施振动拉-压疲劳载荷，拉-压载荷的应力比 $R=1$，振动频率为 100Hz。卡箍振动疲劳试验装置如图 6.4.1 所示，主要测试设备包括激振器(ESD-100)、Amber 控制仪、功率放大器(SPA2000)、加速度传感器、高清摄像头等。

图 6.4.2 为振动疲劳试验中卡箍的装配方式和视频监视装置。每个阶段振动开始时开启视频录像，对卡箍出现裂纹或断裂的时间进行记录，方便计算卡箍振动疲劳失效时的振动循环次数。录像与激振器同步开启，时间误差小于 0.5s，振动循环次数误差不超过±50 次。

试验流程如图 6.4.3 所示，详细过程论述如下。

(1) 采用疲劳试验中的常规方法"升降法"对卡箍振动疲劳强度极限进行测

定, 应力级差取 5%。

图 6.4.1　卡箍振动疲劳试验装置

(a) 卡箍装配方式

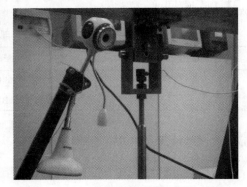

(b) 视频监视装置

图 6.4.2　卡箍装配方式和视频监视装置

(2) 采用正弦定频激振的方式对卡箍进行加载, 激振频率为 100Hz, 应力比 $R=-1$。

(3) 由于卡箍结构的特殊性, 无法对其进行贴片测量, 因此在 ABAQUS 中对卡箍进行结构受力分析, 计算不同加载位移水平下箍带弯曲处的结构应力, 将此应力作为卡箍的疲劳应力。

(4) 定义振动疲劳极限的循环基数 N_0, 在 N_0 次循环基数下的疲劳强度, 记做疲劳强度极限 S_{-1}。

(5) 以 $N_0=10^7$ 次作为卡箍疲劳载荷循环基数, 试验过程中试件任何部位出现裂纹或振动循环次数 N 超过 N_0 时停止试验。

(6) 试验在室温下进行。

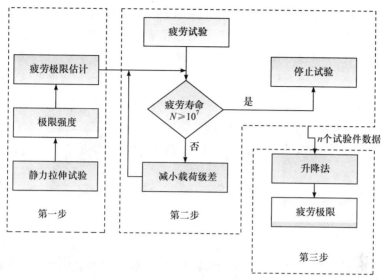

图 6.4.3　疲劳试验流程图

6.4.3　预试验

为了确定卡箍的载荷水平，首先根据材料的疲劳极限，结合有限元分析进行试算。通过查表，箍带铝合金在应力比 $R=-1$ 时的疲劳极限 $S_{-1}=136$ MPa，有限元试算结果表明，牌号 HB3-25LB10B 的带垫卡箍相应的位移量为 $u_0=0.2188$ mm 时，在箍带肘窝部位产生的应力水平约为 136MPa，如图 6.4.4 所示。

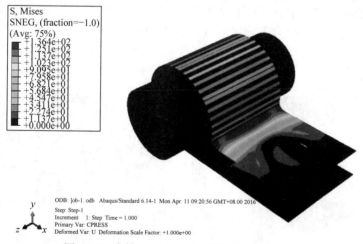

图 6.4.4　卡箍(HB3-25LB10B)的载荷水平分析

采用升降法进行试验时先进行预试验，在略高于疲劳极限估算值的应力下进行，即预试验应力取 $\sigma_1 = 142.8\text{MPa}$ 和 $\sigma_2 = 149.9\text{MPa}$，相应的位移载荷分别为 $u_1=$ 0.2297mm 和 $u_2=$0.2412mm。由于激振器难以精确记录振动循环次数，试验采用摄像头录像的方法，通过查看卡箍的断裂时刻，确定疲劳总时间，再根据振动频率确定振动循环次数。图 6.4.5 为预试验过程中卡箍断裂图像和对应的疲劳次数。

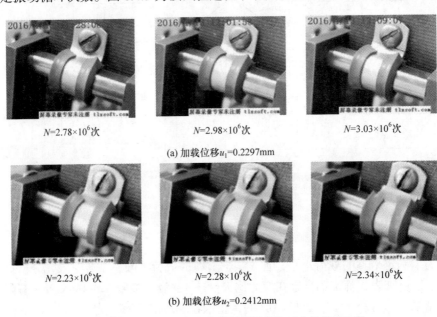

$N=2.78\times10^6$次　　　　　$N=2.98\times10^6$次　　　　　$N=3.03\times10^6$次

(a) 加载位移u_1=0.2297mm

$N=2.23\times10^6$次　　　　　$N=2.28\times10^6$次　　　　　$N=2.34\times10^6$次

(b) 加载位移u_2=0.2412mm

图 6.4.5　预试验过程中卡箍断裂图像和对应的疲劳次数

取下断裂后的卡箍，断口主要在单点 P 形卡箍的肘窝部位，有限元分析结果 (图 6.4.4)表明，该部位为卡箍在主刚度方向受载时的高应力区。断口平整，录像结果显示，裂纹是从卡箍肘窝的边缘形成，逐步向中部扩展，进而形成贯穿性断裂，如图 6.4.6 所示。从预试验的结果来看，激振器通过位移控制方式施加 $u_2=$

图 6.4.6　卡箍振动疲劳断口位置和宏观形貌

0.2412mm 振幅时，寿命约为 2.3×10^6 次；施加 $u_1 = 0.2297$mm 振幅时，寿命约为 3×10^6 次。符合有限元试算和应力水平对寿命的预期估计，可以进一步实施正式试验。

6.4.4　单点 P 形卡箍的疲劳极限

参考卡箍安装标准安装单点 P 形卡箍，并在振动控制软件中设置振动参数。将试验分解为五个阶段，每个阶段振动循环次数 $N_0(i) = 2 \times 10^6$ 次($i = 1, 2, 3, 4, 5$)，各级应力水平列于表 6.4.2。

表 6.4.2　各级应力水平列表　　　　　　(单位：MPa)

σ_0	σ_1	σ_2	σ_3
142	134.9	128.2	121.7

用升降法对 15 个卡箍试样进行振动疲劳试验，先从较高的应力水平开始试验，若卡箍在 10^7 次振动循环基数内断裂，下一个试件的振动应力降低一个级差，若在此振动循环基数内卡箍没有发生断裂，下一个试件振动应力提高一个级差。采用升降法得到卡箍极限应力水平升降曲线。

根据升降法数据处理的要求，出现第一个相反结果之前的数据应当舍弃，因此试验的第一个数据点应舍弃。第一次出现相反结果的点 2 和点 3 进行配对，得到的应力平均值$(\sigma_2 + \sigma_3)/2$ 就是一个常规法疲劳极限值，这样的数据点称为有效数据点。同样点 4 和点 5 的应力平均值$(\sigma_4 + \sigma_5)/2$ 也是一个常规法疲劳极限值，以后出现的相反结果数据点的平均应力值都是常规法疲劳极限值。对配对法得到的疲劳计算值进行统计分析，得到疲劳极限的平均值和标准差。平均值σ_{-1} 和标准差 $S_{\sigma_{-1}}$ 的计算公式为

$$\sigma_{-1} = \frac{1}{k} \sum_{i=1}^{k} \sigma_i \tag{6.4.1}$$

$$S_{\sigma_{-1}} = \sqrt{\frac{\sum_{i=1}^{k} \sigma_i^2 - \frac{1}{k}\left(\sum_{i=1}^{k} \sigma_i\right)^2}{k-1}} \tag{6.4.2}$$

式中，k 为配成的对数；σ_i 为用配对法得出的第 i 对疲劳极限值。依据振动试验标准，将通过升降法对卡箍进行振动疲劳试验的测试结果代入得到：在 10^7 次振动循环基数下，卡箍的疲劳极限为 129.4MPa。

需要指出的是，卡箍的疲劳极限与卡箍结构本身的受力状态密切相关，而卡箍实际的受力状态又与装配状态、管路的振动形态等直接相关。当管路发生均匀

横向振动时，卡箍承受的是拉-压应力；当管路发生不均匀的横向振动时，伴有角位移，卡箍的受力状态变为扭转应力状态。当然，根据卡箍的装配状态，还可能发生绕拧紧螺栓的扭转振动，此时易发生卡箍的松动。因为后两种振动疲劳状态与管路的具体振型相关，详见第 10 章 10.3 节的卡箍断裂故障分析。根据卡箍的理想约束状态，即主刚度方向，拉-拉应力状态是其理想的应力状态，因此，本节的疲劳极限结果对工程卡箍的应力、卡箍的振幅控制具有很强的指导意义。

6.5　金属悬臂卡箍的等效刚度仿真分析方法

6.5.1　金属悬臂卡箍结构

金属悬臂卡箍是另一种卡箍形式，与单点 P 形卡箍不同，是用金属块(基于重量要求，一般为铝合金材料)代替薄片箍带，如图 6.5.1(a)所示，因此，卡箍的刚度和强度更高，耐高温性能强，适用于靠近发动机高振区部位的液压管路的固定。卡箍的金属块结构形式包括单孔、双孔和多孔，一般而言，双孔、多孔用于连接多根管线，主要起区分多路管线、裹束、防干涉的作用。单孔金属卡箍是将单管约束在机体结构上，约束作用更强，由于被约束管路的振动水平可能更高，其结构形式相当于一个伸出的悬臂，因此也称为单点悬臂卡箍，是飞行器结构固定管路的重要卡箍类型。本小节通过仿真计算研究单点悬臂卡箍的等效刚度特性，从而为管路系统动力学建模及减振降噪设计提供数据依据和建议。

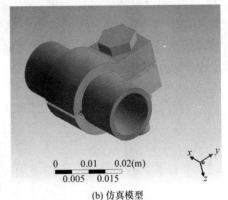

(a) 实物图　　　　　　　　　　　(b) 仿真模型

图 6.5.1　金属悬臂卡箍

金属悬臂卡箍参考 HB3-25-2002 标准。金属悬臂卡箍结构包含垫圈、箍带两部分，根据卡箍安装位置和用途，垫圈材料一般采用乙丙橡胶、硅橡胶、丁腈橡胶及新型卡箍采用的丁腈-氯丁橡胶混合物，箍带一般采用合金钢、铝合金材料。本节中金属悬臂卡箍为单孔卡箍，卡箍两个金属块采用 2A70 铝合金，垫圈材料为 SFB-2 氟塑料，管路材料为不锈钢材料，卡箍的两个金属块采用 M6 高强度螺栓进行连接。卡箍仿真模型如图 6.5.1(b)所示。卡箍各部件材料的性能参数如表 6.5.1 所示。

表 6.5.1　各部件材料性能参数

管路(1Cr18Ni9Ti)		箍带(2A70)			垫圈(SFB-2 氟塑料)	
弹性模量/GPa	泊松比	弹性模量/GPa	泊松比	密度/(kg/m³)	弹性模量/GPa	密度/(kg/m³)
210	0.25	71	0.33	2.8	11	1.4

金属悬臂卡箍建模中，需要将多个部件装配在一起，因此，接触设置是该模型的重点。如图 6.5.2 所示，金属悬臂卡箍根据实际连接状况分为六个接触对：①垫圈与下卡箍带接触；②垫圈与上卡箍带接触；③垫圈与管路外壁接触；④螺栓与上箍带接触；⑤螺栓与螺母接触；⑥螺母与下箍带接触。其中，垫圈与管路外壁接触为摩擦约束，摩擦系数设置为 0.1。其余接触均为绑定约束。

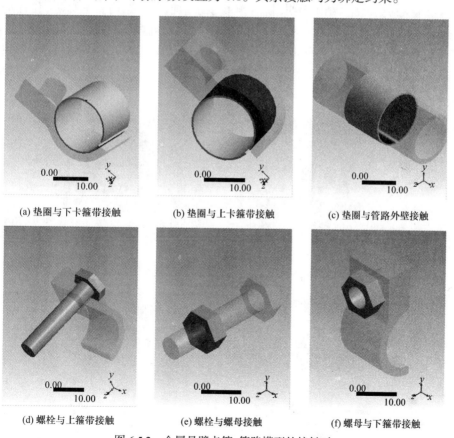

(a) 垫圈与下卡箍带接触　　(b) 垫圈与上卡箍带接触　　(c) 垫圈与管路外壁接触

(d) 螺栓与上箍带接触　　(e) 螺栓与螺母接触　　(f) 螺母与下箍带接触

图 6.5.2　金属悬臂卡箍–管路模型的接触对

型号飞机卡箍结构采用 M6 高强度螺栓，强度等级为 8.8 级，相应的屈服极限为 640MPa，最大预紧力为 8836N。卡箍材料采用 2A70 铝合金，抗拉强度为 355MPa，屈服强度为 275MPa。出于安全使用的考虑，最大应力不能超过结构最小承载应力 275MPa 的 90%，即约 248MPa。依据上述数据，合理设置施加在管路上集中力和螺栓的预紧力，由于与力垂直方向上的形变为次要并且位移幅值远小于与力作用方向相同位置的位移，故本小节重点考察加载方向上卡箍的形变位移。在实际使用过程中，卡箍基本处于小变形范围内，卡箍结构可认为是弹性变形体，因此分析卡箍等效刚度时不考虑卡箍的塑性变形。

6.5.2 金属悬臂卡箍的等效线刚度

在管路内壁上沿坐标系 z 轴正向作用一个大小为 150N 的集中力，改变螺栓预紧力大小，考察相应方向上管路轴线位移的情况和金属悬臂卡箍应力大小。图 6.5.3 和图 6.6.4 分别为螺栓预紧力为 300N 和 4500N 时管轴线位移与金属悬臂卡箍最大应力情况。结果表明，随着预紧力的增加，卡箍结构上最大应力位置发生了转移。随着螺栓预紧力的增加(约增至 1180N)，卡箍的最大应力位置发生了转移，即从箍带弯弧处转移到卡箍与螺栓连接孔内部(图 6.5.3(b)和图 6.5.4(b)对比)。可以得出结论，螺栓开始对卡箍结构产生较大的影响，应合理控制卡箍拧紧力矩的范围。

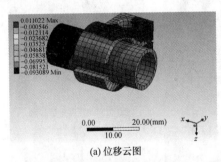
(a) 位移云图

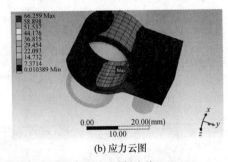
(b) 应力云图

图 6.5.3　金属悬臂卡箍在 z 向力作用下的位移及最大应力(预紧力为 300N)

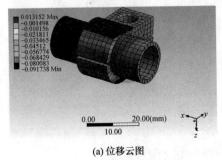
(a) 位移云图

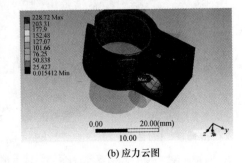
(b) 应力云图

图 6.5.4　金属悬臂卡箍在 z 向力作用下的位移及最大应力(预紧力为 4500N)

　　在管路内壁上沿 y 方向作用一个 300N 的集中力，改变螺栓预紧力，考察相应方向上管路轴线位移的情况和卡箍应力大小，管轴线位移与金属悬臂卡箍最大应力如图 6.5.5 所示。

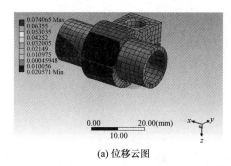
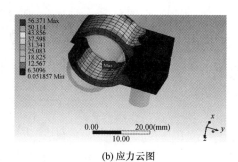

(a) 位移云图　　　　　　　　　　　　　　　　(b) 应力云图

图 6.5.5　金属悬臂卡箍在 y 向力作用下的位移及最大应力(预紧力为 300N)

　　图 6.5.6 显示了金属悬臂卡箍在 y 方向和 z 方向的刚度(x 方向为管路的轴向)，可以看到，卡箍在这两个方向的刚度也不一样。统计表明，卡箍 y 向的刚度约为 z 向刚度的 70%。因此，对于这类卡箍而言，z 向为主刚度方向。

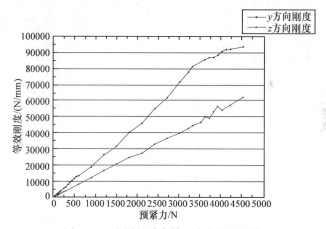

图 6.5.6　金属悬臂卡箍两个方向的刚度

6.5.3　金属悬臂卡箍的等效扭转刚度

1. xoy 面内的扭转刚度

　　根据工程实际状况,金属悬臂卡箍两侧管路的振动形态并不一致或者反向时，卡箍的受力状态是 xoy 平面内的扭转。因此，还需研究这类卡箍的扭转刚度，即扭转角刚度。所谓角刚度是指在弯矩作用下的转角关系，如图 6.5.7 所示，在管路内壁上施加一个平行于 xoy 平面、逆时针方向、大小为 $M_1=5\text{N}\cdot\text{m}$ 的力矩，并将与螺母接触的卡箍下表面设置为支撑面固定约束，以此模型来分析卡箍在振动过程中扭转下的角位移。

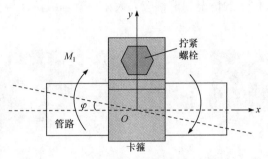

图 6.5.7　金属悬臂卡箍力矩与约束施加(xoy 平面)

通过改变螺栓预紧力的大小来考察管路轴线两端的位移情况，进而确定出卡箍在扭转变形中最大扭转角 φ，通过计算得到相应的等效扭转刚度如表 6.5.2 所示。螺栓预紧力越大，卡箍的 xoy 平面抗扭转刚度越大。当存在螺栓预紧力时，卡箍受相同扭矩作用下的管路位移以及最大应力见图 6.5.8。

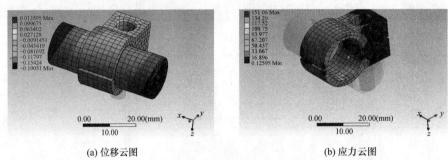

(a) 位移云图　　　　　　　　　　　　　(b) 应力云图

图 6.5.8　金属悬臂卡箍在 xoy 平面扭矩作用下的位移及最大应力(预紧力为 300N)

表 6.5.2　不同预紧力作用下金属悬臂卡箍的等效扭转刚度(xoy 平面)

预紧力 F/N	管左端面位移/mm	管右端面位移/mm	扭转角度 φ/rad	扭转刚度 K_φ/(N/rad)	最大应力/MPa
130	0.58931	−0.77688	0.032516868	3997.925022	160.28
300	0.55006	−0.74169	0.03074626	9757.284226	164.13
500	0.52474	−0.721	0.029651783	16862.39244	168.51
900	0.48528	−0.69934	0.028197762	31917.42637	182.91
1200	0.4852	−0.71718	0.028620278	41928.31362	203.32
1600	0.37315	−0.6329	0.023948992	66808.65818	232.66
2000	0.3515	−0.64701	0.02376957	84141.19374	271.96
2500	0.32487	−0.66001	0.023445227	106631.5114	321.22
3000	0.29399	−0.68448	0.023292691	128795.7648	375.31

2. xoz 面内的扭转刚度

根据工程实际状况，在管路内壁上施加一个平行于 xoz 平面、顺时针方向、大小为 $M_2=5\mathrm{N}\cdot\mathrm{m}$ 的力矩，并将与螺母接触的金属悬臂卡箍下表面设置为支撑面固定约束，如图 6.5.9 所示，以此来模拟卡箍在振动过程中 xoz 面内的扭转位移。

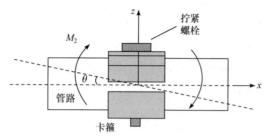

图 6.5.9 金属悬臂卡箍力矩与约束施加(xoz 平面)

通过改变螺栓预紧力的大小，来考察管路轴线两端的角位移情况，进而确定出卡箍在扭转运动中的最大扭转角 θ，通过计算得到相应的等效扭转刚度如表 6.5.3 所示，受扭矩作用的管路位移以及最大应力如图 6.5.10 所示。

表 6.5.3 不同预紧力作用下金属悬臂卡箍的等效扭转刚度(xoz 平面)

预紧力/N	管左端面位移/mm	管右端面位移/mm	扭转角度 θ/rad	扭转刚度 K_θ/(N/rad)	最大应力/MPa
130	−0.91204	0.68913	0.038104642	3411.657794	194.1
300	−0.81387	0.61648	0.034042795	8812.437297	195.59
500	−0.62837	0.51757	0.027277518	18330.11326	203.87
800	−0.47649	0.50051	0.02325771	34397.19511	209.66
900	−0.4248	0.39916	0.019615579	45881.89822	211.68
1200	−0.34371	0.45553	0.019027227	63067.51799	223.94
1600	−0.2233	0.28934	0.012205108	131092.6518	231.62
2000	−0.24106	0.20019	0.010505566	190375.2757	249.78
2400	−0.23058	0.17787	0.009724693	246794.4122	357.1
3000	−0.18846	0.19386	0.009102606	329575.9576	430.79

6.5.4 金属悬臂卡箍等效刚度与预紧力之间的关系

为了便于工程应用，这里建立金属悬臂卡箍的刚度模型。采用对仿真数据拟合的方法，卡箍在 y 向的等效刚度随螺栓预紧力的变化趋势如图 6.5.11 所示。根据曲线的趋势,采用合理而简单的数学函数来拟合等效刚度与预紧力之间的关系。

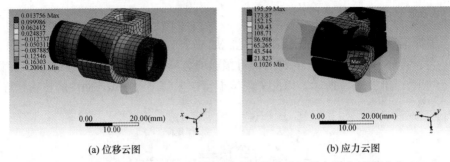

(a) 位移云图　　　　　　　　　　　(b) 应力云图

图 6.5.10　金属悬臂卡箍在 *xoz* 平面扭矩作用下的位移及最大应力(预紧力为 300N)

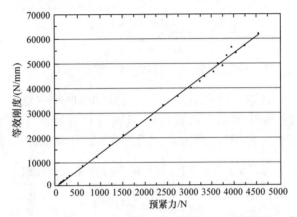

图 6.5.11　金属悬臂卡箍等效刚度随预紧力变化趋势图(*y* 向)

对图 6.5.11 数据进行拟合,卡箍 *y* 向等效刚度 K_y(单位: N/mm)与预紧力 *F*(单位: N)的拟合关系可以用线性模型描述为

$$K_y = f_1(F) = 13.74F - 220.8 \tag{6.5.1}$$

如图 6.5.12 所示,当螺栓预紧力大于 3600N 后,等效刚度发生变化,卡箍 *z* 向等效刚度 K_z(单位: N/mm)与预紧力 *F*(单位: N)的关系可用分段函数来表示:

$$K_z = f_2(F) = \begin{cases} 22.84F - 922, & 0 \leqslant F \leqslant 3600 \\ 9.5F + 51953, & 3600 < F \leqslant 4500 \end{cases} \tag{6.5.2}$$

如图 6.5.13 所示,金属悬臂卡箍 *xoy* 平面内的等效扭转刚度 K_φ(单位: N/rad)与预紧力 *F*(单位: N)的关系可用一个线性函数来表示:

$$K_\varphi = f_3(F) = 44.94F - 6706 \tag{6.5.3}$$

如图 6.5.14 所示,金属悬臂卡箍 *xoz* 平面内的等效弯曲刚度 K_θ(单位: N/rad)与预紧力 *F*(单位: N)的关系可用一个分段线性函数来表示(当预紧力约为 1200N 时弯曲刚度有所提升):

$$K_\theta = f_4(F) = \begin{cases} 54.35F - 5733, & 0 \leqslant F \leqslant 1200 \\ 144.13F - 99690, & 1200 < F \leqslant 4500 \end{cases} \quad (6.5.4)$$

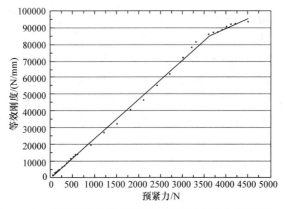

图 6.5.12　金属悬臂卡箍等效刚度随预紧力变化趋势图(z 向)

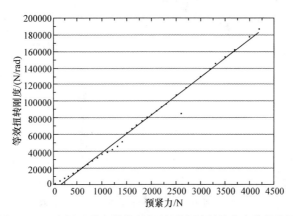

图 6.5.13　金属悬臂卡箍等效扭转刚度随预紧力变化趋势图

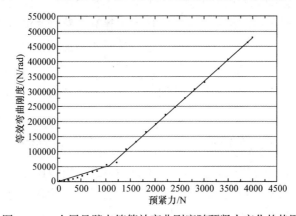

图 6.5.14　金属悬臂卡箍等效弯曲刚度随预紧力变化趋势图

6.5.5 卡箍安装方式对管路固有频率的影响

1. 金属悬臂卡箍的两种安装方式

对于同一管路而言, 金属悬臂卡箍可以有两种安装方式, 为了便于定量分析, 研究对象为一高 200mm, 长 400mm 的发动机 L 形管路, 其外径为 8mm, 内径为 7mm, 壁厚为 1mm, 弯曲半径为 50mm, 两端固定, 距其管路水平方向 200mm 处有一卡箍约束。卡箍分水平方向和竖直方向两种不同的方式与 L 形管路组装, 首先在草图设计模块中进行零件设计, 然后在管路模块中设计管路, 最后进行组装, 得到模型如图 6.5.15(a)和(b)所示。这两种安装方式会造成卡箍在两个约束方向上的刚度具有差异。定义卡箍材料的密度为 2750kg/m³(铝合金), 弹性模量为 70GPa, 泊松比为 0.3。施加约束将螺栓固定, 选用 C3D8R 网格单元(8 节点六面体线性缩减积分单元)。

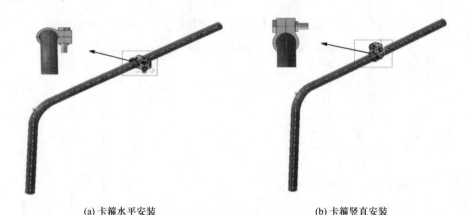

(a) 卡箍水平安装   (b) 卡箍竖直安装

图 6.5.15　金属悬臂卡箍与管路的两种安装方式

金属悬臂卡箍细节的接触包括三个方面: 卡箍金属块之间的接触、卡箍与垫圈的接触、螺栓与卡箍的接触。另外, 假设卡箍和管路之间没有相对运动, 定义固连粘接约束。设置预紧力, 通过设置过盈接触来施加预紧力, 选择螺帽的下底面和卡箍的上表面, 设置过盈接触, 施加预紧力。管路两端边界和卡箍底部施加固定约束, 约束其 x、y、z 三个方向的自由度。完成管路-卡箍有限元结构的建模。

2. 金属悬臂卡箍两种安装方式对管路结构模态特性的影响

这里通过模态分析来研究金属悬臂卡箍与管路的组装位置不同对管路振动带来的影响。金属悬臂卡箍在竖直和水平两种安装方式下管路的前五阶固有频率和振型列于表 6.5.4。

表 6.5.4　不同金属悬臂卡箍安装方式下管路的模态特性

阶数	金属悬臂卡箍水平安装	金属悬臂卡箍垂直安装
一阶	面外振动/281Hz	面外振动/291Hz
二阶	面内振动/595Hz	面内振动/691Hz
三阶	面外振动/981Hz	面外振动/1045Hz
四阶	面内振动/1567Hz	面外振动/1536Hz

阶数	金属悬臂卡箍水平安装	金属悬臂卡箍垂直安装
五阶	面外振动/1638Hz	面外振动/1581Hz

分析结果表明:

(1) L 形管构成了一个平面, 一阶振型为面外振型, 二阶振型为面内振型, 说明管线的面外刚度较弱, 易发生面外横向振动。后续各阶振型在面外、面内交替发生。

(2) 金属悬臂卡箍的出现, 对管路的振型有重要影响。改变了原有管路的振型, 形成了卡箍两侧的振动形态差异, 也是导致卡箍不同应力状态(拉-拉、拉-扭、弯曲等)的根本原因。

(3) 采用金属悬臂卡箍水平安装方式时, 第二阶的固有频率为 595Hz, 在发动机液压泵的 100%开车状态频率范围内, 易引起共振, 因此该安装方式不合理。

(4) 在不同的安装方式下, 管路的面内刚度和面外刚度不同, 当金属悬臂卡箍水平与管路装配时, 增大了管路-卡箍模型的面外刚度, 因此卡箍起到了抑制管路面外振动的作用。

3. 金属悬臂卡箍螺栓拧紧力矩分析

已有研究表明, 对于一般航空结构中用到的螺栓, 预紧力应是其屈服载荷的一半左右, 最多不超过 70%, 但由于航空结构会受到飞机动载荷的作用, 应适当调低螺栓预紧力, 选择在其屈服载荷的 35%左右最为合适。航空结构螺栓预紧力计算公式为

$$F = K\sigma_s A \tag{6.5.5}$$

式中, F 为预紧力; K 为比例系数(一般取 0.35~0.7); σ_s 为材料的屈服强度; A 为螺栓的截面面积。本章中螺栓的材料为低碳钢, 其屈服强度为 207MPa, 螺栓截面半径为 3mm, 比例系数取 0.7, 可求得螺栓最大预紧力为 4000N。

实际工作中通常将预紧力公式进行转换, 得到拧紧力矩的计算公式, 从而通

过控制拧紧力矩，实现对预紧力的控制。拧紧力矩主要指的是以下三种：第一，为了使螺栓连接结构产生预期的预紧力所需要的力矩；第二，为克服拧紧过程中产生的摩擦阻力所需要的力矩；第三，克服自锁机构阻力所需要的力矩。本章数值模拟过程中直接将预紧力转化为合适的过盈量来模拟预紧力。

在实际工程中，施加预紧力不易被直接测量出来，本节将预紧力与拧紧力矩对应起来，得出在螺栓上施加的拧紧力矩的范围，为工程实际中施加卡箍螺栓预紧力提供参考。

用扳手拧紧时，力矩 T 等于克服螺纹副的螺纹阻力矩 T_1 及螺母与被连接件(或者垫圈)支撑面的端面摩擦力矩 T_2 之和：

$$T = T_1 + T_2 = KP_0d \tag{6.5.6}$$

式中，K 为拧紧力系数；P_0 为预紧力；d 为螺纹公称直径。本节选用的螺栓为 M6 螺栓，其直径为 6mm，拧紧力系数取 0.18，则预紧力在[1500N，4000N]对应的拧紧力矩为[1.62N·m,3.24N·m]。

另外，增大预紧力可以改变管路的固有频率，可以使管路的固有频率避开发动机的开车频率。数据处理后发现，在施加小于 1500N 的预紧力时，其固有频率仍在发动机开车频率区间内，无法避开共振区间。在预紧力大于 1500N 之后，管路的一阶固有频率才避开共振区间，发动机在工作过程中才不会发生共振，因此施加预紧力的最小值应为 1500N。

6.6　卡箍-管路结构流固耦合动力学分析

在飞机液压系统管路的初始设计中，往往将卡箍简化为弹簧或弹簧-阻尼支撑，因此管路模型是基于弹簧约束的理想模型，忽略了卡箍自身结构对刚度的影响，支撑边界的自由度也具有一定的不确定性。这种理想模型具有明显的缺陷，往往与实际的工况不相符，严重影响管路的动力学设计。

本节将考虑细节建模的卡箍模型作为输流管路的支撑边界，以飞机液压系统中的卡箍-管路结构为研究对象，利用国际公认的多场耦合标准工具 MpCCI 联合大型有限元软件 ABAQUS 和 FLUENT 进行输流管路的流固耦合动力学分析，研究压力脉动激励作用下的卡箍-管路结构的流固耦合振动问题。

6.6.1　MpCCI 在流固耦合分析中的应用

计算流体力学(computational fluid dynamics，CFD)技术是一项以计算机数值计算为核心的，研究与流体运动相关的仿真分析技术。随着计算机性能的不断增强，CFD 技术已经成为流固耦合的重要研究工具。采用成熟的并行计算技术进一步提高了求解效率，以及全新的数值算法加强了对非稳态问题的求解精度，使得对大型复杂流场的非稳态预测分析成为可能。

MpCCI 是国际公认的多场耦合标准工具。MpCCI 具备 ABAQUS 和 FLUENT 完整的程序接口，通过代码适配器可以分别连接独立的 CFD 和 FEM 模型，自动识别已标识的耦合面信息，即液压管路内壁面和流体计算域的侧壁面。结构变形和流体运动方程的计算分别在 ABAQUS 和 FLUENT 的求解器中完成，通过 MpCCI Server 自动完成耦合面上数据的插值和传递压力、节点位移等物理量，具有非常高的适用性。计算前需要在 MpCCI 中选择用于交互数据的耦合面，本小节采用基于流固耦合的相对压力耦合算法，设置需要在耦合面交换的变量，ABAQUS(结构场)通过耦合面向流场传递节点位移信息，FLUENT(流场)通过耦合面向结构场传递相对压力信息。

流固耦合计算是从流体域的计算开始的，即 FLUENT 通过耦合面将相对压力信息首先传递给 ABAQUS，用于结构场的计算，ABAQUS 内部求解器将 FLUENT 传递过来的数据进行插值，进而转化成结构场的应力、应变数据，ABAQUS 再通过 MpCCI 将耦合面应变数据转化成节点位移传递给 FLUENT，每一个时间增量步都会进行一次数据交换，并在数据交换的过程中反复迭代直至耦合收敛。在设置的时间分析步中，上述计算过程和数据交换过程会反复进行，直至计算时间的终点。基于多场耦合工具 MpCCI 的流固耦合计算原理如图 6.6.1 所示。

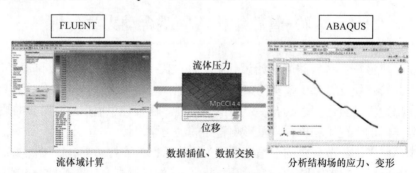

图 6.6.1　基于 MpCCI 的流固耦合计算原理

6.6.2　卡箍-管路的流固耦合模型

1. 管路模型

如图 6.6.2 所示的液压管路，管路材料为 1Cr18Ni9Ti，外径为 12mm，壁厚为 1mm，管路布局走向的主要节点及对应坐标列于表 6.6.1。

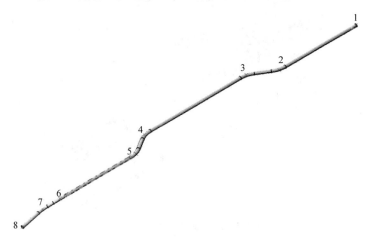

图 6.6.2   飞机液压管路模型

表 6.6.1   液压管路主要节点及对应坐标   (单位：mm)

坐标	节点次序							
	1	2	3	4	5	6	7	8
X	0	300	380	780	860	1160	1200	1280
Y	0	0	−50	−50	0	0	−30	−30
Z	0	0	0	0	0	0	−30	−50

2. 卡箍模型

将在 CATIA 中建立的液压管路几何模型导入 ABAQUS 有限元分析软件，首先完成模型修复，对液压管路和卡箍进行装配。其次定义管路与卡箍的接触细节，并指定与流场相互作用的耦合面。最后设置边界条件，将卡箍固定于钢制壁板上，模拟卡箍在服役过程中的安装状态。液压管路与卡箍的装配图如图 6.6.3 所示。液压管路两个端点连接附件设备，可以设定为固定约束。固定点和管路支撑安装坐标见表 6.6.2。

对上述装配体模型划分网格，管路部件采用 C3D8R 三维应力减缩积分单元，共划分 47484 个单元网格。卡箍部件包含箍带和垫圈两个部分：①箍带为铝制薄壳，箍带弯曲区域网格划分采用四节点 S4R 减缩积分单元，其他区域采用三节点 S3 线性单元，壳厚度为 1mm，共划分 1062 个单元网格。②垫圈材料为橡胶，考虑到橡胶材料的不可压缩性，此部分采用 C3D8H 三维应力杂交单元，共划分 6786 个网格单元。壁板材质为不锈钢板，采用 C3D8 三维应力完全积分单元。

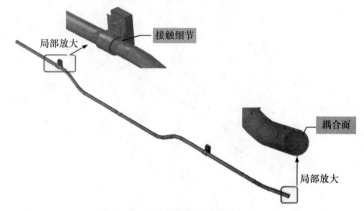

图 6.6.3　液压管路与卡箍的装配图

表 6.6.2　固定点和管路支撑安装坐标　　　　　　　　（单位：mm）

坐标	节点次序			
	1(固定约束)	2(卡箍支撑)	3(卡箍支撑)	4(固定约束)
X	0	285	1130	1280
Y	0	0	0	−30
Z	0	0	0	−50

3. 流体域模型

在 CATIA 中建立管路内流几何模型，流体域为实体模型，流体域外壁轮廓与管路内壁轮廓完全相同，即流体域外壁面与管路内壁面完全贴合。将流体域几何模型导入软件 ABAQUS 中，对流体域划分六面体网格。指定管路流体域入口位置、流体域出口位置以及流体域壁面边界(图 6.6.4)，将划分完毕的流体域网格模

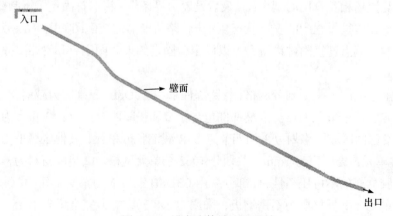

图 6.6.4　设定流体域边界区域

型保存为 FLUENT 能够识别的 Input 文件，然后将流体域网格模型导入 FLUENT 中，建立流体域有限元模型。

对流体域网格模型进行设置，主要包括以下内容。

(1) 检查流体计算域尺寸，流体域尺寸单位应与 ABAQUS 的单位保持一致。

(2) 对流体域网格进行网格检查，确保没有负体积网格存在。

(3) 显示流体计算域区域。

(4) 设置求解类型为 Pressure-Based Solver，并采用瞬态分析方法。设置流场模型和流体域属性，将流场设定为标准 k-epsilon 模型，选择标准壁面函数对壁面进行处理；对流体域进行流场参数设置，自定义流体属性，包括流体密度和动力黏度。

FLUENT 能够自动识别流体域网格模型的边界区域，本小节主要研究流体压力脉动导致的管路振动问题，需要编写用户自定义函数对脉动流场进行设置，并在流体域相应的边界，如压力入口(pressure-inlet)、压力出口(pressure-outlet)、流量入口(mass-flow-inlet)等进出口边界处进行指定，流体计算域进口的压力和流量方向应垂直于入口边界，流体计算域的出口方向应垂直于出口边界。

液压管路的流固耦合振动是基于时间变化的动态过程，流体域的计算属于瞬态分析过程，流固耦合计算是通过耦合面交换数据的，要求管路内壁与流体域外壁面无缝贴合，得益于 MpCCI 先进的节点插值算法，耦合面网格节点不要求一一对应。流场计算采用 SIMPLE 压力-速度耦合算法，流场的瞬态计算往往比结构计算更难收敛，为此流体域计算的时间增量步一般取值很小，每个增量步的迭代次数不少于 10 次/步。

6.6.3　工作压力对卡箍-管路结构流固耦合振动的影响

将建立管路和流场的有限元模型导入到多场耦合工具 MpCCI 中，进行流固耦合计算。在管路上设置如图 6.6.5 所示的 9 个点作为管路振动响应的重点监测点，简称测点。其中测点 1A、1B、7A、7B 位于距离两边端点 5mm 处，测点 2、5 位于卡箍两侧 5mm 处，测点 1A、2、5、7A 位于管路上表面，测点 1B、7B 位于管路侧面，测点 3、4 位于管路中心位置的上、下表面，测点 6 位于管路右侧弯曲处的侧面。应力监测点选取 1A、1B、7A、7B 以及 2、5、6 点，其中测点 1A、

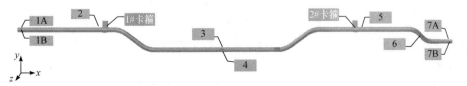

图 6.6.5　管路振动响应的重点监测点

7A、2、5、6 用于监测管路的轴向应力，测点 1B、7B 负责采集管路的周向应力数据。测点 3 为振动监测点，用于监测轴向(x 方向)、径向(y 方向)、周向(z 方向)的加速度；测点 4 为管路的位移监测点，主要监测管路径向位移 U_2。

管路内的流场为非稳态的脉动流体，波形为正弦波，系统额定工作压力分别为 16MPa、21MPa、28MPa，脉动幅值为额定压力的 5%，脉动频率为 10Hz，系统流量 Q=30.63L/min。系统的仿真计算总时间为 1.05s，结构分析时间步长取 0.001s，流场计算时间步长取 0.0005s，每 0.001s 进行一次耦合计算。

测点 6 在 16MPa、21MPa、28MPa 系统压力下的轴向应力曲线如图 6.6.6 所示，可以看到管路的轴向应力随着系统压力脉动呈正弦波动，其中 16MPa 系统压力下的平均轴向应力为 49.86MPa，脉动幅值为 2.79MPa，最大轴向应力为 52.65MPa；21MPa 系统压力下的平均轴向应力为 65.93MPa，脉动幅值为 3.70MPa，最大轴向应力 69.63MPa，相比系统压力为 16MPa 时的应力，增大了 32.3%；28MPa 系统压力下的平均轴向应力为 88.7MPa，脉动幅值为 4.8MPa，最大应力高达 93.5MPa，液压管路在这种高应力状态下长期服役是十分危险的。

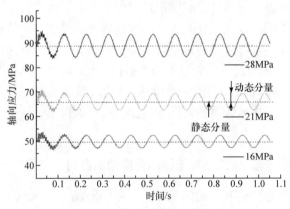

图 6.6.6　测点 6 轴向应力曲线

分析测点 6 的应力状态可知，管路振动具有一定的周期性，管路振动水平没有明显的波动，在这种情况下管路的振动是相对稳定的。取卡箍单独分析，卡箍在 21MPa 系统压力下的应力状态如图 6.6.7 所示，其中 1#卡箍的应力水平整体高于 2#卡箍，由于液压冲击，1#卡箍瞬时最大应力达到 51.3MPa，2#卡箍瞬时最大应力达到 39.1MPa。由于结构阻尼对振动的抑制作用，管路很快进入到平稳的振动状态，卡箍应力在微小范围内波动，此时 1#卡箍的最大应力为 23.82MPa，2#卡箍的最大应力为 19.1MPa。

对于系统压力较高，长度较短的管路来讲，系统的压降可以忽略不计，因此管路内压在管路内部是近似均匀分布的。流场压力迫使管路产生径向膨胀，而管

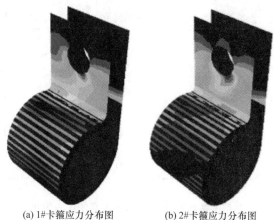

(a) 1#卡箍应力分布图　　　　(b) 2#卡箍应力分布图

图 6.6.7　两个卡箍应力云图(21MPa 额定压力，t=0.45s)

路是一种封闭结构，径向的膨胀导致管路产生周向的应变，由于系统压力较高，通常管路的周向应变大于管路的轴向应变，因此在一般情况下，管路的周向应力高于轴向应力。管路的轴向应力分布较为复杂，流场通常在管路弯曲部分会产生较大的离心力，引起弯曲部位产生较大的横向位移，因此管路弯曲部位的轴向应力偏高，而靠近管路固定端的区域由于变形较小，轴向应力低于管路其他位置的轴向应力，如果管路的弯曲部分距离固定端较近，固定端附近的轴向应力也可能很大。管路的固定端是应力集中区域，不仅承受较大的周向应力和轴向应力，还受到振动引起的往复弯矩的作用，从而导致管路接头的破坏。

16MPa、21MPa、28MPa 系统压力下各监测点应力统计值分别列于表 6.6.3～表 6.6.5。21MPa 系统压力下的管路测点 1B 处的周向平均应力为 104.93MPa，测点 7B 处的周向平均应力为 105.18MPa，两者的应力水平非常接近；测点 1A 处的轴向平均应力为 13.30MPa，测点 7A 处的轴向平均应力为 19.28MPa，测点 7A 距离管路弯曲部位更近一些，因此应力稍大于 1A 处的应力，这与上述的分析是一致的。

表 6.6.3　管路系统各监测点应力统计值(系统压力为 16MPa)　(单位：MPa)

项目	测点编号						
	1A	1B	2	5	6	7A	7B
动态应力分量	±0.49	±3.66	±2.24	±1.94	±2.79	±0.54	±4.05
静态应力分量	10.18	80.40	44.86	37.25	52.65	10.87	80.08
最大应力	10.67	84.06	47.10	39.19	49.86	11.41	84.13

表 6.6.4　管路系统各监测点应力统计值(系统压力为 21MPa)　(单位：MPa)

项目	测点编号						
	1A	1B	2	5	6	7A	7B
动态应力分量	±0.67	±5.28	±2.90	±4.50	±3.70	±0.97	±5.31
静态应力分量	13.30	104.93	58.45	48.81	65.93	19.28	105.18
最大应力	13.97	110.21	61.35	51.31	69.63	20.25	110.48

表 6.6.5　管路系统各监测点应力统计值(系统压力为 28MPa)　(单位：MPa)

项目	测点编号						
	1A	1B	2	5	6	7A	7B
动态应力分量	±0.90	±7.01	±3.82	±3.23	±4.8	±1.29	±7.07
静态应力分量	17.69	139.74	77.22	64.84	88.7	25.65	140.23
最大应力	18.59	146.75	81.04	68.07	93.5	26.94	147.30

测点 4 在 16MPa、21MPa、28MPa 下的位移响应值列于表 6.6.6，可以看到振动位移包含静态位移分量和动态位移分量，其中静态位移分量由液压系统压力决定，静态分量随系统压力的升高而增大，动态位移分量则与压力脉动幅值相关。分析表中的数据可以得出：系统压力从 16MPa 提高到 21MPa，静态位移分量增大了 24%，系统压力从 21MPa 提高到 28MPa，静态位移分量增大了 29%，而动态位移分量随系统压力的提高没有出现较大的波动。

表 6.6.6　不同系统压力下测点 4 位移响应数据　(单位：mm)

项目	系统压力		
	16MPa	21MPa	28MPa
动态位移分量	0.01	0.02	0.02
静态位移分量	0.25	0.31	0.40

测点 3 的加速度响应数据列于表 6.6.7，可以看到受到压力脉动激励后，管路振动达到稳定状态后的加速度峰值非常小，可以判断管路振动的能量较弱，管路不会出现振动过载的情况。

表 6.6.7　不同系统压力下测点 3 加速度响应数据　　　　（单位：g）

项目	系统压力		
	16MPa	21MPa	28MPa
x 方向峰值	0.06	0.11	0.15
y 方向峰值	0.23	0.37	0.42
z 方向峰值	0.04	0.06	0.09

6.6.4　压力脉动幅值对卡箍–管路结构流固耦合振动的影响

对于 21MPa 的液压系统，工程上认为压力脉动幅值低于额定压力的 2.5%时是无故障、长寿命的系统，而压力脉动幅值超过额定压力的 10%时是十分危险的，压力脉动幅值低于额定压力 10%时系统短期不会出现故障，但随着工作时间延长，可能暴露出各种问题。在本小节的研究中，管路内的流场为非稳态的脉动流场，波形为正弦波，系统压力为 21MPa，压力脉动幅值分别为额定压力的 2%、7.5%、15%，脉动频率为 10Hz，流固耦合数值计算的设置同前。

各测点的应力数据列于表 6.6.8～表 6.6.10，各点应力都可以分解为静态应力分量和动态应力分量两部分，并且管路的周向应力一般大于管路的轴向应力。

表 6.6.8　管路系统各测点应力数据(压力脉动幅值：2%额定压力)　（单位：MPa）

项目	测点编号						
	1A	1B	2	5	6	7A	7B
动态应力分量	0.26	2.10	1.17	1.06	1.63	0.40	2.15
静态应力分量	13.30	104.93	58.45	48.81	65.93	19.28	105.18
最大应力	13.56	107.03	59.62	49.87	67.56	19.68	107.33

表 6.6.9　管路系统各测点应力数据(压力脉动幅值：7.5%额定压力)　（单位：MPa）

项目	测点编号						
	1A	1B	2	5	6	7A	7B
动态应力分量	1.00	7.94	4.31	3.74	5.45	1.44	7.95
静态应力分量	13.30	104.93	58.45	48.81	65.93	19.28	105.18
最大应力	14.30	112.87	62.76	52.55	71.40	20.72	113.13

表 6.6.10　管路系统各测点应力数据(压力脉动幅值：15%额定压力)　(单位：MPa)

项目	测点编号						
	1A	1B	2	5	6	7A	7B
动态应力分量	1.98	15.83	8.58	7.32	10.49	2.87	15.83
静态应力分量	13.30	104.93	58.45	48.81	65.93	19.28	105.18
最大应力	15.28	120.76	67.03	56.13	76.44	22.15	121.01

在初始阶段由于 21MPa 流场压力的冲击作用，卡箍瞬时的最大应力高于 40MPa，0.25s 后，卡箍应力平稳波动。进入稳定状态后，1#卡箍的静态应力分量为 22.65MPa，当脉动幅值为额定压力的 15%时，最大应力为 26.27MPa，比脉动幅值为 7.5%时的最大应力提高了 5.59%，比脉动幅值为 2.5%时的最大应力提高了 11.88%。2#卡箍的应力水平低于 1#卡箍的应力水平，稳定状态下，2#卡箍的静态应力分量为 18.49MPa，比 1#卡箍的静态应力分量低 18.37%，当脉动幅值为额定压力的 15%时，最大应力为 21.75MPa，比 1#卡箍的最大应力低 17.21%。卡箍的动态应力分量是随脉动幅值的增大而增大的，脉动幅值从 2%增加到 15%，1#卡箍动态应力分量增大了 3.4 倍，2#卡箍动态应力分量增大了 4.8 倍。在相同的静态应力分量水平下，动态应力分量的增加会加速结构的疲劳破坏，为了保证卡箍部件的安全寿命，要求将系统的压力脉动幅值控制在合理的范围内。

测点 4 位移响应数据列于表 6.6.11。通过分析表中的数据，可以得出：随着脉动幅值的增大，测点 4 的动态位移分量明显增大，脉动幅值从 2%提高到 15%，动态位移分量从 0.01mm 增加到 0.05mm，而静态位移分量是由系统压力决定的，因此测点 4 的静态位移分量保持 0.31mm 不变。管路振动的动态位移分量增加会导致管路的稳定性进一步下降，为了保证液压系统的安全，系统压力的脉动幅值不宜过大。

表 6.6.11　不同压力脉动幅值下测点 4 位移响应数据　(单位：mm)

项目	脉动幅值		
	2%	7.5%	15%
静态位移分量	0.31	0.31	0.31
动态位移分量	0.01	0.03	0.05

在初始阶段液压冲击导致测点 3 的瞬时加速度很大，但是很快又衰减，最终

趋于稳定。稳定后的各方向加速度响应数据列于表 6.6.12，可以看到测点 3 在径向的响应明显强于在另两个方向上的响应，但是整体的加速度非常小，说明管路系统在可控的稳定状态下振动，没有出现共振或失稳。但是随着系统压力脉动幅值的增大，管路将承受更高的动态应力，会降低管路的疲劳寿命，因此控制系统压力脉动的幅值对提高飞机液压系统可靠性具有十分重要的意义。

表 6.6.12　不同压力脉动幅值下测点 3 加速度响应数据　　　　（单位：g）

项目	脉动幅值		
	2%	7.5%	15%
x 方向峰值	0.04	0.15	0.16
y 方向峰值	0.14	0.50	0.63
z 方向峰值	0.04	0.07	0.12

6.6.5　卡箍-管路结构流固耦合共振分析

当系统压力脉动的频率与液压管路固有频率接近时，管路会发生共振，振动的能量比正常情况下增大数倍，管路和管路附件在共振环境下极易出现故障，严重危害液压系统安全。为了模拟管路的共振，将系统流量增加到 Q=122.52L/min，系统压力仍为 21MPa，脉动幅值为系统压力的 7.5%，系统的仿真计算总时间为 1.05s，结构分析时间步长取 $1×10^{-3}$s，流场计算时间步长取 $5×10^{-4}$s，每 $1×10^{-3}$s 进行一次耦合计算。

首先考察 10Hz 压力脉动频率下的管路振动特性，对测点 3 各方向的加速度时域信号数据进行离散傅里叶变换，得到各方向上的加速度在频域内的幅频响应曲线，如图 6.6.8 所示。可以看到，当压力脉动频率接近 95Hz 时，测点 3 周向的

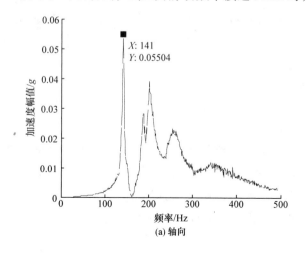

(a) 轴向

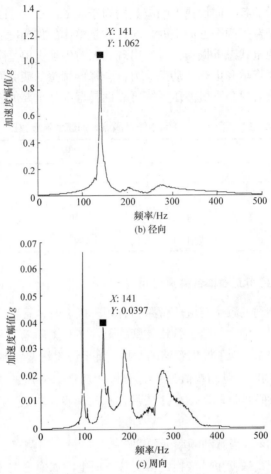

图 6.6.8 测点 3 各方向的加速度幅频响应曲线

加速度幅值达到峰值,但该频率对轴向和径向加速度幅值的影响不大。当压力脉动频率接近 141Hz 时,测点 3 各方向上的加速度幅值急剧增大,可以判断出液压管路共振的主频为 141Hz,其中测点 3 在径向的加速度响应最强烈,在轴向和周向的加速度响应都比较弱。

测点 3 在 10Hz 和 140Hz 压力脉动频率下的加速度响应如图 6.6.9 所示,系统压力脉动频率为 140Hz 时,管路出现共振现象。液压管路发生共振时,振动加速度值不会衰减,而是以高量级的加速度持续振动,其中径向加速度峰值达到了 48.06g,是 10Hz 压力脉动频率下加速度峰值的 96 倍(表 6.6.13)。测点 3 的径向加速度对应的是管路 y 方向的振动,因此 y 方向是管路在 140Hz 激励频率下共振的主方向,且共振区域为两卡箍间的悬置部分。

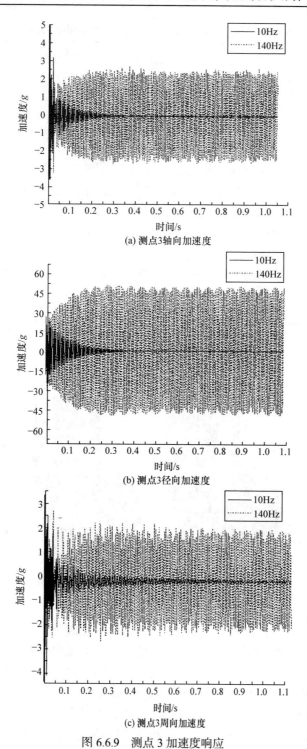

(a) 测点 3 轴向加速度

(b) 测点 3 径向加速度

(c) 测点 3 周向加速度

图 6.6.9 测点 3 加速度响应

表 6.6.13　　不同压力脉动频率下测点 3 加速度响应数据　　（单位：g）

项目	脉动频率	
	10Hz	140Hz
x 方向峰值	0.16	2.62
y 方向峰值	0.52	48.06
z 方向峰值	0.07	2.17

因为共振集中在两卡箍之间的悬置区域，卡箍承受振动的大部分能量，而单点固定的带垫卡箍属于弱支撑，与其他固定支撑相比，其支撑刚度较弱，在强烈振动环境中容易产生较大变形，所以管路共振对卡箍的影响是不能忽略的。共振状态下的卡箍应力分布如图 6.6.10 所示，共振状态下的卡箍应力分布与其在非共振状态下基本一致，分析最大应力点的应力曲线，如图 6.6.11 和图 6.6.12 所示。共振状态下卡箍的振动是十分剧烈的，1#卡箍的最大应力为 53.13MPa，是非共振状态条件下的 2.03 倍，应力的峰-峰值达到了 48.6MPa；2#卡箍振动更加剧烈，最大应力达到了 72.15MPa，是非共振条件下的 3.44 倍，应力的峰-峰值已经超过了 50MPa，对卡箍具有极大的破坏性，卡箍可能在短时间内发生断裂失效，严重危害液压管路的安全。

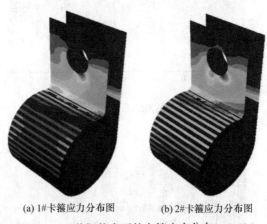

(a) 1#卡箍应力分布图　　　　(b) 2#卡箍应力分布图

图 6.6.10　共振状态下的卡箍应力分布($t=0.45$s)

由于卡箍承受共振的大部分能量，又对液压管路起到一定的约束作用，卡箍附近的管路应力水平会明显提高。图 6.6.13 是测点 2 轴向应力曲线，可以看到，在共振状态下测点 2 的轴向应力变化十分剧烈，最大轴向应力为 76.70MPa，比非共振状态下的最大应力高 14.9%，而动态应力分量是非共振状态下的 3.34 倍。非共振状态下各测点的应力数据列于表 6.6.14，共振状态下各测点的应力数据列于表 6.6.15。从表中可以看出管路共振对测点 5 的轴向应力影响最显著，共振状态

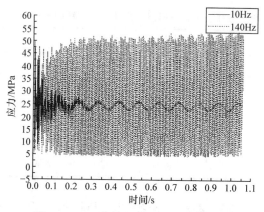

图 6.6.11　1#卡箍最大应力点应力曲线

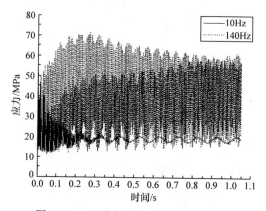

图 6.6.12　2#卡箍最大应力点应力曲线

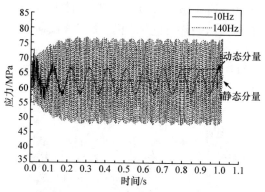

图 6.6.13　测点 2 轴向应力曲线

下测点 5 的轴向最大应力达到 81.74MPa，相比非共振状态下的最大应力增大了 49.3%，动态应力分量是非共振状态下的 8.13 倍，达到 30.81MPa，这对液压管路来说是十分危险的，也是不允许的。

表 6.6.14　非共振状态脉动频率下各测点应力数据(脉动频率为 10Hz) (单位：MPa)

项目	测点编号						
	1A	1B	2	5	6	7A	7B
动态应力分量	0.97	7.92	4.25	3.79	5.10	1.44	7.92
静态应力分量	14.38	110.30	62.49	50.93	66.96	19.69	105.25
最大应力	15.35	118.22	66.74	54.72	72.06	21.13	113.17

表 6.6.15　共振状态脉动频率下各测点应力数据(脉动频率为 140Hz) (单位：MPa)

项目	测点编号						
	1A	1B	2	5	6	7A	7B
动态应力分量	1.07	7.78	14.21	30.81	4.87	1.85	7.92
静态应力分量	14.38	110.30	62.49	50.93	66.96	19.69	105.25
最大应力	15.45	118.08	76.70	81.74	71.83	21.54	113.17

　　测点 4 是共振区域内的位移监测点，测点 4 位移响应曲线如图 6.6.14 所示。对于 21MPa 的压力系统，测点 4 的静态位移分量始终保持在 0.32mm。压力脉动频率为 140Hz 时管路出现共振，与非共振状态下的位移响应相比，在共振状态下测点 4 的动态位移分量达到 0.56mm，是非共振条件下的 18.7 倍，同时最大共振位移达到 0.88mm，是非共振条件下的 2.5 倍。测点 4 位移响应数据列于表 6.6.16。

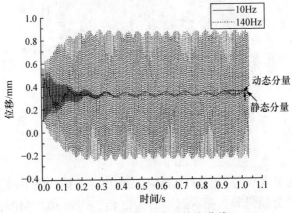

图 6.6.14　测点 4 位移响应曲线

表 6.6.16　不同压力脉动频率下测点 4 位移响应数据　　　（单位：mm）

项目	脉动频率	
	10Hz	140Hz
动态位移分量	0.03	0.56
静态位移分量	0.32	0.32
最大位移	0.35	0.88

参 考 文 献

[1] KOO G H, PARK Y S. Vibration reduction by using periodic supports in a piping system [J]. Journal of Sound and Vibration, 1998, 210(1): 53-68.

[2] MCDONALD R J, NAMACHCHIVAYA N S. Pipes conveying pulsating fluid near a 0 : 1 resonance: Local bifurcations[J]. Journal of Fluids and Structures, 2005, 21(5-7): 629-664.

[3] NIKOLIĆ M, RAJKOVIĆ M. Bifurcations in nonlinear models of fluid-conveying pipes supported at both ends[J]. Journal of Fluids and Structures, 2006, 22(2): 173-195.

[4] 金基铎, 杨晓东, 张宇飞. 固定约束松动对输流管道稳定性和临界流速的影响[J]. 振动与冲击, 2009, 28(6): 95-99.

[5] DEKKERA C J, STIKVOORT W J. Improved design rules for pipe clamp connectors[J]. International Journal of Pressure Vessels and Piping, 2004, 81(2): 141-157.

[6] 黄益民, 葛森, 吴炜, 等. 不同支撑刚度对输流管道系统动力学特性完整性影响[J]. 振动与冲击, 2013, 32(7): 165-168.

[7] 王晶, 陈果, 郑其辉. 卡箍对飞机液压管道动态应力的影响分析[J]. 航空计算技术, 2014, 44(1): 64-67.

[8] GAO P X, ZHAI J Y, YAN Y Y, et al. A model reduction approach for the vibration analysis of hydraulic pipeline system in aircraft[J]. Aerospace Science and Technology, 2016, 49: 144-153.

[9] 刘伟, 曹刚, 翟红波, 等. 发动机管路卡箍位置动力灵敏度分析与优化设计[J]. 航空动力学报, 2012, 27 (12): 2756-2772.

[10] 李鑫, 王少萍. 基于卡箍优化布局的飞机液压管路减振分析[J]. 振动与冲击, 2013, 32(1): 14-20.

[11] XU Y Z, JOHNSTON D N, JIAO Z X, et al. Frequency modeling and solution of fluid-structure interaction in complex pipelines[J]. Journal of Sound and Vibration, 2014, 333(10): 2800-2822.

[12] 郑敏, 王宗武, 张艳, 等. 航空卡箍选用装配研究[J]. 标准化研究, 2015(2): 23-27.

[13] 肖伟, 高永丹, 欧阳飞, 等. 发动机滑油弯管卡箍衬垫故障分析[J]. 失效分析与预防, 2012, 4(7): 248-252.

[14] 李洋, 佟文伟, 韩振宇, 等. 发动机引气管卡箍断裂原因分析[J]. 失效分析与预防, 2013, 8(3): 165-172.

[15] 周艳丽, 陆波. 飞机液压管路支撑的有限元建模方式对应力分析的影响[J]. 民用飞机设计与研究, 2014, 113(2): 84-87.

[16] 陈果, 罗云, 郑其辉, 等. 复杂空间载流管道系统流固耦合动力学模型及其验证[J]. 航空学报, 2013, 34(3): 597-609.

[17] 尹泽勇, 陈亚农. 卡箍刚度的有限元计算与实验测定[J]. 航空动力学报, 1999, 14(2): 179-182.

[18] 王晶. 飞机液压管道动力学设计及装配应力分析[D]. 南京: 南京航空航天大学, 2013.

[19] 刘周. 多目标遗传算法及其在管路卡箍布局优化设计中的应用研究[D]. 武汉: 武汉理工大学, 2014.

[20] WANG D. Optimization of support position to minimize the maximal deflection of structures [J]. International Journal of Solids and Strucutres, 2004, 41(26): 7445-7458.

[21] 顾文彬, 冯奇. 船舶管路系统弹性支承在冲击作用下的位置优化设计[J]. 噪声与振动控制, 2002, 22(4): 3-6.

[22] 陈艳秋, 朱梓根. 基于遗传算法的航空发动机管路优化设计[J]. 航空动力学报, 2002, 17(4): 421-425.

[23] 李枫, 刘伟, 韦顺超, 等. 航空液压管道卡箍等效刚度及其影响因素研究[J]. 机械科学与技术, 2017, 36(9): 1472-1476.

第7章　航空液压管路系统主被动振动控制技术

航空液压管路系统在高压高速泵源流体压力脉动激励和飞机机体振动环境激励等多源激励下产生振动，该振动是管路结构发生失效的重要因素。因此，开展航空液压管路系统振动控制技术研究，对于提高航空管路的耐振性能、提高机载液压系统的寿命与可靠性具有重要的价值。

本章针对航空液压管路系统的载荷特征和结构特点，提出采用高阻尼黏弹性材料进行管路系统阻尼减振的被动减振技术和基于压电材料的管路主动约束层阻尼振动控制技术。采用数值计算与试验验证这些方法对泵源激励和机体基础激励作用下的管路系统的共振、非共振强迫振动等的减振效果。

7.1　黏弹性约束层阻尼管路系统的非线性有限元建模

本节将给出黏弹性约束层阻尼管路系统非线性有限元建模方法，基于复模量模型表征黏弹性材料的力学特征，给出阻尼层复合材料变形协调关系，形成黏弹性约束层阻尼管路的单元刚度矩阵、质量矩阵，通过单元矩阵及组集获得黏弹性约束层阻尼管路系统有限元模型，给出管路系统固有频率和损耗因子的表达式。

7.1.1　黏弹性阻尼材料动态力学特性分析

管路系统的振动控制技术主要有两种：被动控制与主动控制。利用管路的被动控制进行管路减振的主要方法有优化管路支承布局、管体布置黏弹性阻尼器、安装流体消振器以及管体表面粘贴被动约束层。黏弹性阻尼材料是一种具有液体黏性和固体弹性的高分子材料，与传统的弹性体相比，黏弹性材料具有特殊性，在受到交变力作用下，一部分能量能够储存，另一部分能量转为热能耗散，表现出阻尼的作用。由于黏弹性阻尼材料表现为非线性特征，对于动态力学特性目前还没有统一本构模型。在工程上一般采用基于复模量模型表征黏弹性材料动态力学行为[1-2]。黏弹性材料的应力和应变关系呈椭圆形滞回曲线，假设应变与应力滞后相位角为 α，则黏弹性材料在拉压作用下，其应力与应变关系表达如下：

$$
\begin{cases}
\sigma = \sigma_0 \mathrm{e}^{\mathrm{i}\omega t} \\
\varepsilon = \varepsilon_0 \mathrm{e}^{\mathrm{i}(\omega t - \alpha)}
\end{cases}
\tag{7.1.1}
$$

根据复弹性模量的定义，黏弹性材料复弹性模量表示为

$$E^* = \frac{\sigma}{\varepsilon} = \frac{\sigma_0}{\varepsilon_0} e^{i\alpha} = E(\cos\alpha + i\sin\alpha) \tag{7.1.2}$$

或者

$$E^* = E' + iE'' = E'(1 + i\eta) \tag{7.1.3}$$

式中，E^* 为黏弹性阻尼材料复弹性模量；$E' = E\cos\alpha$，为复弹性模量实部，其意义为弹性模量储能；$E'' = E\sin\alpha$，为虚部，其意义为弹性模量的耗损；$\eta = E''/E'$ 为损耗因子，是评估阻尼能力的主要指标。

当黏弹性材料受到剪切应力作用时，剪切应力与应变关系的表达为

$$\begin{cases} \tau = \tau_0 e^{i\omega t} \\ \gamma = \gamma_0 e^{i(\omega t - \alpha)} \end{cases} \tag{7.1.4}$$

黏弹性阻尼材料复剪切模量表达为

$$G^* = \frac{\tau}{\gamma} = \frac{\tau_0}{\gamma_0} e^{i\alpha} = G(\cos\alpha + i\sin\alpha) \tag{7.1.5}$$

或者

$$G^* = G' + iG'' = G'(1 + i\eta) \tag{7.1.6}$$

式中，G 为黏弹性阻尼材料复剪切模量；$G' = G\cos\alpha$，为实部，其意义为剪切模量的储能；$G'' = G\sin\alpha$，为虚部，其意义为剪切模量的耗损；$\eta = G''/G'$ 为黏弹性材料损耗因子。

在工程设计中，一般根据黏弹性材料所在系统中的受力状态选择弹性模量或者剪切模量，其中弹性模量和剪切模量之间的关系为

$$E = 2G(1 + \mu) \tag{7.1.7}$$

式中，μ 为材料泊松比，根据试验测定，黏弹性阻尼材料的泊松比一般为 0.45～0.5。

7.1.2 黏弹性约束层阻尼管路变形协调关系

在建立黏弹性约束层管路系统动力学模型之前，需要给出假设条件。假设黏弹性层剪切变形产生管路系统的阻尼作用，管路和约束层材料符合各向同性、均匀性和连续性假设[3-4]：①约束层管路服从小变形假设，其各个层挠度相同；②基层和约束层不考虑剪切变形；③各个层之间粘贴良好无滑移。

约束层阻尼管路的位移变形协调关系如图 7.1.1 所示。考虑细长管路，基层管路采用 Euler-Bernoulli 梁模型进行建模，黏弹性层采用 Timoshenko 梁理论进行建

模。各个层的横向位移为 w；轴向位移为 u_c、u_v、u_b；各个层的厚度和半径分别为 h_c、h_b、h_v 和 r_c、r_b、r_v；黏弹性层的剪切变形为 γ。

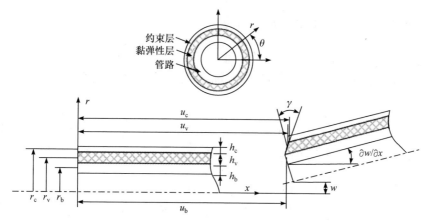

图 7.1.1　约束层阻尼管路的位移变形协调关系

基于上述假设，基层和约束层的位移和应变的关系可以表示为

$$U_i = u_i - r\sin\theta\frac{\partial w}{\partial x}, \quad r = r_i - \frac{h_i}{2} \sim r_i + \frac{h_i}{2} \tag{7.1.8}$$

$$\varepsilon_i = \frac{\partial u_i}{\partial x} - r\sin\theta\frac{\partial^2 w}{\partial x^2} \tag{7.1.9}$$

式中，i=b,c；U_i 为基层和约束层的位移；ε_i 为基层和约束层的应变。黏弹性层的位移和应变分别为

$$U_v = u_v + \left(r - r_c + \frac{h_c}{2}\right)\left(\gamma - \frac{\partial w}{\partial x}\right), \quad r = r_c - \frac{h_c}{2} \sim r_c + \frac{h_c}{2} \tag{7.1.10}$$

$$\varepsilon_v = \frac{\partial u_v}{\partial x} + \left(r - r_c + \frac{h_c}{2}\right)\left(\frac{\partial \gamma}{\partial x} + \frac{\partial^2 w}{\partial x^2}\right) \tag{7.1.11}$$

黏弹性层沿厚度方向位移分布线性变化，层与层之间位移连续，各层之间的位移关系可以表示为

$$u_c = u_v + \frac{h_v}{2}\left(\gamma - \frac{\partial w}{\partial x}\right) - \frac{h_c}{2}\frac{\partial w}{\partial x} \tag{7.1.12}$$

$$u_b = u_v - \frac{h_v}{2}\left(\gamma - \frac{\partial w}{\partial x}\right) + \frac{h_b}{2}\frac{\partial w}{\partial x} \tag{7.1.13}$$

由式(7.1.12)和式(7.1.13)，可以得到黏弹性层的轴向位移和剪应变分别为

$$u_v = \frac{1}{2}\left[(u_c + u_b) + \frac{h_c - h_b}{2}\frac{\partial w}{\partial x}\right] \tag{7.1.14}$$

$$\gamma = \frac{1}{h_v}\left[u_c - u_b + \left(h_v + \frac{h_b + h_c}{2}\right)\frac{\partial w}{\partial x}\right] \tag{7.1.15}$$

7.1.3 黏弹性约束层阻尼管路的形函数

考虑平面两个节点的单元，其中每个节点 4 个自由度，分别为横向位移 w，转角 w' 及轴向位移 u_c 和 u_b。在局部坐标系下约束层阻尼管路的节点位移向量可以表示为

$$\boldsymbol{q}^e = \left[w_i, w_i', u_{ci}, u_{bi}, w_j, w_j', u_{cj}, u_{bj}\right]^T \tag{7.1.16}$$

约束层阻尼管路的横向位移与轴向位移的形函数为

$$\left\{\begin{array}{c} \boldsymbol{w}(x) \\ \boldsymbol{u}_c(x) \\ \boldsymbol{u}_b(x) \end{array}\right\} = \left[\begin{array}{c} \boldsymbol{N}_w(x) \\ \boldsymbol{N}_c(x) \\ \boldsymbol{N}_b(x) \end{array}\right]\boldsymbol{q}^e \tag{7.1.17}$$

式中，$\boldsymbol{N}_w(x)$ 为约束层横向位移形函数；$\boldsymbol{N}_c(x)$ 为约束层轴向位移形函数；$\boldsymbol{N}_b(x)$ 为基层轴向位移形函数。

$$\boldsymbol{N}_w(x) = \left\{1 - 3\left(\frac{x}{l_0}\right)^2 + 2\left(\frac{x}{l_0}\right)^3 \quad x - 2\frac{x^2}{l_0} + \frac{x^3}{l_0^2} \quad 0 \quad 0 \quad 3\left(\frac{x}{l_0}\right)^2 - 2\left(\frac{x}{l_0}\right)^3 \quad -\frac{x^2}{l_0} + \frac{x^3}{l_0^2} \quad 0 \quad 0\right\}$$
$$\tag{7.1.18a}$$

$$\boldsymbol{N}_c(x) = \left\{0 \quad 0 \quad 1 - \frac{x}{l_0} \quad 0 \quad 0 \quad 0 \quad \frac{x}{l_0} \quad 0\right\} \tag{7.1.18b}$$

$$\boldsymbol{N}_b(x) = \left\{0 \quad 0 \quad 0 \quad 1 - \frac{x}{l_0} \quad 0 \quad 0 \quad 0 \quad \frac{x}{l_0}\right\} \tag{7.1.18c}$$

黏弹性层的剪应变可以表示为

$$\gamma = \boldsymbol{N}_{\gamma v}\boldsymbol{q}^e \tag{7.1.19}$$

式中，$\boldsymbol{N}_{\gamma v}$ 为剪应变形函数，表达式为

$$\boldsymbol{N}_{\gamma v} = \left\{6h\left(-\frac{x}{l_0^2} + \frac{x^2}{l_0^3}\right) \quad h\left[1 - 4\left(\frac{x}{l_0}\right) + 3\left(\frac{x}{l_0}\right)^2\right] \quad 1 - \frac{x}{l_0} \quad -1 + \frac{x}{l_0}\right.$$
$$\left. 6h\left(\frac{x}{l_0^2} - \frac{x^2}{l_0^3}\right) \quad h\left[-2\left(\frac{x}{l_0}\right) + 3\left(\frac{x}{l_0}\right)^2\right] \quad \frac{x}{l_0} \quad -\frac{x}{l_0}\right\} \tag{7.1.20}$$

式中，算子 $h = h_\mathrm{v} + \dfrac{(h_\mathrm{b} + h_\mathrm{c})}{2}$。

黏弹性层的轴向位移为

$$u_\mathrm{v} = \boldsymbol{N}_{uv} \boldsymbol{q}^\mathrm{e} \tag{7.1.21}$$

式中，$\boldsymbol{N}_{uv}$ 为黏弹性层轴向位移形函数，其表达式为

$$
\boldsymbol{N}_{uv} = \left\{ \frac{3(h_\mathrm{c} - h_\mathrm{b})}{2}\left(-\frac{x}{l_0^2} + \frac{x^2}{l_0^3}\right) \quad \frac{h_\mathrm{c} - h_\mathrm{b}}{4}\left[1 - 4\left(\frac{x}{l_0}\right) + 3\left(\frac{x}{l_0}\right)^2\right] \quad \frac{1}{2}\left(1 - \frac{x}{l_0}\right) \quad \frac{1}{2}\left(1 - \frac{x}{l_0}\right) \right.
$$
$$
\left. \frac{3(h_\mathrm{c} - h_\mathrm{b})}{2}\left(\frac{x}{l_0^2} - \frac{x^2}{l_0^3}\right) \quad \frac{h_\mathrm{c} - h_\mathrm{b}}{4}\left[-2\left(\frac{x}{l_0}\right) + 3\left(\frac{x}{l_0}\right)^2\right] \quad \frac{x}{2l_0} \quad \frac{x}{2l_0} \right\}
$$
$$
\tag{7.1.22}
$$

7.1.4　黏弹性约束层阻尼管路的刚度和质量矩阵

本小节给出约束层阻尼管路的刚度和质量矩阵，具体的推导过程如下。

1. 管体

根据最小势能原理求解管体的刚度矩阵，管体的弯曲势能表达式为

$$\frac{1}{2}E_\mathrm{b}I_\mathrm{b}\int_0^{l_0}\left(\frac{\partial^2 w}{\partial x^2}\right)^2 \mathrm{d}x = \frac{1}{2}E_\mathrm{b}I_\mathrm{b}\boldsymbol{q}^\mathrm{eT}\int_0^{l_0}\boldsymbol{N}_w(x)_{xx}^\mathrm{T}\boldsymbol{N}_w(x)_{xx}\,\mathrm{d}x\,\boldsymbol{q}^\mathrm{e} = \frac{1}{2}\boldsymbol{q}^\mathrm{eT}\boldsymbol{K}_\mathrm{bb}^\mathrm{pe}\boldsymbol{q}^\mathrm{e} \tag{7.1.23}$$

管体的拉伸势能可以表示为

$$\frac{1}{2}E_\mathrm{b}S_\mathrm{b}\int_0^{l_0}\left(\frac{\partial u_\mathrm{b}}{\partial x}\right)^2 \mathrm{d}x = \frac{1}{2}E_\mathrm{b}S_\mathrm{b}\boldsymbol{q}^\mathrm{eT}\int_0^{l_0}\boldsymbol{N}_\mathrm{b}(x)_x^\mathrm{T}\boldsymbol{N}_\mathrm{b}(x)_x\,\mathrm{d}x\,\boldsymbol{q}^\mathrm{e} = \frac{1}{2}\boldsymbol{q}^\mathrm{eT}\boldsymbol{K}_\mathrm{bp}^\mathrm{pe}\boldsymbol{q}^\mathrm{e}$$
$$\tag{7.1.24}$$

式中，E_b 为管体的弹性模量；S_b 为管体的横截面面积；I_b 为惯性矩，$I_\mathrm{b} = \dfrac{\pi}{64}\Big[\big(2r_\mathrm{b} + h_\mathrm{b}\big)^4 + \big(2r_\mathrm{b} - h_\mathrm{b}\big)^4\Big]$。管体单元的刚度矩阵为

$$
\begin{cases}
\boldsymbol{K}_\mathrm{bb}^\mathrm{pe} = E_\mathrm{b}I_\mathrm{b}\displaystyle\int_0^{l_0}\boldsymbol{N}_w(x)_{xx}^\mathrm{T}\boldsymbol{N}_w(x)_{xx}\,\mathrm{d}x \\[2mm]
\boldsymbol{K}_\mathrm{bp}^\mathrm{pe} = E_\mathrm{b}S_\mathrm{b}\displaystyle\int_0^{l_0}\boldsymbol{N}_\mathrm{b}(x)_x^\mathrm{T}\boldsymbol{N}_\mathrm{b}(x)_x\,\mathrm{d}x
\end{cases} \tag{7.1.25}
$$

管体横向运动产生的动能可以表示为

$$\frac{1}{2}\rho_b S_b \int_0^{l_0}\left(\frac{\partial w}{\partial t}\right)^2 dx = \frac{1}{2}\rho_b S_b \boldsymbol{q}^{eT}\int_0^{l_0} \boldsymbol{N}_w(x)^T \boldsymbol{N}_w(x)dx\boldsymbol{q}^e = \frac{1}{2}\boldsymbol{q}^{eT}\boldsymbol{M}_{bb}^{pe}\boldsymbol{q}^e \quad (7.1.26)$$

管体横轴向运动产生的动能可以表示为

$$\frac{1}{2}\rho_b S_b \int_0^{l_0}\left(\frac{\partial u_b}{\partial t}\right)^2 dx = \frac{1}{2}\rho_b S_b \boldsymbol{q}^{eT}\int_0^{l_0} \boldsymbol{N}_b(x)^T \boldsymbol{N}_b(x)dx\boldsymbol{q}^e = \frac{1}{2}\boldsymbol{q}^{eT}\boldsymbol{M}_{bp}^{pe}\boldsymbol{q}^e \quad (7.1.27)$$

式中，ρ_b 为管体的密度。经过推导得到管体单元的质量矩阵为

$$\begin{cases} \boldsymbol{M}_{bb}^{pe} = \rho_b S_b \int_0^{l_0} \boldsymbol{N}_w(x)^T \boldsymbol{N}_w(x)dx \\ \boldsymbol{M}_{bp}^{pe} = \rho_b S_b \int_0^{l_0} \boldsymbol{N}_b(x)^T \boldsymbol{N}_b(x)dx \end{cases} \quad (7.1.28)$$

2. 黏弹性层

黏弹性层剪切变形势能可以表达为

$$\frac{1}{2}G_v S_v \int_0^{l_0}\lambda^2 dx = \frac{1}{2}G_v S_v \boldsymbol{q}^{eT}\int_0^{l_0} \boldsymbol{N}_{\gamma v}(x)^T \boldsymbol{N}_{\gamma v}(x)dx\boldsymbol{q}^e = \frac{1}{2}\boldsymbol{q}^{eT}\boldsymbol{K}_{\gamma v}^{pe}\boldsymbol{q}^e \quad (7.1.29)$$

黏弹性层的单元刚度矩阵为

$$\boldsymbol{K}_{\gamma v}^{pe} = G_v S_v \int_0^{l_0} \boldsymbol{N}_{\gamma v}(x)^T \boldsymbol{N}_{\gamma v}(x)dx \quad (7.1.30)$$

黏弹性层横向运动产生的动能可以表示为

$$\frac{1}{2}\rho_b S_b \int_0^{l_0}\left(\frac{\partial w}{\partial t}\right)^2 dx = \frac{1}{2}\rho_v S_v \boldsymbol{q}^{eT}\int_0^{l_0} \boldsymbol{N}_w(x)^T \boldsymbol{N}_w(x)dx\boldsymbol{q}^e = \frac{1}{2}\boldsymbol{q}^{eT}\boldsymbol{M}_{vp}^{pe}\boldsymbol{q}^e \quad (7.1.31)$$

黏弹性层轴向运动产生的动能可以表示为

$$\frac{1}{2}\rho_v S_v \int_0^{l_0}\left(\frac{\partial u_v}{\partial t}\right)^2 dx = \frac{1}{2}\rho_v S_v \boldsymbol{q}^{eT}\int_0^{l_0} \boldsymbol{N}_{uv}(x)^T \boldsymbol{N}_{uv}(x)dx\boldsymbol{q}^e = \frac{1}{2}\boldsymbol{q}^{eT}\boldsymbol{M}_{vp}^{pe}\boldsymbol{q}^e \quad (7.1.32)$$

黏弹性层单元的质量矩阵为

$$\begin{cases} \boldsymbol{M}_{vb}^{pe} = \rho_v S_v \int_0^{l_0} \boldsymbol{N}_w(x)^T \boldsymbol{N}_w(x)dx \\ \boldsymbol{M}_{vp}^{pe} = \rho_v S_v \int_0^{l_0} \boldsymbol{N}_{uv}(x)^T \boldsymbol{N}_{uv}(x)dx \end{cases} \quad (7.1.33)$$

3. 约束层

约束层的处理方法同管路基层，根据最小势能原理，获得约束层单元的刚度矩阵为

$$
\begin{cases}
\boldsymbol{K}_{\mathrm{cb}}^{\mathrm{pe}} = E_{\mathrm{c}} I_{\mathrm{c}} \displaystyle\int_0^{l_0} \boldsymbol{N}_w(x)_{xx}^{\mathrm{T}} \, \boldsymbol{N}_w(x)_{xx} \mathrm{d}x \\[2ex]
\boldsymbol{K}_{\mathrm{cp}}^{\mathrm{pe}} = E_{\mathrm{c}} S_{\mathrm{c}} \displaystyle\int_0^{l_0} \boldsymbol{N}_c(x)_{x}^{\mathrm{T}} \, \boldsymbol{N}_c(x)_{x} \mathrm{d}x
\end{cases} \tag{7.1.34}
$$

约束层阻尼的单元质量矩阵为

$$
\begin{cases}
\boldsymbol{M}_{\mathrm{cb}}^{\mathrm{pe}} = \rho_{\mathrm{c}} S_{\mathrm{c}} \displaystyle\int_0^{l_0} \boldsymbol{N}_w(x)^{\mathrm{T}} \, \boldsymbol{N}_w(x) \mathrm{d}x \\[2ex]
\boldsymbol{M}_{\mathrm{cp}}^{\mathrm{pe}} = \rho_{\mathrm{c}} S_{\mathrm{c}} \displaystyle\int_0^{l_0} \boldsymbol{N}_c(x)^{\mathrm{T}} \, \boldsymbol{N}_c(x) \mathrm{d}x
\end{cases} \tag{7.1.35}
$$

4. 流体单元

对于管内以恒定速度流动的流体，考虑流固耦合作用，其单元刚度矩阵、质量矩阵和阻尼矩阵表达为

$$
\boldsymbol{K}^{\mathrm{fe}} = \left(T - p S_{\mathrm{f}}(1 - 2\mu) - m_{\mathrm{f}} v^2 \right) \int_0^{l_0} \boldsymbol{N}_w(x)_x^{\mathrm{T}} \, \boldsymbol{N}_w(x)_x \mathrm{d}x \tag{7.1.36}
$$

$$
\boldsymbol{M}^{\mathrm{fe}} = m_{\mathrm{f}} \int_0^{l_0} \boldsymbol{N}_w(x)^{\mathrm{T}} \, \boldsymbol{N}_w(x) \mathrm{d}x + m_{\mathrm{f}} \int_0^{l_0} \boldsymbol{N}_b(x)^{\mathrm{T}} \, \boldsymbol{N}_b(x) \mathrm{d}x \tag{7.1.37}
$$

$$
\boldsymbol{C}^{\mathrm{fe}} = c \int_0^{l_0} \boldsymbol{N}_w(x)^{\mathrm{T}} \, \boldsymbol{N}_w(x) \mathrm{d}x + m_{\mathrm{f}} v \int_0^{l_0} \left[\boldsymbol{N}_w(x)^{\mathrm{T}} \, \boldsymbol{N}_w(x)_x - \boldsymbol{N}_w(x)_x^{\mathrm{T}} \, \boldsymbol{N}_w(x)_x \right] \mathrm{d}x
$$

$$
\tag{7.1.38}
$$

式中，w 为横向位移；m_{f} 为流体单位长度的质量；S_{f} 为流体单元的横截面积；T、μ、v、c 和 p 分别为轴向力、泊松比、流体的速度、摩擦阻尼系数和流体的压力。

7.1.5　黏弹性约束层阻尼管路的损耗因子

输流约束层阻尼管路的单元刚度和质量矩阵可以表示为

$$
\begin{cases}
\boldsymbol{K}^{\mathrm{e}} = \boldsymbol{K}_{\mathrm{bp}}^{\mathrm{pe}} + \boldsymbol{K}_{\mathrm{bb}}^{\mathrm{pe}} + \boldsymbol{K}_{\mathrm{cp}}^{\mathrm{pe}} + \boldsymbol{K}_{\mathrm{cb}}^{\mathrm{pe}} + \boldsymbol{K}_{\gamma v}^{\mathrm{pe}} + \boldsymbol{K}^{\mathrm{fe}} \\[1ex]
\boldsymbol{M}^{\mathrm{e}} = \boldsymbol{M}_{\mathrm{bp}}^{\mathrm{pe}} + \boldsymbol{M}_{\mathrm{bb}}^{\mathrm{pe}} + \boldsymbol{M}_{\mathrm{cp}}^{\mathrm{pe}} + \boldsymbol{M}_{\mathrm{cb}}^{\mathrm{pe}} + \boldsymbol{M}_{\mathrm{vp}}^{\mathrm{pe}} + \boldsymbol{M}_{\mathrm{cp}}^{\mathrm{pe}} + \boldsymbol{M}^{\mathrm{fe}}
\end{cases} \tag{7.1.39}
$$

根据虚功原理获得外载荷向量为

$$
\begin{aligned}
\delta W_{\mathrm{ext}} = \int_0^{l_0} f_w \delta w + f_w \delta u_b \mathrm{d}x &= k_{\mathrm{t}} \left[w(0)\delta w(0) + w(l_0)\delta w(l_0) \right] \\
&+ k_{\mathrm{r}} \left[w'(0)\delta w'(0) + w'(l_0)\delta w'(l_0) \right] = \boldsymbol{q}^{\mathrm{eT}} \boldsymbol{f}_{\mathrm{ext}}
\end{aligned} \tag{7.1.40}
$$

式中，k_{t} 为线弹性刚度；k_{r} 为扭转弹簧刚度。

根据 Hamilton 原理，系统的动能 T_e、势能 U_e 和外力做功 W_e 有如下关系：

$$\int_{t_1}^{t_2} \delta T_e - \delta U_e + \delta W_e \mathrm{d}t = 0 \tag{7.1.41}$$

通过对局部坐标转换，得到整体坐标系下的单元矩阵。然后对单元矩阵分别进行组集，形成整体质量矩阵、阻尼矩阵和刚度矩阵。约束层阻尼管路在整体坐标系下的动力学方程为

$$M\ddot{q} + C\dot{q} + Kq = F \tag{7.1.42}$$

式中，M 为单元的刚度；C 为单元的阻尼；K 为单元的质量矩阵；q 为位移向量；F 为外载荷向量。考虑自由振动，系统的频率方程为

$$\left[K - \Omega^2 M\right]q = 0 \tag{7.1.43}$$

通过求解频率方程，可以获得约束层阻尼管路的固有频率 ω 和损耗因子 η，其表达式为

$$\Omega = \omega^2(1 + \mathrm{i}\eta) \tag{7.1.44}$$

$$\omega = (\mathrm{Re}(\Omega))^{\frac{1}{2}} \tag{7.1.45}$$

$$\eta = \frac{\mathrm{Im}(\Omega)}{\mathrm{Re}(\Omega)} \tag{7.1.46}$$

损耗因子被广泛作为评估阻尼性能的重要指标，与结构系统模态阻尼比成比例。

7.2　黏弹性约束层阻尼管路系统的振动测试及减振有效性验证

本节采用模态试验验证含有黏弹性约束层阻尼管路系统仿真方法的有效性，在此基础上，讨论黏弹性层厚度和剪切模型、约束层厚度和弹性模量，以及支撑刚度对管路系统的固有频率与损耗因子的影响。

7.2.1　黏弹性约束层阻尼管路仿真模型

建立黏弹性约束层阻尼管路系统有限元仿真模型，管路内径为 16mm，壁厚为 1mm，长度为 500mm，几何参数如表 7.2.1 所示。管路沿轴向分为 20 个单元，共 21 个节点，每个节点有 4 个自由度，管路左端定义为 $x=0$。管路系统的边界条件为两端固支和两端弹支，试验标定得到 k_t 为 $1 \times 10^6 \mathrm{N/m}$，$k_r$ 为 100N · m/rad。

表 7.2.1　约束层阻尼管路模型几何参数

参数	管体	黏弹性层	约束层
弹性模量/GPa	201	—	70
剪切模量/MPa	—	0.79	—
密度/(kg/m³)	7800	1180	2700
厚度/mm	1.5	0.05	0.1
泊松比	0.3	0.5	0.3
损耗因子	—	0.95	—

在两端固支和两端弹支边界条件下，分别通过有限元数值计算与试验测试方法得到管路系统的固有频率，对比结果见表 7.2.2。附加约束层阻尼可通过在管路表面贴附黏弹性约束层阻尼材料实现。

表 7.2.2　管路系统固有频率对比结果

边界条件	阶数	数值计算值/Hz		试验测试值/Hz		误差/%	
		无约束层阻尼	约束层阻尼	无约束层阻尼	约束层阻尼	无约束层阻尼	约束层阻尼
两端固支	一阶	387	383	388	385	0.26	0.52
	二阶	1053	1041	1042	1033	1.05	0.77
	三阶	2096	2068	2092	2080	0.19	0.58
两端弹支	一阶	261	253	263	256	0.76	1.17
	二阶	472	454	488	473	3.28	4.02
	三阶	843	823	862	849	2.20	3.06
	四阶	1613	1588	1650	1627	2.24	2.39
	五阶	2779	2740	2833	2795	1.91	1.97

从表 7.2.2 可以看出，在两端固支边界条件下，贴附约束层阻尼材料以后，管路系统的一阶固有频率数值计算与测试结果分别偏移了 4Hz 和 3Hz，无约束层阻尼管路系统的一阶固有频率误差为 0.26%，粘贴约束层阻尼管路系统的一阶固有频率误差为 0.52%，最大误差发生在二阶固有频率处，其值为 1.05%。在两端弹支边界条件下，管路系统的误差较大，最大误差为 4.02%(二阶固有频率处)。试验测试结果验证了约束层阻尼管路系统有限元模型的有效性。下面基于黏弹性约束层阻尼管路系统分析方法，分别讨论黏弹性阻尼材料参数、约束层阻尼材料参数和边界支撑刚度对管路系统的固有频率和损耗因子的影响。

7.2.2　黏弹性层参数对固有频率及损耗因子的影响

本小节讨论黏弹性层厚度和剪切模量对管路系统固有频率和损耗因子的影响。选取黏弹性层的厚度变化范围为 0~5mm，管路系统的边界条件为两端弹支。图7.2.1给出了黏弹性层厚度对管路系统固有频率和损耗因子的影响。从图7.2.1(a)中可以看出，随着黏弹性层厚度的增加，管路系统的前三阶固有频率呈下降的趋势，这是由于贴附黏弹性材料增加了管路系统的质量，从而改变了固有频率。在黏弹性层厚度为 5mm 时，一阶固有频率达 200Hz，固有频率(无阻尼管路系统频率261Hz)偏移了 61Hz。从图7.2.1(b)可以看出，管路系统的整体损耗因子随着黏弹性层厚度的增加呈线性增大的趋势，其中第一阶损耗因子变化的斜率相对于二、三阶较小。因此，黏弹性层厚度的增加会降低管路系统的固有频率，提高管路系统的阻尼性能。

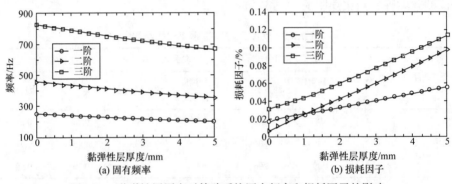

图 7.2.1　黏弹性层厚度对管路系统固有频率和损耗因子的影响

图 7.2.2 给出了黏弹性层剪切模量对管路系统固有频率与损耗因子的影响。黏弹性层剪切模量变化范围为 10^5~10^9Pa。从图7.2.2(a)中可以看出，随着剪切模量的增加，管路系统的固有频率没有发生改变，其原因为没有显著改变管路系

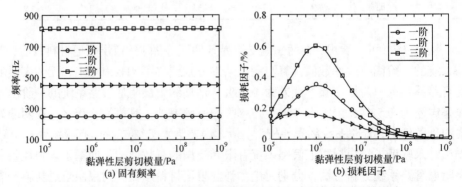

图 7.2.2　黏弹性层剪切模量对管路系统固有频率和损耗因子的影响

统的结构刚度和质量。从图 7.2.2(b) 中可以看出，管路系统的损耗因子随着剪切模量的增加先呈增大的趋势，当剪切模量达到 10^6Pa 附近会出现损耗因子峰值，然后损耗因子随着剪切模量的增加逐渐减小。在剪切模量变化的过程中，第二阶损耗因子变化相对较小。因此，黏弹性层剪切模量的变化不改变管路系统的固有频率，但对管路系统损耗因子产生显著的影响，其中在剪切模量达到 10^6Pa 附近损耗因子达到最大。

7.2.3　约束层参数对固有频率及损耗因子的影响

本小节讨论约束层厚度和弹性模量变化对管路系统固有频率和损耗因子的影响。选取约束层的厚度变化范围为 0～2mm，管路系统的边界条件为两端弹支。图 7.2.3 给出了约束层厚度对管路系统固有频率和损耗因子的影响。从图 7.2.3(a) 中可以看出，随着约束层厚度的增加，管路系统的前三阶固有频率呈下降的趋势，其原因为贴附约束层材料增加了管路系统的质量。在约束层厚度为 2mm 时，一阶固有频率(无阻尼管路系统频率)偏移了 30Hz。从图 7.2.3(b) 可以看出，管路系统的整体损耗因子随着约束层厚度的增加呈非线性增大的趋势，其中第一阶损耗因子在约束层厚度大于 0.8mm 以后呈逐渐减小的趋势。因此，约束层厚度的增加同样会降低管路系统的固有频率，对于管路系统第一阶损耗因子影响较小，对高阶损耗因子影响较大。

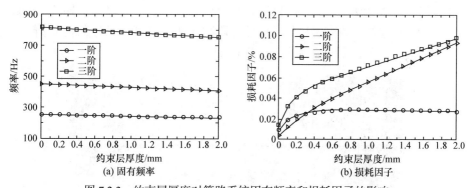

(a) 固有频率　　　　　　　　(b) 损耗因子

图 7.2.3　约束层厚度对管路系统固有频率和损耗因子的影响

图 7.2.4 给出了约束层弹性模量对管路系统固有频率与损耗因子的影响。约束层材料的弹性模量变化范围为 10～210GPa。从图 7.2.4(a) 中可以看出，随着弹性模量的增加，管路系统的固有频率有增大的趋势，其原因为贴附约束层材料增加了管路系统的结构刚度。从图 7.2.4(b) 中可以看出，当约束层弹性模量为 20GPa 时，管路系统的损耗因子出现峰值，之后随着弹性模量的增加呈逐渐减小趋势。在约束层弹性模量变化的过程中，对第一阶损耗因子影响最为显著。因此，约束层弹性模量的变化会增加管路系统的固有频率，且对管路系统第一阶损耗因子产

生显著的影响,在弹性模量达到 20GPa 附近损耗因子达到最大。

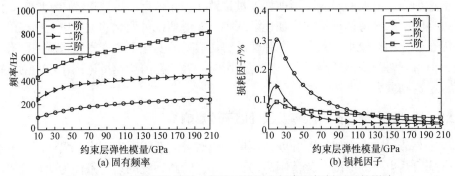

(a) 固有频率　　　　　　　　　　　　　(b) 损耗因子

图 7.2.4　约束层弹性模量对管路系统固有频率和损耗因子的影响

　　通过以上讨论可知,对于黏弹性约束层阻尼管路系统,合理地选择黏弹性层及约束层的厚度和材料参数可以获得较好的减振效果。

7.2.4　压力脉动激励下黏弹性阻尼管路减振效果验证

　　为了验证黏弹性阻尼对航空液压管路系统在泵源压力脉动激励和机体基础激励下产生振动的影响,基于液压管路系统试验台,对管路系统贴附黏弹性阻尼材料后的振动响应进行试验测试。约束层阻尼管路系统试验照片如图 7.2.5 所示,管路系统和黏弹性约束层阻尼材料的结构和材料参数同表 7.2.1。选择 Soundcoat DYAD 606 型黏弹性约束层材料,设计一段黏弹性约束层液压直管路试验件,基于 NI PXIe 4499 数据采集系统采集振动信号。

图 7.2.5　约束层阻尼管路系统试验照片

　　其中泵源压力脉动激励工况为:调整柱塞泵的转速变化范围为 850～1800r/min,保持节流阀的过流面积不变,柱塞泵在升速过程泵出口处的流体压力呈非线性增大的趋势,当柱塞泵达到 1800r/min 时系统工作压力为 12MPa。首先进行升速试验,在 41s 左右柱塞泵转速达到 1800r/min,然后开始降速,在 80s 时刻柱塞泵转速为 850r/min。

1. 泵源扫频激励下减振对比

贴附黏弹性约束层阻尼前后，管路系统在泵源扫频激励下的振动响应分别如图 7.2.6 和图 7.2.7 所示。从图 7.2.6 可以看出，在柱塞泵升速过程中，管路系统受泵源谐波激励出现多个共振峰值，当 $t=35.8s$，泵源流体压力脉动引起管路系统产生较大的共振峰值，响应峰值为 $8.7g$。当 $t=40.9s$，柱塞泵转速达到 $1800r/min$，随后开始降速，降速过程中管路系统的振动响应和升速过程相似。当 $t=46.7s$，管路系统产生共振峰值。从图 7.2.7 可以看出，贴附约束层阻尼材料后管路的振动响应明显减小，当 $t=34.5s$，泵源流体压力脉动引起管路系统产生共振峰值，响应峰值为 $7.5g$。共振响应峰值在时间上提前了 $1.3s$，幅值同比下降了 13.8%。

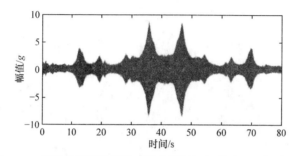

图 7.2.6　无约束层阻尼管路系统在泵源扫频激励下的振动响应

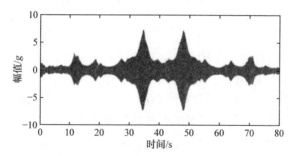

图 7.2.7　约束层阻尼管路系统在泵源扫频激励下的振动响应

贴附黏弹性约束层阻尼材料前后，管路系统在泵源扫频激励下的振动响应三维瀑布图分别如图 7.2.8 和图 7.2.9 所示。从图 7.2.8 可以看出，柱塞泵转速上升过程中，当 $t=35.8s$，流体的二阶谐波频率达到 $388Hz$，即柱塞泵达到 $1663r/min$ 时，管路产生较大的共振峰值，继续增加柱塞泵的转速，管路的振动响应迅速下降。当柱塞泵的转速达到 $1800r/min$ 后，开始降速直到柱塞泵的转速为 $850r/min$，管路的振动响应会出现和升速过程相似的现象，同样当 $t=46.7s$ 时流体压力脉动会引起管路产生较大的共振峰值。

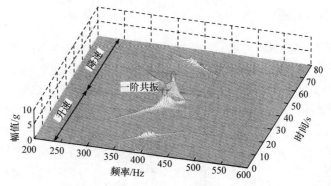

图 7.2.8　无约束层阻尼管路系统在泵源扫频激励下的振动响应三维瀑布图

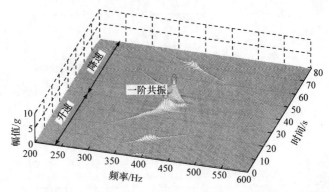

图 7.2.9　约束层阻尼管路系统在泵源扫频激励下的振动响应三维瀑布图

从图 7.2.9 可以看出，柱塞泵转速上升过程中，当 $t=34.5s$，流体的二阶谐波频率达到 384Hz，即柱塞泵达到 1646r/min 时，管路产生共振峰值，频率偏移了4Hz。贴附黏弹性约束层前，管路系统在泵源流体二阶谐波激励下的共振峰值为7.2g，贴附阻尼材料后，管路系统的共振峰值为 5.8g，幅值下降了 1.4g，同比下降了 19.4%。

2. 泵源定频激励下减振对比

本小节研究泵源定频激励下管路系统的减振效果。首先进行管路系统在共振态下的减振试验，调整柱塞泵的转速至管路发生共振，即贴附约束层阻尼材料前的转速为 1663r/min，贴附阻尼材料后的转速为 1646r/min，液压系统工作压力分别为3MPa、6MPa 和9MPa 时，管路系统贴附黏弹性约束层阻尼材料前后在泵源定频激励下的振动响应如图 7.2.10 所示。

从图 7.2.10 可以看出，贴附黏弹性约束层阻尼材料前，管路系统在液压系统工作压力为3MPa、6MPa 和9MPa 下的共振响应幅值分别为 4.25g、4.96g 和5.77g，贴附黏弹性约束层阻尼材料后，管路系统的共振响应幅值分别为 3.53g、4.02g，

4.65g，幅值分别下降了 0.72g、0.94g 和 1.12g，同比下降了 16.9%、18.9%和 19.4%。

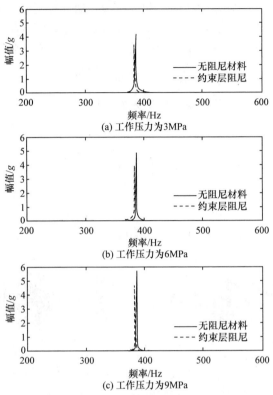

图 7.2.10　不同液压系统工作压力下管路系统在泵源定频激励下的振动响应

　　进一步分析黏弹性约束层阻尼管路系统在泵源激励非共振态下的振动响应，调整柱塞泵的转速为 1500r/min，液压系统的工作压力为 9MPa，贴附黏弹性约束层阻尼材料前后管路系统在泵源定频激励下的振动响应如图 7.2.11 所示。

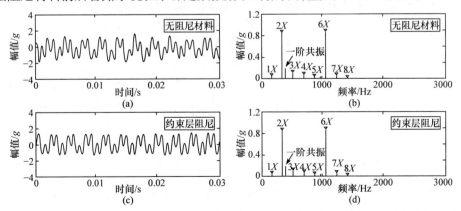

图 7.2.11　液压系统工作压力为 9MPa 时管路系统在泵源定频激励下的振动响应

从图 7.2.11 可以看出，液压管路系统在泵源压力脉动谐波激励下产生多谐波的振动响应特性，其中管路的 2 倍频和 6 倍频振动响应幅值较大，其原因为 2 倍频和 6 倍频谐波频率成分分别与管路本体的一阶和二阶固有频率接近，进而引起较大的振动响应。管路系统贴附黏弹性约束层阻尼后，2 倍频谐波响应幅值分别为 0.86g 和 0.78g，同比下降了 9.3%，减振效果明显。

7.2.5 基础激励下黏弹性阻尼管路减振效果验证

1. 基础扫频激励下减振对比

本小节研究基础扫频激励下附加黏弹性约束层阻尼前后管路系统的减振效果。采用电磁振动台模拟基础激励，针对管路系统的一阶弯曲频率，选择基础激振的频率范围为 300~500Hz，激振的幅值为 2g。贴附黏弹性约束层阻尼材料前后，管路系统在基础扫频激励下的振动响应如图 7.2.12 所示。

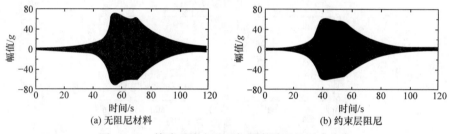

图 7.2.12　管路系统在基础扫频激励下的振动响应

从图 7.2.12(a)可以看出，在基础扫频过程中，液压管路系统的振动响应幅值逐渐增大，当 t=55.3s，基础激励引起管路系统产生共振响应峰值，为 73.4g。从图 7.2.12(b)可以看出，贴附黏弹性约束层阻尼材料后管路的振动响应明显减小，当 t=40.5s，基础激励引起管路系统产生共振响应峰值，为 63.2g。共振响应峰值在时间上提前了 14.8s，幅值下降了 10.2g，同比下降了 16.1%。

贴附黏弹性约束层阻尼材料前后，管路系统在基础扫频激励下的振动响应三维瀑布图如图 7.2.13 所示。在基础扫频激励下，贴附黏弹性约束层阻尼前，管路系统的共振响应幅值为 59.5g，频率为 387Hz，贴附黏弹性约束层阻尼后，管路系统的共振响应幅值为 50.8g，频率为 382Hz，频率偏移了 5Hz，幅值下降了 8.7g，同比下降 14.6%。

2. 基础定频激励下减振对比

本小节研究基础定频激励下附加黏弹性约束层阻尼前后管路系统的减振效果。基础激振频率分别为 387Hz 和 382Hz，激振的幅值分别为 1g、2g 和 3g，管路系统贴附约束层阻尼材料前后在基础定频激励下的振动响应如图 7.2.14 所示。贴附黏弹性约束层阻尼材料前，管路系统在基础激振幅值为 1g、2g 和 3g 下的共振响应幅值分别为 41.7g、69.3g 和 81.4g，贴附约束层阻尼材料后，管路系统的共振响应幅值分别为 35.9g、58.6g 和 65.7g，幅值分别下降了 5.8g、10.7g 和 15.7g，同比下降了 13.9%、15.4% 和 19.3%。

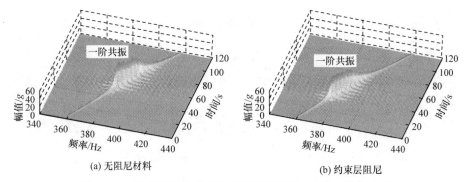

(a) 无阻尼材料　　　　　　　　　　　(b) 约束层阻尼

图 7.2.13　管路系统在基础扫频激励下的振动响应三维瀑布图

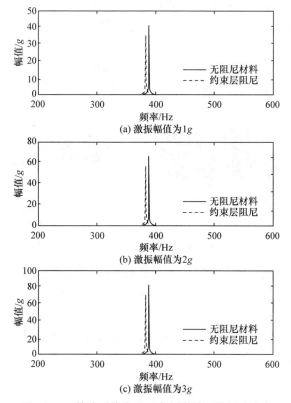

(a) 激振幅值为 1g

(b) 激振幅值为 2g

(c) 激振幅值为 3g

图 7.2.14　管路系统在基础定频激励下的振动响应

3. 基础扫频激励下的弹支边界约束层阻尼管路系统振动测试

本小节研究基础扫频激励下弹支边界约束层阻尼管路系统减振效果。两端弹支边界下黏弹性约束层阻尼管路的结构示意如图 7.2.15 所示。采用电磁振动台模拟基础激励，针对管路系统的一阶弯曲频率，选择基础激振的频率范围为 220～270Hz，激振的幅值为 1g。

图 7.2.15　两端弹支边界下黏弹性约束层阻尼管路的结构示意图

贴附黏弹性约束层阻尼前后，管路系统在基础扫频激励下的振动响应如图 7.2.16 所示。从图 7.2.16(a)可以看出，在基础扫频过程中，液压管路系统的振动响应幅值逐渐增大，当 $t=74.6$s，基础激励引起管路系统产生共振响应峰值，为 11.5g。从图 7.2.16(b)可以看出，贴附黏弹性约束层阻尼材料后管路的振动响应明显减小，当 $t=47.3$s，基础激励引起管路系统产生共振响应峰值，为 8.7g。共振响应峰值在时间上提前了 27.3s，幅值下降了 2.8g，同比下降了 24.3%。

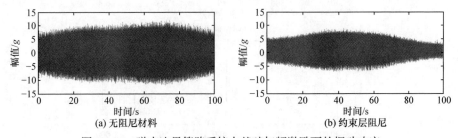

图 7.2.16　弹支边界管路系统在基础扫频激励下的振动响应

贴附黏弹性约束层阻尼材料前后管路系统在基础扫频激励下的振动响应三维瀑布图如图 7.2.17 所示。在基础扫频激励下，贴附黏弹性约束层阻尼材料前，管路系统的共振响应幅值为 7.6g，频率为 260.7Hz，贴附黏弹性约束层阻尼材料后，管路系统的共振响应幅值为 5.9g，频率为 243.9Hz，频率偏移了 16.8Hz，幅值下降了 1.7g，同比下降 22.4%。

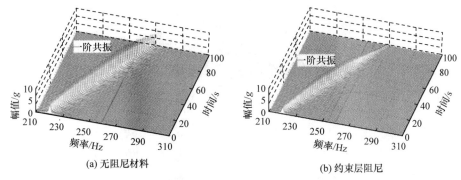

(a) 无阻尼材料　　　　　　　　　(b) 约束层阻尼

图 7.2.17　弹支边界阻尼管路系统在基础扫频激励下的振动响应三维瀑布图

7.3　黏弹性阻尼卡箍-管路系统动力学特性分析

7.3.1　黏弹性阻尼卡箍的力学特性

飞机液压系统应用大量的带垫卡箍，在液压管路系统中起增强管路刚度、紧固管路位置以及增大系统阻尼的作用。卡箍的设计对管路系统振动行为影响较大，特别是力学特性参数直接影响管路系统的振动特性。卡箍-管路系统如图 7.3.1 所示，卡箍由金属箍带和橡胶衬套组成，通过紧固螺钉固定在支座上。卡箍结构尺寸如表 7.3.1 所示。卡箍坐标系与载荷示意图如图 7.3.2 所示。通过对卡箍不同方向静态加载，可得到不同方向上的静载特性曲线。

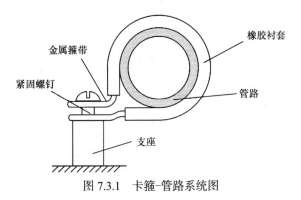

图 7.3.1　卡箍-管路系统图

表 7.3.1　卡箍结构尺寸　　　　　　　　(单位：mm)

箍带厚度	箍带内径	箍带宽度	衬套厚度	衬套宽度	螺栓孔直径	衬套宽度
0.7	22	15	2	15	6	15

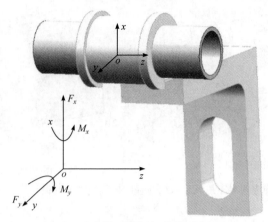

7.3.2　卡箍坐标系与载荷示意图

卡箍的线刚度：根据力传感器测得力的变化值，根据千分表测得位移的变化值，由线刚度定义式可求得卡箍两个方向上的线刚度值。线刚度定义式为

$$k_i = \frac{\Delta F_i}{\Delta U_i}, \quad i = (x, y) \tag{7.3.1}$$

卡箍的扭转刚度：根据扭矩传感器所得力矩变化值和角度表盘所测得角位移变化值，由扭转刚度定义式可求得卡箍两个方向上的扭转刚度值。扭转刚度定义式为

$$k_{\theta i} = \frac{\Delta M_i}{\Delta \theta_i}, \quad i = (x, y) \tag{7.3.2}$$

式中，ΔF_i、ΔM_i 分别为 x、y 方向上的力变化量与绕 x、y 方向上的扭矩变化量；ΔU_i、$\Delta \theta_i$ 分别为 x、y 方向上的位移变化量与绕 x、y 方向上的角位移变化量。卡箍线刚度标定装置和扭转刚度标定装置分别如图 7.3.3 和图 7.3.4 所示。

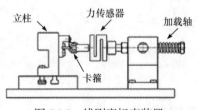

图 7.3.3　线刚度标定装置

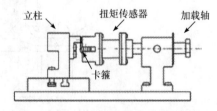

图 7.3.4　扭转刚度标定装置

卡箍刚度标定装置通过加载轴施加力和扭矩，利用力传感器和扭矩传感器测量力与扭矩的值，千分表和角度刻度盘分别测定位移变化量与角位移变化量。通过调整立柱的角度，可以满足不同方向上刚度测量的需求。卡箍线刚度标定试验布置和扭转刚度标定试验布置分别如图 7.3.5 和图 7.3.6 所示。

图 7.3.5　线刚度标定试验布置

图 7.3.6　扭转刚度标定试验布置

利用千分表与角度刻度盘对各方向的位移和扭转角度进行测量，进行多次重复性试验并记录数据结果。通过对数据结果进行处理分析，得到不同方向上卡箍的静载曲线，如图 7.3.7 所示。可以看出，载荷与变形量之间的关系在整个载荷周期中的某一小段范围内呈线性关系，但在整个载荷周期中呈非线性关系，即卡箍的线刚度与扭转刚度具有非线性的特征。

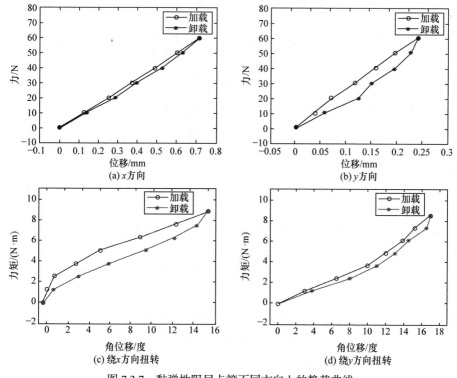

图 7.3.7　黏弹性阻尼卡箍不同方向上的静载曲线

静载曲线所包围的面积为一个载荷周期内消耗的能量，面积的大小反映了阻尼性能的高低。能量耗散性能可以用耗散系数来表示：

$$\psi = A / E_P \tag{7.3.3}$$

式中，$E_P = F_{\max} \cdot x_{\max}$，为最大势能；$A$ 为曲线所包围的面积。

通过计算式(7.3.3)得到卡箍不同方向的能量耗散系数，如表 7.3.2 所示。

表 7.3.2 黏弹性阻尼卡箍不同方向的能量耗散系数

x 方向	y 方向	绕 x 方向扭转	绕 y 方向扭转
0.028	0.088	0.126	0.052

对试验获得的多组数据进行处理，求得不同方向上的平均刚度值如表 7.3.3 所示。

表 7.3.3 黏弹性阻尼卡箍不同方向上的平均刚度值

方向	线刚度/(N/m)	扭转刚度/(N·m/rad)
x	8.4371×10^4	30.6587
y	2.5704×10^5	25.4255

由以上数据分析可知，卡箍在 y 方向的线刚度值相对于 x 方向的线刚度值较大，而 y 方向的扭转刚度相对于 x 方向的扭转刚度较小。同时，卡箍在 y 方向上的能量耗散系数相对于 x 方向上的能量耗散系数较大。

7.3.2 黏弹性阻尼卡箍-管路系统的动态阻尼特性研究

卡箍的静态特性能够在一定程度上反映卡箍的隔振性能，但反映隔振性能的最直接参数是动态传递率。动态传递率可以定义为

$$\eta = \frac{a_{\text{out}}}{a_{\text{in}}} \tag{7.3.4}$$

式中，a_{out} 为系统的输出加速度，单位为 m/s²；a_{in} 为系统的输入加速度，单位为 m/s²。

同时通过动态传递率可以计算出系统的模态阻尼比，动态传递率公式又可以表示为

$$\eta = \sqrt{1+(2\zeta\gamma)^2} \left/ \sqrt{(1-\gamma^2)^2+(2\zeta\gamma)^2} \right. \tag{7.3.5}$$

式中，ζ 为阻尼比；γ 为频率比，当共振时，频率比 $\gamma = 1$。

在共振态下，由式(7.3.5)得

$$\zeta = 1 \left/ \sqrt{4(\eta^2 - 1)} \right. \tag{7.3.6}$$

为了对卡箍的动态特性进行分析研究，搭建如图 7.3.8 所示的卡箍-管路试验

系统。卡箍作为液压管路与飞机机体之间的支撑元件，受到来自飞机机体的基础激励，因此，利用电磁振动台模拟飞机机体的振动，分别沿卡箍 x 、 y 方向施加激励。液压管路通过卡箍紧固在电磁振动台的支座上，卡箍的预紧力在整个试验过程中恒定为 5N·m。在支座表面以及液压管路表面分别布置一个加速度传感器，前者用于采集系统的激励输入，后者用于采集系统的响应输出。

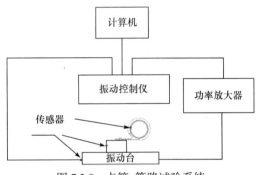

图 7.3.8　卡箍-管路试验系统

试验过程中，由振动控制仪输出模拟飞机机体振动的控制信号，功率放大器将控制信号放大后施加到振动台上，振动台模拟基础载荷振动，同时传感器监测振动台的振动，并将监测值反馈至振动控制仪，形成闭环控制系统。如图 7.3.9 所示，加速度传感器 1 采集试验系统的输入信号，加速度传感器 2 采集试验系统的输出信号。

(a) x 方向激励　　　　　　　　　　(b) y 方向激励

图 7.3.9　黏弹性阻尼卡箍动态特性试验系统

首先设定振动台以 1g 的恒定加速度进行扫频，采集系统的输入与输出数据。根据式(7.3.4)对采集的数据进行处理，获得不同方向上卡箍的动态特性曲线，如图 7.3.10 所示。

提取动态特性曲线中共振处的固有频率与传递率，并根据式(7.3.6)计算模态阻尼比，结果如表 7.3.4 所示。分析数据可知，x 方向上的固有频率和动态传递

率小于 y 方向上的固有频率和动态传递率，x 方向上的卡箍刚度小于 y 方向上的卡箍刚度，当系统的振动能量相同时，在 x 方向上通过卡箍传递给管路的能量相对于 y 方向上传递的能量较少。因此，卡箍在 x 方向上具有更好的隔振性能。即卡箍在不同方向上的刚度存在差别，且不同方向上阻尼性能也不相同。

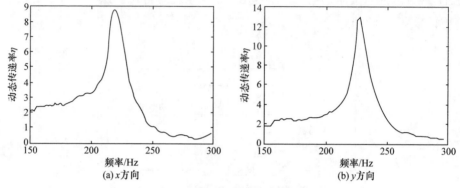

图 7.3.10　黏弹性阻尼卡箍动态特性曲线

表 7.3.4　系统不同方向上动态特性参数值

方向	固有频率/Hz	动态传递率	模态阻尼比
x	218.3	8.769	0.093
y	228.3	12.97	0.037

7.3.3　不同激振幅值下黏弹性阻尼卡箍-管路系统动态特性

为了研究不同激振幅值对卡箍动态性能的影响，分别用 $1g$、$3g$、$5g$ 的加速度进行激励，即 $a_{\text{in}}=1g$，$a_{\text{in}}=3g$，$a_{\text{in}}=5g$。利用式(7.3.4)可计算出卡箍的动态传递率，得到不同激振幅值下的动态特性曲线，如图 7.3.11 所示。

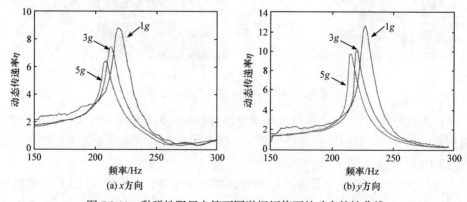

图 7.3.11　黏弹性阻尼卡箍不同激振幅值下的动态特性曲线

不同激振幅值下卡箍-管路系统一阶固有频率以及动态传递率统计如表 7.3.5 所示。由试验结果可知，在不同激励条件下，系统的一阶固有频率会发生不同程度的偏移，这是卡箍刚度的非线性特征引起的。同时，随着激励的增加，卡箍的动态传递率不断下降。

表 7.3.5　不同激振幅值下卡箍-管路系统一阶固有频率以及动态传递率

方向	项目	1g	3g	5g
x	固有频率/Hz	218.3	211.7	208.3
	动态传递率	8.769	7.391	6.422
y	固有频率/Hz	228.3	221.7	216.7
	动态传递率	12.97	10.49	10.02

7.3.4　高阻尼卡箍-管路系统减振有效性对比

在卡箍试验台上，进行不同卡箍衬套材料的阻尼减振效果对比测试，获得不同橡胶材料卡箍的减振性能。选用三种高阻尼卡箍进行试验，分别为无阻尼柔性卡箍(1#卡箍)、带有 GB1516 橡胶衬垫的卡箍(2#卡箍)和带有硅橡胶衬垫的卡箍(3#卡箍)，如图 7.3.12 所示。

(a) 1#卡箍　　　　　　　　　　(b) 2#卡箍　　　　　　　　　　(c) 3#卡箍

图 7.3.12　三种高阻尼卡箍

针对 1#、2#、3#卡箍，分别沿 x、y 方向进行动态特性试验，利用电磁振动台以 1g 的加速度进行 30~600Hz 的扫频。三种高阻尼卡箍 x、y 方向上的动态特性曲线如图 7.3.13 所示。卡箍-管路系统一阶固有频率以及传递率见表 7.3.6。三种卡箍-管路系统的模态阻尼比见表 7.3.7 所示。

综上，卡箍结构中的橡胶衬垫会影响系统的一阶固有频率，无橡胶衬垫的卡箍一阶固有频率较大，且共振峰值较高；添加橡胶衬垫后，系统的一阶固有频率和共振峰值都有不同程度的降低。在 x 方向上，2#卡箍使得系统的一阶固有频率降低程度最大，但是共振峰值降幅较小，3#卡箍使得系统的一阶固有频率和共振峰值都大幅度下降，固有频率相对于 1#卡箍下降 34%，共振峰值下降 75.9%。在

y 方向上，2#、3#卡箍都使得系统的一阶固有频率和共振峰值大幅下降。综合可得，3#卡箍具有相对较好的动态性能。

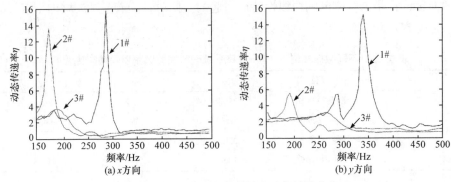

(a) x 方向　　　　　　　　　　　　(b) y 方向

图 7.3.13　三种高阻尼卡箍的动态特性曲线

表 7.3.6　高阻尼卡箍-管路系统一阶固有频率以及动态传递率

方向	项目	1g	3g	5g
x	固有频率/Hz	290	175	190
	动态传递率	15.92	13.71	3.835
y	固有频率/Hz	340	195	290
	动态传递率	15.06	5.447	5.282

表 7.3.7　三种高阻尼卡箍-管路系统模态阻尼比

方向	1#	2#	3#
x	0.031	0.037	0.135
y	0.033	0.093	0.171

7.4　液压管路系统的主动约束层阻尼结构

本节介绍典型主动约束层阻尼结构及其工作原理，针对液压管路系统在高压力脉动和基础激励工况下产生的大幅度振动问题，结合压电材料的力学及电学特性，设计主动约束层阻尼结构，提出基于新型主动约束层阻尼器降低压力脉动激励产生的宽频振动能量的方案，并进行相应的试验验证。

7.4.1　几种典型主动约束层阻尼结构

主动约束层阻尼实现振动控制的主要方法是：主动约束层的变形可使黏弹性

材料产生拉伸与剪切变形，将系统振动产生的机械能转变为内能，达到减小振动能量的效果。此外，主动约束层变形产生的作用力会增加结构体的刚度，在结构振动时，降低结构的振动幅值。

图 7.4.1 为几种典型主动约束层阻尼结构[5]。主动约束层阻尼结构由传感器、控制器和作动器组成，其中，传感器的作用为采集基体结构的振动；控制器将振动数据通过控制算法输出为控制信号到作动器；作动器变形通过黏弹性阻尼层作用到振动结构。

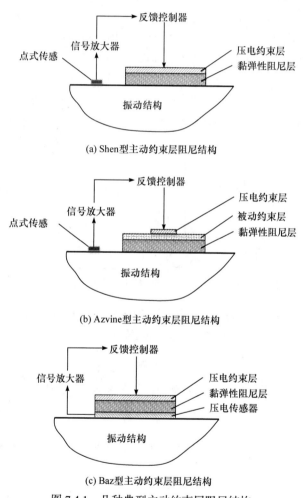

(a) Shen 型主动约束层阻尼结构

(b) Azvine 型主动约束层阻尼结构

(c) Baz 型主动约束层阻尼结构

图 7.4.1　几种典型主动约束层阻尼结构

图 7.4.1(a)所示为 Shen 型主动约束层阻尼结构，此类主动约束层阻尼结构是将黏弹性阻尼层置于主动约束层和振动结构之间，在振动结构的表面上单独布置振动传感器。图 7.4.1(b)所示为 Azvine 型主动约束层阻尼结构，该结构将主动约

束层与被动约束层结合为一体，调节被动约束层的变形可以改变黏弹性阻尼层的形状。图 7.4.1(c)所示为 Baz 型主动约束层阻尼结构，黏弹性阻尼层置于两个压电层之间，组成复合结构，其中，黏弹性阻尼层上表面的压电层为主动约束层，下层的压电层作为压电传感器来进行工作。

7.4.2　主动约束层压电材料特性

主动约束层阻尼结构主要选用压电功能材料，典型的主动约束层压电材料为压电陶瓷，压电陶瓷具有压电效应，是一种各向异性材料，由不对称晶体微粒通过烧结形成。在烧结的降温过程中，当撤销外加电场时，沿着外加电场的方向会出现剩余极化[6]。压电陶瓷材料具有两种压电效应：正压电效应和逆压电效应[7]，原理图分别如图 7.4.2 和图 7.4.3 所示。

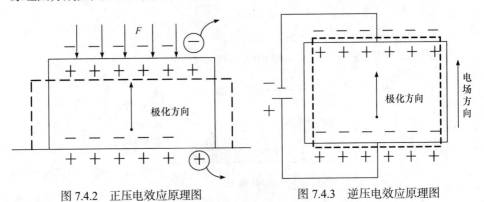

图 7.4.2　正压电效应原理图　　　　　图 7.4.3　逆压电效应原理图

(1) 压电材料的电学特性表现为当压电材料受到外力作用时，会同时产生应力、应变和电位移。电位移一般由电场强度矢量与电位移矢量表示。

$$D = \varepsilon E \tag{7.4.1}$$

式中，ε 为介电常数矩阵，单位为 F/m；E 为电场强度矢量，单位为 V/m；D 为电位移矢量，单位为 C/m^2。式(7.4.1)说明，压电材料的电学特性可以通过介电常数来反映。

(2) 压电材料的力学特性可以用应力 T 和应变 S 来表示。由胡克定律得

$$T = cS \tag{7.4.2}$$

式中，c 为刚度常数矩阵，单位为 N/m^2；T 为应力矢量，单位为 N/m^2；S 为应变矢量。

(3) 本构关系。压电材料具有机电转换功能，可以将机械能与电能相互转换。压电方程组采用不同参数作为自变量，会产生不同形式的压电方程[8-9]。第一类压

电方程组有如下形式：

$$\begin{cases} S = S^{E}T + dE \\ D = dT + \varepsilon^{T}E \end{cases} \tag{7.4.3}$$

式中，S 为机械应变；S^{E} 为电场强度为零或为常数时的弹性柔顺系数；T 为机械应力；d 为压电应变常数矩阵；E 为电场强度；D 为电位移；ε^{T} 为应力为零或为常数时的介电常数。式(7.4.3)表明：压电材料的总应变为应力产生的应变与电场产生的应变之和；压电材料的总电位移也是应力与电场产生的位移之和。

第二类压电方程，其边界条件为机械夹持与电学短路。第二类方程形式为[10-11]

$$\begin{cases} T = c^{E}S - eE \\ D = eS + \varepsilon^{S}E \end{cases} \tag{7.4.4}$$

式中，ε^{S} 为夹持介电常数矩阵；c^{E} 为短路弹性刚度常数矩阵；e 为压电应力常数矩阵。

7.4.3　主动约束层阻尼管路结构设计

黏弹性阻尼材料是以高分子聚合物为基材，配合辅助材料制作成的工程材料，其阻尼性能主要来源于内部高分子聚合物受力后产生的能量耗散。高分子聚合物既具有弹性固体的特征又具有黏性液体的特征，当受到作用力时，高分子聚合物内部会发生相应的拉压、弯曲以及剪切变形[12]，当外力消失后能量释放，聚合物弹性成分变形回弹，聚合物中黏性成分吸收的机械能不会被释放，而是转化成热能，变形不能恢复，此时表现为黏性。因此，黏弹性阻尼材料的作用就是使振动结构的振动响应降低并且减小其振动噪声[13]。

本小节主动约束层阻尼结构中的反馈传感器是基于压电材料。主动约束层利用压电材料的逆压电效应，施加控制电压产生具有一定规律的振动。黏弹性层采用具有自黏性的阻尼材料。主动约束层阻尼管路几何参数如表 7.4.1 所示。

表 7.4.1　主动约束层阻尼管路几何参数

项目	外径/mm	厚度/mm	长度/mm	弧度/rad
液压管路	18	1.5	500	2π
黏弹性层	18.52	0.26	100	$\pi/2$
主动约束层	20.52	1	100	$\pi/2$

考虑到管路弯曲振动时中间与根部位置处的应力集中现象明显，将主动约束

层阻尼结构布置在这两处。中间和根部粘贴主动约束层分别如图 7.4.4 和图 7.4.5 所示。在管路中间布置一个由压电材料制作而成的压电反馈传感器，在管路的根部与中间位置分别布置主动约束层阻尼材料，压电约束层与黏弹性层复合后布置于管路表面。当管路发生弯曲振动时，压电传感器探测到振动并产生相应的反馈电压值，经过控制器处理后，输出控制信号，并作用在压电约束层表面。压电约束层材料的变形首先作用在黏弹性材料，然后传递到管路，抑制管路的弯曲振动。压电约束层的变形会增大黏弹性层的剪切变形，进而提高黏弹性的剪切耗能，达到进一步耗散振动能量的效果[12]。

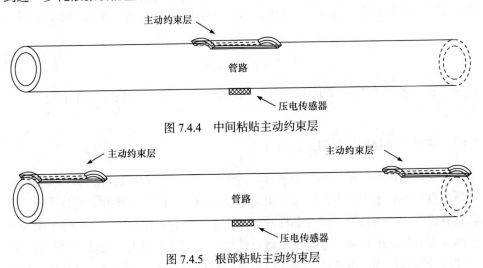

图 7.4.4　中间粘贴主动约束层

图 7.4.5　根部粘贴主动约束层

7.5　基于有限元法的主动约束层阻尼管路振动控制分析

本节采用有限元方法研究主动约束层阻尼管路的静态变形与振动特性，考虑到管路在基础激励与脉动激励共同存在情况下的振动响应，分析黏弹性层参数对系统阻尼性能的影响，以及施加在主动约束层表面的控制电压值对主动约束层阻尼管路振动控制效果的影响。

7.5.1　压电材料基本参数与坐标变换

压电材料是各向异性材料，具有机电耦合效应，同一种压电材料的独立参数个数及数值是相同的，当对压电材料施加机械力时，会引起内部正负电荷发生相对移动而极化，但是随着压电材料极化方向的改变，其参数矩阵的形式也会相应改变，可以通过坐标变换得到相应极化状态的参数矩阵形式。

对于压电材料的有限元分析，其材料参数的设置非常重要。压电材料的力学参数包括密度、弹性模量、泊松比等，其中弹性模量和泊松比描述压电材料的弹性特征，可以用各向异性的弹性模量 E_X、E_Y、E_Z 来表示，也可以用各向异性刚度矩阵 C 进行描述。本小节采用的压电陶瓷片(约束层)的性能参数如表 7.5.1 所示。

表 7.5.1　压电陶瓷片(约束层)的性能参数

压电应变常数/(×10⁻¹²C/N)			弹性常数/(m²/N)			相对介电常数
d_{31}	d_{33}	d_{15}	Y_{11}^E	Y_{33}^E	Y_{55}^E	$\varepsilon_{33}^T / \varepsilon_0$
186	420	660	15	5.3	25	2200

压电陶瓷(Z 向极化)的各向异性刚度矩阵为

$$C = \begin{bmatrix} c_{11} & c_{12} & c_{13} & 0 & 0 & 0 \\ c_{21} & c_{11} & c_{23} & 0 & 0 & 0 \\ c_{31} & c_{32} & c_{33} & 0 & 0 & 0 \\ 0 & 0 & 0 & c_{44} & 0 & 0 \\ 0 & 0 & 0 & 0 & c_{55} & 0 \\ 0 & 0 & 0 & 0 & 0 & c_{66} \end{bmatrix} = \begin{bmatrix} 13.9 & 7.78 & 7.43 & & & \\ 7.78 & 13.9 & 7.43 & & & \\ 7.43 & 7.43 & 11.5 & & & \\ & & & 2.56 & & \\ & & & & 2.56 & \\ & & & & & 3.06 \end{bmatrix} \times 10^{10}$$

$$(7.5.1)$$

压电材料的电学参数包括电阻率、介电常数、压电常数等。本小节采用的压电材料的介电常数如下：

$$\varepsilon_{11}^s = \varepsilon_{11r}^s \varepsilon_0 = 370 \times 8.84 \times 10^{-12} = 3.27 \times 10^{-9} \tag{7.5.2}$$

$$\varepsilon_{22}^s = \varepsilon_{22r}^s \varepsilon_0 = 370 \times 8.84 \times 10^{-12} = 3.27 \times 10^{-9} \tag{7.5.3}$$

$$\varepsilon_{33}^s = \varepsilon_{33r}^s \varepsilon_0 = 635 \times 8.84 \times 10^{-12} = 5.613 \times 10^{-9} \tag{7.5.4}$$

压电材料的基本参数在工程上有较多的表示方法，如 h 常数、e 常数、g 常数、d 常数等，相对应的压电方程为 h 型方程、e 型方程、g 型方程、d 型方程。在 ANSYS 压电耦合场分析中采用 e 型压电方程：

$$\begin{cases} T = c^{\mathrm{E}} S - eE \\ D = eS + \varepsilon^{\mathrm{S}} E \end{cases} \tag{7.5.5}$$

式中，T 为机械应力；S 为机械应变；D 为电位移；E 为电场强度。选择压电参数 e_{ij} 组成 e 矩阵，参数以数据表的形式进行输入，矩阵中的参数会根据极化方向的不同顺序改变。本小节中采用的压电材料的压电应力参数如下所示：

$$e = \begin{bmatrix} & & e_{31} \\ & & e_{31} \\ & & e_{33} \\ & & 0 \\ & e_{15} & \\ e_{15} & & \end{bmatrix} = \begin{bmatrix} & & -5.2 \\ & & -5.2 \\ & & 15.1 \\ & & 0 \\ & 12.7 & \\ 12.7 & & \end{bmatrix} \tag{7.5.6}$$

本小节采用的是弧形压电材料，极化方向为径向，进行有限元分析时，采用的是圆柱坐标系，因此需要将压电材料的参数进行坐标变换。圆柱坐标系中的径向对应笛卡尔坐标系中的 x 方向，即需要将沿 z 向极化状态下的压电参数转换到 x 方向。

如果用 ANSYS 分析，需要注意的是，由于 ANSYS 中参数顺序与一些材料手册中参数顺序不一致，ANSYS 中机械量的顺序为(x, y, z, xy, yz, xz)，而有关材料手册中机械量的顺序为(x, y, z, yz, xz, xy)，即 ANSYS 中要把 c_{66} 排在 $\boldsymbol{C}$ 矩阵的第 4 行第 4 列，c_{44} 排在 $\boldsymbol{C}$ 矩阵的第 5 行第 5 列，$c_{55} = c_{44}$ 排在 $\boldsymbol{C}$ 矩阵的第 6 行第 6 列，因此需要将 $\boldsymbol{C}$ 中的参数顺序按照 ANSYS 中的顺序进行调整。

弹性常数矩阵(z 方向极化)为

$$\boldsymbol{C} = \begin{bmatrix} c_{11} & c_{12} & c_{13} & 0 & 0 & 0 \\ c_{12} & c_{11} & c_{13} & 0 & 0 & 0 \\ c_{13} & c_{13} & c_{33} & 0 & 0 & 0 \\ 0 & 0 & 0 & c_{66} & 0 & 0 \\ 0 & 0 & 0 & 0 & c_{44} & 0 \\ 0 & 0 & 0 & 0 & 0 & c_{44} \end{bmatrix} = \begin{bmatrix} 13.9 & 7.78 & 7.43 & & & \\ 7.78 & 13.9 & 7.43 & & & \\ 7.43 & 7.43 & 11.5 & & & \\ & & & 3.06 & & \\ & & & & 2.56 & \\ & & & & & 2.56 \end{bmatrix} \times 10^{10} \tag{7.5.7}$$

介电常数矩阵(z 方向极化)为

$$\boldsymbol{\varepsilon} = \varepsilon_0 \boldsymbol{\varepsilon}_{\mathrm{r}} = \varepsilon_0 \begin{bmatrix} \varepsilon_{\mathrm{r}11} & & \\ & \varepsilon_{\mathrm{r}11} & \\ & & \varepsilon_{\mathrm{r}33} \end{bmatrix} = \begin{bmatrix} 3.27 & & \\ & 3.27 & \\ & & 5.61 \end{bmatrix} \times 10^{-9} \tag{7.5.8}$$

压电应力常数矩阵(z 方向极化)为

$$e = \begin{bmatrix} & & e_{31} \\ & & e_{31} \\ & & e_{33} \\ & & 0 \\ & e_{15} & \\ e_{15} & & \end{bmatrix} = \begin{bmatrix} & & -5.2 \\ & & -5.2 \\ & & 15.1 \\ & & 0 \\ & 12.7 & \\ 12.7 & & \end{bmatrix} \tag{7.5.9}$$

上述参数矩阵对应 z 方向极化状态,在一般的设计建模中,以极化方向为 z 轴方向作为结构体的方位,设计构建几何模型,从而可以应用上述矩阵形式。然而,并不是所有的问题都可以用同样的方式进行处理。例如,有的问题中压电元件布放的极化轴在客观上不平行,或者采用平面单元分析轴对称模型等,必须进行坐标变换,得到相应极化状态的参数矩阵形式。在建模过程中,管路与压电材料截面定义为 x-y 平面,需要将矩阵形式转化为相对应的 x 方向极化状态[12],因此,最终的压电材料的压电参数矩阵如下所示。

弹性常数矩阵(x 方向极化):

$$C = \begin{bmatrix} c_{33} & c_{13} & c_{13} & 0 & 0 & 0 \\ c_{13} & c_{11} & c_{12} & 0 & 0 & 0 \\ c_{13} & c_{12} & c_{11} & 0 & 0 & 0 \\ 0 & 0 & 0 & c_{44} & 0 & 0 \\ 0 & 0 & 0 & 0 & c_{66} & 0 \\ 0 & 0 & 0 & 0 & 0 & c_{44} \end{bmatrix} = \begin{bmatrix} 11.5 & 7.43 & 7.43 & & & \\ 7.43 & 13.9 & 7.78 & & & \\ 7.43 & 7.78 & 13.9 & & & \\ & & & 2.56 & & \\ & & & & 3.06 & \\ & & & & & 2.56 \end{bmatrix} \times 10^{10}$$

(7.5.10)

介电常数矩阵(x 方向极化):

$$\boldsymbol{\varepsilon} = \varepsilon_0 \boldsymbol{\varepsilon}_r = \varepsilon_0 \begin{bmatrix} \varepsilon_{r33} & & \\ & \varepsilon_{r11} & \\ & & \varepsilon_{r11} \end{bmatrix} = \begin{bmatrix} 5.61 & & \\ & 3.27 & \\ & & 3.27 \end{bmatrix} \times 10^{-9} \qquad (7.5.11)$$

压电应力常数矩阵(x 方向极化):

$$\boldsymbol{e} = \begin{bmatrix} e_{33} & & \\ e_{31} & & \\ e_{31} & & \\ & e_{15} & \\ & & 0 \\ & & e_{15} \end{bmatrix} = \begin{bmatrix} 15.1 & & \\ -5.2 & & \\ -5.2 & & \\ & 12.7 & \\ & & 0 \\ & & 12.7 \end{bmatrix} \qquad (7.5.12)$$

7.5.2　主动约束层阻尼管路变形分析

主动约束层阻尼管路由液压管路、黏弹性层和压电约束层组成。各层的几何参数如表 7.5.2 所示。

利用 ANSYS 的 CYLIND 命令建立主动约束层管路结构各层结构的三维模型,如图 7.5.1 所示。最上层为压电约束层,中间层为黏弹性层,最下层为液压管路基体层,主动约束层阻尼结构粘贴在液压管路基体的中间位置。

表 7.5.2　主动约束层阻尼管路几何参数

项目	外径/mm	厚度/mm	长度/mm	弧度/rad
液压管路	18	1.5	500	2π
黏弹性层	18.52	0.26	100	$\pi/2$
压电约束层	20.52	1	100	$\pi/2$

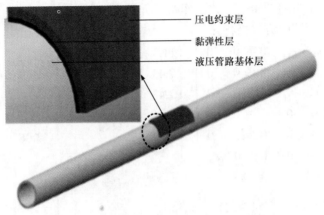

图 7.5.1　主动约束层阻尼管路的三维模型

　　对主动约束层阻尼结构几何模型赋予材料属性，并将各层相邻边界表面粘接成一个整体，ANSYS 软件中的体粘接命令可以粘接各层体结构，同时可以给不同的体赋予不同的材料属性，且作用力与变形在各层之间的传递比较符合实际情况，因此使用体粘接命令对各层结构的相邻边界面进行粘接处理。网格采用扫略法划分，单元尺寸为 0.001mm，得到主动约束层阻尼管路的有限元模型，该模型包括60034 个节点和 180013 个单元。主动约束层阻尼管路的有限元仿真模型如图 7.5.2所示，各层性能参数见表 7.5.3。

图 7.5.2　主动约束层阻尼管路的有限元仿真模型

表 7.5.3　主动约束层阻尼管路各层性能参数

项目	弹性模量 E/Pa	泊松比 μ	密度/(kg/m³)
液压管路	$2.01×10^{11}$	0.3	$8.03×10^3$
黏弹性层	$4.5×10^5$	0.499	980
压电约束层	—	0.3	7400

主动约束层阻尼结构中的黏弹性层和液压管路基体采用 solid186 单元,该单元具有 20 个节点,每个节点具有 3 个平移自由度 UX、UY、UZ,可用于构造三维实体结构。因为压电材料属于机电耦合器件,所以划分压电约束层网格时,需要采用能够支持压电耦合场分析的单元类型。

根据实际约束条件,在主动约束层阻尼管路有限元模型两端施加固定约束,选择两端面上所有节点,对节点的所有自由度进行约束。由于在压电材料的上、下表面需要电压负载,即上、下两表面为等电位面,通过节点耦合命令分别对上、下两表面进行节点耦合处理,得到最小节点号,作为电压载荷的施加节点,施加的电压值为 50V。固定边界管路和电压边界管路分别如图 7.5.3 和图 7.5.4 所示。

图 7.5.3　固定边界管路　　　　　图 7.5.4　电压边界管路

ANSYS 中 plane13、solid5、solid98 等单元类型可以支持耦合场分析。其中,solid5 单元具有对压电场、电场、磁场、热场和结构场的分析能力,并且能够在各场之间形成有限的耦合。solid5 单元具有 8 个节点,每个节点最多有 6 个自由度,在本节的分析中采用 4 个自由度,即 X、Y、Z 方向的平移自由度 UX、UY、UZ和电压自由度 VOLT,solid5 单元可以组合不同的节点载荷,这些节点载荷由 F 命令或者 D 命令来进行定义。

由于压电材料的极化方向为径向,其方向指向中心,当外加电场方向与极化方向相反时,得到的管路位移分布云图与电势分布云图分别如图 7.5.5 和图 7.5.6

所示。此时，压电材料会在极化方向的垂直方向上发生拉伸变形，从而产生拉力；压电材料产生的拉力通过中间黏弹性层传递到液压管路基体表面，因为压电材料并未粘贴在液压管路的中性面上，所以液压管路受到拉力后会产生弯矩，导致液压管路基体发生弯曲变形。当外加电场方向与极化方向相同时，得到的管路位移分布云图与电势分布云图分别如图7.5.7和图7.5.8所示。压电材料在极化方向的垂直方向上发生压缩变形，产生压力，管路会产生相反方向的弯曲变形。同时，压电材料的拉伸或压缩会使黏弹性层的变形增大且能量消耗增加。

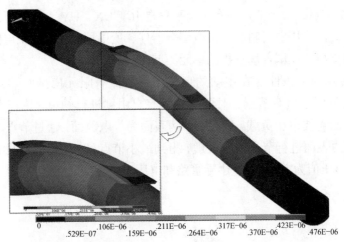

图 7.5.5　管路位移云图(外加电场方向与极化方向相反)

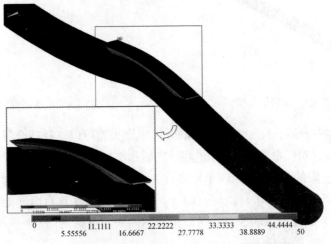

图 7.5.6　管路电势云图(外加电场方向与极化方向相反)

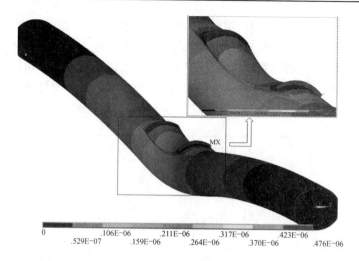

	.106E-06		.211E-06		.317E-06		.423E-06	
0		.159E-06		.264E-06		.370E-06		.476E-06
	.529E-07							

图 7.5.7　管路位移云图(外加电场方向与极化方向相同)

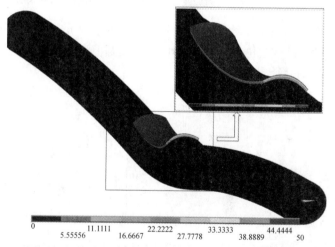

	11.1111		22.2222		33.3333		44.4444	
0	5.55556	16.6667		27.7778		38.8889		50

图 7.5.8　管路电势云图(外加电场方向与极化方向相同)

7.5.3　基础激励下主动约束层阻尼管路振动控制分析

基础激励是当安装管路的基体发生振动时，振动能量会通过支撑传递到液压管路，当基体的振动频率接近管路的固有频率时，会引发较大的管体振动。本小节利用有限元分析软件分析粘贴主动约束层管路的瞬态响应，并考虑当施加的电压不同时，管路中间节点的响应，分析主动约束层的减振性能。管路瑞利阻尼系数 $\alpha=14.9$，$\beta=2.4\times10^{-6}$，采用完全法进行求解[14]。

1. 管路中间粘贴主动约束层时的管路响应分析

在整个管路结构上施加基础激励，采用恒加速度幅值，其公式为 $a=0.2\times g\times$

$\sin(2\times\pi\times375\times t)$，压电约束层电压 U=0V，采用两端固定约束的方法对管路进行固定，约束管路端面的所有节点自由度，积分时间步 $\Delta t = 0.000125\text{s}$，第一个载荷步采用阶跃加载，后面的载荷步采用渐变加载，提取管体靠近中间处的节点响应加速度值，加速度响应如图 7.5.9 所示，因为施加的激励频率值与两端固支边界下管路的一阶固有频率接近，所以引发了管路结构的共振。

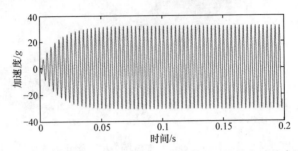

图 7.5.9　基础激励下的加速度响应(管路中间粘贴主动约束层)

为了验证电压值对主动约束层管路振动的影响，对压电约束层分别施加不同的控制电压，管路结构整体施加 $0.2g$ 的恒加速度幅值激励，提取管路中间节点附近的加速度响应值，结果如图 7.5.10 所示。

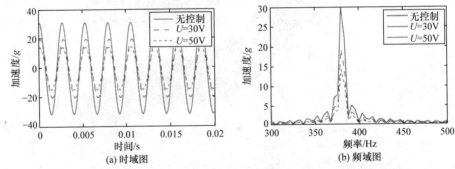

图 7.5.10　基础激励下不同电压时的振动响应(管路中间粘贴主动约束层)

由图 7.5.10 可知，主动约束层在施加不同控制电压时，减振效果会发生变化，控制电压越大，其减振效果越明显。施加不同控制电压时的减振效果如表 7.5.4 所示。

表 7.5.4　基础激励下施加不同控制电压时的减振效果(管路中间粘贴主动约束层)

控制电压/V	响应幅值/g	下降率/%	单位电压降幅/(g/10V)
0	29.8	0	
10	26.08	12.65	3.77
20	22.42	24.77	3.61

控制电压/V	响应幅值/g	下降率/%	单位电压降幅/(g/10V)
30	19.07	36.00	3.35
40	16.12	45.90	2.95
50	13.85	53.52	2.27

振动响应在不同电压下的下降率与每 10V 电压下的降幅分别如图 7.5.11 和图 7.5.12 所示。由仿真结果可知，随着控制电压的升高，加速度响应幅值变小，当控制电压为 50V 时，加速度响应值降幅可达 53.52%；随着控制电压的升高，每 10V 电压对应降低的加速度响应越来越小，此结果表明在一定条件下，主动约束层阻尼的减振效果是有限的。

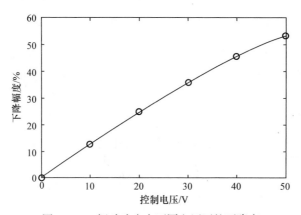

图 7.5.11　振动响应在不同电压下的下降率

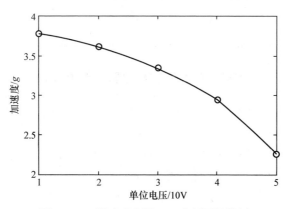

图 7.5.12　振动响应每 10V 电压下的降幅

2. 管路根部粘贴主动约束层时的管路响应分析

两端固定支承管路发生一阶弯曲振动时，管路两侧根部应力较大，长时间振动会引发疲劳破坏，因此，考虑将压电约束层材料粘贴在管路根部的最大应力处，评价其减振效果。

在有限元分析时，管路的结构尺寸、边界条件、材料参数和仿真过程中的解算参数设定与管路中间粘贴主动约束层阻尼结构相同，提取靠近管路中间节点的加速度响应值，结果如图 7.5.13 所示。施加不同控制电压时的减振效果(管路根部粘贴主动约束层)见表 7.5.5。由图 7.5.13 可知，与粘贴在中间的主动约束层阻尼结构相比，粘贴在管路根部的主动约束层阻尼结构具有更好的减振效果。

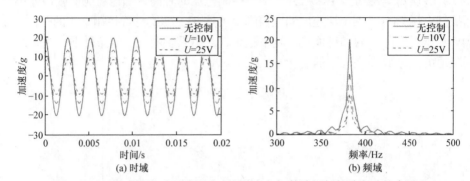

图 7.5.13　基础激励下不同电压时的振动响应(管路根部粘贴主动约束层)

表 7.5.5　基础激励下施加不同控制电压时的减振效果(管路根部粘贴主动约束层)

控制电压/V	响应幅值/g	下降率/%	单位电压降幅/(g/5V)
0	20.06	0	
5	15.62	22.13	4.44
10	13.34	33.50	2.28
15	10.81	46.11	2.53
20	9.304	53.62	1.51
25	8.639	56.93	0.665

7.5.4　压力脉动激励下主动约束层阻尼管路振动控制分析

当脉动激励的频率接近液压管路的固有频率时，管路在内部流体压力脉动激励下也会引发共振，本小节讨论主动约束层阻尼管路在脉动激励下的振动响应，主动约束层阻尼管路的边界条件依然设置为两端固定约束，约束管路两端面上节点的所有自由度，分别在主动约束层表面施加不同的控制电压，分析电压不同时管路的振动控制情况。

1. 管路中间粘贴主动约束层时管路响应分析

管路中间粘贴主动约束层时阻尼管路在压力脉动激励下的振动响应如图7.5.14所示。考虑到主动约束层在不同控制电压下的减振效果，在压电约束层表面施加不同的控制电压，得到不同电压时的振动响应，如图 7.5.15 所示。可以看出，在脉动激励下，负反馈控制仍能起到较好的振动控制效果，并且从频域图可以看出，主动约束层对不同的谐波成分都有减振效果。

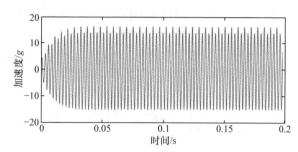

图 7.5.14　压力脉动激励下的振动响应(管路中间粘贴主动约束层)

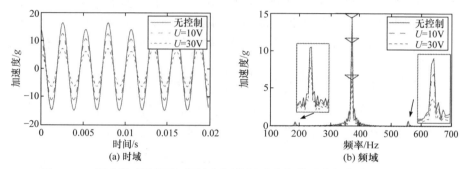

(a) 时域　(b) 频域

图 7.5.15　压力脉动激励下不同电压时的振动响应(管路中间粘贴主动约束层)

2. 管路根部粘贴主动约束层时管路响应分析

为了分析粘贴在根部的主动约束层阻尼管路的振动响应在压力脉动激励条件下的抑制效果，分别在主动约束层表面施加不同的控制电压，提取管路中间位置节点的加速度幅值，得到不同电压时的振动响应如图 7.5.16 所示。可以看出，在压力脉动激励下，粘贴于根部的主动约束层阻尼结构也能起到较好的减振效果。

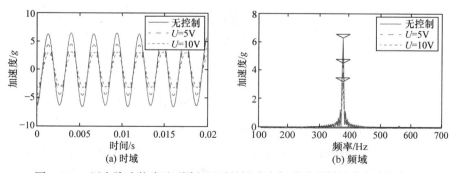

(a) 时域　(b) 频域

图 7.5.16　压力脉动激励下不同电压时的振动响应(管路根部粘贴主动约束层)

本小节利用有限元软件分析了主动约束层阻尼管路的静态变形与振动特性，并考虑了管路在受到基础激励与脉动激励时，在主动约束层表面施加不同的控制电压，主动约束层对管路振动控制效果的影响。结果表明，7.4 节中对主动约束层阻尼结构管路的力学与变形传递的分析是有效的，在不同激励形式下，主动约束层阻尼结构均能起到较好的减振效果，振动加速度幅值下降幅度最高可达到 40% 以上，并且与粘贴在中间的主动约束层阻尼结构相比，粘贴在根部的主动约束层阻尼结构减振效果更好。

7.6 主动约束层阻尼振动控制平台搭建与试验验证

本节搭建主动控制系统，并开发以 Labview 平台作为基础的电压负反馈控制算法，通过试验测试的方法验证主动约束层阻尼结构对振动控制的有效性，在此基础上进一步对控制参数、结构参数以及激励幅值对减振效果的影响进行分析。

7.6.1 主动约束层阻尼管路振动控制系统工作原理

为了完成对主动约束层阻尼结构减振效果的验证工作，建立了如图 7.6.1 所示的振动控制系统。该系统主要包括振动控制部分与振动监测部分。

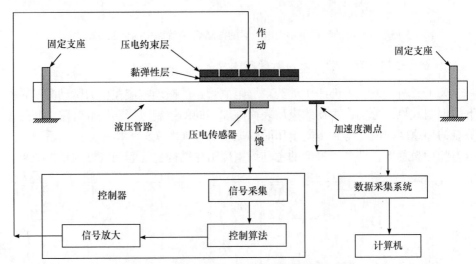

图 7.6.1 主动约束层阻尼管路振动控制系统

其中，振动控制部分由信号反馈传感器、压电作动器、控制器等部分组成。振动信号反馈传感器的材料选取压电陶瓷片，利用黏结剂将其固定在管道的中间。当管道出现形变时，变形的管道会使压电陶瓷产生相应的形变，同时内部正负电荷也会随之发生相对移动，最终使得压电陶瓷的两个表面电荷电性相反，产生电压。利用数据采集系统获取电压信号，使用控制器计算获取的全部电压信号，从而输出控制信号,最后将计算得出的控制信号放大后同时作用到压电约束层的上、下表面，利用压电约束层的逆压电效应在管道表面产生相应的变形。

振动监测部分主要由数据采集系统、加速度传感器及计算机等组成，利用加速度传感器测试管道中的振动信号，然后通过数据采集系统将振动信号传输到计算机，利用计算机进行相应数据的显示和储存。

7.6.2 基于 Labview 的振动控制平台搭建

振动控制平台的硬件设备主要有：被控液压管路、液压泵站、振动台、传感器、控制器、数据采集与输出卡、压电陶瓷驱动电源等。

(1) 被控液压管路：液压管路通过固定支座使管路在振动台的水平滑台表面被固定住，同时液压管路所受激励形式主要包含两部分，即来自振动台的基础激励和来自液压泵的脉动激励。

(2) 液压泵站：液压泵站是相对独立的一种液压装备，工作时依照驱动装置的要求供给油量，同时可以对油流方向、压力大小以及流量大小进行控制，还能给液压管道提供来自流体的脉动激励。泵站电机额定功率为 18.5kW，利用变频器对电机转速进行调整，液压系统最大工作压力为 21MPa。

(3) 振动台：振动台可用于模拟操作环境，对耐振性能进行检验，完成振动试验所需的全部功能。在平台搭建过程中，振动台的作用是给液压管道供给一种正弦波基础激励，激振频率的范围是 5～5000Hz。

(4) 传感器：传感器是用来完成检测工作的一种装置，可以对被测量的信息进行检查，还可以依照一定的规律将信息转换为电信号以及其他形式进行输出，以及用来对信号进行一定程度的监测。在平台搭建过程中，使用的传感器主要有应变传感器、加速度传感器和压电陶瓷传感器。

(5) 控制器：控制器是依照预先设定的某种顺序对主电路或控制电路的接线进行变动，同时还可以改变电路中的电阻值，从而控制电动机的启动、调速、制动和反向的主令装置，这种装置常以下位机的形式运行控制程序，对输入的振动信号进行一定计算之后，得到最终控制输出信号。在平台搭建过程中，控制器使用的是 PXI 控制器，其拥有一些标准的功能，如集成 CPU、硬盘驱动器、RAM、以太网、视频、键盘/鼠标、串行、USB 和其他外设 I/O，可提供高达 8GB/s 的系统吞吐量和 2GB/s 的插槽吞吐量。

(6) 数据采集与输出卡：电压采集与输出卡具有 16 个电压输入通道和 2 个电压输出通道，输入通道的作用在于反馈管道振动响应，输出通道的作用在于输出控制器输出的控制信号；加速度采集卡含有 8 个加速度输入通道，用于监测目标管路的振动。

(7) 压电陶瓷驱动电源：包括计算机接口电路、单片机、数模转换器、手动旋钮、转换开关、电压误差放大器、高压放大器、电流调节器、输出极和电流传感器。压电陶瓷驱动电源的作用是放大由控制器输出得到的控制信号，其放大倍数是 15 倍，信号输入范围是 0～10V，空载满幅值带宽大小是 1000Hz。压电陶瓷驱动电源的工作原理如图 7.6.2 所示。

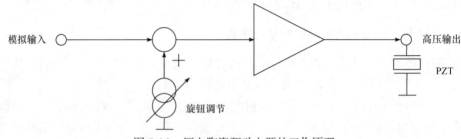

图 7.6.2　压电陶瓷驱动电源的工作原理

Labview 是一款以图形化编程语言为基础的程序开发环境。和其他计算机语言的最大的区别是 Labview 利用图形化编程语言即所谓 G 语言编写程序，得到程序的呈现形式和流程图、框图等，优点在于可以让技术人员和工程师等以更加直观的形式快速地熟悉程序的编写思路。其核心思想是：软件本质上就是一种仪器，利用计算机完成搭建仪器界面和功能的工作，结合一些数据采集设备，从而形成一套虚拟测试系统。当仪器功能需要进行调整时，可以重新建立相应软件的界面和功能，因此，Labview 目前已经较为广泛的用于虚拟仪器程序开发环境。Labview 包含很多的工具包，如实时模块、系统辨识、声音与振动、数字滤波器设计、频谱测量、数据记录与监控、NI Labview 状态图、控制设计与仿真、NI Labview 应用程序生成器、PID 模糊逻辑等，彼此之间可进行搭配，极大地提高了用户使用时的便利度，从而大量节省用于软件开发的成本。

Labview 的开发环境包括前面板和后面板。前面板本质上是程序的用户界面，主要功能是对所需参数进行设置和输入，以及显示相应的数据信息；后面板本质上是程序的编写面板，工作原理是利用连接器将代表不同功能的虚拟仪器连接到一起，从而完成对所需功能的实现工作。

构成主动约束层阻尼减振试验平台的软件模块主要有振动监测软件、控制软件。振动监测软件的作用是完成管路振动响应数据收集、处理、显示和储存工作，其前面板如图 7.6.3 所示。振动监测软件的用户界面(前面板)的功能有通道参数设置、加速度和应变数据采集与保存。通道参数设置模块的功能包括对数据采集通道的名称进行设置、设置传感器的灵敏度和数据采样频率；数据采集部分的功能是对收集而来的数据完成时域和频域显示工作；数据保存部分的功能是对收集得到的数据文件设置名称和进行数据储存工作。

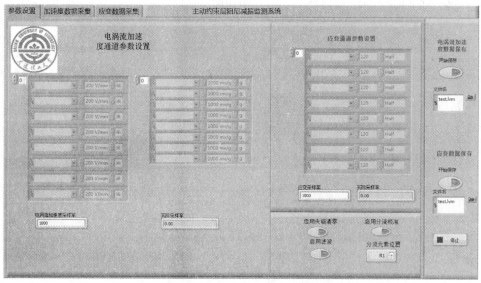

图 7.6.3 振动监测软件前面板

振动控制软件的功能为信号采集、信号滤波、信号处理、过载保护与信号输出，其前面板如图 7.6.4 所示。

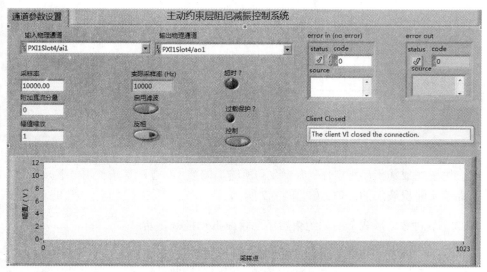

图 7.6.4 振动控制软件前面板

通道参数的要求是对相应电压的输入、输出通道的名称进行设置，同时对通道的采样频率进行设置，而由于使用压电材料作为传感器，采集电压时会出现比较大的信号干扰现象。为了消除干扰现象对数据的扰动，需要对采集得到的数据进行相应的滤波处理，信号滤波程序框图如图 7.6.5 所示。在上述工作的基础之上还要在用户界面对波形图表进行设置，显示采集得到的一系列数据。

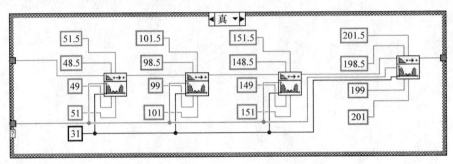

图 7.6.5　信号滤波程序框图

将硬件定时单点采样作为电压采样模式，这种采样模式无缓冲机制，可以完成连续采样、生成采样等，消减数据缓冲导致的时间延迟现象，还可以在多个任务、设备之间共享时钟和触发，从而使得数据的输入和输出同步，如图 7.6.6 所示。

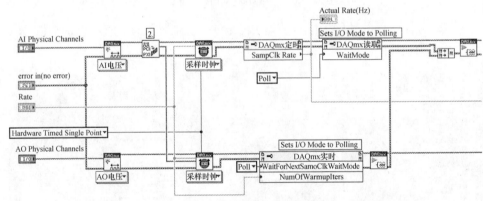

图 7.6.6　采样模式与通道同步

为了完成输出多种电压，需要改动所输出的波形，方法是调整幅值缩减系数，从而缩小输出波形的峰值，如图 7.6.7 所示。

7.6.3　不同激励形式下主动约束层阻尼管路振动控制试验

为了验证主动约束层阻尼管路的振动控制效果，基于 7.6.1 小节搭建的主动振动控制系统，对 7.5 节设计的主动约束层阻尼管路结构进行振动控制试验，讨论主动约束层阻尼管路系统结构参数与控制参数对振动控制效果的影响。主动约束层阻尼管路振动控制试验现场图如图 7.6.8 所示。主动约束层粘贴在管路表面的中部，如图 7.6.9 所示。

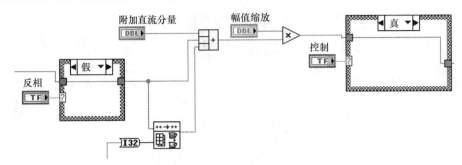

图 7.6.7 信号幅值调整

图 7.6.8 主动约束层阻尼管路振动控制试验现场图

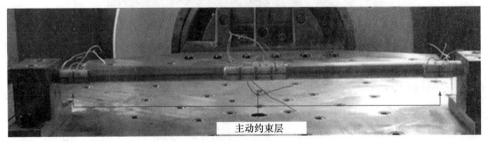

图 7.6.9 主动约束层阻尼结构布局

主动约束层阻尼结构粘贴在管路中间和管路根部位置，压电传感器粘贴在管路中间，与粘贴在中间的主动约束层阻尼结构相对，管路两端由固定支座夹紧。压电材料和黏弹性材料通过黏结剂粘接到管路表面,将引线焊接到压电材料的上、下表面,每片压电材料可以独立施加电压。主动约束层阻尼管路通过固定支座固定在振动台台面上。具体的粘贴方法如图 7.6.10 所示。

图 7.6.10　　主动约束层阻尼结构粘贴方法

1. 基础激励下主动约束层阻尼管路减振试验分析

为了验证主动约束层阻尼结构在受基础激励下的减振效果，对粘贴在管路中间的主动约束层阻尼结构管路进行试验，通过电磁振动台对管路施加幅值为 $0.2g$ 的恒定加速度基础激励，振动台的激振频率为主动约束层阻尼管路的一阶固有频率，此时管路会发生一阶弯曲共振。在共振过程中，采用压电传感器和采集系统采集反馈信号，通过电压负反馈控制算法输出控制信号到主动约束层表面进行振动控制。采用加速度传感器对管路振动控制前后的振动信号进行采集，获得振动加速度时域响应，如图 7.6.11 所示。

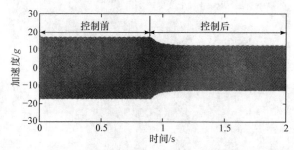

图 7.6.11　　基础激励下管路振动控制前后振动加速度时域响应

从图 7.6.11 可以看出，施加控制后，振动幅值明显下降，并在短时间内保持稳定。由此表明，主动约束层阻尼管路能够明显降低在基础激励下管路的共振响应峰值，并且具有较好的稳定性，即在液压管路上应用主动约束层阻尼结构对管路的振动控制是有效的。

2. 脉动激励下主动约束层阻尼管路减振试验分析

液压管路不仅要承受来自基体的基础激励，还会受到液压泵引起的流体脉动激励。因此，有必要在脉动激励下，对主动约束层阻尼管路振动控制进行分析。

利用液压泵站对管路施加脉动激励，节流阀用于调整管路内部的流体压力，将管路内的流体压力设定为 4MPa；利用变频器调节电机转速，电机额定转速为

1800r/min，泵为 7 柱塞泵，同样对粘贴在中间的主动约束层阻尼结构管路进行试验，控制原理与在基础激励下时的原理相同。通过加速度传感器采集管路振动控制前后的振动加速度时域响应，如图 7.6.12 所示。可见，主动约束层阻尼结构在脉动激励下依然能够起到较好的减振效果。

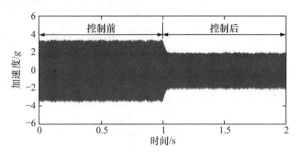

图 7.6.12　脉动激励下管路振动控制前后振动加速度时域响应

3. 随机激励下主动约束层阻尼管路减振试验分析

为了验证主动约束层阻尼结构在宽频域范围内的减振效果，利用振动台提供宽频激励。

管路所受的随机载荷(通常用功率谱密度曲线表示，如图 7.6.13 所示)可以认为是相对稳定的随机过程。研究主动约束层阻尼管路在基础随机激励下的振动控制响应特性，同样利用加速度传感器采集振动加速度信号，得到控制前后振动加速度时域响应，如图 7.6.14 所示。

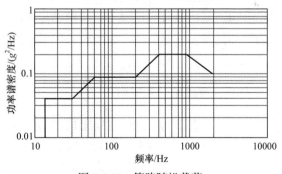

图 7.6.13　管路随机载荷

从图 7.6.14 可知，主动约束层阻尼结构在管路随机激励下仍能够起到减振效果。对数据进行处理，得到控制前后的振动响应频谱图，如图 7.6.15 所示。在宽频域激励下，主动约束层阻尼结构依然具有减振效果，其高频峰值同比下降 31.07%，低频峰值同比下降 53.22%，并且在低频下减振效果较为明显；在高频范围内，振动幅值也有所下降，但下降幅度相对较小，原因是黏弹性层的覆盖面积有限。

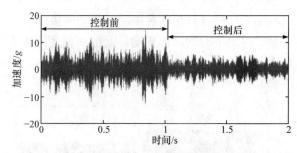

图 7.6.14　随机激励下管路振动控制前后振动加速度时域响应

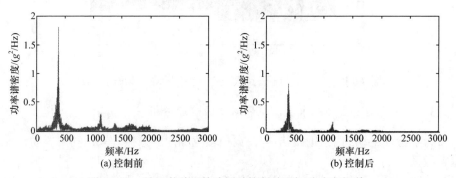

图 7.6.15　随机激励下管路振动控制前后振动响应频谱

7.6.4　结构与控制参数对振动控制效果影响分析

通过粘贴主动约束层阻尼结构进行管路的振动控制，影响振动控制效果的因素有主动约束层阻尼结构的结构参数、控制参数和粘贴位置等。本节主要讨论主动约束层阻尼结构的粘贴位置、控制电压、压电材料数量以及管路的激励幅值等对减振效果的影响。

1. 主动约束层粘贴位置对减振效果影响

本小节针对粘贴在中间与根部的主动约束层阻尼结构的管路进行振动控制试验。基础激励的加速度幅值为 0.2g，激振频率为管路的一阶固有频率，主动约束层施加的控制电压为 50V。利用加速度传感器采集管路的振动响应信号。不同粘贴位置下的振动响应如图 7.6.16 所示。

在相同的基础激励、相同的控制电压和同样数量的压电材料条件下，粘贴在根部的主动约束层阻尼结构比粘贴在管路中间的主动约束层阻尼结构减振效果更好，原因在于当管路发生一阶弯曲时，根部产生的振动应力大于中间产生的振动应力。

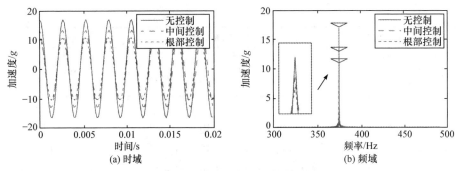

图 7.6.16　不同粘贴位置下的振动响应

2. 控制电压与压电材料数量对减振效果影响

本小节研究主动约束层表面控制电压和压电材料数量对管路振动控制效果的影响。

在基础激励下，以粘贴在中间的主动约束层阻尼结构的管路进行试验测试，基础激励幅值为 0.2g，激振频率为管路的一阶固有频率，分别在主动约束层表面施加不同的控制电压，振动控制前后，管路的加速度响应由加速度传感器进行采集。不同控制电压下的振动响应如图 7.6.17 所示。不同控制电压下的加速度响应幅值如表 7.6.1 所示。

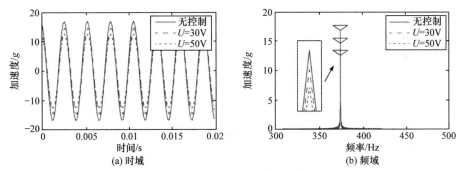

图 7.6.17　不同控制电压下的振动响应

表 7.6.1　不同控制电压下的加速度响应幅值

控制电压/V	加速度响应幅值/g	下降幅度/%
0	16.94	—
10	15.7	7.32
20	15.02	11.334

续表

控制电压	加速度响应幅值/g	下降幅度/%
30	14.31	15.525
40	13.57	19.894
50	12.66	25.266

对不同数量的压电材料施加控制电压，电压值为 50V。不同压电材料数量下的振动响应如图 7.6.18 所示。由图 7.6.18 可以看出，在不同的压电材料数量下，振动控制效果不同，随着压电材料数量的增加，振动加速度响应幅值降低。因此，可以考虑通过增加压电材料数量的方式控制管路的振动。

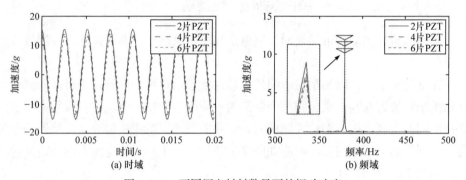

图 7.6.18　不同压电材料数量下的振动响应

3. 激励幅值对减振效果影响

振动控制主要取决于黏弹性层的剪切耗能和主动约束层对管路的作用力与作用力矩。在一定条件下，主动约束层阻尼结构的减振效果是有限的。

本小节主要讨论主动约束层阻尼结构在不同基础激励幅值下的减振响应。在基础激励下，对中间粘贴主动约束层阻尼结构的管路进行试验测试，基础激励的加速度幅值分别为 0.1g、0.2g、0.3g，振动台的激振频率为管路的一阶固有频率，压电约束层施加的控制电压为 50V，利用加速度传感器采集管路振动响应。

当基础激励加速度幅值为 0.1g 时，施加 50V 的控制电压，得到振动控制前后的振动响应，如图 7.6.19 所示。当基础激励加速度幅值为 0.2g 时，施加 50V 的控制电压，得到振动控制前后的振动响应，如图 7.6.20 所示。当基础激励加速度幅值为 0.3g 时，施加 50V 的控制电压，得到振动控制前后的振动响应，如图 7.6.21 所示。不同激励水平下的加速度响应幅值见表 7.6.2。

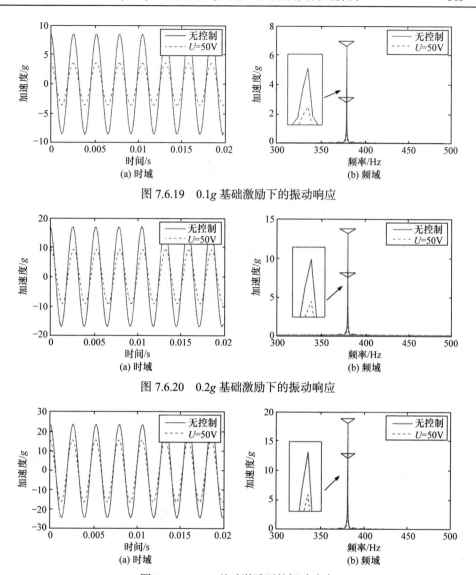

图 7.6.19 0.1g 基础激励下的振动响应

图 7.6.20 0.2g 基础激励下的振动响应

图 7.6.21 0.3g 基础激励下的振动响应

表 7.6.2 不同激励水平下的加速度响应幅值

激励水平	加速度响应幅值/g		下降幅度/%
	控制前	控制后	
0.1g	6.581	2.755	58.14
0.2g	13.26	7.514	37.18
0.3g	18.38	12.28	33.19

可以看出，随着基础激励幅值的增加，管路共振响应峰值逐渐增大。当在主

动约束层表面施加相同的控制电压时，振动控制效果逐渐降低，在 0.1g 和 0.3g 基础激励下，管路的共振峰值分别下降 58.14% 和 33.19%。因此，在控制较大的共振峰值时，有必要考虑在一定条件下主动约束层阻尼结构减振效果有限的问题。

4. 脉动压力对减振效果影响

本节主要考虑不同流体压力对管路振动控制的影响。对粘贴在中间的主动约束层阻尼结构的管路进行测试，利用泵站为管路提供压力脉动激励，通过节流阀调整管路内流体的压力，分别分析 4MPa、8MPa、12MPa 流体压力下的管路减振效果。在试验过程中，主动约束层表面施加的控制电压恒定在 50V。

当管路内的流体压力分别为 4MPa、8MPa、12MPa 时，在主动约束层表面施加 50V 的控制电压，在管路表面粘贴一个加速度传感器，对振动控制前后加速度传感器采集到的数据进行处理，得到振动控制前后管路的振动响应，分别如图 7.6.22、图 7.6.23 和图 7.6.24 所示。不同脉动压力下的加速度响应幅值如表 7.6.3 所示。

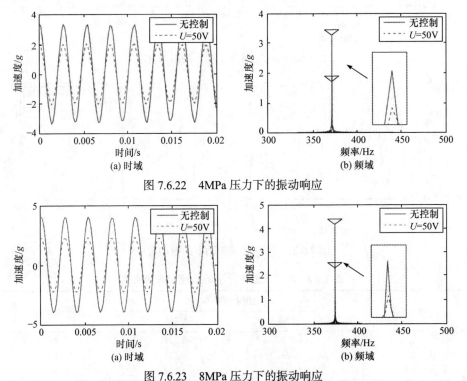

图 7.6.22　4MPa 压力下的振动响应

图 7.6.23　8MPa 压力下的振动响应

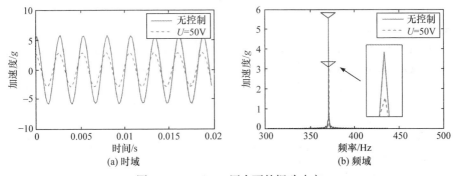

图 7.6.24　12MPa 压力下的振动响应

表 7.6.3　不同脉动压力下加速度响应幅值

脉动压力	加速度响应幅值/g		下降幅度/%
	控制前	控制后	
4MPa	3.224	1.689	47.61
8MPa	4.12	2.192	46.80
12MPa	5.584	3.051	45.36

　　不同压力脉动激励下，管路的振动控制效果表明，随着管路内流体压力的增加，在主动约束层表面施加相同的控制电压时，振动控制效果趋于降低，但影响相对较小，这是因为压力脉动引起的管路一阶共振峰值比较小，主动约束层阻尼结构能够较好地抑制其共振峰值。

参 考 文 献

[1] YI S, AHMAD M F, HILTON H H. Dynamic responses of plates with viscoelastic free layer damping treatment[J]. Journal of Vibration and Acoustics, 1996, 188(3): 362-367.

[2] GAO P X, ZHAI J Y, QU F Z, et al. Vibration and damping analysis of aerospace pipeline conveying fluid with constrained layer damping treatment[J]. Proceedings of the Institution of Mechanical Engineers, Part G: Journal of Aerospace Engineering, 2018, 232(8): 1529-1541.

[3] DITARANTO R A. Theory of vibratory bending for elastic viscoelastic layered finite length beams[J]. Journal of Applied Mechanics, 1965, 32(4): 881-886.

[4] RAY M C, BAZ A. Optimization of energy dissipation of active constrained layer damping treatments of plates[J]. Journal of Sound and Vibration, 1997, 208(3): 391-406.

[5] 刘天雄. 主动约束层阻尼板结构动力学建模及其振动主动控制研究[D]. 上海: 上海交通大学, 2002.

[6] 王宜. 主动约束层阻尼结构的振动控制研究[D]. 重庆: 重庆大学, 2010.

[7] 艾亿谋, 杜成斌, 于国军. 压电智能材料在悬臂梁结构振动控制中的应用[J]. 河海大学学报(自然科学版), 2007, 35(6): 695-698.

[8] 王杨, 喻言, 欧进萍. 基于 PVDF 传感器的无线冲击加速度测量研究[J]. 防灾减灾工程学报, 2010, 30(s1):

36-40.

[9] 陶艺. 基于压电阻抗的转子损伤定量检测方法研究[D]. 重庆: 重庆大学, 2015.

[10] KATTIMANI S C, RAY M C. Vibration control of multiferroic fibrous composite plates using active constrained layer damping[J]. Mechanical Systems and Signal Processing, 2018, 106: 334-354.

[11] KHALFI B, ROSS A. Transient response of a plate with partial constrained viscoelastic layer damping[J]. International Journal of Mechanical Sciences, 2013, 68: 304-312.

[12] 魏代同. 液压管路的主动约束层阻尼振动控制技术研究[D]. 大连: 大连理工大学, 2018.

[13] 郭亚娟, 李鸿光, 孟光. 基于GA-BFGS混合算法的多目标粘弹性模型参数优化[J]. 振动工程学报, 2008, 21(1): 84-90.

[14] ZHAI J, LI J, WEI D, et al. Vibration control of an aero pipeline system with active constraint layer damping treatment[J]. Applied Sciences, 2019, 9(10): 2094.

第8章 飞行器液压管路系统的动力学可靠性
分析及优化设计

8.1 随机激励下液压管路系统参数的重要性分析

随着现代先进飞行器液压管路系统的发展，其结构功能日趋复杂，轻量化要求下结构设计更加精细。目前，多数研究将液压管路的结构参数视为确定量，采用确定性动力学方法进行分析，无法反映不确定性因素对结构动力特性和动力响应的影响。这些不确定性因素存在于结构系统的载荷激励、几何尺寸、材料参数、装配位置等，使得结构动力特征具有随机性，导致动力响应随机变化，将以一定的概率落在安全域外。

针对受不确定性因素影响的液压管路系统，考察结构输入对输出的影响并识别关键因素，具有重要研究意义。灵敏度分析为解决这一问题提供了理论工具，能够定量考察模型输入量的不确定性如何影响输出响应的不确定性。一般而言，灵敏度可以分为局部灵敏度和全局灵敏度。局部灵敏度定义为输入变量分布参数的变化引起输出响应量统计特征变化的比率。例如，输出响应量统计特征对分布参数的偏导数，反映了输入变量分布参数在给定值处对输出响应量的影响信息。但是，局部灵敏度不能考虑输入变量的完整分布对输出响应量的影响。全局灵敏度又被称为重要性测度，相比局部灵敏度，全局灵敏度能够考虑输入变量的整个分布范围，以衡量输入变量的不确定性对输出响应量统计特征的影响，并对输入变量进行重要性排序[1-2]。

目前工程结构的灵敏度研究大多数是建立在静力学分析基础上的。相对于静态问题而言，考虑输入因素不确定性的动力学灵敏度分析更加复杂。对于液压管路，结构设计参数的不确定性是普遍存在的，同时结构承受的外界激励往往也具有随机性，因此有必要对液压管路系统在随机激励下的动力学灵敏度进行研究。

本节首先针对随机激励下的随机结构，提出基于动力学响应特征的全局灵敏度指标。其次，为了提高灵敏度分析的计算效率，提出基于点估计的灵敏度计算方法。最后，将所提指标及方法应用于飞行器液压管路系统的分析。

8.1.1 随机结构的平稳随机响应分析

首先考虑传统随机振动问题下确定性结构的平稳响应分析。多自由度线性结构受到单源平稳随机激励时的运动方程为[3]

$$My'' + Cy' + Ky = px(t) \tag{8.1.1}$$

式中，M 为结构的质量矩阵；C 为结构的阻尼矩阵；K 为结构的刚度矩阵；y'' 为结构的加速度响应列向量；y' 为结构的速度响应列向量；y 为结构的位移响应列向量；p 为定常向量；$x(t)$ 为零均值的正态平稳随机过程。

根据随机振动理论，当线性结构受到自谱为 $S_{xx}(\omega)$ 的单点平稳随机激励 $x(t)$ 时，其响应的自功率谱为

$$S_{yy}(\omega) = H^*(\omega)^{\mathrm{T}} S_{ff}(\omega) H(\omega) \tag{8.1.2}$$

式中，$S_{yy}(\omega)$ 为响应的功率谱密度阵；$S_{ff}(\omega)$ 为激励的功率谱密度阵；$H(\omega)$ 为结构频率响应函数阵；$H^*(\omega)^{\mathrm{T}}$ 为 $H(\omega)$ 的共轭转置矩阵。

获得响应功率谱密度阵 $S_{yy}(\omega)$ 后，可以获得响应均方差为

$$\sigma_y^2 = \int_{-\infty}^{\infty} S_{yy}(\omega) \mathrm{d}\omega \tag{8.1.3}$$

式中，σ_y 为输出响应的标准差，是描述结构动力学响应的重要参数，本小节讨论的灵敏度分析正是以 σ_y 作为研究对象。

以上分析是建立在结构的质量、阻尼和刚度矩阵均是确定量的基础上的。当结构参数(如弹性模量、材料密度、尺寸等)具有随机性时，由于不确定性的存在，输出响应的标准差 σ_y 必然也是一个随机变量[4-5]。假设结构随机参数用 x 表示 ($x = \{x_1, x_2, \cdots, x_n\}$，$n$ 为随机变量个数)，则结构响应(如位移响应、应力响应等)的标准差 σ_y 可表示为随机变量 x 的函数，记为

$$\sigma_y = g(x) \tag{8.1.4}$$

式中，$g(x)$ 为动力响应函数，反映了输入随机变量与输出响应之间的映射关系。σ_y 的均值和方差可以通过式(8.1.5)和式(8.1.6)求得：

$$E(\sigma_y) = \int g(x) f(x) \mathrm{d}x \tag{8.1.5}$$

$$V(\sigma_y) = \int \left[g(x) - E(\sigma_y) \right]^2 f(x) \mathrm{d}x \tag{8.1.6}$$

式中，$f(x)$ 为随机变量 x 的联合概率密度函数。

均值和方差是描述 σ_y 统计特征的重要参数。本小节通过全局灵敏度分析，定量描述随机输入变量对 σ_y 统计特征的影响程度，为改进结构系统提供信息支持。

8.1.2 随机结构的平稳随机响应全局灵敏度

全局灵敏度研究在概率安全评估及工程设计中具有重要作用。通过全局灵敏度分析，可以得到输入变量的重要性排序，进而关注重要性程度高的输入变量或者忽略重要性程度低的输入变量，对结构工程设计和优化提供指导。目前，已经提出了多种全局灵敏度指标，其中基于方差的灵敏度指标应用最为广泛。

基于方差的灵敏度分析研究各输入变量对响应量方差的贡献，根据 Sobol 等提出的方差分解式[6]，对于响应模型 $Y = g(\boldsymbol{x})$，有

$$V(Y) = \sum_{i=1}^{n} V_i + \sum_{i=1, j>i}^{n} V_{ij} + \cdots + V_{1,2,\cdots,n} \tag{8.1.7}$$

式中，$V(Y)$ 为输出响应量 Y 的无条件方差；V_i 为输入变量 x_i 对响应量 Y 的一阶方差贡献，可由式(8.1.8)求得

$$
\begin{aligned}
V_i &= V[E(Y\,|\,x_i)] \\
&= V(Y) - E[V(Y\,|\,x_i)] \\
&= E[V(Y) - V(Y\,|\,x_i)]
\end{aligned}
\tag{8.1.8}
$$

V_{ij} 以及更高阶的方差项反映了输入变量间由于函数形式而产生的交互作用对响应量方差的贡献。从式(8.1.8)可以看到，V_i 衡量的是将 x_i 固定以后响应量方差的平均变化值，V_i 越大，表示 x_i 对响应量变异性的影响越大。事实上，一阶方差贡献 V_i 也被称为主贡献，能够有效地反映输入变量对响应量方差的影响，因此得到了广泛应用。

然而，式(8.1.8)给出的灵敏度指标存在一定缺陷。当 x_i 取不同值时，响应量方差的变化量可能是正值，也可能是负值，因此简单地将其取平均值会造成抵消，低估 x_i 的实际贡献。针对该问题，Ruan 等提出了一种改进灵敏度指标[7]，本小节将其推广用于评估输入参数对随机结构响应的影响，并提出两种灵敏度指标。

基于动力响应 σ_y 方差的灵敏度指标定义为

$$\eta_{x_i} = \sqrt{E\{[V(\sigma_y) - V(\sigma_y\,|\,x_i)]^2\}} \tag{8.1.9}$$

基于动力响应 σ_y 均值的灵敏度指标定义为

$$\delta_{x_i} = \sqrt{E\{[E(\sigma_y) - E(\sigma_y\,|\,x_i)]^2\}} \tag{8.1.10}$$

以上灵敏度指标解决了传统指标存在的贡献抵消问题，反映了输入变量对输

出响应统计特征的影响程度，不同点在于第一种灵敏度指标考虑的对象为动力响应方差，第二种考虑的对象为动力响应均值。一般而言，均值反映了响应的基本性能水平，方差则反映了响应的稳健性能。结合两种指标对随机结构在随机激励下的响应开展灵敏度分析，能够给出对输入变量重要性较完整和较可靠的评价。

8.1.3　动力响应全局灵敏度的求解方法

在灵敏度研究中，一项重要的研究内容是降低灵敏度分析的计算成本。根据全局灵敏度指标的定义式，在大多数情况下可以使用 Monte Carlo 数字模拟法(简称 M-C 方法)得到精确结果，但所需要的计算量十分庞大。由于动力学问题的复杂性，往往需要调用外部有限元程序才能够获得分析结果，当模型计算时间较长时，计算成本将会变得难以接受。针对该问题，本小节提出一种基于点估计的高效方法，以提高全局灵敏度分析的计算效率。

点估计的基本思想是使用响应函数在有限个特定点处的取值来估计响应函数的概率矩，在其适用范围内，给出较准确结果的同时，能够显著提高计算效率。通过式(8.1.9)和式(8.1.10)可以发现，两种指标实际上可以视为是均值和方差算子的嵌套形式。基于此，通过点估计进行降维分解，可以求得全局灵敏度指标。

1. 点估计方法

Seo 等[8]采用三点离散分布描述连续分布，提出了三点估计方法。

对于响应函数 $Y = g(\boldsymbol{x})$，其均值和方差可以通过式(8.1.11)和式(8.1.12)得到：

$$E(Y) = \sum_{k_1=1}^{3} P_{x_1 \cdot k_1} \sum_{k_2=1}^{3} P_{x_2 \cdot k_2} \cdots \sum_{k_n=1}^{3} P_{x_n \cdot k_n} g\left(l_{x_1 \cdot k_1}, l_{x_2 \cdot k_2}, \cdots, l_{x_n \cdot k_n}\right) \tag{8.1.11}$$

$$V(Y) = \sum_{k_1=1}^{3} P_{x_1 \cdot k_1} \sum_{k_2=1}^{3} P_{x_2 \cdot k_2} \cdots \sum_{k_n=1}^{3} P_{x_n \cdot k_n} [g\left(l_{x_1 \cdot k_1}, l_{x_2 \cdot k_2}, \cdots, l_{x_n \cdot k_n}\right) - E(Y)]^2 \tag{8.1.12}$$

式中，第 i 个变量 x_i 的参数 $l_{x_i \cdot k_i}$ 和 $P_{x_i \cdot k_i}$ $(k_i = 1,2,3)$ 是三点离散分布的特征点和相应的权值，其与输入变量 x_i 的均值 α_{1x_i}、标准差 α_{2x_i}、偏度 α_{3x_i} 和峰度 α_{4x_i} 有关，可采用式(8.1.13)~式(8.1.18)计算得到。

$$P_{x_i \cdot 1} = \frac{1}{2}\left(\frac{1 + \alpha_{3x_i}\Big/\sqrt{4\alpha_{4x_i} - 3\alpha_{3x_i}^2}}{\alpha_{4x_i} - \alpha_{3x_i}^2}\right) \tag{8.1.13}$$

$$P_{x_i \cdot 2} = 1 - \frac{1}{\alpha_{4x_i} - \alpha_{3x_i}^2} \tag{8.1.14}$$

$$P_{x_i \cdot 3} = \frac{1}{2} \left(\frac{1 - \alpha_{3x_i} / \sqrt{4\alpha_{4x_i} - 3\alpha_{3x_i}^2}}{\alpha_{4x_i} - \alpha_{3x_i}^2} \right) \tag{8.1.15}$$

$$l_{x_i \cdot 1} = \alpha_{1x_i} - \frac{\alpha_{2x_i}}{2} \left(\sqrt{4\alpha_{4x_i} - 3\alpha_{3x_i}^2} - \alpha_{3x_i} \right) \tag{8.1.16}$$

$$l_{x_i \cdot 2} = \alpha_{1x_i} \tag{8.1.17}$$

$$l_{x_i \cdot 3} = \alpha_{1x_i} + \frac{\alpha_{2x_i}}{2} \left(\sqrt{4\alpha_{4x_i} - 3\alpha_{3x_i}^2} + \alpha_{3x_i} \right) \tag{8.1.18}$$

2. 基于点估计的动力响应灵敏度方法

对于灵敏度指标 η_{x_i}，需要求得 $E\{[V(\boldsymbol{\sigma}_y) - V(\boldsymbol{\sigma}_y \mid x_i)]^2\}$，将其分解为内外两部分，其中 $V(\boldsymbol{\sigma}_y)$ 可以通过式(8.1.12)得到。求解 $V(\boldsymbol{\sigma}_y \mid x_i)$ 时，将 x_i 固定，仅将其他的输入参数(记为 $\boldsymbol{x}_{-i}$，$\boldsymbol{x}_{-i} = (x_1, \cdots, x_{i-1}, x_{i+1}, \cdots, x_n)$)视为随机变量，可以得到 $V(\boldsymbol{\sigma}_y \mid x_i)$ 的点估计表达式为

$$\begin{aligned} V(\boldsymbol{\sigma}_y \mid x_i) = \sum_{k_1=1}^{3} P_{x_1 \cdot k_1} \cdots \sum_{k_{i-1}=1}^{3} P_{x_{i-1} \cdot k_{i-1}} \sum_{k_{i+1}=1}^{3} P_{x_{i+1} \cdot k_{i+1}} \cdots \\ \sum_{k_n=1}^{3} P_{x_n \cdot k_n} [g(l_{x_1 \cdot k_1}, \cdots, l_{x_{i-1} \cdot k_{i-1}}, x_i, l_{x_{i+1} \cdot k_{i+1}}, \cdots, l_{x_n \cdot k_n}) - E(\boldsymbol{\sigma}_y \mid x_i)]^2 \end{aligned} \tag{8.1.19}$$

其中

$$\begin{aligned} E(\boldsymbol{\sigma}_y \mid x_i) = \sum_{k_1=1}^{3} P_{x_1 \cdot k_1} \cdots \sum_{k_{i-1}=1}^{3} P_{x_{i-1} \cdot k_{i-1}} \sum_{k_{i+1}=1}^{3} P_{x_{i+1} \cdot k_{i+1}} \cdots \\ \sum_{k_n=1}^{3} P_{x_n \cdot k_n} g(l_{x_1 \cdot k_1}, \cdots, l_{x_{i-1} \cdot k_{i-1}}, x_i, l_{x_{i+1} \cdot k_{i+1}}, \cdots, l_{x_n \cdot k_n}) \end{aligned} \tag{8.1.20}$$

将式(8.1.19)的计算结果代入 $[V(\boldsymbol{\sigma}_y) - V(\boldsymbol{\sigma}_y \mid x_i)]^2$，则其转化为仅含 x_i 的表达式，将其定义为一元函数

$$\varphi(x_i) = [V(\boldsymbol{\sigma}_y) - V(\boldsymbol{\sigma}_y \mid x_i)]^2 \tag{8.1.21}$$

则有

$$E[\varphi(x_i)] = E\{[V(\boldsymbol{\sigma}_y) - V(\boldsymbol{\sigma}_y \mid x_i)]^2\} \tag{8.1.22}$$

对于一元函数 $\varphi(x_i)$ 的期望，再次使用点估计可以得到

$$E[\varphi(x_i)] = P_{x_i \cdot 1} \varphi(l_{x_i \cdot 1}) + P_{x_i \cdot 2} \varphi(l_{x_i \cdot 2}) + P_{x_i \cdot 3} \varphi(l_{x_i \cdot 3}) \tag{8.1.23}$$

至此，可以得到灵敏度指标 η_{x_i} 的点估计计算结果。

对于灵敏度指标 δ_{x_i}，则需要求得 $E\{[E(\sigma_y) - E(\sigma_y \mid x_i)]^2\}$。与求解 η_{x_i} 时的步骤类似，将式(8.1.20)的结果代入 $[E(\sigma_y) - E(\sigma_y \mid x_i)]^2$，可以得到仅含 x_i 的表达式，记为

$$\phi(x_i) = [E(\sigma_y) - E(\sigma_y \mid x_i)]^2 \tag{8.1.24}$$

进而有

$$E[\phi(x_i)] = E\{[E(\sigma_y) - E(\sigma_y \mid x_i)]^2\} \tag{8.1.25}$$

使用点估计计算一元函数 $\phi(x_i)$ 的期望，即可获得灵敏度指标 δ_{x_i} 的点估计结果。

以上提出的算法实际上是一种嵌套的点估计方法，由于所提出的动力响应灵敏度指标可以视为均值和方差算子的嵌套，可以通过点估计进行分解降维。当输入变量相互独立时，变量所取的特征点不受其他变量的影响，仅取决于该变量本身的概率分布参数。所提出的基于点估计的灵敏度分析方法对于输入变量的概率分布类型没有限制，可以应用于包含非正态变量的问题。所提方法需要求解基本变量的前四阶矩，对于工程上常见的概率分布类型，前四阶矩是容易得到的。

8.1.4　飞行器液压管路的随机振动响应及其参数灵敏度

1. 单自由度振子体系

单自由度线性体系受单源平稳随机激励时的运动方程可表示为[9]

$$m\ddot{y} + c\dot{y} + ky = f(t) \tag{8.1.26}$$

式中，m 为质量；c 为阻尼；k 为刚度；$f(t)$ 为一平稳随机过程，自谱为常值 $S_{ff}(\omega) = S_0 = 1$，系统阻尼比 $\zeta = c / (2\sqrt{mk})$，采用无量纲参数。考虑 ζ、m、k 为随机变量时它们对质点位移响应 y 标准差的影响，ζ、m、k 的均值分别为 0.05、1、1，认为其服从变异系数为 v 的正态分布。

对于单自由度振子体系，响应 y 的功率谱密度具有解析表达式

$$\begin{aligned} S_{yy}(\omega) &= |H(\omega)|^2 S_{ff}(\omega) \\ &= \frac{S_0}{\left(k - m\omega^2\right)^2 + c^2\omega^2} \end{aligned} \tag{8.1.27}$$

其输出响应标准差的解析解为

$$\sigma_y = \sqrt{\int_{-\infty}^{\infty} S_{yy}(\omega) \mathrm{d}\omega} = \sqrt{\frac{\pi S_0}{2\zeta k \sqrt{mk}}} \qquad (8.1.28)$$

表 8.1.1 中列出了输入随机变量的变异系数 ν 取不同值时，使用本书所提方法和 M-C 方法得到动力输出的均值、方差以及全局灵敏度分析结果。可以看到，本书所提方法具有很高的计算精度。同时，本书所提方法计算响应模型 324 次，而 M-C 方法则计算了 10^6 次，本书所提方法大大提高了计算效率。

表 8.1.1　单自由度振子体系的动力响应灵敏度

	项目	$E(\sigma_y)$	$V(\sigma_y)$	η_ζ	η_m	η_k	δ_ζ	δ_m	δ_k
	M-C 方法	5.673	0.296	0.089	0.025	0.192	0.295	0.144	0.438
$\nu=0.1$	本书所提方法	5.673	0.296	0.087	0.024	0.191	0.290	0.144	0.436
	误差	0	0	2.3%	4%	0.5%	0.2%	0	0.5%
	M-C 方法	5.648	0.184	0.055	0.014	0.122	0.229	0.114	0.347
$\nu=0.08$	本书所提方法	5.648	0.184	0.053	0.015	0.120	0.229	0.114	0.344
	误差	0	0	3.6%	7.1%	1.6%	0	0	0.9%
	M-C 方法	5.622	0.07	0.020	0.005	0.045	0.143	0.071	0.211
$\nu=0.05$	本书所提方法	5.622	0.07	0.020	0.005	0.045	0.141	0.070	0.212
	误差	0	0	0	0	0	1.4%	1.4%	0.5%

以输入随机变量变异系数为 0.1 时的情况为例，进一步考察表 8.1.1 中的全局灵敏度结果。可以看到，根据基于动力响应 σ_y 方差的灵敏度指标，有 $\eta_k > \eta_\zeta > \eta_m$，说明刚度 k 对动力响应 σ_y 的方差具有最大影响，其次是 ζ，最后是 m。根据基于动力响应 σ_y 均值的灵敏度指标，有 $\delta_k > \delta_\zeta > \delta_m$，因此随机变量对动力响应 σ_y 均值的贡献从高到低排序依次为 k、ζ、m。通过全局灵敏度分析，给出了输入因素对输出响应影响程度的定量评估，可以为改进工程设计、提高结构性能提供有效指导。

2. 某飞行器液压管路系统的动力响应灵敏度

管路系统是飞行器介质传输和能量传递的重要通道，恶劣的振动工作环境使得管路系统松动、泄漏和裂纹等动强度失效问题突出[10-11]。经典的结构分析假定结构刚度、质量、阻尼等都是确定量，事实上因为尺寸、装配、工艺等因素，这些参数都具有一定的离散性,从而对结构系统的性能产生重要影响。在本书中,将使用概率分布描述输入参数的离散性,并研究其对管路系统动力响应的影响程度。

某飞行器液压管路系统有限元模型如图 8.1.1 所示,由多个单元组成,包括弹性直管、弯管、三通管、卡箍、阀门、软管等,通过多个固定端和卡箍支撑。固定端能够约束管路系统在该位置的所有自由度,卡箍约束管路系统在该位置处的径向位移,本书中采用弹簧单元模拟。

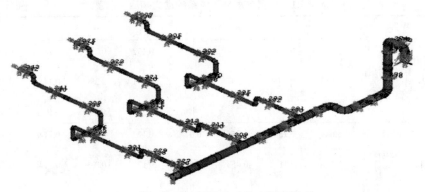

图 8.1.1　某飞行器液压管路系统有限元模型(一)

如图 8.1.2 所示,振动可以通过固定端和卡箍从基础传递到管路系统,且由固定端传入系统和由卡箍传入系统的效率是不一样的,可以通过 ANSYS 软件中的比例因子进行设置。固定端的比例因子或效率系数设置为 1,卡箍的比例因子设置为 0.5。在本书中,假定所有的约束(固定端和卡箍)受到相同的基础激励(加速度功率谱密度)。

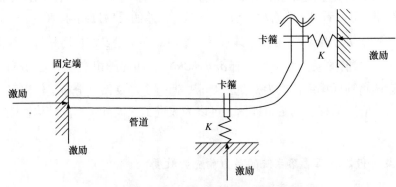

图 8.1.2　固定端和卡箍传递外场激励

将管路材料弹性模量 E、泊松比 γ、材料密度 ρ、管内流体密度 ρ_1、卡箍支撑刚度 K 考虑为服从正态分布的随机变量,其统计特征如表 8.1.2 所示。

表 8.1.2　液压管路系统中的随机变量及其分布信息

输入参数	分布类型	均值	变异系数
E /Pa	正态分布	2×10^{11}	0.1
γ	正态分布	0.3	0.1
ρ /(kg/m³)	正态分布	7800	0.1
ρ_1 /(kg/m³)	正态分布	900	0.1
K /(N/m)	正态分布	1×10^7	0.1

使用本书所提的动力响应灵敏度指标考察输入变量对输出响应的影响程度，考虑管路系统的三种动力学响应：最大速度响应标准差、最大位移响应标准差和最大轴向应力响应标准差。使用所提方法计算获得最大速度响应标准差的期望和方差分别为 0.58 和 0.016，而使用 M-C 方法计算 1×10^4 次后的期望和方差分别为 0.57 和 0.015，说明所提方法适用于该管路结构。在计算灵敏度指标时，由于该问题包含有限元模型的计算，若使用 M-C 方法，计算成本将十分庞大，而所提方法则仅需 1458 次模型计算，因此只采用所提方法开展灵敏度分析。

图 8.1.3～图 8.1.5 给出了管路系统的灵敏度分析结果。结果显示，所提出的全局灵敏度指标能够定量地给出输入参数对结构响应的影响程度。材料弹性模量、材料密度、管内流体密度对液压系统动力学响应的贡献较大，尤其是弹性模量，而泊松比和卡箍支撑刚度的贡献较小。在改进液压管路系统时，可以重点考虑对结构响应贡献大的输入参数，这在工程实际中有积极的意义，尤其当结构系统的设计参数众多时，可以通过所提出的全局灵敏度指标对具有不确定性的设计参数开展灵敏度分析，识别出其中对结构响应有显著影响的参数，进而重点对这些参数进行优化改进，有效提高效率。

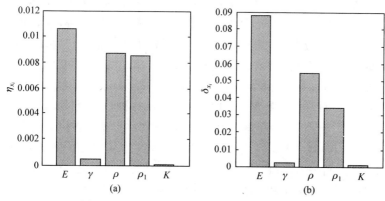

图 8.1.3　最大速度响应标准差的全局灵敏度

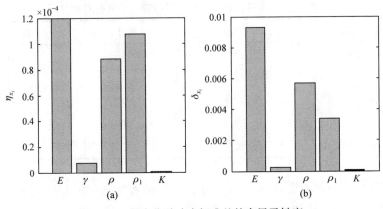

图 8.1.4　最大位移响应标准差的全局灵敏度

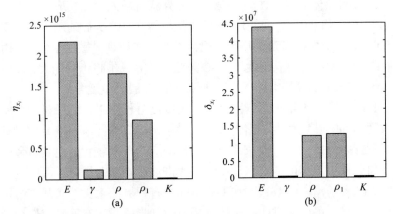

图 8.1.5　最大轴向应力响应标准差的全局灵敏度

随机结构在随机激励下的响应研究是结构动力学的重要研究内容。结构参数、外载、材料等输入因素中普遍存在的不确定性，会影响结构系统的动力学响应。针对这一问题，本节提出了基于动力学分析的全局灵敏度指标，以评估随机输入参数对结构动力学响应的影响程度。根据得到的灵敏度信息，设计人员可以重点关注具有重要贡献的结构参数，指导优化设计。由于动力学问题的复杂性，往往需要调用外部有限元程序才能够获得灵敏度分析结果，当模型计算时间较长时，传统的 M-C 方法计算成本高昂。因此，本节提出一种基于点估计的高效算法，以提高全局灵敏度分析的计算效率。所提出的算法实际上是一种嵌套的点估计方法，利用所提出的动力响应灵敏度指标可以被视为均值和方差算子嵌套的性质，通过点估计的方法进行分解降维。对以上算例的研究表明，所提出的灵敏度指标及其求解方法是具有实际意义和工程适用性的。

8.2　飞行器液压管路系统的动力学可靠性分析方法

由于发动机振动和飞行气流导致的机体振动等外部激励，飞行器液压管路系统经常处于振动环境中，容易发生故障。一般情况下，需要使用支撑卡箍将液压管路固定到机体上，以降低由大跨度和外部激励引起的不稳定性。本节讨论飞行器液压管路系统动力学可靠性分析方法，首先给出某型飞行器液压管路系统的有限元模型及其激励，进而基于首次穿越法的动强度公式，给出该管路系统在随机激励下动强度可靠性的计算过程及结果。

8.2.1　飞行器液压管路系统的有限元模型

如图 8.2.1 所示，某飞行器液压管路系统的有限元模型在 ANSYS 软件中建立。其中端点 A 连接泵源，端点 B 和端点 C 为油液出口。因为这三个端点连接机身中的其他装置，所以在该管路系统的有限元模型中设置为固定约束。

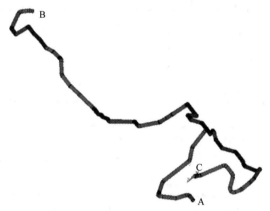

图 8.2.1　某飞行器液压管路系统的有限元模型(二)

该管路系统有限元模型的相关参数见表 8.2.1，ρ_p、D、t、ρ_f、T、P、E 和 μ 分别代表液压管路系统的材料密度、外半径、管壁厚度、管路中流体密度、环境温度、内压、弹性模量和泊松比。

表 8.2.1　飞行器液压管路系统有限元模型参数

ρ_p/(kg/m³)	D/m	t/m	ρ_f/(kg/m³)	T/℃	P/MPa	E/Pa	μ
7900	0.02	0.003	1000	20	25	2×10^{11}	0.3

由于泵源振动、机体颤振等，飞行器液压管路系统在工作状态时一般处于振

动环境中。此外，飞行器液压管路跨度较大，将导致液压管路系统的不稳定[12-13]。因此，需要支撑约束以增强其稳定性。该飞行器液压管路系统的支撑约束位置和相应的节点编号如图 8.2.2 所示。

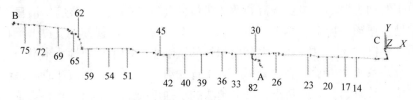

图 8.2.2　约束位置和节点编号

在该管路系统的有限元模型中，支撑约束采用弹簧单元实现。弹簧单元的方向与重力方向平行，即在全局坐标系中的 Y 方向。支撑约束主要约束管路径向位移而非横向位移，因此与机身和管路相连接的节点分别被设置为固定和径向平动约束。支撑约束节点在全局坐标系中的具体数据列于表 8.2.2。

表 8.2.2　约束节点坐标

支撑编号	14	17	20	23	26	30	33
X 方向	**−509**	**−712**[2]	**−1023**[3]	**−1385**[4]	**−1620**[5]	**−1980**[6]	**−2317**[7]
Y 方向	−160	−154	−146	−104	−135	−148	−148
Z 方向	−227	−233	−223	−192	−207	−188	−188
支撑编号	36	39	40	42	45	51	54
X 方向	**−2563**[8]	**−2775**[9]	**−2919**[10]	**−3513**[11]	**−3634**[12]	**−4209**[14]	**−4521**[15]
Y 方向	−111	−111	−148	−148	−148	−40	−35
Z 方向	−155	−155	−188	−188	**−69**[13]	168	180
支撑编号	59	62	65	69	72	75	82
X 方向	**−4888**[16]	**−5036**[17]	**−5148**[19]	**−5415**[20]	**−5745**[22]	**−6602**[24]	**−2033**[26]
Y 方向	−35	**123**[18]	247	**344**[21]	**387**[23]	**405**[25]	**−164**[27]
Z 方向	−189	214	171	195	201	274	**140**[28]

注：粗体坐标表示设计变量，其上标表示相应的设计变量编号。

在飞行器液压管路系统的有限元模型建立之后，需要确定其受到的外部激励。在本节中，随机激励以加速度功率谱密度函数(power spectral density，PSD)的形式进行施加，如图 8.2.3 所示。激励施加在 A、B、C 三个端点及所有与机身相连接的支撑约束节点上。在该液压管路系统的研究中，施加在有限元模型上的激励方向为重力方向，即 Y 方向。显然，不同约束处受到的激励是不同的，这可以通过

ANSYS 中的缩放因子来调整。在本节中，A、B 和 C 三个端点处的缩放因子为 1，其余都小于 1。

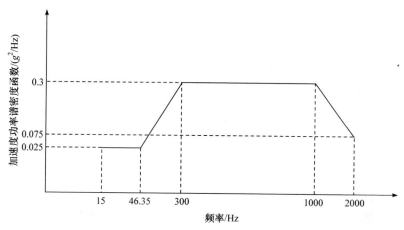

图 8.2.3　加速度功率谱密度函数

在该研究中，主要关注管路系统的应力和位移响应。通过 ANSYS 软件分析获得的位移响应云图和应力响应云图分别如图 8.2.4 和图 8.2.5 所示。优化前该飞行器液压管路的最大位移响应和最大应力响应分别为 6.06×10^{-4}m 和 2.69×10^{7}Pa。

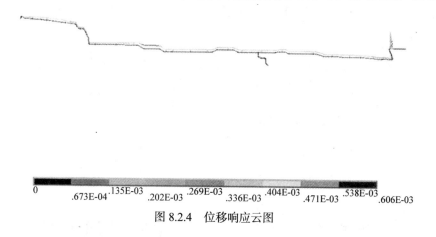

图 8.2.4　位移响应云图

8.2.2　飞行器液压管路系统的动强度可靠性

1. 基于首次穿越法的动强度理论

目前，首次穿越法在动强度可靠性研究中应用最为广泛。假设 $y(t)$ 为随机激励下系统的响应(如位移、速度、加速度和应力等)，由于随机激励的存在，其系统响应 y 也为一随机过程。如果响应 y 在规定的时间区间 $t\in[0,T]$ 没有超过给定的

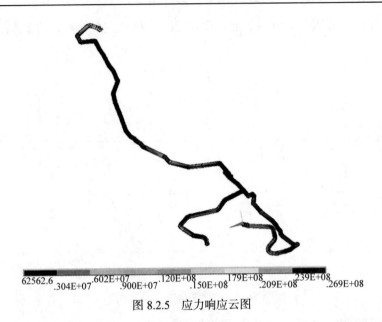

62562.6	.602E+07	.120E+08	.179E+08	.239E+08
.304E+07	.900E+07	.150E+08	.209E+08	.269E+08

图 8.2.5　应力响应云图

阈值 b，则认为结构是安全的，否则是不安全的。该结构的可靠度可表示为

$$R(T) = \text{Prob}\{y(t) \leqslant b, 0 \leqslant t \leqslant T\} \tag{8.2.1}$$

其中，b 为安全阈值。式(8.2.1)为单侧失效的可靠性模型，将其表示在图 8.2.6(a)中。

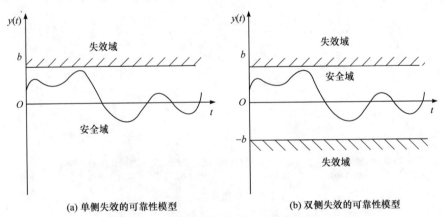

(a) 单侧失效的可靠性模型　　　　　　　　　(b) 双侧失效的可靠性模型

图 8.2.6　随机响应 $y(t)$ 的可靠性模型示意图

如果要求响应 y 位于阈值上下界之间，则为双侧失效的可靠性模型(图 8.2.6(b))，可表示为

$$R(T) = \text{Prob}\{-b < y(t) < b, 0 \leqslant t \leqslant T\} \tag{8.2.2}$$

通过以上分析可知，在整个时间区间内，响应如果在任意一个离散时间点处超越给定的阈值，将导致结构系统失效。基于泊松假设，首次穿越法计算随机激

励下动态系统的单侧失效和双侧失效可靠性模型分别表示如下[14]：

$$R_s(T) = \exp\left[-\frac{T}{2\pi}\frac{\sigma_{\dot{y}}}{\sigma_y}\exp\left(-\frac{b^2}{2\sigma_y^2}\right)\right] \tag{8.2.3}$$

$$R_d(T) = \exp\left[-\frac{T}{\pi}\frac{\sigma_{\dot{y}}}{\sigma_y}\exp\left(-\frac{b^2}{2\sigma_y^2}\right)\right] \tag{8.2.4}$$

式中，T 为管路工作时间；b 为安全阈值。由以上分析可知，求解系统可靠性的关键是获得响应标准差 σ_y 和响应导数标准差 $\sigma_{\dot{y}}$。

2. 液压管路系统的可靠性模型

本小节基于首次穿越法中的动强度公式，结合有限元分析计算随机激励下飞行器液压管路系统的可靠性。当最大应力响应超过给定阈值时，即认为该系统失效，因此该可靠性模型应为单侧失效模型。将式(8.2.3)中的所有位移响应参数替换为应力响应参数，即可获得适用于该模型的动强度可靠性公式，并表示如下：

$$R_s(T) = \exp\left[-\frac{T}{2\pi}\frac{\sigma_{\dot{\sigma}}}{\sigma_\sigma}\exp\left(-\frac{b^2}{2\sigma_\sigma^2}\right)\right] \tag{8.2.5}$$

式(8.2.5)求解的是关于应力响应的可靠性，因此 b 为最大应力响应安全阈值。σ_σ 为应力响应标准差，可以直接从 ANSYS 分析结果中获得。$\sigma_{\dot{\sigma}}$ 表示 σ_σ 的导数，无法从有限元软件的分析结果中直接获得。由于所建立的液压管路模型中的材料均为弹性材料，近似认为存在以下关系：

$$\frac{\sigma_{\dot{\sigma}}}{\sigma_\sigma} = \frac{\sigma_{\dot{y}}}{\sigma_y} \tag{8.2.6}$$

式中，σ_y 和 $\sigma_{\dot{y}}$ 分别为位移响应标准差和其导数，即速度响应标准差，这两种响应都可以直接从有限元软件的分析结果中获得。式(8.2.5)可转化为以下公式：

$$R_s(T) = \exp\left[-\frac{T}{2\pi}\frac{\sigma_{\dot{y}}}{\sigma_y}\exp\left(-\frac{b^2}{2\sigma_y^2}\right)\right] \tag{8.2.7}$$

如果该管路系统中其中一个节点处的应力响应超过阈值 b，则认为整个管路系统失效。因此认为该飞机液压管路系统为串联系统，其可靠度表示如下。

$$R^T = \prod_{i=1}^{n} R_i \tag{8.2.8}$$

式中，R_i 表示第 i 个节点的可靠度；n 表示该管路系统有限元模型的总节点数，在该管路模型中为 180。当运行时间 T 和阈值 b 分别为 3.6×10^7s 和 2×10^8Pa 时，结合 8.2.1 小节所给模型参数，将管路系统部分节点处的响应结果与可靠度列于表 8.2.3 中。

表 8.2.3　管路系统部分节点处的响应与可靠度

节点编号	$\sigma_y/(\times 10^{-3}\text{m})$	$\sigma_{\dot{y}}/(\text{m/s})$	$\sigma_\sigma/(\times 10^7\text{Pa})$	R_i
1	0.4953	0.1475	2.2315	1.0000
54	0.5164	0.1754	2.3561	1.0000
118	0.6061	0.1951	2.6912	0.9981
139	0.5975	0.1903	2.6513	0.9992
174	0.5967	0.1821	2.5230	0.9999
180	0.4423	0.1398	2.1652	1.0000

根据公式(8.2.8)，该飞行器液压管路系统可靠度为

$$R^T = \prod_{i=1}^{180} R_i \approx 0.9972 \tag{8.2.9}$$

8.3　飞行器液压管路系统的动力学可靠性优化

支撑的最优布局可以通过多种传统优化方法获得。然而，对于涉及大量支撑约束的飞行器复杂液压管路系统而言，传统方法存在明显不足，如效率低下，没有针对性和目的性，设计变量多，甚至优化结果难以收敛。为解决这些问题，可将灵敏度分析作为优化分析的预处理工具，以降低优化问题的规模。

灵敏度分析可以给出设计变量的不确定性对结构输出响应的影响程度，或其分布参数对输出响应的影响[15]。基于灵敏度的优化分析首先需要筛选出对优化目标没有影响或影响较小的设计变量，然后在后续优化过程中忽略其对输出响应的影响，仅保留对优化目标函数有重要影响的设计变量以降低优化规模。显然，通过灵敏度分析预处理，可以增加优化的针对性。在飞行器液压管路系统中，由于其支撑约束坐标的可变范围是一区间而非随机变量，基于概率的灵敏度分析方法不适用于飞行器液压管路系统支撑约束坐标的灵敏度分析。因此，本章使用非概率全局灵敏度指标筛选对飞行器液压管路系统输出响应有重要影响的支撑约束坐标，并在后续的优化分析中将其作为设计变量。

针对随机激励下的飞行器液压管路系统，本节提出两种非概率全局灵敏度指标，并开展以最大应力响应为目标的灵敏度分析。在非概率灵敏度指标信息的基础上，提出基于灵敏度分析的优化策略，对该管路支撑约束坐标进行可靠性优化。

同时，通过传统优化方法与所提方法进行对比，证明所提优化策略的实用性和可行性。

8.3.1　飞行器液压管路系统的可靠性优化模型

飞行器液压管路系统优化的最终目标是获得使最大应力响应最小化的支撑约束位置。因此，目标函数为最大应力响应 $\sigma_{\sigma\max}$，约束为可靠度和最大位移响应。建立飞机液压管路系统的可靠性优化模型如下：

$$
\begin{cases}
\text{Min} & \sigma_{\sigma\max}(\boldsymbol{x}) \\
\text{s.t.} & D_{\max} - D^{\mathrm{t}} < 0 \\
& R^{\mathrm{t}} - R < 0 \\
& x_j^{\mathrm{L}} \leqslant x_j \leqslant x_j^{\mathrm{U}}\ (j = 1 \sim 28)
\end{cases}
\tag{8.3.1}
$$

式中，$\boldsymbol{x}$ 为设计变量；D^{t} 为最大位移响应阈值，R^{t} 为可靠度阈值，在本节分别给定为 5.5×10^{-4} 和 0.9999；j 为表 8.2.2 中 28 个设计变量的编号；x_j^{L} 和 x_j^{U} 分别为设计变量 x_j 的下界和上界，且 $x_j^{\mathrm{L}} = x_j^0 - \Delta_j^-$，$x_j^{\mathrm{U}} = x_j^0 + \Delta_j^+$，这里 Δ_j^- 与 Δ_j^+ 分别表示设计变量 x_j 的可变下界和可变上界，列于表 8.3.1 中。需要注意的是，飞机液压管路中设计变量的可变下界和可变上界的选择是有限制的，即设计变量在上界和下界之间变化时不应影响液压管路的基本形状和布局。x_j^0 为设计变量 x_j 的初始值，即表 8.2.2 中给出的值。

表 8.3.1　Δ_j^- 和 Δ_j^+ 的值

编号	1	2	3	4	5	6	7	8	9	10	11	12	13	14
Δ^-	33	25	83	45	46	100	148	78	83	80	280	20	20	50
Δ^+	107	165	107	205	34	50	42	112	57	10	123	40	40	53

编号	15	16	17	18	19	20	21	22	23	24	25	26	27	28
Δ^-	53	26	19	49	46	177	101	3	42	6	44	18	40	
Δ^+	37	84	11	41	24	13	5	89	7	92	8	46	12	50

根据表 8.2.2，该管路系统涉及 28 个设计变量。为降低该液压管路系统的优化规模，提高效率和优化的针对性，将灵敏度分析作为优化分析的前处理工具，以筛选对优化目标函数没有或仅有微小影响的设计变量，在优化模型中仅考虑对目标函数有重要影响的设计变量。

8.3.2 设计变量的灵敏度分析

基于概率模型的灵敏度分析方法如基于方差的灵敏度分析方法、基于矩独立的灵敏度分析方法[16]和基于熵的灵敏度分析方法[17]等已经广泛应用于各种工程问题。然而,对于飞行器液压管路系统的设计变量即支撑约束坐标,由于缺乏足够的统计数据,很难获得所有设计变量的分布类型及分布参数。因此,基于概率模型的灵敏度分析方法不适用于该管路系统的灵敏度分析。由于设计变量以区间的形式给出,可以使用非概率灵敏度分析方法对其进行灵敏度分析。

1. 非概率可靠性灵敏度分析

对于包含区间变量 x_j $(j=1,2,\cdots,n)$ 的极限状态函数 $M=g(\boldsymbol{x})=g(x_1,x_2,\cdots,x_n)$,它的非概率可靠性指标由郭书祥等给出[18]:

$$\eta_M = M^c / M^r \tag{8.3.2}$$

式中,M^c 与 M^r 分别表示极限状态函数 M 的中值与离差;Li 等[15]在式(8.3.2)的基础上提出了两种非概率全局可靠性灵敏度指标,表示如下:

$$\varepsilon_j = \frac{\eta_{M|x_j}^r}{\eta_M}, \quad \xi_j = \left| \frac{\eta_M - \eta_{M|x_j}^c}{\eta_M} \right| \tag{8.3.3}$$

式中,$\eta_{M|x_j}^r$ 和 $\eta_{M|x_j}^c$ 分别为条件非概率可靠性指标 $\eta_{M|x_j}$ 的离差和中值,表示如下:

$$\eta_{M|x_j}^r = \frac{\eta_{M|x_j}^U - \eta_{M|x_j}^L}{2}, \quad \eta_{M|x_j}^c = \frac{\eta_{M|x_j}^U + \eta_{M|x_j}^L}{2} \tag{8.3.4}$$

式中,$\eta_{M|x_j}^U$ 和 $\eta_{M|x_j}^L$ 分别为 $\eta_{M|x_j}$ 的上界和下界,可通过式(8.3.5)获得:

$$\eta_{M|x_j}^U = \max\left(\eta_{M|x_j}, x_j \in \left[x_j^L, x_j^U\right]\right), \quad \eta_{M|x_j}^L = \min\left(\eta_{M|x_j}, x_j \in \left[x_j^L, x_j^U\right]\right) \tag{8.3.5}$$

其中,x_j^L 和 x_j^U 分别表示 x_j 的下界和上界。

2. 支撑约束坐标的非概率灵敏度分析

本小节对式(8.3.3)中的两种非概率可靠性灵敏度指标进行改进,并对飞行器液压管路系统的 28 个支撑坐标进行灵敏度分析,甄别对目标函数有重要影响的设计变量。

1) 非概率灵敏度

对于该飞行器液压管路系统,其设计变量可通过以下形式给出:

$$x_j = \left[x_j^0 - \Delta_j^-, x_j^0 + \Delta_j^+ \right], \quad j = 1, 2, \cdots, 28 \tag{8.3.6}$$

式中，x_j 是第 j 个设计变量；x_j^0 是第 j 个设计变量的初始坐标。由于所有的设计变量都为区间变量，最大应力响应也为区间变量，即

$$\sigma_{\sigma\max} = \left[\sigma_{\sigma\max}^{\mathrm{L}}, \sigma_{\sigma\max}^{\mathrm{U}} \right] \tag{8.3.7}$$

式中，$\sigma_{\sigma\max}^{\mathrm{L}}$ 和 $\sigma_{\sigma\max}^{\mathrm{U}}$ 分别表示 $\sigma_{\sigma\max}$ 的下界和上界。最大应力响应的中值 $\sigma_{\sigma\max}^{\mathrm{c}}$ 和离差 $\sigma_{\sigma\max}^{\mathrm{r}}$ 可分别表示如下：

$$\sigma_{\sigma\max}^{\mathrm{c}} = \frac{\sigma_{\sigma\max}^{\mathrm{L}} + \sigma_{\sigma\max}^{\mathrm{U}}}{2}, \quad \sigma_{\sigma\max}^{\mathrm{r}} = \frac{\sigma_{\sigma\max}^{\mathrm{U}} - \sigma_{\sigma\max}^{\mathrm{L}}}{2} \tag{8.3.8}$$

进一步可得

$$S = \frac{\sigma_{\sigma\max}^{\mathrm{c}}}{\sigma_{\sigma\max}^{\mathrm{r}}} \tag{8.3.9}$$

当 x_j 在其整个变化范围 $\left[x_j^0 - \Delta_j^-, x_j^0 + \Delta_j^+ \right]$ 变化时，条件值 $S|x_j$ 也为一区间变量，其下界和上界可分别表示如下：

$$\left[S|x_j \right]^{\mathrm{L}} = \min \left(S|x_j, x_j \in \left[x_j^0 - \Delta_j^-, x_j^0 + \Delta_j^+ \right] \right) \tag{8.3.10}$$

$$\left[S|x_j \right]^{\mathrm{U}} = \max \left(S|x_j, x_j \in \left[x_j^0 - \Delta_j^-, x_j^0 + \Delta_j^+ \right] \right) \tag{8.3.11}$$

$S|x_j$ 的中值 $\left[S|x_j \right]^{\mathrm{c}}$ 和离差 $\left[S|x_j \right]^{\mathrm{r}}$ 分别为

$$\left[S|x_j \right]^{\mathrm{c}} = \frac{\left[S|x_j \right]^{\mathrm{L}} + \left[S|x_j \right]^{\mathrm{U}}}{2}, \quad \left[S|x_j \right]^{\mathrm{r}} = \frac{\left[S|x_j \right]^{\mathrm{U}} - \left[S|x_j \right]^{\mathrm{L}}}{2} \tag{8.3.12}$$

两种非概率全局灵敏度指标可表示如下：

$$\zeta_j = \frac{\left| S - \left[S|x_j \right]^{\mathrm{c}} \right|}{S}, \quad \varsigma_j = \frac{\left[S|x_j \right]^{\mathrm{r}}}{S} \tag{8.3.13}$$

以上两种灵敏度指标从中值和离差的角度分别量化了设计变量对目标函数(在本节液压管路研究中为最大应力响应)影响的大小。下面给出上述两种指标的 M-C 方法求解过程。

2) 非概率灵敏度指标的 M-C 方法

使用 M-C 方法进行求解的详细过程如下。

第一步：产生 $N \times n$ 的初始样本矩阵，并由元素 x_{ij} 构成的矩阵 U 表示。其中，i 和 j 分别表示矩阵的行和列；N 是样本大小，在本节中设为 1×10^5；n 为初始设计变量的个数，在该管路研究中为 28。

第二步：求解 1×10^5 组初始样本对应的 1×10^5 个最大应力响应 $\sigma_{\sigma\max}$。

第三步：分别求解 $\sigma_{\sigma\max}$ 的下界和上界，并通过式(8.3.8)求得其中值和离差。然后，由式(8.3.9)获得 S。

第四步：将初始设计变量的实现值固定在 x_{ij}，即矩阵 U 的第 j 列的元素由 x_{ij} 代替并重新记为 U_{ij}。然后，重复第二步和第三步获得 $S|x_{ij}$。

第五步：将 x_{ij} 从 x_{1j} 到 $x_{100000j}$ 进行依次变化，可获得 1×10^5 个条件值 $S|x_{ij}$。

第六步：计算 1×10^5 个 $S|x_{ij}$ 的下界 $[S|x_{ij}]^L$ 和上界 $[S|x_{ij}]^U$。

第七步：通过式(8.3.13)分别获得设计变量 x_j 的两种全局非概率灵敏度指标 ζ_j 与 ς_j。重复以上步骤，即可得到所有设计变量的非概率全局灵敏度指标。

3) 基于代理模型的管路系统非概率灵敏度分析

由于液压管路系统分析需要调用有限元软件，通过上述 M-C 方法求解非概率灵敏度指标耗时较长。为提高计算效率，本小节引入 Kriging 模型[19]作为原有限元模型的代理模型计算该管路系统设计变量的非概率灵敏度指标。由于 Kriging 模型已经非常成熟，被广泛应用于各种工程问题，使用 Kriging 模型计算该液压管路系统设计变量的灵敏度指标是合理、可行的。

假定 $\boldsymbol{x} = [x_1, x_2, \cdots, x_n]^T$ 和 $y(\boldsymbol{x})$ 分别表示设计变量和输出响应，那么可建立以下模型[20]：

$$y(\boldsymbol{x}) = \boldsymbol{F}(\boldsymbol{\beta}, \boldsymbol{x}) + z(\boldsymbol{x}) = f^T(\boldsymbol{x})\boldsymbol{\beta} + z(\boldsymbol{x}) \tag{8.3.14}$$

式中，$\boldsymbol{F}(\boldsymbol{\beta}, \boldsymbol{x})$ 为线性回归的分布参数，可以具体表示为 $f^T(\boldsymbol{x})\boldsymbol{\beta}$；$z(\boldsymbol{x})$ 为具有以下统计特征的稳态高斯过程：

$$\begin{cases} E[z(\boldsymbol{x})] = 0 \\ \mathrm{Cov}[z(x_i), z(x_j)] = \sigma^2 [R(x_i, x_j)] \end{cases} \tag{8.3.15}$$

式中，$\mathrm{Cov}[\cdot]$ 为方差算子；$R(x_i, x_j)$ 表示样本空间中两个样本点之间的相关函数。相关函数有多种形式，但最常用的是高斯相关函数，表示如下：

$$R(\boldsymbol{x}_i, \boldsymbol{x}_j) = \exp\left(-\sum_{k=1}^{n} \theta_k \left| x_k^i - x_k^j \right|^2\right) \tag{8.3.16}$$

式中，n 为设计变量的个数；x_k^i 和 x_k^j 分别表示向量 $\boldsymbol{x}_i$ 和 $\boldsymbol{x}_j$ 的第 k 个元素；θ_k 为反映两个样本之间相关性的参数。

给定一组样本点 $\boldsymbol{x} = [x_1, x_2, \cdots, x_m]^{\mathrm{T}}$ 和对应的函数响应量 $\boldsymbol{y} = [y_1, y_2, \cdots, y_m]^{\mathrm{T}}$，参数 $\hat{\boldsymbol{\beta}}$ 和 $\hat{\sigma}^2$ 可分别通过以下两式进行估计：

$$\hat{\boldsymbol{\beta}} = (\boldsymbol{I}^{\mathrm{T}} \boldsymbol{R}^{-1} \boldsymbol{I})^{-1} \boldsymbol{I}^{\mathrm{T}} \boldsymbol{R}^{-1} \boldsymbol{Y} \tag{8.3.17}$$

$$\hat{\sigma}^2 = \frac{1}{m}\left(\left(\boldsymbol{Y} - \boldsymbol{I}\hat{\boldsymbol{\beta}} \right)^{\mathrm{T}} \boldsymbol{R}^{-1} \left(\boldsymbol{Y} - \boldsymbol{I}\hat{\boldsymbol{\beta}} \right) \right) \tag{8.3.18}$$

式中，$\boldsymbol{I}$ 为 m 维的单位列向量；$\boldsymbol{R}$ 为包含试验设计点相关性的矩阵，即 $R_{i,j} = R(\boldsymbol{x}_i, \boldsymbol{x}_j)$；$\hat{\boldsymbol{\beta}}$ 和 $\hat{\sigma}^2$ 是 θ_k 的函数，可以通过最大化以下函数来获得：

$$\varphi = -\frac{1}{2}\left(m \ln \hat{\sigma}^2 + \ln |\boldsymbol{R}| \right) \tag{8.3.19}$$

其中，$|\cdot|$ 表示取行列式值。预测点 $\boldsymbol{x}_{\mathrm{new}}$ 处的线性无偏估计和响应预测的方差可分别由以下两式获得：

$$\hat{y}(\boldsymbol{x}_{\mathrm{new}}) = \hat{\boldsymbol{\beta}} + \boldsymbol{r}^{\mathrm{T}}(\boldsymbol{x}_{\mathrm{new}}) \boldsymbol{R}^{-1} \left(\boldsymbol{Y} - \hat{\boldsymbol{\beta}} \boldsymbol{I} \right) \tag{8.3.20}$$

$$\sigma_{\hat{y}}^2(\boldsymbol{x}_{\mathrm{new}}) = \sigma^2 \left(1 + \boldsymbol{u}^{\mathrm{T}} \left(\boldsymbol{I}^{\mathrm{T}} \boldsymbol{R}^{-1} \boldsymbol{I} \right)^{-1} \boldsymbol{u} - \boldsymbol{r}^{\mathrm{T}}(\boldsymbol{x}_{\mathrm{new}}) \boldsymbol{R}^{-1} \boldsymbol{r}(\boldsymbol{x}_{\mathrm{new}}) \right) \tag{8.3.21}$$

式中，$\boldsymbol{u} = \boldsymbol{I}^{\mathrm{T}} \boldsymbol{R}^{-1} \boldsymbol{r}(\boldsymbol{x}_{\mathrm{new}}) - f(\boldsymbol{x}_{\mathrm{new}})$；$\boldsymbol{r}^{\mathrm{T}}(\boldsymbol{x}_{\mathrm{new}})$ 为 $\boldsymbol{x}_{\mathrm{new}}$ 与样本 $\boldsymbol{x} = [x_1, x_2, \cdots, x_m]$ 中两设计变量之间相关性的向量，可表示如下：

$$\boldsymbol{r}^{\mathrm{T}}(\boldsymbol{x}_{\mathrm{new}}) = \left[R(\boldsymbol{x}_{\mathrm{new}}, \boldsymbol{x}_1), R(\boldsymbol{x}_{\mathrm{new}}, \boldsymbol{x}_2), \cdots, R(\boldsymbol{x}_{\mathrm{new}}, \boldsymbol{x}_m) \right] \tag{8.3.22}$$

从以上分析中可以看出，通过 Kriging 模型可以获得样本 $\boldsymbol{x}_{\mathrm{new}}$ 对应的具有均值 $\hat{y}(\boldsymbol{x}_{\mathrm{new}})$ 和方差 $\sigma_{\hat{y}}^2(\boldsymbol{x}_{\mathrm{new}})$ 的响应量。具体建模过程如下。

第一步：产生 620×28 的样本矩阵；

第二步：通过 ANSYS 求解 620 个样本对应的 620 个最大应力响应；

第三步：使用前 600 个样本与其对应的 600 个响应值构建 Kriging 模型；

第四步：使用后 20 个样本及其对应的 20 个响应值验证 Kriging 模型的精度。

基于所建立的代理模型，通过前文给出的 M-C 方法可获得飞行器液压管路系统 28 个设计变量的两种非概率全局灵敏度指标，其结果如图 8.3.1 和图 8.3.2 所示。

从图 8.3.1 和图 8.3.2 中可以看到设计变量对最大应力响应的影响程度。其中，编号为 1、8、9、17、18、20、21、26、27 和 28 的设计变量对最大应力响应没有或仅有微弱影响，在优化设计中可以忽略这些设计变量，只考虑灵敏度指标较大的设计变量。

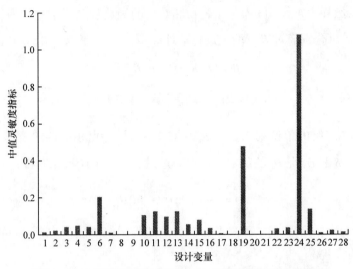

图 8.3.1　飞行器液压管路系统设计变量的中值灵敏度指标

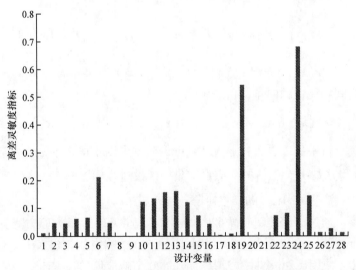

图 8.3.2　飞行器液压管路系统设计变量的离差灵敏度指标

8.3.3　飞行器液压管路系统基于灵敏度信息的优化设计

1. 数值算例验证和讨论

基于灵敏度分析的优化策略不局限于某一种灵敏度和优化方法，根据问题特点，灵活选用合适的灵敏度方法和优化方法并互相结合，对复杂高维问题进行高效优化分析。为验证其可行性，下面通过一个数值算例具体说明所提优化策略，其优化模型如下所示。

$$
\begin{cases}
\text{Min} \ \ Y(\boldsymbol{x}) = x_1^2 + x_2^2 - x_3^2 - x_{10}^2 + x_1 x_2 - 14x_1 - 16x_2 + (x_3 - 10)^2 \\
\qquad\qquad + 4(x_4 - 5)^2 + (x_5 - 3)^2 + 2(x_6 - 1)^2 \\
\qquad\qquad + 5x_7^2 + 7(x_8 - 11)^2 \\
\qquad\qquad + 2(x_9 - 10)^2 + (x_{10} - 7)^2 + 20x_3 + 14x_{10} - 50 \\
\text{s.t.} \ \ \ x_j^{\text{L}} \leqslant x_j \leqslant x_j^{\text{U}} \ (j = 1, 2, \cdots, 10)
\end{cases} \tag{8.3.23}
$$

为了简化分析，假设所有设计变量的区间均为[5,6]。由于目标函数为显式函数，其灵敏度可根据 8.3.2 小节中的 M-C 方法直接获得。该数值算例的非概率全局灵敏度指标结果见图 8.3.3 和图 8.3.4。

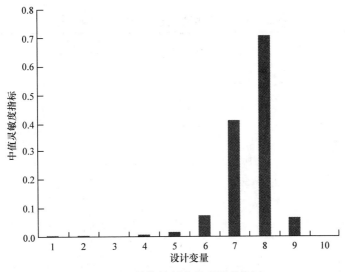

图 8.3.3 数值算例中值灵敏度指标

从图 8.3.3 和图 8.3.4 中可以看出，10 个设计变量的重要性排序为 $x_8 > x_7 > x_9 \approx x_6 > x_5 \approx x_4 > x_1 \approx x_2 > x_3 \approx x_{10}$。其中，设计变量 x_3 和 x_{10} 的灵敏度指标都为 0，x_1 和 x_2 的灵敏度指标接近于 0。设计变量的灵敏度指标越小，说明其对目标函数的影响越小，因此，在后续的优化中可将这类设计变量固定在其初始值处。表 8.3.2 列出了忽略不同设计变量后的优化结果对比。

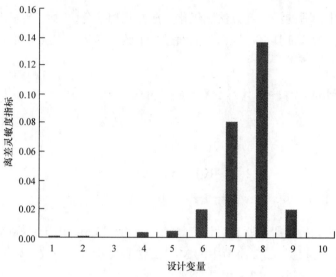

图 8.3.4　数值算例离差灵敏度指标

表 8.3.2　忽略不同设计变量后的优化结果对比

情形	忽略的设计变量	设计变量	设计变量数目	优化值	函数调用次数	迭代次数
1	—	$x_1 \sim x_{10}$	10	391.7506	126	5
2	x_{10}	$x_1 \sim x_9$	9	391.7506	114	5
3	x_3、x_{10}	x_1、x_2、$x_4 \sim x_9$	8	391.7512	102	5
4	x_2、x_3、x_{10}	x_1, $x_4 \sim x_9$	7	391.7525	75	4
5	$x_1 \sim x_3$、x_{10}	$x_4 \sim x_9$	6	392.7512	65	4
6	$x_1 \sim x_4$、x_{10}	$x_5 \sim x_9$	5	393.7512	44	3
7	$x_1 \sim x_5$、x_{10}	$x_6 \sim x_9$	4	396.0006	36	3

　　在本算例中，考虑 7 种情形。情形 1 中没有忽略任何变量，以作为参考。从表 8.3.2 中可以看出，随着设计变量的减少，优化所用的函数调用次数和迭代次数都明显减小。不同情形下的优化历程如图 8.3.5 所示，图 8.3.6 为图 8.3.5 的局部放大图。

　　从以上结果可以看到，从情形 1 到情形 7 初步达到收敛阶段时所需的函数调用次数分别为 64、58、52、16、14、12 和 8。同时，从情形 1 到情形 7 对应优化获得最优值时所调用的函数次数分别为 126、114、102、75、65、44 和 36。这说明在优化中忽略那些对目标函数没有或影响较小的设计变量可以有效提高优化效率。从图 8.3.6 中可以看出，在情形 2 和情形 3 分别忽略一个和两个设计变量的情况下，其最优值与参考情形 1 的最优值完全一致，这是因为在情形 2 和情形 3 中忽略的设计变量灵敏度指标为 0，即 x_3 和 x_{10} 对目标函数没有影响。由于 x_2 的灵敏度指标非常小，情形 4 的最优结果与参考情形 1 的最优结果非常接近。从情形 5 与情形 4 的对比中可以看出，情形 5 的最优值略大于情形 4 的最优值，这是因为在情形 5 中不仅忽略了情形 4 中忽略的设计变量 x_2，还忽略了比 x_2 重要的设计变量 x_1。设计变量 x_4 和 x_5 的灵敏度指标小于 x_6、x_7、x_8 和 x_9 的灵敏度指标，且大于 x_1、x_2、x_3 和 x_{10} 的灵敏度指标，因此，情形 6 和情形 7 的最优值略大于其他情形所对应的最优值。这表明，如果忽略灵敏度较大的设计变量，将会获得不理想的最优解，从表 8.3.2 的结果也可以得到这一结论。

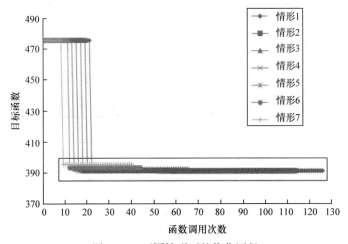

图 8.3.5　不同情形下的优化历程

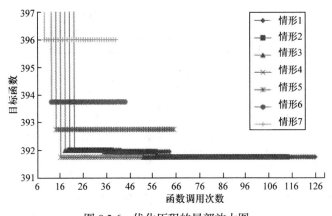

图 8.3.6　优化历程的局部放大图

该数值算例证明了所提出的基于灵敏度分析的降维优化策略是可行且高效

的。只要在优化分析中合理地忽略对目标函数没有或有较小影响的设计变量，优化效率可以得到显著提升，这对于模型计算复杂、耗时且涉及大量设计变量的实际工程问题来说尤为重要。

2. 液压管路系统的可靠性优化设计

从 8.3.2 小节的分析可知，经过灵敏度分析，设计变量从 28 个减少为对最大应力响应有较大影响的 18 个，优化规模降低了 35.7%。以动强度可靠性和最大位移为约束，飞行器液压管路系统的优化模型可重建为如下形式：

$$\begin{cases} \text{Min} \quad \sigma_{\sigma \max}(\boldsymbol{x}) \\ \text{s.t.} \quad D_{\max} - D^{\text{t}} < 0 \\ \qquad R^{\text{t}} - R < 0 \\ \qquad x_j^{\text{L}} \leqslant x_j \leqslant x_j^{\text{U}} \left(j = 2 \sim 7, 10 \sim 16, 18, 19, 22 \sim 25 \right) \end{cases} \tag{8.3.24}$$

通过以上优化模型获得的支撑约束坐标如表 8.3.3 所示。

表 8.3.3　优化后的支撑约束坐标

支撑编号	14	17	20	23	26	30	33
X 方向	−509	**−691.4**[2]	**−943.9**[3]	**−1384.7**[4]	**−1650.4**[5]	**−1994.9**[6]	**−2288.2**[7]
Y 方向	−160	−154	−146	−104	−135	−148	−148
Z 方向	−227	−233	−223	−192	−207	−188	−188
支撑编号	36	39	40	42	45	51	54
X 方向	−2563	−2775	**−2891.1**[10]	**−3527.9**[11]	**−3648.9**[12]	**−4219.2**[14]	**−4463.2**[15]
Y 方向	−111	−111	−148	−148	−148	−40	−35
Z 方向	−155	−155	−188	−188	**−109**[13]	168	180
支撑编号	59	62	65	69	72	75	82
X 方向	**−4969.2**[16]	−5036	**−5175.9**[19]	−5415	**−5909.4**[22]	**−6536.4**[24]	−2033
Y 方向	−35	123	247	344	**385.5**[23]	**417.1**[25]	−164
Z 方向	−189	214	171	195	201	274	140

注：粗体坐标表示设计变量，其上标表示相应的设计变量编号。

需要指出上表中粗体显示的变量是通过灵敏度分析筛选之后剩余的设计变量，其编号沿用表 8.2.2 中的编号。图 8.3.7 和图 8.3.8 分别为液压管路优化后的位移和应力响应云图。可以看出，最大应力响应从原来的 2.69×10^7 Pa 减小到了优

化后的 $1.71×10^7$Pa。同时，从图 8.2.4 和图 8.3.7 的比较中可以看出，最大位移响应从优化前的 $6.06×10^{-4}$m 减小到了优化后的 $5.03×10^{-4}$m。最大应力响应和最大位移响应分别减小了约 34.6%和 17.0%。

图 8.3.7　优化后的位移响应云图

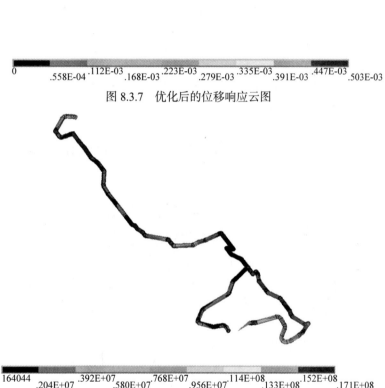

图 8.3.8　优化后的应力响应云图

飞行器液压管路系统可靠性优化分析的目标是降低最大应力响应以及通过合理布置支撑约束保证管路系统的稳定性和可靠性。图 8.3.9 给出了所提基于灵敏度分析的优化方法与传统优化方法的优化历程对比，基于灵敏度分析的优化方法在该液压管路系统的优化分析中表现良好。首先，相对于传统优化方法，由于所提优化方法针对那些对目标函数有重要影响的设计变量，在初始阶段其收敛速度高于传统优化方法的收敛速度，这在前 100 次函数调用过程中尤为明显。其次，基于灵敏度分析的优化方法在 300 次函数调用后基本达到收敛，而传统优化方法在 400 次函数调用后才能基本收敛。再次，基于灵敏度分析的优化方法所需的函数总调用次数和迭代次数分别为 500 和 8，两者均小于传统优化方法所需的函数调用次数(567 次)和迭代次数(11 次)。这表明，如果在优化分析中忽略对目标函数没有或有较小影响的设计变量可以降低计算量，对于那些有限元计算非常耗时的工程问题来说尤为重要。基于灵敏度分析的优化方法和传统优化方法所获得的最优值分别为 $1.71×10^7$Pa 和 $1.91×10^7$Pa，对于该液压管路系统，基于灵敏度分析的优化方法在优化效率和优化规模方面优于传统优化方法。对于复杂的高维结构问题，基于灵敏度分析的优化策略相对于传统优化方法有显著优势。

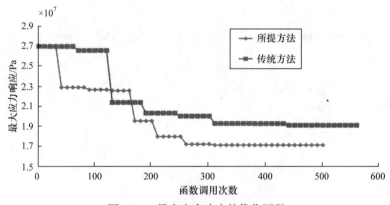

图 8.3.9　最大应力响应的优化历程

　　图 8.3.10 和图 8.3.11 分别给出了最大位移响应和可靠度两个约束函数在优化过程中的变化曲线。从图 8.3.10 中可以看到，虽然所提方法和传统方法最终获得的最大位移值都在约束范围内，但所提方法在 260 次的函数调用时接近收敛，而

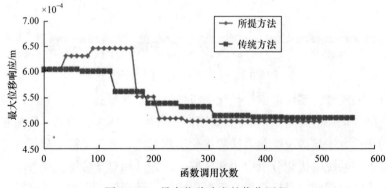

图 8.3.10　最大位移响应的优化历程

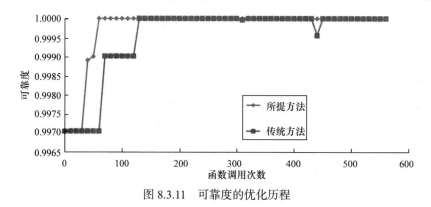

图 8.3.11　可靠度的优化历程

传统方法在 380 次函数调用时才接近收敛。这说明所提方法高于传统方法的收敛速度。同时，所提方法和传统方法获得的最大位移响应分别为 5.03×10^{-4}m 和 5.10×10^{-4}m，说明在该飞行器液压管路系统的优化分析中，所提方法不仅对优化目标的性能有较大的提升，而且在约束函数的表现上也优于传统方法。从图 8.3.11 中可以看到，所提方法和传统方法获得的可靠度均满足了预定要求。同时，无论在收敛速度方面还是稳定性方面，所提方法都优于传统方法。

8.4　飞行器液压管路系统 MTBF 的优化设计分析

MTBF 是衡量系统安全性的重要指标之一，本节对飞行器液压系统的 MTBF 进行分析与优化设计。

8.4.1　飞行器液压管路系统的 MTBF 及其优化模型

结构系统的 MTBF 为可靠度函数在时间上的积分[21]。对于 8.2 节中的飞机液压管路系统，其 MTBF 可根据式(8.4.1)进行计算，表示如下：

$$\mathrm{MTBF} = \int_0^\infty R(t)\,\mathrm{d}t = \int_0^\infty \prod_{i=1}^n R_i\,\mathrm{d}t \tag{8.4.1}$$

将式(8.2.7)代入式(8.4.1)可得

$$\mathrm{MTBF} = \int_0^\infty \prod_{i=1}^n \exp\left[-\frac{t}{2\pi}\frac{\sigma_i^y}{\sigma_i^y}\exp\left(-\frac{b^2}{2\left(\sigma_i^\sigma\right)^2}\right)\right]\mathrm{d}t = \int_0^\infty \prod_{i=1}^n \exp\left(-\frac{t}{2\pi}\lambda_i\right)\mathrm{d}t = \frac{2\pi}{\displaystyle\sum_{i=1}^n \lambda_i}$$

$$\tag{8.4.2}$$

式中，$\lambda_i = \dfrac{\sigma_i^{\dot{y}}}{\sigma_i^{y}} \exp\left(-\dfrac{b^2}{2\left(\sigma_i^{\sigma}\right)^2}\right)$。

　　根据 8.2 节中的数据，可以计算得到该液压管路系统的 MTBF 为 1.22×10^3h。对于需要具备高可靠性的飞机液压系统来说，其 MTBF 还有待提高。以表 8.2.2 中的约束支撑坐标为变量，对管路系统的 MTBF 进行优化分析，其优化模型表示如下：

$$\begin{cases} \text{Max} \ \ \text{MTBF}(\boldsymbol{x}) \\ \text{s.t.} \quad x_i^{\text{L}} \leqslant x_i \leqslant x_i^{\text{U}} \ (i = 1 \sim 28) \end{cases} \tag{8.4.3}$$

　　从 8.3.1 小节分析中可以得出，高维问题的优化存在着优化规模大、优化缺乏针对性等问题。为解决以上问题，可首先根据灵敏度分析筛选出对目标函数没有或仅有微弱影响的设计变量，在后续优化中将其忽略，仅在优化中保留对目标函数有重要影响的设计变量以降低其优化的规模，增强优化的针对性。

8.4.2　支撑约束坐标的灵敏度分析

　　对于该飞行器液压管路系统 MTBF 的优化，首先利用 8.3.2 小节提出的非概率全局灵敏度指标对其进行以 MTBF 为目标，以支撑约束坐标为变量的灵敏度分析，并筛选出对其 MTBF 有重要影响的变量。然后，在这些重要设计变量的基础上对其 MTBF 进行优化分析。该飞行器液压管路系统约束支撑坐标对其 MTBF 的中值灵敏度和离差灵敏度分别如图 8.4.1 和图 8.4.2 所示。

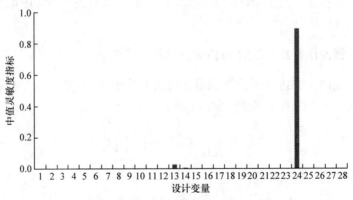

图 8.4.1　飞行器液压管路系统的中值灵敏度

　　从图 8.4.1 和图 8.4.2 中可以看出，只有编号为 13、14 和 24 的设计变量对该飞行器液压管路系统的 MTBF 有影响，其中编号为 24 的变量对 MTBF 的影响远远大于其他变量的影响。

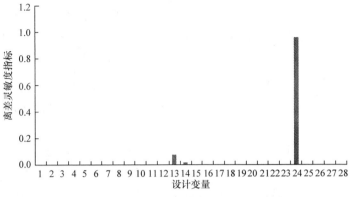

图 8.4.2　飞行器液压管路系统的离差灵敏度

8.4.3　飞行器液压管路系统 MTBF 的优化设计

根据灵敏度分析结果，仅保留编号为 13、14 和 24 的设计变量，重建 MTBF 优化模型如下：

$$\begin{cases} \text{Max } \text{MTBF}(\boldsymbol{x}) \\ \text{s.t.} \quad -89 \leqslant x_{13} \leqslant -29 \\ \qquad -4259 \leqslant x_{14} \leqslant -4156 \\ \qquad -6644 \leqslant x_{24} \leqslant -6501 \end{cases} \qquad (8.4.4)$$

对比式(8.4.3)和式(8.4.4)可以看到，通过灵敏度分析，有效降低了 MTBF 优化模型的规模。图 8.4.3 给出了基于灵敏度分析优化方法和传统优化方法的优化历程。可以看到，基于灵敏度分析优化方法的表现优于未涉及灵敏度分析的传统优化方法，其优化结果分别为 1946h 和 1485h。相对于优化之前的 1221h，分别

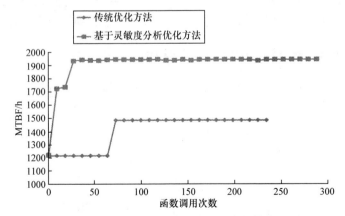

图 8.4.3　飞行器液压管路系统 MTBF 的优化历程

增加了 59.38% 和 21.62%。同时，两种方法优化 MTBF 达到稳定时所需的函数调用次数分别为 25 次和 75 次左右，这表明基于灵敏度分析的优化方法收敛速度较传统优化方法更快。

8.5　飞行器液压管路系统的稳健性优化设计

结构优化设计的目的是在满足所给约束条件的前提下使结构的某种性能达到最优，其在航空航天等工程领域中已经得到了广泛的应用。然而在传统的优化设计问题中，设计变量、目标函数和约束函数均为确定性的，并未考虑客观存在的不确定性因素的影响，使得优化设计得到的最优解可能会对这些不确定因素十分敏感，而在多数情况下，不确定性因素是不可避免的。基于不确定性的优化设计可以克服上述缺点，使结构同时满足可靠性和稳健性的要求。稳健性优化设计基于不确定性的优化设计，关注的是参数波动对结构性能在期望值处变异程度的影响，也就是说以降低结构性能对参数变异的敏感性为目标。稳健性优化设计由 Taguchi 提出[22]，其主要思想是在不消除不确定性的基础上通过最小化方差的影响提升产品性能。随着非线性规划的引入，后续的稳健性优化设计中同时考虑了目标函数的稳健性及约束条件的稳健性。

尽管稳健性优化设计相比确定性优化设计具有明显的优势，但稳健性优化设计需要在优化过程中进行结构响应的不确定性分析，然而在很多工程问题中，结构响应的分析需要的计算代价很高，对于含有高维输入变量的复杂结构而言，所需要的计算成本更高。例如，飞行器液压管路系统中涉及大量的卡箍，其布局位置对液压管路系统的可靠性有很大影响。因此，飞行器液压管路系统的稳健性优化设计问题是一个典型的高维问题，对其卡箍位置优化方法的研究具有重要意义。

8.5.1　飞行器液压管路系统的稳健性优化模型

考虑 8.2 节中提出的液压管路系统，针对其卡箍位置设计优化问题，提出确定性优化模型

$$
\begin{cases}
\text{Min} \quad f = S_{\max} \\
\text{s.t.} \quad g_1 = D_{\max} - D^* \leqslant 0 \\
\quad\quad g_2 = R^* - R \leqslant 0 \\
\quad\quad x_i^{\mathrm{L}} \leqslant x_i \leqslant x_i^{\mathrm{U}}, \quad i = 1, 2, \cdots, 28
\end{cases}
\tag{8.5.1}
$$

式中，设计变量 x_i 为表 8.2.2 中所示的卡箍支撑位置坐标；目标函数 f 为管路系统的最大应力响应 $S_{\max}$；两个约束条件 g_1 和 g_2 分别为系统最大位移响应约束和系统首超可靠度约束；$S_{\max}$ 和 $D_{\max}$ 分别为管路系统各节点的最大应力响应和最大位移响应；R 为管路系统首超动力可靠度；D^* 和 R^* 为给定的位移响应及首超动力可靠度的阈值，其取值分别为 5.5×10^{-4}m 和 0.9999。由于在工程实际中，管路系统卡箍支撑位置的变化幅度是有限的，在不影响管路基本模型的前提下，其初始值 x^0 以及上下界(x^U 和 x^L)设置如表 8.5.1 所示。

表 8.5.1　设计变量初始值及上下界　　　　(单位：mm)

设计变量	x_1	x_2	x_3	x_4	x_5	x_6	x_7	x_8	x_9	x_{10}	x_{11}	x_{12}	x_{13}	x_{14}
x^0	43	35	93	55	56	110	158	88	93	290	117	30	30	67
x^L	34.75	28.75	72.25	43.75	47.5	97.5	147.5	68.5	78.75	287.5	111.25	25	25	53.75
x^U	51.25	41.25	113.75	66.25	64.5	122.5	168.5	107.5	107.25	292.5	122.75	35	35	80.25

设计变量	x_{15}	x_{16}	x_{17}	x_{18}	x_{19}	x_{20}	x_{21}	x_{22}	x_{23}	x_{24}	x_{25}	x_{26}	x_{27}	x_{28}
x^0	63	36	29	59	56	187	20	111	13	78	7	54	28	50
x^L	53.75	29.5	26.25	48.75	50	183.75	18.75	88.75	12.25	61	5.5	43	25	40
x^U	72.25	42.5	31.75	69.25	62	190.25	21.25	133.25	13.75	95	8.75	65	31	60

由于确定性优化设计尚未考虑设计变量中的不确定性，而实际工程结构中的不确定性是不可避免的，因此，确定性设计优化可能获得不可行或保守的最优解。稳健性优化设计作为一种考虑到随机不确定性因素影响的设计方法，可以很好地解决上述问题。除此之外，稳健性优化设计同时考虑了目标函数的稳健性和约束条件的稳健性。需要注意的是，稳健性优化设计是典型的多目标优化问题，因此可采用加权组合法将多目标问题转化为单目标问题。综上，可建立确定性优化模型式(8.5.1)所对应的稳健性优化数学模型为

$$\begin{cases} \text{Min} \quad w_1\mu_f + w_2\sigma_f \\ \text{s.t.} \quad \mu_{g_1} + k\sigma_{g_1} \leqslant 0 \\ \qquad \mu_{g_2} + k\sigma_{g_2} \leqslant 0 \\ \qquad x_i^L \leqslant \mu_{x_i} \leqslant x_i^U, \quad i = 1, 2, \cdots, 28 \end{cases} \tag{8.5.2}$$

式中，μ_f 和 σ_f 分别为确定性优化模型中目标函数的均值及标准差；μ_{g_i} 和 σ_{g_i} 分别为确定性优化模型中第 i 个约束函数的均值及标准差；取 $w_1 = w_2 = 0.5$，即均值最小和标准差最小在目标函数中占比相同；k 为概率约束条件需要满足的可靠度指标，k 越大代表结构安全性的要求越高，这里考虑的可靠性指标 $k = 3$，此时对应的可靠度为 0.9987。在该稳健性优化数学模型中，x_i 为服从独立正态分布的随机变量，其均值 μ 为设计变量，而且其初值和取值范围与确定性优化模型中的设计变量相同，即如表 8.5.1 所示。其中，x_i 的变异系数设定为 0.01。

传统的稳健性优化设计问题需要嵌套双循环求解，其内循环为概率分析，外循环为优化设计。这表明，每一步外循环中的优化设计迭代，都涉及大量的概率分析过程。本小节研究的局部液压管路系统的稳健性设计优化问题共有 28 个输入变量，是一个典型的高维问题，在实际求解过程中需要高昂的计算代价，因此研究可以减小计算成本的优化方法很必要。

8.5.2　高维结构稳健性优化设计问题的降维预处理优化方法

在稳健性优化模型中，设计变量为随机变量的均值，本小节引入区间模型对设计变量的不确定性进行描述[23]。随机变量的分布参数具有区间不确定性可以归为概率盒问题[24]，能够较全面地反映工程中广泛存在的混合不确定性问题。本小节给出区间分布参数下的输出响应以及基于方差的重要性测度指标，并基于该指标提出一种高维稳健性优化设计问题的降维预处理优化方法。

1. 区间分布参数下的输出响应

针对结构系统中存在输入变量随机不确定性和分布参数认知不确定性的情况，考虑在两种不确定性同时作用下，结构系统的功能函数为 $G = g(x, \theta)$，其中输入变量 $x = (x_1, x_2, \cdots, x_n)$ 的不确定性由概率密度函数 $f_x(x \mid \theta)$ 描述，也就是说与分布参数 $\theta = (\theta_1, \theta_2, \cdots, \theta_p)$ 的不确定性有关，因此，结构系统输出响应的期望和方差也可以表示为分布参数 θ 的函数，即

$$E_Y(\theta) = \int_{R^n} g(x, \theta) f_x(x \mid \theta) \mathrm{d}x \tag{8.5.3}$$

$$V_Y(\theta) = \int_{R^n} [g(x, \theta) - E(Y)]^2 f_x(x \mid \theta) \mathrm{d}x \tag{8.5.4}$$

如果只能给出分布参数 θ 的取值范围，其中没有任何的概率分布信息，那么可以采用区间模型描述分布参数的不确定性，即 $\theta \in \left[\theta^L, \theta^U \right]$。则在 P 维参数空间 Θ 中，上述结构系统输出响应的期望和方差的上下界分别为

$$\begin{cases} E_Y^{\mathrm{L}} = \inf_{\boldsymbol{\theta} \in \Theta} \int g(\boldsymbol{x}, \boldsymbol{\theta}) f_{\boldsymbol{x}}(\boldsymbol{x} \,|\, \boldsymbol{\theta}) \mathrm{d}\boldsymbol{x} \\ E_Y^{\mathrm{U}} = \sup_{\boldsymbol{\theta} \in \Theta} \int g(\boldsymbol{x}, \boldsymbol{\theta}) f_{\boldsymbol{x}}(\boldsymbol{x} \,|\, \boldsymbol{\theta}) \mathrm{d}\boldsymbol{x} \end{cases} \tag{8.5.5}$$

$$\begin{cases} V_Y^{\mathrm{L}} = \min_{\boldsymbol{\theta} \in \Theta} V_Y(\boldsymbol{\theta}) \\ V_Y^{\mathrm{U}} = \max_{\boldsymbol{\theta} \in \Theta} V_Y(\boldsymbol{\theta}) \end{cases} \tag{8.5.6}$$

2. 区间分布参数下的重要性测度指标

基于方差的重要性测度指标衡量了结构系统中输入变量不确定性对输出响应不确定性的影响程度，主重要性测度即一阶重要性测度定义为条件期望的方差与总方差的比值：

$$S_i = \frac{\mathrm{Var}\big(E(Y \,|\, x_i)\big)}{\mathrm{Var}(Y)} \tag{8.5.7}$$

在参数不确定性条件下，输出响应的方差为分布参数 $\boldsymbol{\theta}$ 的函数，因此由式(8.5.7)可以得出，主重要性测度指标也是分布参数的函数，可记作 $S_i(\boldsymbol{\theta})$。当采用区间 $\left[\boldsymbol{\theta}^{\mathrm{L}}, \boldsymbol{\theta}^{\mathrm{U}}\right]$ 描述分布参数的不确定性时，相对应的参数空间内重要性测度指标的上下界分别为

$$\begin{aligned} S_i^{\mathrm{L}} &= \min_{\boldsymbol{\theta} \in \Theta} S_i(\boldsymbol{\theta}) \\ S_i^{\mathrm{U}} &= \max_{\boldsymbol{\theta} \in \Theta} S_i(\boldsymbol{\theta}) \end{aligned} \tag{8.5.8}$$

重要性测度的上下界分别体现了整个参数空间内，第 i 个输入变量的不确定性对输出响应的最大和最小影响程度。具体分析时，在计算得到每一参数实现值处的主重要性测度后，可采用优化算法，如序列二次规划(sequential quadratic programming，SQP)算法[25]，在分布参数区间 $\left[\boldsymbol{\theta}^{\mathrm{L}}, \boldsymbol{\theta}^{\mathrm{U}}\right]$ 对 $S_i(\boldsymbol{\theta})$ 进行寻优，从而可以得到重要性测度指标的上下界 $\left[S_i^{\mathrm{L}}, S_i^{\mathrm{U}}\right]$。

3. 基于重要性测度降维的稳健性优化设计方法

基于上述理论，针对高维稳健性优化设计问题，其解决思路可总结如下：

(1) 通过重要性测度分析以得出设计变量对于目标函数的重要性测度指标。例如，对于本小节研究的局部液压管路的稳健性优化问题，计算得出设计变量所对应的基于方差的重要性测度指标。

(2) 对上述重要性测度指标进行排序，筛选出对优化目标影响较大的设计变量。

(3) 根据筛选出的设计变量，建立简化后的稳健性优化设计模型，重新求解。

8.5.3 基于重要性测度降维的飞行器液压管路稳健性优化设计

1. 数值算例的方法验证

考虑确定性优化问题，其数学模型如下：

$$
\begin{cases}
\text{Min} \;\; f(x) = x_1^2 + x_2^2 + x_1x_2 - 14x_1 - 16x_2 + (x_3 - 10)^2 \\
\qquad\qquad + 4(x_4 - 5)^2 + (x_5 - 3)^2 + 2(x_6 - 1)^2 + 5x_7^2 \\
\qquad\qquad + 7(x_8 - 11)^2 + 2(x_9 - 10)^2 + (x_{10} - 7)^2 + 45 \\
\text{s.t.} \;\; g_1(x) = -105 + 4x_1 + 5x_2 - 3x_7 + 9x_8 \leqslant 0 \\
\qquad g_2(x) = 10x_1 - 8x_2 - 17x_7 + 2x_8 \leqslant 0 \\
\qquad g_3(x) = -8x_1 + 2x_2 + 5x_9 - 2x_{10} - 12 \leqslant 0 \\
\qquad g_4(x) = 3(x_1 - 2)^2 + 4(x_2 - 3)^2 + 2x_3^2 - 7x_4 - 120 \leqslant 0 \\
\qquad g_5(x) = 5x_1 + 8x_2 + (x_3 - 6)^2 - 2x_4 - 40 \leqslant 0 \\
\qquad g_6(x) = x_1^2 + 2(x_2 - 2)^2 - 2x_1x_2 + 14x_5 - 6x_6 \leqslant 0 \\
\qquad g_7(x) = 0.5(x_1 - 8)^2 + 2(x_2 - 4)^2 + 3x_5^2 - x_6 - 30 \leqslant 0 \\
\qquad g_8(x) = -3x_1 + 6x_2 + 12(x_9 - 8)^2 - 7x_{10} \leqslant 0 \\
\qquad 1 \leqslant x_i \leqslant 10, i = 1, 2, \cdots, 10
\end{cases}
\tag{8.5.9}
$$

在稳健设计优化中，变量 x_i 被考虑成随机变量，所有变量服从相对独立的正态分布，其均值为设计变量，变异系数为 0.01。相对应的稳健性优化数学模型为

$$
\begin{cases}
\text{Min} \;\; w_1\mu_f + w_2\sigma_f \\
\text{s.t.} \;\; \mu_{g_i} + k\sigma_{g_i} \leqslant 0, i = 1, 2, \cdots, 8 \\
\qquad 1 \leqslant \mu_{x_j} \leqslant 10, j = 1, 2, \cdots, 10
\end{cases}
\tag{8.5.10}
$$

式中，常数 k 取值为 3；取 $w_1 = w_2 = 0.5$。

对于上述稳健性优化设计问题，首先采用所提出的方法对优化模型进行预处理。考虑输入变量的分布参数即均值 μ_{x_j} $(j = 1, 2, \cdots, 10)$ 的不确定性对目标函数不确定性的影响程度，采用区间模型描述均值的不确定性，即 $\mu_{x_j} \in [1, 10]$ $(j = 1, 2, \cdots, 10)$，计算得到不确定性分布参数条件下的重要性测度指标，具体结果如表 8.5.2 所示。

表 8.5.2　不确定性分布参数条件下的重要性测度指标

变量	x_1	x_2	x_3	x_4	x_5
$[S^L, S^U]$	$[3.42 \times 10^{-6}, 0.097]$	$[1.14 \times 10^{-5}, 0.066]$	$[2.70 \times 10^{-5}, 0.117]$	$[6.08 \times 10^{-5}, 0.493]$	$[2.55 \times 10^{-5}, 0.096]$
变量	x_6	x_7	x_8	x_9	x_{10}
$[S^L, S^U]$	$[2.29 \times 10^{-4}, 0.325]$	$[7.42 \times 10^{-4}, 0.940]$	$[9.80 \times 10^{-3}, 0.957]$	$[6.23 \times 10^{-5}, 0.479]$	$[4.74 \times 10^{-6}, 0.098]$

图 8.5.1 直观地显示了各变量重要性测度指标的上界大小。体现了区间分布参数下各变量的不确定性对输出响应不确定性的最大影响程度，可以得出变量 x_1、x_2、x_3、x_5 和 x_{10} 的不确定性对输出响应的影响程度较小，因此在稳健性优化设计中，可忽略这五个变量的不确定性，将它们固定为确定值。

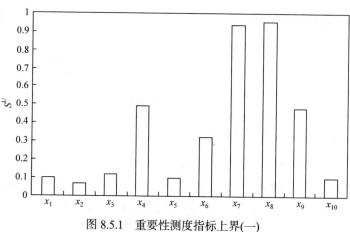

图 8.5.1　重要性测度指标上界(一)

简化后的稳健性优化设计模型为

$$\begin{cases} \text{Min} & w_1 \mu_f + w_2 \sigma_f \\ \text{s.t.} & \mu_{g_i} + k \sigma_{g_i} \leq 0, i = 1, 2, \cdots, 8 \\ & 1 \leq \mu_{x_j} \leq 10, j = 4, 6, 7, 8, 9 \end{cases} \quad (8.5.11)$$

对式(8.5.10)和式(8.5.11)中的模型进行优化求解计算时需要注意，上述含有不确定性的稳健性优化设计问题需要嵌套双循环求解。即优化过程中的每一步设计迭代，都涉及目标函数和约束函数的均值与标准差的计算分析。在内循环的概率分析过程中，本小节采用 M-C 方法对每一步迭代下的 μ_f、σ_f、μ_{g_i} 和 σ_{g_i} 进行计算。在外循环的优化设计中，采用序列二次规划算法进行了最终的求解。经过预处理以及未经过预处理得到的优化结果如图 8.5.2 所示。由图 8.5.2 可以看出，稳健性优化设计达到收敛时的目标函数的调用次数由预处理前的 22 次减少为预处理后的 11 次，收敛速度得到了提升，同时相对应的优化效果得到了保证。说明在高维稳健性优化设计问题的求解中，所提出的方法是可行有效的。

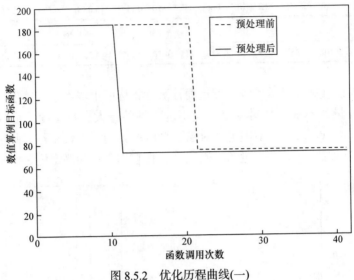

图 8.5.2　优化历程曲线(一)

2. 液压管路系统的稳健性优化设计

对于 8.5.1 小节中提出的液压管路系统稳健性优化设计问题，同样首先通过预处理筛选出对输出响应(最大应力)影响较大的输入变量。与数值算例类似，卡箍支撑位置的均值 $\mu_{x_i}(i=1,2,\cdots,28)$ 的不确定性也采用区间模型来描述，计算得出的重要性测度指标上界如图 8.5.3 所示。

由于所提出的问题涉及的设计变量较多，直接对原问题进行优化需要的计算成本很高，并且结果难以得到收敛。因此，由图 8.5.3 可以筛选出对最大应力响应不确定性影响较大的变量，分别为 x_1、x_2、x_3、x_4、x_5、x_6、x_7、x_8、x_{10}、x_{19}、x_{25} 和 x_{26}。在稳健性优化设计中，着重对这 12 个输入变量进行设计，简化后的优化模型为

$$\begin{cases} \text{Min} & w_1\mu_f + w_2\sigma_f \\ \text{s.t.} & \mu_{g_1} + k\sigma_{g_1} \leqslant 0 \\ & \mu_{g_2} + k\sigma_{g_2} \leqslant 0 \\ & x_i^{\text{L}} \leqslant \mu_{x_i} \leqslant x_i^{\text{U}}, i=1,2,\cdots,8,10,19,25,26 \end{cases} \tag{8.5.12}$$

式中，常数 k 取 3，相应的可靠度要求为 0.9987；取 $w_1 = w_2 = 0.5$。

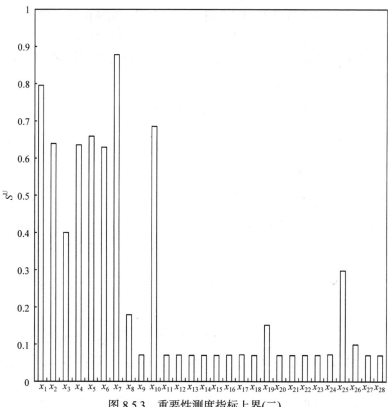

图 8.5.3　重要性测度指标上界(二)

　　与上述数值算例中的计算思路相同,内循环中的概率分析采用 M-C 方法计算每一步迭代设计变量 μ_{x_i} 下的 μ_f、σ_f、μ_{g_i} 和 σ_{g_i},从而得出每一步设计迭代中的目标函数和约束函数。外循环采用序列二次规划算法进行优化计算,得到的优化结果以及优化历程分别如表 8.5.3 和图 8.5.4 所示。

表 8.5.3　设计变量优化前后对比　　　　　　　　　　(单位: mm)

设计变量	μ_{x_1}	μ_{x_2}	μ_{x_3}	μ_{x_4}	μ_{x_5}	μ_{x_6}	μ_{x_7}	μ_{x_8}	$\mu_{x_{10}}$	$\mu_{x_{19}}$	$\mu_{x_{25}}$	$\mu_{x_{26}}$
初始值	43	35	93	55	56	110	158	88	290	56	7	54
优化后值	42.24	29.82	72.25	54.99	47.5	112.7	147.5	69.09	290.87	61.77	6.97	43
下界	34.75	28.75	72.25	43.75	47.5	97.5	147.5	68.5	287.5	50	5.5	43
上界	51.25	41.25	113.75	66.25	64.5	122.5	168.5	107.5	292.5	62	8.75	65

飞行器液压管路系统稳健性优化设计需要在同时满足位移响应和动力可靠度的概率约束条件下，优化应力响应的均值并且最小化应力响应的方差。由图 8.5.4 可以看出，经过 300 次迭代后，反映液压管路系统应力响应稳健性的目标函数值逐步收敛。

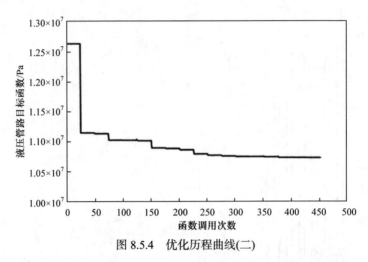

图 8.5.4　优化历程曲线(二)

表 8.5.4 给出了优化前后应力响应稳健性的对比。可以看出，在保证应力响应的均值降低 14.5%的前提下，应力响应的方差降低了 71.1%，相应的变异系数降低了 66.3%。因此表明，通过稳健性优化设计，飞行器局部液压管路系统应力响应受不确定性因素的影响大大降低，其应力稳健性水平得到了显著提升。

表 8.5.4　液压管路系统应力稳健性优化前后对比

项目	目标函数	应力响应的均值	应力响应的方差	变异系数
初值	1.26×10^7 Pa	2.51×10^7 Pa	1.47×10^5 Pa	0.00584
优化后值	1.08×10^7 Pa	2.15×10^7 Pa	4.24×10^4 Pa	0.00197
变化率	14.8%	14.5%	71.1%	66.3%

参 考 文 献

[1] SALTELLI A, MARIVOET J. Non-parametric statistics in sensitivity analysis for model output: A comparison of selected techniques[J]. Reliability Engineering and System Safety, 1990, 28(2): 229-253.

[2] ZHOU C, LU Z, LI W. Sparse grid integration based solutions for moment-independent importance measures [J]. Probabilistic Engineering Mechanics, 2015, 39: 46-55.

[3] 林家浩, 张亚辉. 随机振动的虚拟激励法[M]. 北京: 科学出版社, 2004.

[4] 周长聪, 张峰, 王文选, 等. 随机激励下的随机结构全局灵敏度分析[J]. 高技术通讯, 2015, 25(10-11): 956-963.

[5] 胡太彬, 陈建军, 高伟, 等. 平稳随机激励下随机桁架结构动力可靠性分析[J]. 力学学报, 2004, 36(2): 241-245.

[6] SOBOL I M. Global sensitivity indices for nonlinear mathematical models and their Monte Carlo estimates[J]. Mathematics and Computers in Simulation, 2001, 55(1-3): 271-280.

[7] RUAN W, LU Z, TIAN L. A modified variance-based importance measure and its solution by state dependent parameter[J]. Proceedings of the Institution of Mechanical Engineers, Part O: Journal of Risk and Reliability, 2013, 227(1): 3-15.

[8] SEO H S, KWAK B M. Efficient statistical tolerance analysis for general distributions using three-point information[J]. International Journal of Production Research, 2002, 40(4): 931-944.

[9] 林家浩, 易平. 线性随机结构的平稳随机响应[J]. 计算力学学报, 2001, 18(4): 402-408.

[10] TANG Z, LU Z, LI D, et al. Optimal design of the positions of the hoops for a hydraulic pipelines system[J]. Nuclear Engineering and Design, 2011, 241(12): 4840-4855.

[11] 刘伟, 曹刚, 翟红波, 等. 发动机管路卡箍位置动力灵敏度分析与优化设计[J]. 航空动力学报, 2012, 27(12): 2756-2762.

[12] 王文战. 含时变问题的结构机构可靠性灵敏度方法研究[D]. 西安: 西北工业大学, 2018.

[13] 张政, 周长聪, 戴志豪, 等. 基于重要性测度降维的液压管路稳健优化设计[J]. 航空学报, 2018, 39(8): 421902.

[14] 翟红波, 刘永寿, 李宝辉, 等. 基于动强度可靠性的输流管道动力优化设计[J]. 西北工业大学学报, 2011, 29(6): 992-997.

[15] LI G, LU Z, TIAN L, et al. The importance measure on the non-probabilistic reliability index of uncertain structures [J]. Proceedings of the Institution of Mechanical Engineers, Part O: Journal of Risk and Reliability, 2013, 227(6): 651-661.

[16] ZHOU C, LU Z, ZHANG L, et al. Moment independent sensitivity analysis with correlations[J]. Applied Mathematical Modelling, 2014, 38(19-20): 4885-4896.

[17] SUN L, XU J, TIAN Y. Feature selection using rough entropy-based uncertainty measures in incomplete decision systems[J]. Knowledge-Based Systems, 2012, 36: 206-216.

[18] 郭书祥, 吕震宙, 冯元生. 基于区间分析的结构非概率可靠性模型[J]. 计算力学学报, 2001, 18(1): 56-60.

[19] HU Z, MAHADEVAN S. A single-loop kriging surrogate modeling for time-dependent reliability analysis[J]. Journal of Mechanical Design, 2016, 138(6): 061406.

[20] WANG P, LU Z, TANG Z. An application of the kriging method in global sensitivity analysis with parameter uncertainty[J]. Applied Mathematical Modelling, 2013, 37(9): 6543-6555.

[21] MAK T. Truncation error analysis of MTBF computation for multi-latch synchronizers[J]. Microelectronics Journal, 2012, 43(2): 160-163.

[22] TAGUCHI G. Taguchi on robust technology development[M]. New York: ASME Press, 1993.

[23] BEN-HAIM Y. A non-probabilistic concept of reliability[J]. Structural Safety, 1994, 14(4): 227-245.

[24] ZHANG H, MULLEN R L, MUHANNA R L. Structural analysis with probability-boxes[J]. International Journal of Reliability and Safety, 2012, 6(1-3): 110-129.

[25] BASU M. Hybridization of bee colony optimization and sequential quadratic programming for dynamic economic dispatch[J]. International Journal of Electrical Power and Energy Systems, 2013, 44(1): 591-596.

第9章 基于光纤光栅传感的液压管路状态检测方法与应用

近年来，国内外主要使用电阻式应变片、压电式加速度传感器、超声波等光电类传感手段检测液压管路系统，为液压管路的结构健康状态监测提供了参考和技术。但是，由于该系统结构的复杂性较高，且常在较为恶劣的环境下工作，多场耦合以及多场耦合后呈现出来的系统状态具有高度非线性的特征，单一的物理参量检测无法正确地反映结构系统的实际工作状态，且不能有效地分析管路系统的故障并作出相应预测，因此需要开拓针对液压管路的分布式多参数动态检测的新方法，研究新理论。

电类传感器的性能易受多方面的限制，如受电磁干扰影响较大，分布式布置困难且其环境适应性通常较弱，在面向液压管路系统时不能很好地实现分布式多参数动态检测，也无法在恶劣环境和狭小的飞行器空间下提供有效测试和准确的数据。与传统的电类传感器不同，光纤光栅传感器具有体积小、质量轻、抗电磁干扰和复用能力强、环境适应性强等优点；相比于传统的电类传感器，采用了新的波长编码技术，可突破传统检测技术的局限性，为液压管路系统的分布式多参数动态检测提供了新的技术手段。

9.1 光纤光栅多信息感知原理与解调方法

为完成分布式多参数动态检测，光纤光栅传感技术采用了波长编码的方式，使得其广泛应用于机械系统中。Li 等[1]基于卡尔曼滤波和光纤光栅传感，开展了液压管路卡箍的松动检测。Ren 等[2]设计了一种基于 FBG(光纤布拉格光栅，简称光纤光栅)传感的环向应变箍传感器并将其应用于天然气管路泄漏的检测中。Huang 等[3]将 FBG 应用于涡轮机叶片的模态频率检测中。Cai 等[4]基于光纤光栅传感提出了平面薄板结构的非线性损伤检测方法。Arsenault 等[5]基于 FBG 传感技术和运行模态分析方法建立了一套风力涡轮机的健康监测系统。Campopiano 等[6]将 FBG 传感器应用于结构的模态分析中，基于识别的模态参数对结构进行了损伤识别。Santos 等[7]将 FBG 传感器用于直升机叶片和 F16 战机的机翼应变模态分析，并和传统的压电式应变传感器进行了对比，指出在模态参数辨识方面 FBG 具有和传统电类传感器相同的准确度。Zhou 等[8]基于嵌入式技术和 FBG 传感技术对秦皇岛的大型翻煤机进行了智能健康监测，为大型现代机械装备智能健康监测提供了新思路和新方法。部分学者对基于 FBG 传感的液压管路动态检测进行了研究，但是目前光纤光栅传感应用于管路系统的动态检测尚处于探索阶段。本章提出的面向航空液压管路系统的分布式多参数动态检测方法如图 9.1.1 所示。

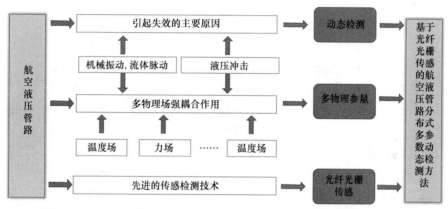

图 9.1.1　基于光纤光栅传感的航空液压管路分布式多参数动态检测方法

9.1.1　光纤光栅传感基本原理

由于光纤光栅传感技术具备多物理参数动态检测的功能，针对航空液压管路系统的动态检测可以轻松实现，对于温度和应变可以直接检测，对于振动需要通过相应的弹性转换体，但是都是基于光纤光栅传感的基本原理，如图 9.1.2 所示。

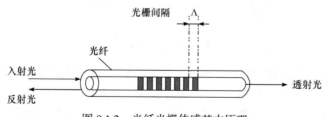

图 9.1.2　光纤光栅传感基本原理

由于其采用波长编码，当从光源发射的宽带光射入纤芯中的栅区，除特定波长的光会发生反射外，其中的大部分光会发生投射，一般认为光纤光栅的中心波长与反射光的相同。反射光在光纤光栅测量的应变或温度等发生变化时，其中心波长会发生相应的漂移。光纤光栅波长的变化与温度、应变变化之间的关系可以简化为[1]

$$\frac{\Delta \lambda_{B}}{\lambda_{B}} = (\alpha_{f} + \xi) \cdot \Delta T + (1 - P_{e}) \cdot \Delta \varepsilon \tag{9.1.1}$$

式中，λ_B 为光纤光栅初始的布拉格中心波长；$\Delta\lambda_B$ 是波长的漂移量；α_f 是光纤材料的热膨胀系数；ξ 为热光系数；P_e 为光纤的弹光系数。

9.1.2 光纤光栅信号滤波解调方法

在光纤光栅传感技术的发展过程中，按照解调方法的不同可分为滤波解调法和干涉解调法两大类。

1. 可调谐 F-P 滤波器解调法

可调谐 F-P 滤波器解调法使用法布里-珀罗(F-P)滤波器作为核心部件，F-P 滤波器也被称作 F-P 干涉仪。滤波器的核心部分是一个空腔，由两块平行放置的高反射率的镜面形成，其结构如图 9.1.3 所示。F-P 腔是由两光纤之间的空气间隙形成的，即将两光纤端面抛光后镀上高反膜，其中一根连接固定框架并静止不动；另一根通过弹性体和 PZT 压电陶瓷连接，其中弹性体用于给压电陶瓷加载预应力，压电陶瓷接收驱动电压信号后再驱使光纤端面运动，改变腔长并调谐透射波长。

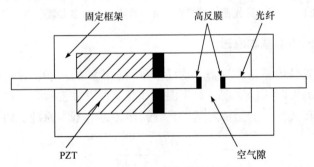

图 9.1.3　F-P 滤波器结构图

F-P 腔长的调节需要外加电压进行驱动，对 F-P 滤波器驱动电路的设计，是解调技术研究的关键。可调谐 F-P 滤波器解调系统原理如图 9.1.4 所示。光自宽带光源产生后经光隔离器和耦合器传输至 FBG，经 FBG 反射后通过光耦合器送入滤波器，到达光电探测器转换为电信号，由信号处理单元进行处理。可以通过控制 PZT 改变 F-P 滤波器的导通频带，在控制电路调谐控制信号的作用下，光纤 F-P 滤波器的导通频带扫描整个光纤光栅反射光光谱，当光纤 F-P 滤波器的通频带具有与某一 FBG 的 Bragg 波长一致的中心波长时，对应的 FBG 反射光通过 F-P 滤波器进入光电探测器，光电探测器将该 FBG 反射光处理过后转换为电信号，这个电信号的峰顶就对应于 FBG 反射光的波长。通过这种解调方式，系统能以几百赫兹甚至几千赫兹的频率进行扫描，在该滤波器的每个扫描周期中，所有 FBG 传感器的 Bragg 波长都能得到快速测定。

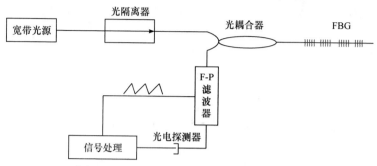

图 9.1.4 可调谐 F-P 滤波器解调系统原理图

2. 匹配光栅解调法

匹配光栅解调法使用匹配光栅作为参考元件,该元件与传感元件匹配,在驱动元件的作用下,匹配的光纤光栅可跟踪传感光纤光栅并监测其波长的变化,最后可借助从驱动元件测得的驱动信号,反向推断出中心波长。

根据光路连接方式的不同,匹配光栅解调系统可以分为透射式(图 9.1.5(a))和反射式(图 9.1.5(b))两种。匹配光栅解调法的基本工作原理是:光自宽带光源产生后通过光隔离器和耦合器进入传感光纤光栅,从光栅反射后形成窄带光波又经耦合器到达匹配光纤光栅。最后经过匹配光纤光栅透射或反射后,到达光电探测器转换为电信号,送入处理单元处理。

在检测的过程中该方法的解调系统感知较为灵敏,并且无需高成本便可实现。但是在对该系统调谐的过程中,容易出现啁啾现象,因此窄带光波的范围一般控制在几纳米以内,而且系统的解调精度易受调谐机构的重复性、稳定性、非线性等影响。

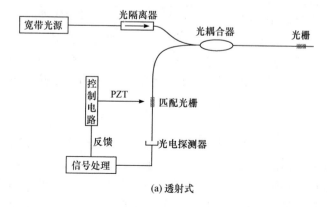

(a) 透射式

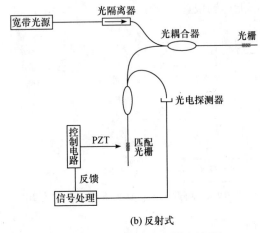

(b) 反射式

图 9.1.5　匹配光栅解调系统原理图

3. 边缘滤波

系统将拉曼泵浦合成器用于边缘解调，其本质上是一个双边缘解调器件。系统的输入端有一个，输出端有两个，并且其两个输出端口具有由波长决定的透射率曲线，在 1545～1555nm 两端口的透射率分别随光波长的不同而呈现与线性相关相近的改变，并且对称性很好。

为了减小光源波动产生的影响，系统需加入参考通路，同时采集参考光强度 I_1 和信号光强度 I_2 可以得到如下方程：

$$\frac{I_2}{I_1} = A \cdot \left(\lambda_B - \lambda_0 + \frac{\Delta \lambda}{\pi} \right) \tag{9.1.2}$$

式中，A 为边缘滤波器的梯度；λ_0 为边缘滤波器的初始值；λ_B 为光纤布拉格光栅的波长；$\Delta \lambda$ 为光纤布拉格光栅的带宽。

边缘滤波解调系统原理如图 9.1.6 所示。该系统利用线性滤波器内光波透射率发生的改变来区分、鉴别光波长。同样，光纤光栅透射率仍由波长决定，在滤波器的范围内随着波长变化，呈现近乎线性的改变，也就是说对于不同的光波长，均有一个透射率阈值与其相对应。因此，检测透射光可以反推出光波长。

4. 可调激光光源法

可调激光光源法是利用窄带可调谐激光，在将其输入光纤光栅后周期性扫描变化可调谐光源发出的波长，确定光纤光栅反射谱，有时也需确定透射谱。根据每次扫描到反射光最强时对应的可调激光源输出的光波长，即可知相应的光纤光栅反射波长。目前针对该技术的研究主要集中在窄带可调谐激光源，许多学者

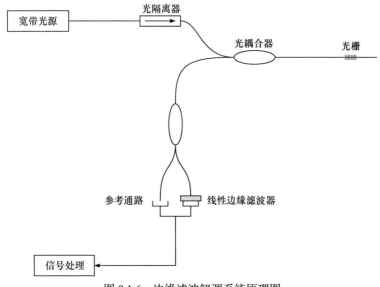

图 9.1.6　边缘滤波解调系统原理图

提出了新的研究方案，如可调谐外腔半导体和可调谐光纤激光器等方案。图 9.1.7 是一种可调谐光纤激光器原理图。由钛宝石激光器发出的 980nm 的激光作为光源经 980nm/1550nm 波分复用器(wavelenght division multiplexer，WDM)注入掺铒光纤，掺铒光纤的输出端为镀银反射镜。波分复用器另一端带传感光纤光栅，可以与该镜之间搭建谐振腔。输入泵浦光后会有激光振荡现象。由于光纤光栅对光具有选择性，而镀银反射镜则作为一个宽带反射镜，因此光的起振具有条件约束，必须具有与光纤光栅中心波长相近的光波长。可更改光纤光栅的中心波长使激光器的输出发生变化，从而实现波长调谐。

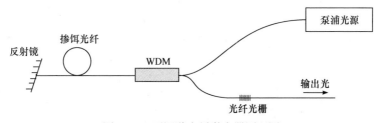

图 9.1.7　可调谐光纤激光器原理图

相较使用较频繁的普通宽带光源，采用可调谐光纤激光器具有增强传感信号信噪比的优势，进一步满足了波长解调所需的要求。可调谐激光器解调系统原理如图 9.1.8 所示，选择可调谐窄带激光器作为光源，并布置一个隔离器于系统的输出端，有效防止了回波干扰信号。该激光器的输出波长在一定范围内扫描，当其与中心波长重合后，光电探测器接收到的光强最强，此时两者波长匹配，即可实现光纤光栅的波长解调。

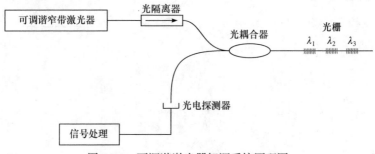

图 9.1.8　可调谐激光器解调系统原理图

该方法的光源功率较高，测试的精度较高。但是缺点也很明显，可调谐激光器的造价较高，且调谐速度较慢，一般不适合现场解调。为了解决此类问题，有学者提出用宽带光源和可调谐 F-P 滤波器组合形成可调谐光源，但是这种方法产生的光源无法抑制信噪比，且使用过程中限制过多，如功率不大。

5. 环形腔光纤激光器激射解调法

针对普通光源扫频速度慢、光强弱的缺点，Huber 等提出了一种新型激光光源，该光源具有傅里叶域锁定模式(Fourier domain mode-locked，FDML)，是一种高性能的扫频光源。FDML 扫频激光光源的最大优点是高速，且可获得超窄的瞬时线宽，从本质上解决了普通扫频光源具有的诸多限制，如在扫描宽度、扫频速度和输出功率等功能参数上的限制。图 9.1.9 是 FDML 扫频光源解调系统原理图。

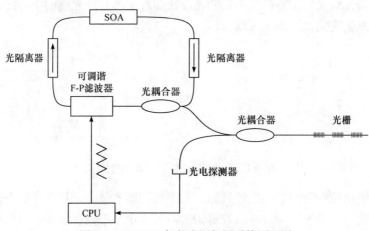

图 9.1.9　FDML 扫频光源解调系统原理图

该系统具有一个环状结构，包含一个半导体光放大器(semiconductor optical amplifier, SOA)，两个光电隔离器，一个由电压控制的法布里-珀罗可调谐滤波器和一个输出光耦合器。SOA 实现对光信号的放大，为实现光波长选择，将可调谐 F-P 滤波器作为窄带透射滤波器。光隔离器在系统中作为保证光信号在环形腔中单向传输的仪器，光耦合器实现整个光路的反馈和光信号输出。F-P 滤波器的透射波长会在 FDML 模式中发生周期性变化，宽带光经 SOA 放大后输入滤波器，被滤波后的输出光通过光分割器输出部分能量,其余的输出光继续循环并被放大，循环多次后输出功率稳定且具有高信噪比的窄带光。当扫频光源输出波长与光纤光栅中心波长重合时，光电探测器接收到的反射光光强最强，即可实现波长解调。

9.1.3　光纤光栅信号干涉解调方法

干涉解调法的基本原理是：在一段单模光纤中传输的相干光，由于测量光纤光栅中心波长的变化，产生干涉光的相位调制。通过测量输出光强变化量，获得干涉仪相位变化量。这类方法具有极高的检测灵敏度，实现简单且测量精度高，但抗干扰性不强，环境的改变容易对其产生影响，一般用于动态信号解调。目前，光纤光栅干涉解调法主要有非平衡 Mach-Zehnder 干涉解调法、非平衡迈克耳孙干涉解调法、萨尼亚克干涉解调法、复合干涉解调法以及基于以上方法的混合干涉解调等。

1. 非平衡 Mach-Zehnder 干涉解调法

非平衡 Mach-Zehnder 干涉解调的 FBG 传感系统如图 9.1.10 所示。宽带光源发出光后，首先需经过具有 2×2 结构的耦合器，然后将其传入 FBG 传感器，最后进入干涉仪的有效输入光是经耦合器处理过的 FBG 返回光。

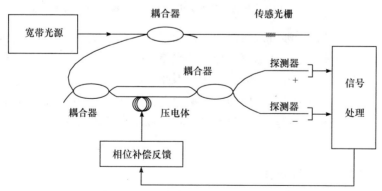

图 9.1.10　非平衡 Mach-Zehnder 干涉解调的 FBG 传感系统

非平衡 Mach-Zehnder 干涉解调法的解调分辨率高于其他解调方法,且独特的结构使其更加适用于动态解调,成为光纤光栅解调技术的一项重点。非平衡 Mach-Zehnder 干涉解调法虽然对光信号解调具有高解析度和宽带宽等优势,但局限性也非常明显:受限于随机相移的影响,只能测量动态量,且其测量范围由干涉仪决定,非常有限。

2. 非平衡迈克耳孙干涉解调法

基于迈克耳孙干涉原理的光纤干涉解调系统的原理如图 9.1.11 所示,两个干涉臂尾端带有高反射膜,来自传感光纤光栅的光波进入短臂缠绕在受锯齿波信号驱动的 PZT 上的非平衡扫描迈克耳孙干涉仪,被探测器接收后该信号变成电信号,被适当处理后可作为待测信号,并与作为参考信号的来自 PZT 的驱动信号一起输入相位计。

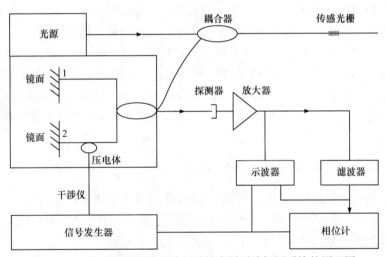

图 9.1.11　基于迈克耳孙干涉原理的光纤干涉解调系统的原理图

非平衡迈克耳孙干涉解调法作为一种检测方案,其原理主要来源于光波干涉。根据光波干涉相关理论,在两束光纤的光程差发生变化后,即使是细微的变化也会导致干涉条纹的相位发生相应的变化。因此,该原理决定了这种干涉仪具有很高的检测灵敏度。但是,受该原理的影响,来源于外界环境的任何干扰,如温度发生改变,产生振动或抖动,都会导致有效光程差产生相应变化,最终减小测量信号的信噪比。

3. 萨尼亚克干涉解调法

萨尼亚克干涉解调系统原理如图 9.1.12 所示。环形腔是该系统具有的独特结构,其一段光纤为高双折射光纤(high birefringence fiber,HBF),腔中串接偏振控制器。HBF 快慢轴方向上的有效折射率不同，不同偏振方向的光在 HBF 中的光程会不一样，导致了环形腔内沿顺时针与逆时针两个方向的光产生光程差，且这种光程差仅与 HBF 的长度和有效折射率有关。为调节光程差，可改变保偏光纤的长度。

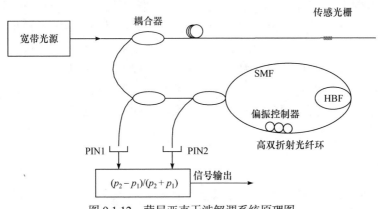

图 9.1.12　萨尼亚克干涉解调系统原理图

p_1 和 p_2 分别为 PIN1 和 PIN2 的输出信号

4. 复合干涉解调法

复合干涉解调法的原理如图 9.1.13 所示。光耦合器的端口 2 和端口 3 同时连接作为传感元件和反射体的 FBG，构成一个光纤环。来自宽谱源的光可由耦合器的端口 1 处进入，经过耦合器后该光被分为两束，传输通过 FBG 后，可将波长在 FBG 特征波长附近的光重新反射回耦合器内，其他波长的光则可传到另一端。

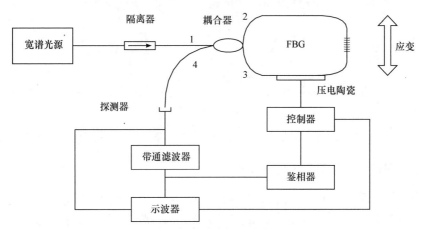

图 9.1.13　复合干涉解调法的原理图

该过程中，光纤环可以视作迈克耳孙干涉仪，该干涉仪两束输入光的光程差 (optical path difference，OPD)由两个因素决定：两臂光纤长度不平衡度 L 和光纤

的有效折射率 n。一方面，若 OPD 小于反射光的有效相干长度，经过该干涉仪返回的两束光会干涉，可在端口 4 观察到此现象的发生。另一方面，若入射光的波长不同于 FBG 的特征波长或两者有相对大的差异，这个光纤环又可以视为一个萨尼亚克干涉仪，即两个不同方向(顺时针、逆时针)传递的光均具有相同的光程，它们的相位差为 φ，且在光耦合器处出现相消干涉，该现象可消除波长相差较大的光对端口 4 的影响。由此可知，耦合器端口 4 的全部信号均为干涉仪的输出光。该方法设计方案简易、占用空间不大、无需较高成本且分辨率高，具有非常广泛的应用领域，如建筑物、海洋石油平台、航空航天等领域，尤其在工程的健康监测方面效果极佳，可应用于桥梁、建筑、海洋石油平台、油田、航空、大坝等工程的健康监测。

5. 混合干涉解调法

利用以上干涉解调技术，还可以组成混合干涉解调系统，图 9.1.14 为基于萨尼亚克/马赫-曾德尔干涉解调的分布式光纤传感系统。该传感系统中，为了满足这两类干涉仪各自对光源不同的要求，提供了两个独立的光源。其中图中所示的 S1 为面向萨尼亚克干涉仪的宽带光源；S2 为面向马赫-曾德尔干涉仪的长相干光源。光纤隔离器负责阻止来自系统耦合器 C2 的输出光返回到光源 S1 和 S2，可以有效保障光源性能。偏振控制器 P 控制入射光的偏振态，有效提升了该解调方法的干涉对比度。这种解调系统使用单模光纤作为分布式传感元件，且对条件的要求不高，在发射端准备好电源与信号处理单元即可使用。利用萨尼亚克和马赫-曾德尔干涉仪定位 FBG 传感器，探测灵敏度非常理想。

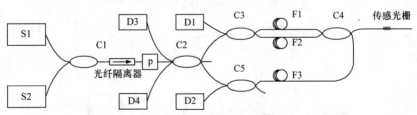

图 9.1.14　基于萨尼亚克/马赫-曾德尔干涉解调的分布式光纤传感系统

9.1.4　面向机械装备的高速解调方法

在机械系统中，光纤光栅反射中心波长高速解调是光纤光栅传感检测必须解决的关键问题，只有在准确、可靠、实时辨识光纤光栅反射中心波长变化的情况下，光纤光栅才能实现有效的分布动态检测。因此，如何对分布式多参数进行动态检测是一个关键的基础问题，本书作者所在项目组开展了多通道、微型化光纤光栅反射波长高速解调原理、方法和系统设计的研究。

为了高速解调反射波长，可调激光光源法是最为有效可行的方法，其利用窄带可调谐激光输入光纤光栅，并周期性地扫描变化可调谐光源发出的波长，来确定光纤光栅的反射谱(或透射谱)，根据每次扫描反射光最强时对应的可调激光源输出光的波长，即可得知与其对应的光纤光栅反射波长。

与一般宽带光源相比，采用可调谐光纤激光器使得传感信号的强度信噪比有了极大的提高，从而为波长解调提供了良好的基础。但是可调谐激光器的价格较高，而且调谐速度慢，不适合机械装备以及本书研究的动态变化信号的解调。因此，本书提出基于傅里叶域锁模激光器的 FBG 高速解调技术，原理如图 9.1.15 所示。

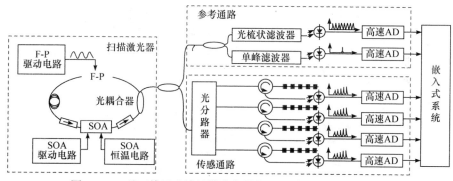

图 9.1.15　基于傅里叶域锁模激光器的 FBG 高速解调技术原理

首先受驱动信号影响，将 F-P 滤波器设置为具有 4kHz 调制频率，40 nm 的光谱范围，并与 SOA 搭建在一起，以环路的形式构造出一个高速扫描激光器。光由该高速激光器发出后，经光分路器分别送入检测通路和参考通路。检测通路主要包括光分路器、光环行器和 FBG 传感器。进入检测通路的光，经光分路器和光环行器处理后送入 4 路 FBG 传感器，其中来自光栅的反射光会再进入光环形器，并经其内部的光电二极管后，被转换为电信号；参考通路主要包括光耦合器、光梳状滤波器和单峰滤波器。进入该通路的光，经光耦合器，分别被送入光梳状滤波器和单峰滤波器，之后同样转换为电信号，并可由高速 AD 芯片一并获取，最后送入 FPGA 分析处理。

为了克服普通扫频激光器的频率具有较大局限性的难题，采用 FDML 等新技术设计完成高速扫频激光器，解决来自谐振腔内各波长激光建立时间对的影响。与早期方法不同，F-DML 技术采用了新的周期性调制方式，即对光波周期性调制，进而锁模，因此具有输出波长扫描序列的优势，并且其产生的长脉冲具有高度啁啾的特点，有别于传统的仅能产生来自固定重复频率的短脉冲序列的锁模激光器。

　　F-DML 技术使用的傅里叶域锁模扫频激光器结构如图 9.1.16 所示，包括两端带光隔离器的 SOA、延时光纤、光纤 F-P 可调滤波器(fiber Fabry-Perot tunable filter, FFP-TF)、光分路器(30%输出)等部分。其中，SOA 作为结构提升级，具有供应激活粒子的功能，FFP-TF 负责高速扫频，延时光纤可通过加长光在谐振腔中的传输距离使其在内环传输一周所需时间增加，光隔离器的目的是阻隔其他反射光，确保谐振腔内传输的光具有相同方向。

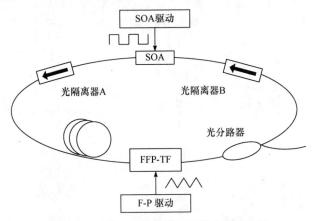

图 9.1.16　傅里叶域锁模扫频激光器结构图

9.2　液压管路耦合多附件的动力学方程模型建立与分析

　　有效的结构健康状态监测方法离不开对故障机理的研究，目前文献少见对液压管路系统进行故障机理的研究，主要受到建模和求解方法的限制。如何准确地建模和快速地求解管路动力学方程成为工程界和学术界亟待解决的难题。实际的液压管路结构多为多跨串联结构，下面对多卡箍支撑管路结构建模和求解进行介绍，并提出相应的求解方法。

9.2.1　多卡箍支撑管路的卡箍松动建模与分析

　　对多卡箍支撑管路耦合多附件(复杂约束，复杂边界)进行建模和求解，然后分析卡箍松动下管路的各阶应变振型的变化规律。为了建立管路的动力学方程模型，试验过程中做出如下假设：①管路的变形为小变形；②流体为活塞流；③管模型采用 Timoshenko 梁模型进行等效。

　　管路微元模型和局部坐标系如图 9.2.1 所示。

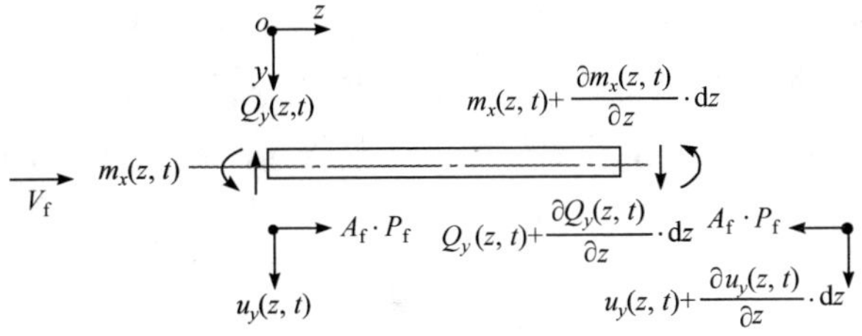

图 9.2.1　管路微元结构和局部坐标系

根据牛顿第二运动定律可得到管路的动力学微分方程如下：

$$
\begin{aligned}
&EI_{\mathrm{p}}\cdot\left[kGA_{\mathrm{p}}-C_{\mathrm{p}V}\right]\cdot\frac{\partial^4 u_y(z,t)}{\partial z^4}+Y_1\cdot Y_2\cdot\frac{\partial^4 u_y(z,t)}{\partial t^4}-C_V\cdot EI_{\mathrm{p}}\cdot\frac{\partial^4 u_y(z,t)}{\partial z^3\partial t}\\
&+C_V\cdot Y_2\cdot\frac{\partial^4 u_y(z,t)}{\partial z\partial t^3}-\left[Y_1\cdot EI_{\mathrm{p}}-Y_2\cdot\left(C_{\mathrm{p}V}-kGA_{\mathrm{p}}\right)\right]\cdot\frac{\partial^4 u_y(z,t)}{\partial z^2\partial t^2}\\
&+C_{\mathrm{p}V}\cdot kGA_{\mathrm{p}}\cdot\frac{\partial^2 u_y(z,t)}{\partial z^2}+Y_1\cdot kGA_{\mathrm{p}}\cdot\frac{\partial^2 u_y(z,t)}{\partial t^2}+C_V\cdot kGA\cdot\frac{\partial^2 u_y(z,t)}{\partial z\partial t}=0
\end{aligned}
\tag{9.2.1}
$$

$$
\begin{aligned}
&EI_{\mathrm{p}}\cdot\left[\kappa GA_{\mathrm{p}}-C_{\mathrm{p}V}\right]\cdot\frac{\partial^4 \theta_x(z,t)}{\partial z^4}+Y_1\cdot Y_2\cdot\frac{\partial^4 \theta_x(z,t)}{\partial t^4}-C_V\cdot EI_{\mathrm{p}}\cdot\frac{\partial^4 \theta_x(z,t)}{\partial z^3\partial t}\\
&+C_V\cdot Y_2\cdot\frac{\partial^4 \theta_x(z,t)}{\partial z\partial t^3}-\left[Y_1\cdot EI_{\mathrm{p}}-Y_2\cdot\left(C_{\mathrm{p}V}-\kappa GA_{\mathrm{p}}\right)\right]\cdot\frac{\partial^4 \theta_x(z,t)}{\partial z^2\partial t^2}\\
&+C_{\mathrm{p}V}\cdot kGA_{\mathrm{p}}\cdot\frac{\partial^2 \theta_x(z,t)}{\partial z^2}+Y_1\cdot \kappa GA_{\mathrm{p}}\cdot\frac{\partial^2 \theta_x(z,t)}{\partial t^2}+C_V\cdot kGA_{\mathrm{p}}\cdot\frac{\partial^2 \theta_x(z,t)}{\partial z\partial t}=0
\end{aligned}
\tag{9.2.2}
$$

其中，一些算子和符号的具体表达式如下：

$$
\kappa=\frac{2\cdot(1+\upsilon)}{4+3\upsilon},\ Y_1=\rho_{\mathrm{p}}\cdot A_{\mathrm{p}}+\rho_{\mathrm{f}}\cdot A_{\mathrm{f}},Y_2=\rho_{\mathrm{p}}\cdot I_{\mathrm{p}}+\rho_{\mathrm{f}}\cdot I_{\mathrm{f}},\ I_{\mathrm{p}}=\frac{\pi}{4}\cdot\left[(R+\delta)^4-R^4\right]
\tag{9.2.3}
$$

$$
C_{\mathrm{p}V}=\rho_{\mathrm{f}}\cdot A_{\mathrm{f}}\cdot V_{\mathrm{f}}^2+P_{\mathrm{f}}\cdot A_{\mathrm{f}},\ C_V=2\cdot\rho_{\mathrm{f}}\cdot A_{\mathrm{f}}\cdot V_{\mathrm{f}}
\tag{9.2.4}
$$

式中，$u_y(z,t)$为管路的横向振动位移；$\theta_x(z,t)$为弯曲角；ρ_{p}管路的单位体积质量密度；ρ_{f}为管路的流体单位体积质量密度；A_{p}为管道的横截面积；A_{f}为流体的横截面积；k为管道的剪力分布系数；G为管道的剪切弹性模量；EI_{p}为管道的弯曲刚度；I_{p}为管道的截面惯性矩；I_{f}为流体的截面惯性矩；V_{f}为流体的速度；

P_f 为流体的压力。

为了获得管道横向振动位移和弯曲角的谱成分，采用了快速傅里叶变换(fast Fourier transform, FFT)和变量分离技术，于是管道的横向振动位移和弯曲角可表示成如下形式：

$$u_y(z,t) = \sum_{n=0}^{N-1} U_{y,n}(z) \cdot e^{j\omega_n t}, \quad \theta_x(z,t) = \sum_{n=0}^{N-1} \Theta_{x,n}(z) \cdot e^{j\omega_n t}, \quad j = \sqrt{-1} \tag{9.2.5}$$

式中，$U_{y,n}(z)$ 和 $\Theta_{x,n}(z)$ 分别为离散频率 $\omega_n = 2\pi \cdot n/T$ $(n=0,1,2,\cdots,N-1)$ 的傅里叶成分，其中 T 为采样信号时间长度；N 为采样的点数。进一步 N 可以表示为：$N=2f_{NQST}T$，f_{NQST} 为奈奎斯特频率。为了简化推导的过程，后续的推导中将会省略下标 n。

将式(9.2.5)代入式(9.2.1)和式(9.2.2)可得到如下的常微分方程：

$$EI_p \cdot (\kappa GA_p - C_{pV}) \cdot \frac{dU_y^4(z)}{dz^4} - j\omega \cdot C_V \cdot EI_p \cdot \frac{dU_y^3(z)}{dz^3}$$
$$+ \left\{ [Y_1 \cdot EI_p + Y_2 \cdot (\kappa GA_p - C_{pV})] \cdot \omega^2 + C_{pV} \cdot \kappa GA_p \right\} \cdot \frac{dU_y^2(z)}{dz^2}$$
$$+ j\omega \cdot C_V \cdot (\kappa GA_p - Y_2 \cdot \omega^2) \cdot \frac{dU_y(z)}{dz} + \omega^2 \cdot Y_1 \cdot (Y_2 \cdot \omega^2 - \kappa GA_p) \cdot U_y(z) = 0 \tag{9.2.6}$$

$$EI_p \cdot (\kappa GA_p - C_{pV}) \cdot \frac{d\Theta_x^4(z)}{dz^4} - j\omega \cdot C_V \cdot EI \cdot \frac{d\Theta_x^3(z)}{dz^3}$$
$$+ \left\{ [Y_1 \cdot EI_p + Y_2 \cdot (\kappa GA_p - C_{pV})] \cdot \omega^2 + C_{pV} \cdot \kappa GA_p \right\} \cdot \frac{d\Theta_x^2(z)}{dz^2}$$
$$+ j\omega \cdot C_V \cdot (\kappa GA_p - Y_2 \cdot \omega^2) \cdot \frac{d\Theta_x(z)}{dz} + \omega^2 \cdot Y_1 \cdot (Y_2 \cdot \omega^2 - \kappa GA_p) \cdot \Theta_x(z) = 0 \tag{9.2.7}$$

假如定义以下变量：

$$\alpha = \frac{[Y_1 \cdot EI_p + Y_2 \cdot (\kappa GA_p - C_{pV})] \cdot \omega^2 + C_{pV} \cdot \kappa GA_p}{EI_p \cdot (\kappa GA_p - C_{pV})}, \quad \beta^4 = \frac{Y_1 \cdot \omega^2 (\kappa GA_p - Y_2 \cdot \omega^2)}{EI_p \cdot (\kappa GA_p - C_{pV})} \tag{9.2.8}$$

可得到如下管道横向振动位移和弯曲角的频谱成分的显示表达：

$$U_y(z) = A_1 \cdot \cosh(\sigma \cdot z) + A_2 \cdot \sinh(\sigma \cdot z) + A_3 \cdot \cos(\gamma \cdot z) + A_4 \cdot \sin(\gamma \cdot z) \quad (9.2.9)$$

$$\Theta_x(z) = \overline{A}_1 \cosh(\sigma \cdot z) + \overline{A}_2 \cdot \sinh(\sigma \cdot z) + \overline{A}_3 \cdot \cos(\gamma \cdot z) + \overline{A}_4 \cdot \sin(\gamma \cdot z) \quad (9.2.10)$$

式中，σ 和 γ 分别为

$$\sigma = \sqrt{\frac{1}{2}\left(-\alpha + \sqrt{4\beta^4 + \alpha^2}\right)}, \quad \gamma = \sqrt{\frac{1}{2} \cdot \left(\alpha + \sqrt{4\beta^4 + \alpha^2}\right)} \quad (9.2.11)$$

将位移函数的积分常数向量表示为 $\boldsymbol{A} = [A_1, A_2, A_3, A_4]^{\mathrm{T}}$，弯曲角的积分常数向量表示为 $\overline{\boldsymbol{A}} = \left\{\overline{A}_1, \overline{A}_2, \overline{A}_3, \overline{A}_4\right\}^{\mathrm{T}}$，它们之间的相互关系为

$$\overline{A}_1 = q \cdot A_2, \quad \overline{A}_2 = q \cdot A_1, \quad \overline{A}_3 = \overline{q} \cdot A_4, \quad \overline{A}_4 = -\overline{q} \cdot A_3 \quad (9.2.12)$$

式中，

$$q = \frac{\kappa GA_{\mathrm{p}} \cdot \sigma}{-EI_{\mathrm{p}}\sigma^2 + \left(\kappa GA_{\mathrm{p}} - Y_2 \cdot \omega^2\right)}, \quad \overline{q} = \frac{\kappa GA_{\mathrm{p}} \cdot \gamma}{EI_{\mathrm{p}}\gamma^2 + \left(\kappa GA_{\mathrm{p}} - Y_2 \cdot \omega^2\right)} \quad (9.2.13)$$

1. 液压附件建模和公式化表达

卡箍、阀座和振动吸振器广泛应用于管路系统中，各种附件的等效物理模型如图 9.2.2 所示。假设液压附件导致的管路的离散点在管路的第 i 个节点的位置，线性的移动弹簧、转动弹簧、移动阻尼器和扭转阻尼器用来等效实际的卡箍；具有转动惯量 J_i 和偏心 e_i 的集中质量 m_i 用来等效阀座和法兰盘；弹簧-质量-阻尼系统用来等效动力吸振器。

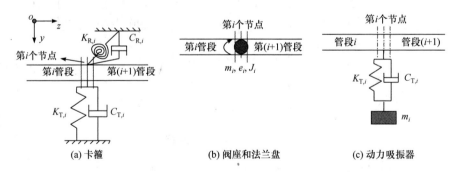

图 9.2.2　各种附件的等效物理模型

事实上，图 9.2.2(b)和(c)中的物理模型均可采用图 9.2.2(a)中的模型进行替代，以等效移动刚度 $K_{e\mathrm{T},i}$ 和等效扭转刚度 $K_{e\mathrm{R},i}$、等效移动阻尼系数 $C_{e\mathrm{T},i}$ 和等效转动阻尼系数 $C_{e\mathrm{R},i}$、变量 $\varGamma_i$ 进行建模和分析，可等效刚度、阻尼系数和变量 $\varGamma_i$。因

此，第i个节点的相容性条件可以以一种通用的形式进行表达，如下所示[9]：

$$U_{y,i}(z_i)=U_{y,i+1}(z_i) \tag{9.2.14}$$

$$\Theta_{x,i}(z_i)=\Theta_{x,i+1}(z_i) \tag{9.2.15}$$

$$\begin{aligned} & E_i I_{\mathrm{p},i} \cdot \frac{\mathrm{d}\Theta_{x,i}(z_i)}{\mathrm{d}z} + K_{eR,i} \cdot \Theta_{x,i}(z_i) + \mathrm{j}\omega \cdot C_{eR,i} \cdot \Theta_{x,i}(z_i) \\ & + \Gamma_i \cdot U_{y,i}(z_i) = E_{i+1}I_{\mathrm{p},i+1} \cdot \frac{\mathrm{d}\Theta_{x,i+1}(z_i)}{\mathrm{d}z} \end{aligned} \tag{9.2.16}$$

$$\begin{aligned} & \kappa_i G_i A_{\mathrm{p},i} \cdot \left[\frac{\mathrm{d}U_{y,i}(z_i)}{\mathrm{d}z} - \Theta_{x,i}(z_i)\right] + K_{eT,i} \cdot U_{y,i}(z_i) + \mathrm{j}\omega \cdot C_{eT,i} \cdot U_{y,i}(z_i) \\ & + \Gamma_i \cdot \Theta_{x,i}(z_i) = \kappa_{i+1} G_{i+1} A_{\mathrm{p},i+1} \cdot \left[\frac{\mathrm{d}U_{y,i+1}(z_i)}{\mathrm{d}z} - \Theta_{x,i+1}(z_i)\right] \end{aligned} \tag{9.2.17}$$

将式(9.2.9)和式(9.2.10)代入式(9.2.14)式(9.2.15)，可得到如下的矩阵传递关系：

$$T_{(i)} \cdot A_i = T_{(i+1)} \cdot A_{i+1} \tag{9.2.18}$$

式中，各矩阵具体表达式如下：

$$A_i = \left[A_{1,i}, A_{2,i}, A_{3,i}, A_{4,i}\right]^{\mathrm{T}}, \quad A_{i+1} = \left[A_{1,i+1}, A_{2,i+1}, A_{3,i+1}, A_{4,i+1}\right]^{\mathrm{T}} \tag{9.2.19}$$

$$T_{(i+1)} = \begin{bmatrix} 1 & 0 & 1 & 0 \\ 0 & q_{i+1} & 0 & \bar{q}_{i+1} \\ \zeta_1 & 0 & -\zeta_2 & 0 \\ 0 & \zeta_3 & 0 & \zeta_4 \end{bmatrix}, \quad T_{(i)} = \begin{bmatrix} T_{11}^{(i)} & T_{12}^{(i)} & T_{13}^{(i)} & T_{14}^{(i)} \\ T_{21}^{(i)} & T_{22}^{(i)} & T_{23}^{(i)} & T_{24}^{(i)} \\ T_{31}^{(i)} & T_{32}^{(i)} & T_{33}^{(i)} & T_{34}^{(i)} \\ T_{41}^{(i)} & T_{42}^{(i)} & T_{43}^{(i)} & T_{44}^{(i)} \end{bmatrix} \tag{9.2.20}$$

$$\begin{aligned} & \zeta_1 = E_{i+1}I_{\mathrm{p},i+1} \cdot q_{i+1} \cdot \sigma_{i+1}, \quad \zeta_2 = E_{i+1}I_{\mathrm{p},i+1} \cdot \bar{q}_{i+1} \cdot \gamma_{i+1} \\ & \zeta_3 = \kappa_{i+1} G_{i+1} A_{\mathrm{p},i+1} \cdot (\sigma_{i+1} - q_{i+1}), \quad \zeta_4 = \kappa_{i+1} G_{i+1} A_{\mathrm{p},i+1} \cdot (\gamma_{i+1} - \bar{q}_{i+1}) \end{aligned} \tag{9.2.21}$$

从式(9.2.18)可得到如下矩阵的表达式：

$$A_{i+1} = \left[T_{(i+1)}\right]^{-1} \cdot T_{(i)} \cdot A_i = \bar{T}_{\mathrm{e}}^{(i)} \cdot A_i \tag{9.2.22}$$

式中，$\bar{T}_{\mathrm{e}}^{(i)}$是第$i$个节点的传递矩阵，建立起了第$i$管段的积分常数向量$A_i = [A_{1,i},$ $A_{2,i}, A_{3,i}, A_{4,i}]^{\mathrm{T}}$和第$(i+1)$管段的积分常数向量$A_{i+1} = \left[A_{1,i+1}, A_{2,i+1}, A_{3,i+1}, A_{4,i+1}\right]^{\mathrm{T}}$。

2. 复杂边界的建模和公式化表达

求解振动方程模型的关键之一在于边界条件的引入。常见的边界条件如固支-固支、固支-简支、固支-自由、简支-简支和自由边界尚不能正确表达实际管路系统中的边界条件。管路两端的受力平衡条件可以表示成如下形式：

$$E_1 I_{p,1} \cdot \frac{\mathrm{d}\Theta_{x,1}(0)}{\mathrm{d}z} = \left(K_{eR,0} + \mathrm{j}\omega \cdot C_{eR,0} \right) \cdot \Theta_{x,1}(0) + \Gamma_0(0) \cdot U_{y,1}(0) \quad (9.2.23)$$

$$\kappa_1 G_1 A_{p,1} \cdot \left(\frac{\mathrm{d}U_{y,1}(0)}{\mathrm{d}z} - \Theta_{x,1}(0) \right) = \left(K_{eT,0} + \mathrm{j}\omega \cdot C_{eT,0} \right) \cdot U_{y,1}(0) + \Gamma_0(0) \cdot \Theta_{x,1}(0)$$

$$(9.2.24)$$

$$E_n I_{p,n} \cdot \frac{\mathrm{d}\Theta_{x,n}(l_n)}{\mathrm{d}z} = -\left(K_{eR,n} + \mathrm{j}\omega \cdot C_{eR,n} \right) \cdot \Theta_{x,n}(l_n) - \Gamma_n(l_n) \cdot U_{y,n}(l_n) \quad (9.2.25)$$

$$\kappa_n G_n A_{p,n} \cdot \left(\frac{\mathrm{d}U_{y,n}(l_n)}{\mathrm{d}z} - \Theta_{x,n}(l_n) \right) = -\left(K_{eT,n} + \mathrm{j}\omega \cdot C_{T,n} \right) \cdot U_{y,n}(l_n) - \Gamma_n(l_n) \cdot \Theta_{x,n}(l_n)$$

$$(9.2.26)$$

式中，

$$\begin{cases} K_{eR,0} = K_{R,0} - \left(J_0 + m_0 \cdot \omega^2 \right), \\ \Gamma_0(0) = -m_0 \cdot e_0 \cdot \omega^2, \quad K_{eT,0} = K_{T,0} - m_0 \cdot \omega^2, \quad C_{eR,0} = C_{R,0} \\ K_{eR,n} = K_{R,n} - \left(J_n + m_n \cdot \omega^2 \right), \\ \Gamma_n(0) = -m_n \cdot e_n \cdot \omega^2, \quad K_{eT,n} = K_{T,n} - m_n \cdot \omega^2, \quad C_{eR,n} = C_{R,n} \end{cases} \quad (9.2.27)$$

把方程式(9.2.9)和式(9.2.10)代入方程式(9.2.23)和式(9.2.24)可得到如下矩阵方程：

$$\boldsymbol{R}_{\mathrm{Cplx},2\times4}^{(\mathrm{L})} \cdot \boldsymbol{A}_{4\times1}^{(\mathrm{L})} = \boldsymbol{0} \quad (9.2.28)$$

式中，$\boldsymbol{R}_{\mathrm{Cplx},2\times4}^{(\mathrm{L})}$ 为管路的左边界矩阵。相似地，将式(9.2.9)和式(9.2.10)代入式(9.2.25)和式(9.2.26)可得到如下矩阵关系：

$$\boldsymbol{R}_{\mathrm{Cplx},2\times4}^{(\mathrm{R})} \cdot \boldsymbol{A}_{4\times1}^{(\mathrm{R})} = \boldsymbol{0} \quad (9.2.29)$$

式中，$\boldsymbol{R}_{\mathrm{Cplx},2\times4}^{(\mathrm{R})}$ 为管路的右边界矩阵。

3. 动力学方程模型求解

对于单跨管，结合边界条件可以很容易得到如下矩阵关系：

$$\begin{bmatrix} \boldsymbol{R}_{\mathrm{Cplx},2\times4}^{(\mathrm{L})} \\ \boldsymbol{R}_{\mathrm{Cplx},2\times4}^{(\mathrm{R})} \end{bmatrix}_{4\times4} \cdot \boldsymbol{A}_1 = \boldsymbol{0} \tag{9.2.30}$$

积分常数向量 $\boldsymbol{A}_1$ 为方程式(9.2.30)的非平凡解，因此需满足如下关系：

$$\det\left(\begin{bmatrix} \boldsymbol{R}_{\mathrm{Cplx},2\times4}^{(\mathrm{L})} \\ \boldsymbol{R}_{\mathrm{Cplx},2\times4}^{(\mathrm{R})} \end{bmatrix}_{4\times4}\right) = 0 \tag{9.2.31}$$

对于图 9.2.3 所示的多卡箍支撑管路模型，管路两端的积分常数向量之间的传递关系可以表示为式(9.2.32)的形式。

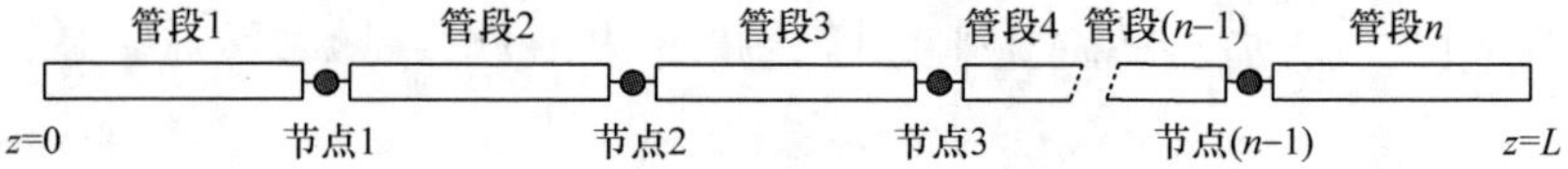

图 9.2.3　多卡箍支撑管路模型的管段和节点编号

$$\boldsymbol{A}_{4\times1}^{(\mathrm{R})} = \bar{\boldsymbol{T}}_{\mathrm{e}}^{(n-1)} \cdot \bar{\boldsymbol{T}}_{\mathrm{e}}^{(n-2)} \cdots \bar{\boldsymbol{T}}_{\mathrm{e}}^{(2)} \cdot \bar{\boldsymbol{T}}_{\mathrm{e}}^{(1)} \cdot \boldsymbol{A}_{4\times1}^{(\mathrm{L})} = \boldsymbol{U}_{4\times4} \cdot \boldsymbol{A}_{4\times1}^{(\mathrm{L})} \tag{9.2.32}$$

式中，$\boldsymbol{U}_{4\times4}$ 为管路的全局传递矩阵。考虑到边界条件式(9.2.28)和式(9.2.29)可得到如下的矩阵方程：

$$\boldsymbol{R}_{2\times4}^{(\mathrm{R})} \cdot \boldsymbol{U}_{4\times4} \cdot \boldsymbol{A}_{4\times1}^{(\mathrm{L})} = \boldsymbol{G}_{2\times4} \cdot \boldsymbol{A}_{4\times1}^{(\mathrm{L})} = \boldsymbol{0}, \quad \boldsymbol{R}_{2\times4}^{(\mathrm{L})} \cdot \boldsymbol{A}_{4\times1}^{(\mathrm{L})} = \boldsymbol{0} \tag{9.2.33}$$

式(9.2.33)可以进一步表示成如下的矩阵形式：

$$\begin{bmatrix} \boldsymbol{G}_{2\times4} \\ \boldsymbol{R}_{2\times4}^{(\mathrm{L})} \end{bmatrix}_{4\times4} \cdot \boldsymbol{A}_{4\times1}^{(\mathrm{L})} = \boldsymbol{0} \tag{9.2.34}$$

与单跨管的求解类似，式(9.2.34)如有非平凡解则可得到如下关系：

$$\det\left(\begin{bmatrix} \boldsymbol{G}_{2\times4} \\ \boldsymbol{R}_{2\times4}^{(\mathrm{L})} \end{bmatrix}_{4\times4}\right) = 0 \tag{9.2.35}$$

式(9.2.35)是管路结构的特征方程，自然频率 $\omega_{(v)}$ $(v=1,2,3,\cdots)$ 表示管路的第 v 阶固有频率。通常地，一旦固有频率已知，根据式(9.2.34)可以很容易得到积分常数向量 $\boldsymbol{A}_{4\times1}^{(\mathrm{L})}$。那么第 i 管段的积分常数向量 $\boldsymbol{A}_{4\times1}^{(i)}$ 可通过传递矩阵很容易获得，因此，整个管路结构的第 v 阶模态振型函数可表示成如下形式：

$$\left\{U_y^{(v)}(z), \Theta_x^{(v)}(z)\right\} = \left\{\sum_{i=1}^{n} U_{y,i}^{(v)}(z), \sum_{i=1}^{n} \Theta_y^{(v)}(z)\right\} \tag{9.2.36}$$

但是，一方面，式(9.2.34)在复数域内很难求解；另一方面，传统的求解过程中，在谐激励下管道的横向振动位移和弯曲角的幅值很难确定，因此，相关的模态弯曲应力很难确定。本书提出一种新的思路求解管路的模态振型。

将第 i 管段的横向振动位移和弯曲角的形函数表示成如下矩阵形式：

$$U_{y,i}(z) = \boldsymbol{\Phi}_i(z) \cdot \boldsymbol{A}_i, \quad \Theta_{x,i}(z) = \boldsymbol{\Psi}_i(z) \cdot \boldsymbol{A}_i \tag{9.2.37}$$

$$\boldsymbol{\Phi}_i(z) = \{\cosh(\sigma_i \cdot z), \sinh(\sigma_i \cdot z), \cos(\gamma_i \cdot z), \sin(\gamma_i \cdot z)\} \tag{9.2.38}$$

$$\boldsymbol{\Psi}_i(z) = \{q_i \cdot \sinh(\sigma_i \cdot z), q_i \cdot \cosh(\sigma_i \cdot z), -\overline{q}_i \cdot \sin(\gamma_i \cdot z), \overline{q}_i \cdot \cos(\gamma_i \cdot z)\} \tag{9.2.39}$$

假设有一个广义的力作用于管道的任意位置，作用的点定义为第 u $(1 \leqslant u \leqslant n)$ 个节点，其相容性条件可以表示成如下形式：

$$\boldsymbol{A}_{u+1} = \overline{\boldsymbol{T}}_{\mathrm{e}}^{(u)} \cdot \boldsymbol{A}_u + [\boldsymbol{T}_{u+1}]^{-1} \cdot \boldsymbol{F}_u \tag{9.2.40}$$

式中，$\boldsymbol{F}_u = [0, 0, M_{x,u}, Q_{x,u}]^{\mathrm{T}}$，其中的元素分别为简谐弯矩 $M_{x,u} \cdot \mathrm{e}^{\mathrm{i}\omega t}$ 和力 $Q_{y,u} \cdot \mathrm{e}^{\mathrm{j}\omega t}$ 的傅里叶成分。

因此，各组件之间的全局传递关系可以表示成如下形式：

$$\boldsymbol{A}_{4 \times 1}^{(\mathrm{R})} = \underbrace{\left(\prod_{m=1}^{(n-1)} \overline{\boldsymbol{T}}_{\mathrm{e}}^{(n-m)}\right)}_{4 \times 4} \cdot \boldsymbol{A}_{4 \times 1}^{(\mathrm{L})} + \underbrace{\left(\prod_{m=1}^{(n-1-u)} \overline{\boldsymbol{T}}_{\mathrm{e}}^{(n-m)}\right)}_{4 \times 4} \cdot \underbrace{[\boldsymbol{T}_{u+1}]^{-1}}_{4 \times 4} \cdot \boldsymbol{F}_u = \boldsymbol{U}_{4 \times 4} \cdot \boldsymbol{A}_{4 \times 1}^{(\mathrm{L})} + \boldsymbol{\Delta}_u \cdot \boldsymbol{F}_u$$
$$\tag{9.2.41}$$

结合式(9.2.33)和式(9.2.41)可得到如下矩阵关系：

$$\boldsymbol{A}_{4 \times 1}^{(\mathrm{L})} = \underbrace{\begin{bmatrix} \boldsymbol{R}_{2 \times 4}^{(\mathrm{L})} \\ \boldsymbol{G}_{2 \times 4} \end{bmatrix}^{-1}}_{4 \times 4} \cdot \underbrace{\begin{bmatrix} \boldsymbol{0}_{2 \times 1} \\ -\boldsymbol{R}_{2 \times 4}^{(\mathrm{R})} \cdot \boldsymbol{\Delta}_u \cdot \boldsymbol{F}_u \end{bmatrix}}_{4 \times 1} \tag{9.2.42}$$

将式(9.2.42)代入式(9.2.37)可得到谐响应下的模态位移和模态弯曲角。同时可得到第 i 管段的频率响应函数(FRF)。式(9.2.42)中，在固有频率处矩阵 $\underbrace{\begin{bmatrix} \boldsymbol{R}_{2 \times 4}^{(\mathrm{L})} \\ \boldsymbol{G}_{2 \times 4} \end{bmatrix}}_{4 \times 4}$ 是奇异的，将会使得求逆很困难，因此需结合奇异值分解(SVD)求该矩阵的逆矩阵。根据上述关系，第一个管段的 FRF 可以表示成如下形式：

$$\underbrace{\begin{bmatrix} f_{Qy,1}(z) \\ f_{\Theta x,1}(z) \end{bmatrix}}_{2 \times 1} = \frac{1}{F_u} \cdot \underbrace{\begin{bmatrix} \boldsymbol{\Phi}_1(z) \\ \boldsymbol{\Psi}_1(z) \end{bmatrix}}_{2 \times 4} \cdot \underbrace{\begin{bmatrix} \boldsymbol{R}_{2 \times 4}^{(\mathrm{L})} \\ \boldsymbol{G}_{2 \times 4}^{(\mathrm{R})} \end{bmatrix}^{-1}}_{4 \times 4} \cdot \underbrace{\begin{bmatrix} \boldsymbol{0}_{2 \times 1} \\ -\boldsymbol{R}_{2 \times 4}^{(\mathrm{R})} \cdot \boldsymbol{\Delta}_u \cdot \boldsymbol{F}_u \end{bmatrix}}_{4 \times 1} \tag{9.2.43}$$

基于传递关系，可得到第 $i\,(2\leqslant i\leqslant n)$ 管段的 FRF，如下所示：

$$
\underbrace{\begin{bmatrix} f_{Qy,i}(z) \\ f_{\Theta x,i}(z) \end{bmatrix}}_{2\times 1} =
\begin{cases}
\dfrac{1}{F_u}\cdot\underbrace{\begin{bmatrix} \boldsymbol{\Phi}_1(z) \\ \boldsymbol{\Psi}_1(z) \end{bmatrix}}_{2\times 4}\cdot\underbrace{\left(\prod_{m=1}^{i-1}\overline{\boldsymbol{T}}_{\mathrm{e}}^{(i-m)}\right)}_{4\times 4}\cdot\boldsymbol{A}_{4\times 1}^{(\mathrm{L})}, \quad 2\leqslant i\leqslant u \\[4mm]
\dfrac{1}{F_u}\cdot\underbrace{\begin{bmatrix} \boldsymbol{\Phi}_1(z) \\ \boldsymbol{\Psi}_1(z) \end{bmatrix}}_{2\times 4}\cdot\left\{\underbrace{\left(\prod_{m=1}^{i-1}\overline{\boldsymbol{T}}_{\mathrm{e}}^{(i-m)}\right)}_{4\times 4}\cdot\boldsymbol{A}_{4\times 1}^{(\mathrm{L})} + \underbrace{\left(\prod_{m=1}^{i-1-u}\overline{\boldsymbol{T}}_{\mathrm{e}}^{(i-m)}\right)}_{4\times 4}\cdot\underbrace{\left[\boldsymbol{T}_{u+1}\right]^{-1}}_{4\times 4}\cdot\underbrace{\boldsymbol{F}_u}_{4\times 1}\right\}, \\[4mm]
\qquad u+1\leqslant i\leqslant n
\end{cases}
$$

$$(9.2.44)$$

基于快速傅里叶逆变换(IFFT)方法能计算管路在外载荷作用下的瞬态响应，如图 9.2.4 所示为本书所提方法的整体流程图。

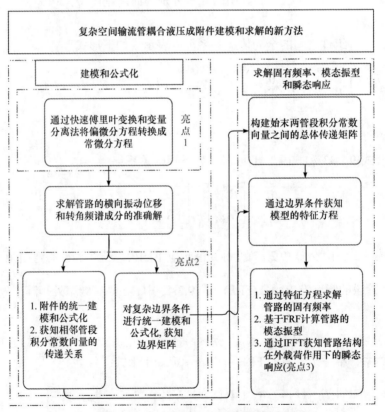

图 9.2.4　本书所提方法的整体流程图

4. 方法应用：分析卡箍松动下管路的应变振型变化规律

对于卡箍松动，目前没有一个统一的松动模型，本书提出一种简化的模型，该模型认为卡箍松动的初期状态为卡箍移动刚度基本不变，而扭转刚度下降。卡箍松动模型如图 9.2.5 所示。

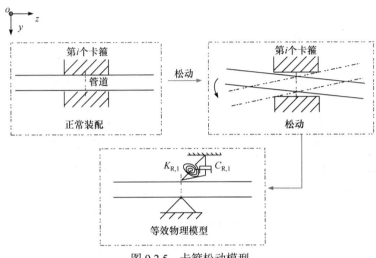

图 9.2.5　卡箍松动模型

基于所提管路-卡箍一体化建模和求解方法分析图 9.2.6 所示的多卡箍支撑管路松动模型下的管路应变模态振型变化规律，旨在探究卡箍松动检测的有效特征。所分析的松动情况如表 9.2.1 所示。

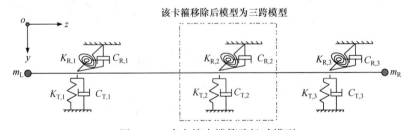

图 9.2.6　多卡箍支撑管路松动模型

表 9.2.1　卡箍松动情况

模型	状态编号	卡箍位置	松动程度	备注
三跨管	1	1#、3#	$K_{T,1}=K_{T,3}=10^7$N/m, $K_{R,1}=K_{R,3}=10^7$N·m/rad	健康
	2	3#	$K_{R,3}=10^4$N·m/rad, $K_{T,3}=10^7$N/m	损伤
	3	3#	$K_{R,3}=0.5\times10^4$N·m/rad, $K_{T,3}=10^7$N/m	损伤
	4	3#	$K_{R,3}=0.25\times10^4$N·m/rad, $K_{T,3}=10^7$N/m	损伤

模型	状态编号	卡箍位置	松动程度	备注
	5	1#、2#、3#	$K_{T,1}=K_{T,2}=K_{T,3}=10^7$N/m, $K_{R,1}=K_{R,2}=K_{R,3}=10^7$ N·m/rad	健康
	6	1#	$K_{R,1}=10^4$N·m/rad, $K_{T,1}=10^7$N/m	损伤
	7	1#	$K_{R,1}=0.5\times10^4$N·m/rad, $K_{T,1}=10^7$N/m	损伤
四跨管	8	1#	$K_{R,1}=0.25\times10^4$ N·m/rad, $K_{T,1}=10^7$ N/m	损伤
	9	2#	$K_{R,2}=10^4$ N·m/rad, $K_{T,2}=10^7$ N/m	损伤
	10	2#	$K_{R,2}=0.5\times10^4$ N·m/rad, $K_{T,2}=10^7$ N/m	损伤
	11	2#	$K_{R,2}=0.25\times10^4$ N·m/rad, $K_{T,2}=10^7$ N/m	损伤

表 9.2.1 所列的卡箍移动刚度不变,扭转刚度不同程度下降情况下的应变模态振型如图 9.2.7 所示。卡箍松动后管路的归一化模态应变在卡箍附近的变化最为明显,因此管路的归一化模态应变能够作为卡箍松动的有效特征对卡箍松动进行检测,而且该特征可以结合智能分类算法对故障进行分类(如对卡箍松动进行定位)。

9.2.2　液压管路-裂纹动力学方程模型建立

对于裂纹的建模,学术界已经提出了相应的建模方法。文献[10]和[11]指出对于梁结构的横向裂纹可以用一个等效的扭转弹簧进行代替,如图 9.2.8 所示。

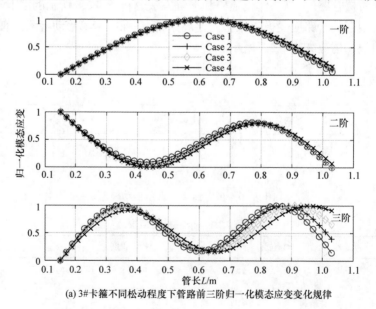

(a) 3#卡箍不同松动程度下管路前三阶归一化模态应变变化规律

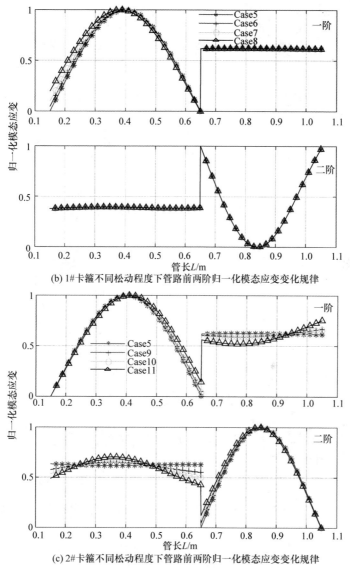

(b) 1#卡箍不同松动程度下管路前两阶归一化模态应变变化规律

(c) 2#卡箍不同松动程度下管路前两阶归一化模态应变变化规律

图 9.2.7　不同位置卡箍、不同程度松动下的管路的归一化模态应变变化规律

　　该建模方法的关键是准确地计算等效弹簧的柔度系数，Chondros 等针对各种中空的梁结构的裂纹柔度进行了计算和分析[11]。管裂纹主要分为非贯穿型管裂纹和贯穿型管裂纹，下面对这两种裂纹的柔度计算方法进行简单介绍。

1. 非贯穿型管裂纹

　　图 9.2.9 为非贯穿型管裂纹的横截面示意图，裂纹的深度为 $a(0 \leqslant a \leqslant (D_e - D_i)/2)$，$D_e$ 为管路的外径，D_i 为管路的内径。

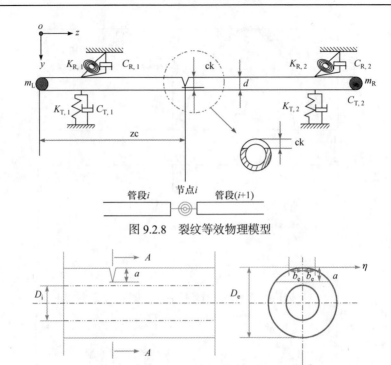

图 9.2.8　裂纹等效物理模型

图 9.2.9　非贯穿型管裂纹的横截面示意图

根据文献[11]，裂纹的无量纲柔度系数计算公式为

$$CE'D_e^3 = \frac{2048}{\pi \cdot \left(1-\gamma^4\right)^2} \int_0^a \int_{-b_e}^{b_e} \left[1-4 \cdot \left(\eta / D_e\right)^2\right] \cdot \left(\xi' / D_e\right) \cdot F'^2 \cdot \left(\mathrm{d}\eta/D_e\right) \cdot \left(\mathrm{d}\xi/D_e\right)$$

(9.2.45)

式中，$\gamma = D_i/D_e$。令 $x = \xi/D_e$，$y = \eta/D_e$，则式(9.2.45)可以进一步表示为

$$CE'D_e^3 = \frac{1024}{\pi \cdot \left(1-\gamma^4\right)^2} \cdot \int_0^{a/D_e} \left\{ \int_{-\sqrt{x-x^2}}^{\sqrt{x-x^2}} \left(1-4y^2\right) \cdot \left[2x+\sqrt{1-4y^2}-1\right] F'^2 \mathrm{d}y \right\} \mathrm{d}x$$

(9.2.46)

式中，$\beta = \sqrt{x-x^2-\left(1-\gamma^2\right)/4}$；$E' = E/\left(1-\mu^2\right)$，$E$ 为管路的杨氏弹性模量。

Zheng 等[12]通过将裂纹的横截面看作由无数个环面构成的截面，提出了一种新的管路裂纹局部柔度系数求解方法，其横截面如图 9.2.10 所示。假设横截面由 n 个环向截面构成，裂纹的深度为 a，那么第 i 层环向截面的半径和圆心角可以表示成如下公式：

$$R_i = (R_e - a) + t \cdot \left(i - \frac{1}{2}\right) \tag{9.2.47}$$

$$\theta_i = \arccos\left(\frac{R_e - a}{R_i}\right) \tag{9.2.48}$$

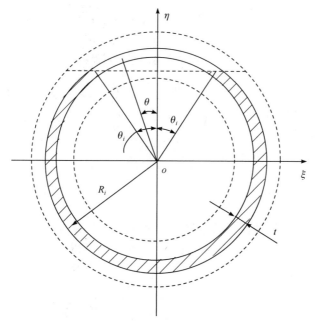

图 9.2.10　非贯穿裂纹的横截面示意图[12]

该模型的柔度计算公式如下：

$$c_\xi = \frac{4\sqrt{2}\left(1 - \mu^2\right)}{\pi^2 \cdot E \cdot t \cdot I^2} \sum_{i=1}^{n} \left(\frac{I_i^2}{R_i^2 \varepsilon_i} \int_0^{\theta_i} G^2(\theta)\mathrm{d}\theta\right) \tag{9.2.49}$$

2. 贯穿型管裂纹

图 9.2.11 为贯穿型管裂纹的横截面示意图，裂纹的深度为 $a((D_e - D_i)/2 \leqslant a \leqslant (D_e + D_i)/2)$，该深度已经局部穿透了管道内径，大于上述非贯穿型裂纹模型的深度。

Zheng 等[12]提出的贯穿型裂纹柔度计算公式仍为式(9.2.49)，只是第 i 层环面的半径为 $R_i = R_I + t \cdot (i - 1/2)$，其中 $R_I = D_i/2$，为内半径。和非贯穿裂纹相同的计算方法可得到该形式下裂纹的无量纲柔度系数如下：

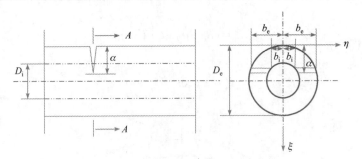

图 9.2.11　贯穿型管裂纹的横截面示意图

$$CE'D_e^3 = \frac{1024}{\pi \cdot \left(1-\gamma^4\right)^2}\left(\int_0^{t/D_e}\int_{-\sqrt{x-x^2}}^{\sqrt{x-x^2}} + \int_{t/D_e}^{a/D_e}\int_{-\sqrt{x-x^2}}^{-\beta} + \int_{t/D_e}^{a/D_e}\int_{\beta}^{\sqrt{x-x^2}}\right) \tag{9.2.50}$$

$$\cdot \left[\left(1-4y^2\right)\cdot\left(2x+\sqrt{1-4y^2}-1\right)F'^2\right]\mathrm{d}y\mathrm{d}x$$

3. 管路-裂纹动力学方程模型求解

同样将裂纹看成是管路的不连续点，并且假设裂纹在管路的第 i 个节点的位置，那么在该节点处的变形协调条件和力平衡条件可以表示为

$$U_{y,i}\left(z_i\right) = U_{y,i+1}\left(z_i\right) \tag{9.2.51}$$

$$\Theta_{x,i} - c_{\xi,i}\cdot E_i\cdot I_{\mathrm{p},i} = \Theta_{x,i+1} \tag{9.2.52}$$

$$E_i I_{\mathrm{p},i}\cdot\Theta'_{x,i}\left(z_i\right) = E_{i+1}I_{\mathrm{p},i+1}\cdot\Theta'_{x,i+1}\left(z_i\right) \tag{9.2.53}$$

$$kGA_{\mathrm{p},i}\left(\frac{\mathrm{d}U_{y,i}\left(z_i\right)}{\mathrm{d}z} - \Theta_{x,i}\left(z_i\right)\right) = kGA_{\mathrm{p},i+1}\left(\frac{\mathrm{d}U_{y,i+1}\left(z_i\right)}{\mathrm{d}z} - \Theta_{x,i+1}\left(z_i\right)\right) \tag{9.2.54}$$

至此，可将式(9.2.51)～式(9.2.54)表示成矩阵形式，结合 9.2.1 小节中的求解方法，可对管路-裂纹动力学模型进行求解，这里不再赘述。

9.3　基于分布式光纤光栅应变传感的液压管路状态检测方法

9.3.1　基于时频特征的液压管路损伤检测方法

如今，基于频域特征提取方法发展迅速，达到了较为完善的水平，技术手段很成熟且取得了大量研究成果。但这些方法具有非常明显的局限性，如兼顾时间和频率分辨率有一定难度，在面向非平稳信号处理时效果不佳，这是由频域分析的本质决定的。该方法来源于傅里叶变换，具有全局变换的缺点，在面对非线性非平稳信号如液压管路应变信号时显得非常乏力，当管路固有频率无法被激发时这种现象会更加明显。综上所述，面向非线性非平稳的管路应变信号，基于频域的信号处理与分析方法难以获取管路特征信息。

时频域分析方法能够将复杂的具有非线性非平稳特点的信号的时变频率特性清晰呈现，其中短时傅里叶变换(short time Fourier transform, STFT)是一项代表技术。STFT 的本质是使用一特殊窗口截取时域信号，并对截取获得的信号作 FFT，而该窗口具有大小可调且能在时间轴上任意滑动的特性。将信号 STFT 后，可获取局部频谱图，用来评估时变特性。大量学者将该方法用于分析不同机械故障。然而该方法也存在缺陷，如时间、频率分辨率要随着窗的大小而确定。

为了解决 STFT 固定时间以及频率分辨率这个难点，小波变换(wavelet transform，WT)出现了。WT 作为在 STFT 的基础上改进而来的多分辨率时频域分析方法，在高、低频段内分别具有高周期和高频率分辨率的特点，这使得 WT 在机械故障特征提取中具有较高的应用率。WT 虽然具备多分辨率的优势，其缺陷也很明显：小波基函数与分解层数的确定依赖原始信号内部成分，仅当小波基与原始信号成分相似度高时处理结果较理想。经验模态分解(empirical mode decomposition, EMD)是利用特征时间尺度的自适应时频分析方法，于 1998 年由 Huang 等提出，该方法基于数据驱动，是适于分析处理非线性、非平稳信号的新的处理方法，可以识别原始信号自身的特征，将其自适应地分解成包含单一频率成分的固有模态函数(intrinsic mode function, IMF)的集合。该特性恰好能解决 WT 无法自适应分解信号的缺陷，因此 EMD 一经提出，便在不同的工业问题中运用，包括用于处理机械故障。在此之后，大量学者对此展开研究。Lei 等[13]调研和统计了该方法在旋转机械故障诊断中的成果与发展，得出综合性参考。随着 EMD 方法的进一步发展，许多新的基于 EMD 的变形扩展方法被提出，如集合经验模态分解(ensemble empirical mode decomposition，EEMD)和多变量经验模态分解(multivariate empirical mode decomposition, MEMD)。经试验验证这些新方法均可应用到机械故障诊断中，且取得了较大成功。

EMD 的出现解决了 WT 小波基难以自适应选择的难题。自该方法出现之后，大量学者展开了深入学习与研究，并扩展了该方法。例如，EEMD 借助叠加白噪声来克服原始算法中的模式混叠效应。MEMD 将一维信号扩展到多维空间，实现了多通道自适应时频分析，也可降低模式混叠效应，将多通道传来的数据分解过后，可获取相同数量的 IMF，并对齐相同模式下的 IMF。下面简要地介绍这三种方法。

1. EMD

针对一维信号 $x(t)$ ，其 EMD 如下。

(1) 找出 $x(t)$ 信号所有极值点，然后利用三次样条插值算法计算量极大值、极小值的包络 $e_{\max}(t)$ 和 $e_{\min}(t)$ ，并计算出包络均值 $m(t) = (e_{\max}(t) + e_{\min}(t))/2$ 。

(2) 从原始信号 $x(t)$ 中获得振动模式 $s(t) = x(t) - m(t)$ 。

(3) 若信号 $s(t)$ 满足过零点的个数与极值点的个数相等或者至多相差 1，且由极大值包络线和极小值包络线计算出来的包络均值 $m(t) = (e_{\max}(t) + e_{\min}(t))/2$ 为 0，则 $s(t)$ 就是所求的固有模态函数分量 $d(t) = s(t)$ ；否则令 $x(t) = s(t)$ 重复步骤(1)至获取数个 IMF 分量。

(4) 最后可得到

$$x(t) = \sum_{i=1}^{n} d_i(t) + r(t) \tag{9.3.1}$$

式中，$r(t)$ 为无法继续分解的残余分量。

2. EEMD

EEMD 是在 EMD 的基础上，先对原始信号叠加多次白噪声，之后分解该叠加信号，并求取平均值所得。针对一维信号 $x(t)$ 的 EEMD 如下。

(1) 在信号 $x(t)$ 叠加 M 次白噪声后得如下公式：

$$S_i(t) = x(t) + n_i(t), \ i = 1, 2, \cdots, M \tag{9.3.2}$$

(2) 分别对每个 $S_i(t)$ 作 EMD：

$$S_i(t) = \sum_{j=1}^{n} d_{ij}(t) + r_{in} \tag{9.3.3}$$

(3) 然后对 $d_{ij}(t), j = 1, 2, \cdots, M$ 求平均，获取对应的 IMF 分量 $C_i(t)$ ：

$$C_i(t) = \frac{1}{M} \sum_{j=1}^{M} d_{ij}(t), \ i = 1, 2, \cdots, n \tag{9.3.4}$$

3. MEMD

MEMD 面向多变量信号，其分解步骤如下。

(1) 输入信号为 $\{x(t)\}_{t=1}^{\mathrm{T}} = \{x_1(t), x_2(t), \cdots, x_n(t)\}$ ，$\boldsymbol{d}^{\theta_k} = \{d_1^k, d_2^k, \cdots, d_n^k\}$ 为沿着角度向量 $\boldsymbol{\theta}^k = \{\theta_1^k, \theta_2^k, \cdots, \theta_{n-1}^k\}$ 投影的方向向量。

(2) 根据 Hammersley 序列理论，在 $(n-1)$ 空间内生成一合适采样点集合。

(3) 对输入信号 $\{x(t)\}_{t=1}^{\mathrm{T}}$ 沿着方向向量 $\boldsymbol{d}^{\theta_k} = \{d_1^k, d_2^k, \cdots, d_n^k\}$ 投影，得到向量 $\{p^{\theta_k}(t)\}_{t=1}^{\mathrm{T}}$ ，对于所有的 k ，得到投影序列 $\{p^{\theta_k}(t)\}_{k=1}^{K}$ 。

(4) 在 $\{t_i^{\theta_k}\}$ 时刻找到投影信号 $\{p^{\theta_k}(t)\}_{k=1}^K$ 所有的极大值点，然后对 $[t_i^{\theta_k}, x(t_i^{\theta_k})]$ 进行插值，得到包络 $\{e^{\theta_k}(t)\}_{k=1}^K$，最后求得多变量信号的平均包络 $m(t) = (1/K) \cdot \sum_{k=1}^K e^{\theta_k}(t)$。

(5) 通过 $C(t) = x(t) - m(t)$ 计算细节信号，若 $C(t)$ 满足多输入的固有模态函数的要求，则对余量信号 $[x(t) - C(t)]$ 进一步进行分解，返回步骤(2)开始操作；若不满足则对细节信号 $C(t)$ 进行分解，返回步骤(2)开始操作。

介绍三者的分解过程后对比各自的性能，利用仿真信号评估分析后的结果如表 9.3.1 所示。据表可知，MEMD 算法的性能最好，且 MEMD 能将一个混合信号中不同的振动模式分离，即可以推断出 MEMD 适用于故障振动信号，并可以很好地处理干扰噪声问题。

表 9.3.1　EMD、EEMD 和 MEMD 算法性能评价表

相关系数		仿真信号函数：分量信号：$s_1 = 4\sin(2\pi * 80 * t), s_2 = 5\cos(2\pi * 25 * t)$ 输入信号：$y = s_1 + s_2$				
		SNR=20	SNR=15	SNR=10	SNR=5	SNR=0
EMD	s_1 信号	0.8176	0.9289	0.9001	0.7490	0.5091
	s_2 信号	0.7286	0.9726	0.8006	0.7981	0.8906
	是否混叠	√	×	×	√	×
EEMD	s_1 信号	0.9890	0.9886	0.9562	0.8648	0.7877
	s_2 信号	0.9974	0.9938	0.9169	0.9375	0.9530
	是否混叠	×	×	×	√	×
MEMD	s_1 信号	0.9939	0.9896	0.9825	0.9489	0.9046
	s_2 信号	0.9979	0.9970	0.9943	0.9865	0.9573
	是否混叠	×	×	×	×	×

4. 基于 MEMD 和复合多尺度模糊熵的液压管路损伤检测方法

熵是一种将时间序列的复杂度进行定量化评估的物理量，其中模糊熵是指利用模糊集理论计算两个向量之间的相似度，因模糊度隶属函数取代样本熵使用的二值函数，所以既拥有样本熵的优势，如具有算法一致性的特点，又具有对阈值不再敏感的新特性，同时在处理短数据和抗噪声干扰方面具有很好的性能。在面向一个具有 N 个点的采样时间序列 $\{u(i) : 1 \leqslant i \leqslant N\}$ 时过程如下。

(1) 相空间重构该序列，并基于嵌入维数 m。计算后可得 m 维相空间向量

$$x_i^m = \{u(i), u(i+1), \cdots, u(i+m-1)\} - u_0(i), \quad i = 1, 2, \cdots, N-m \tag{9.3.5}$$

(2) 定义 d_{ij}^m 表示向量 x_i^m 和 $x_j^m (i \neq j)$ 之间的距离，为对应元素相减并取绝对值时的最大值。

(3) 固定边界梯度 n 与相似容限 r 后，由指数模糊函数可得向量 x_i^m 和 x_j^m 的相似度 D_{ij}^m，其值为

$$D_{ij}^m(n,r) = \mu(d_{ij}^m, n, r) = \exp(-(d_{ij}^m)^n/r) \tag{9.3.6}$$

(4) 定义函数 $\varnothing^m$ 为

$$\varnothing^m(n,r) = \frac{1}{N-m} \sum_{i=1}^{N-m} \frac{1}{N-m-1} \sum_{j=1, i\neq 1}^{N-m} D_{ij}^m(n,r) \tag{9.3.7}$$

(5) 将模糊熵 $\text{FuzzyEn}(m,n,r)$ 定义为

$$\text{FuzzyEn}(m,n,r) = \lim_{N\to\infty} \left[\ln\varnothing^m(n,r) - \ln\varnothing^{m+1}(n,r) \right] \tag{9.3.8}$$

式中，N 代表时间序列的长度。当该值为有限定值时，模糊熵的公式变为

$$\text{FuzzyEn}(m,n,r) = \ln\varnothing^m(n,r) - \ln\varnothing^{m+1}(n,r) \tag{9.3.9}$$

5. 复合多尺度模糊熵方法

为了从不同时间尺度对信号的复杂性进行深入研究，在熵概念的基础上提出了时间多尺度的概念。传统的多尺度熵，随着尺度的增大，时间序列降采样后序列长度变短，这会导致熵值变化波动较大，为避免此问题，引入符合多尺度熵的算法思想。下面对复合多尺度模糊熵方法进行介绍。

(1) 对长度为 N 的离散时间序列 $X = \{x_1, x_2, \cdots, x_N\}$ 进行 k 阶滑动平均粗端点变换，可获取如下所示时间序列：

$$y_k^\tau = \left\{ y_{k,1}^\tau, y_{k,2}^\tau, \cdots, y_{k,p}^\tau \right\} \tag{9.3.10}$$

式中，

$$y_{k,j}^\tau = \frac{1}{c} \sum_{i=(j-1)\tau+k}^{j\tau+k-1} x_i, \quad 1 \leqslant j \leqslant \frac{N}{\tau}, \quad 1 \leqslant k \leqslant \tau \tag{9.3.11}$$

(2) 对尺度因子 τ 下的每一阶粗粒化序列，计算其模糊熵，加权并取平均值。τ 值改变后可获取 CMFE：

$$\text{CMFE}(X, \tau, m, r) = \frac{1}{\tau} \sum_{k=1}^{r} \text{FuzzyEn}(y_j^\tau, m, r) \tag{9.3.12}$$

6. 时频域特征的液压管路损伤检测步骤

基于 MEMD 和 CMFE 的液压管路损伤检测方法主要由以下两个部分组成。

(1) 基于 MEMD 的数据重构与融合：对采集到的多维数据进行 MEMD，得到 m 阶 IMF，并计算各阶相关性，如果分析的结果与原始序列的相关性较小，则判定为无用的分量并将其丢弃，只留下与原始序列相关性大的 IMF 分量，最终实现对原始信号重构的目的。

(2) 基于 CMFE 的特征提取：对处理完的时间序列，计算 CMFE，得到时间尺度为 1～20 的模糊熵，构成 20 维特征向量。并非所有时间尺度均能反应管路状态，特征向量中包含冗余特征。利用拉普拉斯分值对时间尺度进行筛选，拉普拉斯特征得分与特征重要性呈负相关。在 20 个时间尺度中选取得分最小的前 5 个熵值用作特征向量，对管路状态进行识别。

9.3.2　基于多重分形的液压管路裂纹检测方法

非线性动力学是机械工程上的一个重大研究领域，而定量化地分析非线性系统动力学特征的分形理论，是该学科的一大分支。在该理论基础上衍生出来的多重分形理论，通常是指一个包含无穷多个标度函数的集合，通过连续谱函数反映不同的局域情况。除此之外，该理论也可针对包含多层次信息的信号特征来进行研究。根据该理论，一个复杂的非线性非平稳信号可以被划分为若干子信号，这些子信号各自又具有不同的奇异程度，整个信号的内在结构可以借助提取所有子信号的特征来探究。据此可知，多重分形是一项从局部出发至全局的，最终分析整个系统的结构特征的理论。

根据试验可知，液压管路的相关信号也拥有这种特性，而管路在产生裂纹后，会对信号响应造成影响，同时也改变了管路信号所具有的特征参数，因此试验中可提取不同状态信号的多重分形特征参数来测试。与 WT 等方法的角度不同，多重分形方法利用统计分析来计算裂纹程度。

1. 多重分形理论

多重分形理论首先需要把被分析的对象划分成若干个小区域，α 代表分维数，将 α 按顺序组成序列之后，可获得多重分形谱 $f(\alpha)$，得到该谱图后可借助维数 α 和谱函数 $f(\alpha)$ 来描述信号特性。

区域化研究对象为 N 个区域 $s_i (i = 1, 2, \cdots, N)$，$r_i$ 表示每个区域线度大小，p_i 表示各自生长概率，$p_i = r_i^{\alpha_i}$。当 $r \to 0$ 时，可计算出

$$\alpha = \lim_{r \to 0} \frac{\ln p}{\ln r} \tag{9.3.13}$$

式中，α 为标度指数，表征各个区域内的奇异程度，又被称作奇异性指数。

$f(\alpha)$ 可由式(9.3.14)计算：

$$f(\alpha) = q\alpha - \tau(q) \tag{9.3.14}$$

其中

$$\tau(q) = \lim_{r \to 0} \frac{\ln(\sum p_i^{\,q})}{\ln r} \tag{9.3.15}$$

除了可以用以上 $\alpha \sim f(\alpha)$ 语言外，$q \sim D(q)$ 也可用来描述多重分形。

定义统计矩函数

$$M(e,q) = \sum_{i=1}^{N} p_i^{\,q}(e) \tag{9.3.16}$$

式中，q 为统计矩的阶，表征多重分形不均匀程度。当该阶 q 的值已知时，称满足 $M(e,q) \in e^{\tau(q)}$ 的函数 $\tau(q)$ 为质量指数函数。

$\alpha \sim f(\alpha)$ 语言和 $q \sim D(q)$ 语言可以相互转化，且无本质区别，只是侧重点不一样，前者来自测度理论角度，而后者是由信息论的知识引入。实际工程中为满足检测裂纹的要求采用 $\alpha \sim f(\alpha)$ 表征多重分形。

2. 多重分形去趋势分析

$f(\alpha)$ 可以描述研究对象的多重分形，从 $f(\alpha)$ 中提取的参数则可以反映多重分形的性质。多重分形的关键点在于计算 $f(\alpha)$ 的值。一般使用直接计算法、数盒子法、固定半径法等计算 $f(\alpha)$ 的值。然而这些方法均有不足，主要集中在容易受噪声干扰，处理非线性信号时表现不佳等。Kantelhardt 和 Peng 等[14-15]提出多重分形去趋势分析(multifractal detrended fluctuation analysis, MFDFA)并将其应用在工程上，能够降低干扰趋势项和度量时间序列涨落标度，最终可以对多重分形谱获得一个较为准确的估算值，在损伤检测中应用广泛。

对于时间序列 $X_k(k = 1, 2, \cdots, N)$，MFDFA 可由如下流程获取。

(1) 构建有关均值的累计离差 $Y(i)$：

$$Y(i) = \sum_{k=1}^{i} \left(x_k - \frac{1}{N} \sum_{k=1}^{N} x_k \right), \quad i = 1, 2, \cdots, N \tag{9.3.17}$$

(2) 用相同长度 s 划分 $Y(i)$，处理为多个数据段，且这些数据之间互相没有重叠。利用最小二乘法拟合各自多项式趋势，可得方差

$$D^2(v,s) = \left\{ \begin{array}{l} \dfrac{1}{s}\sum\limits_{i=1}^{s}\{Y[(v-1)s+i]-y_v(i)\}^2, v=1,2,\cdots,N \\ \dfrac{1}{s}\sum\limits_{i=1}^{s}\{Y[N-(v-N_s)s+i]-y_v(i)\}^2, v=N_s+1,N_s+2,\cdots,2N_s \end{array} \right\} \quad (9.3.18)$$

式中，$y_v(i)$ 为其中第 i 段的拟合多项式。该方法拟合的阶数越高，去趋势效果越好。

(3) 计算第 q 阶波动函数

$$F_q(s) = \left\{ \frac{1}{2N_s}\sum_{v=1}^{2N_s}[D^2(v,s)]^{\frac{q}{2}} \right\}^{\frac{1}{q}} \quad (9.3.19)$$

式(9.3.19)为不同程度的信号波动对 $F_q(s)$ 的干扰，当 $q=2$ 时 MFDFA 等同于 DFA。

(4) 改变 s 之后重复进行步骤(1)～(3)。

由于 X_k 存在自相似性，当 $\max(k+2,10) \leqslant s \leqslant N/4$ 时，波动函数 $F_q(s)$ 与 s 之间存在如下所示的幂律关系：

$$F_q(s) \propto s^{h(q)} \quad (9.3.20)$$

式中，$h(q)$ 为由 $F_q(s)$ 和 s 计算的广义 Hurst 指数，通过 $h(q)$ 可得奇异值 α 和多重分形谱 $f(\alpha)$。

$$\alpha = h(q) + q\frac{\mathrm{d}h(q)}{\mathrm{d}q} \quad (9.3.21)$$

$$f(\alpha) = q[\alpha - h(q)] + 1 \quad (9.3.22)$$

由上可知，该方法能够获取较为正确的 Hurst 指数和多重分形谱。在得到该谱图后，即可提取出多重分形参数，用来描述多重分形特性。据此，因液压管路在多种条件下的信号具有各异的多重分形特征参数，所以该方法可用于检测管路裂纹。

MFDFA 计算流程如图 9.3.1 所示。

3. 基于多重分形的裂纹仿真信号分析

根据实际液压管路的 ANSYS 仿真结果，得到该管路在不同裂纹状态的应变响应幅值和一阶固有频率如表 9.3.2 所示。

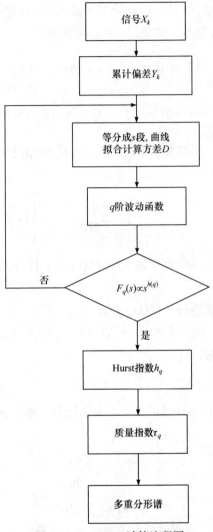

图 9.3.1　MFDFA 计算流程图

表 9.3.2　不同裂纹状态的应变响应幅值和一阶固有频率

项目	健康状态	0.5mm 裂纹状态	1.5mm 裂纹状态
幅值/$\mu\varepsilon$	15.5	13.0	8.5
一阶固有频率/Hz	89.592	89.589	89.492

仿真结果表明，故障会使液压管路的响应发生变化，与之对应的应变信号幅值、频率也会伴随着裂纹程度的加深而减小。因为实际工况下传感器信号会掺杂

噪声，所以在 ANSYS 仿真结果的基础上采取如下仿真信号。

(1) 健康状态条件下的应变信号：$x_1 = 15.5 \times \sin(2\pi \times 89.592t) + \text{noise} + m$；

(2) 故障状态 1 条件下：$x_2 = 13.0 \times \sin(2\pi \times 89.589t) + \text{noise} + m$；

(3) 故障状态 2 条件下：$x_3 = 8.5 \times \sin(2\pi \times 89.492t) + \text{noise} + m$。

上述三种仿真信号中，noise 代表功率是 10 的高斯白噪声；m 代表仿真信号静态漂移的干扰成分，$m=2t$。

在进行多重分形仿真的时候，有两个参数起到决定性作用：q 和 scale。对第一个参数而言，当$|q|$过大时，仿真的工作量会增大数倍，而$|q|$过小时，$f(\alpha)$难以全面反映被分析信号的多重分形特征。后者代表拟合信号的点数，该值太大时函数易出现过拟合的现象，过小时难以描述信号的规律。由于仿真信号的复杂成分，选取 q 为$(-10,10)$之间的值，scale 为 2 的幂值，范围为 8~1024。

多重分形分析信号 x_1 的 q 阶 Hurst 指数和质量指数分别如图 9.3.2(a)和(b)所示。

如果目标为单分形的序列，则其 Hurst 指数为一个与 q 无关的常数；如果目标为多重分形，则其 Hurst 指数随着 q 的增加而减小，二者为非线性函数关系。图 9.3.2(a)中的 Hurst 指数关于 q 递减，说明液压管路健康状态信号 x_1 在图形上具有自相似性和多重分形特性。非线性越强则其分形的强度越大。图 9.3.2(b)中的质量指数曲线呈现上凸趋势，可知在去趋势处理后，信号的多重分形特性并没有消失。

$f(\alpha)$由能够反映信号奇异值 α 的分形维数构成，若待分析时间序列呈单分形，则多重分形谱 $f(\alpha)$为定值；当其为多重分形时，谱图呈现出单峰钟形。信号 x_1 的多重分形谱 $f(\alpha)$为单峰钟形，如图 9.3.3 所示，说明其包含多重分形特征。

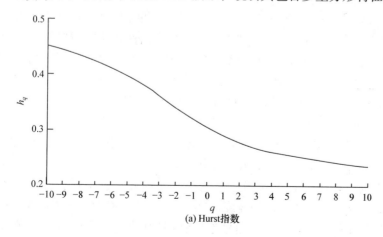

(a) Hurst指数

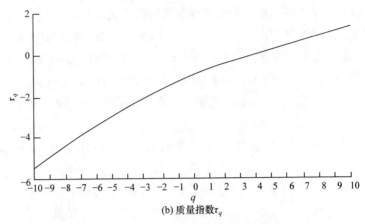

(b) 质量指数τ_q

图 9.3.2　信号 x_1 的多重分形结果

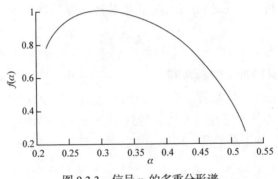

图 9.3.3　信号 x_1 的多重分形谱

　　根据以上可知，通过仿真信号 x_1 的多重分形特性可以被清晰地展现出来，同理计算信号 x_2、x_3 的分形结果，根据结果可区分不同的裂纹程度，如图 9.3.4 所示。三种不同状态下传输的信号可以被准确地反映：图 9.3.4(a)中三个信号的 Hurst 指数结果无交集，且 x_3 信号的结果比其余信号大，表示裂纹扩展后，信号的长程相关性增大，这一现象符合实际管路；图 9.3.4(b)中三者的质量指数在 q=0 时交汇，当|q|增加，分形划分更细致时，差异变得相对清晰；图 9.3.4(c)中三者的多重分形谱差别较大，易于区分。根据图 9.3.4 可明显区分信号 x_1、x_2 与 x_3，有效检测液压管路产生的裂纹。

　　根据以上结论，选择具有多重分形谱特点的特征参数作为多重分形的评判指标：$\alpha_{\max}$、$\alpha_{\min}$、Δf、$\Delta\alpha$ 和 α_0。其中 $\Delta f = f(\alpha_{\max}) - f(\alpha_{\min})$ 表示振动信号峰值所占的比例，该数值越大表明信号波动程度越大，越小则表明信号越平稳。$\Delta\alpha = \alpha_{\max} - \alpha_{\min}$ 指多重分形谱宽度，能反映时间序列在整个分形结构上概率测度分布的不均匀程度，$\Delta\alpha$ 越大，信号越复杂，具有的成分越多。在处理单重分形时间序列的时候，$\Delta\alpha \approx 0$。$\alpha_0 : f_{\max} = f(\alpha_0)$，表示多重分形谱极大值处的 α，该点处多重分形谱斜率是 0。α_0 展示了在阶数 $q=0$ 的情况下分布的不均匀程度，α_0 越大则信号越不规则，具有的成分越复杂，且波动越随机。

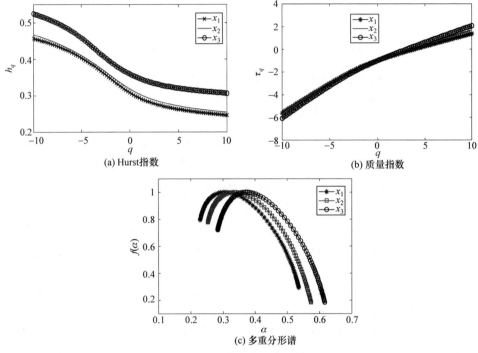

(a) Hurst指数　　　　　　　　　(b) 质量指数

(c) 多重分形谱

图 9.3.4　各信号多重分形结果

各信号多重分形谱特征参数如表 9.3.3 所示。由结果可知，随着裂纹的产生和裂纹程度不断的加深，试验中的参数几乎均保持逐渐增大的趋势，说明信号成分变得逐渐复杂，多重分形特性依次增强，和管路的实际状态一致。将特征参数进行比较可得，Δf 受参数影响最为明显，α_0 和 $\Delta\alpha$ 可包含多重分形谱信息，且当信号发生变化时较为敏感，检测效果更好，因此可作为实际裂纹检测的特征参数。

表 9.3.3　各信号多重分形谱特征参数

项目	$\alpha_{\max}$	$\alpha_{\min}$	Δf	$\Delta\alpha$	α_0
x_1	0.5254	0.2239	0.5027	0.3015	0.3094
x_2	0.5738	0.2507	0.5945	0.3231	0.3388
x_3	0.6287	0.2803	0.5375	0.3484	0.3759

项目	$\alpha_{\max}$	$\alpha_{\min}$	Δf	$\Delta\alpha$	α_0
$\left\|\dfrac{\Delta x_2 - \Delta x_1}{\Delta x_1}\right\|$	0.0921	0.0952	0.1826	0.0897	0.0950
$\left\|\dfrac{\Delta x_3 - \Delta x_1}{\Delta x_1}\right\|$	0.1966	0.2246	0.0692	0.1750	0.2149

9.3.3　基于卷积神经网络的液压管路松动检测方法

1. 卷积神经网络基本结构

卷积神经网络是一种极具代表性的深度学习算法，也是具有深度多级结构的神经网络，可划分为滤波级和分类级。其中滤波级主要负责自适应提取输入信号的特征，即类似对信号滤波，提取需要的数据特征，由卷积层(convolutional layers)、池化层(pooling layers)和激活层(activation layers)等 3 个基本单元组成；分类级负责分类任务，即根据网络学习的特征将信号分类划分，主要为全连接层。面向卡箍松动检测的输入为一维时间序列，下面针对此信号介绍网络结构。

1) 卷积层

在网络中，卷积层负责卷积运算，即利用卷积核作为局部感知域，卷积局部输入信号并学习相应特征，其主要作用是特征提取，使原始信号的特征增强。每个卷积核以相同的步长遍历输入序列，实现权值共享，一维卷积神经网络中卷积层如下所示：

$$x_k^l = \sum_{i=1}^{N_{l-1}} \text{conv1D}(w_{ik}^{l-1}, s_i^{l-1}) \tag{9.3.23}$$

式中，s_i^{l-1} 为第 $l-1$ 层的第 i 个神经元的输出；w_{ik}^{l-1} 为第 $l-1$ 层的第 i 个神经元到第 l 层的第 k 个神经元的权值；x_k^l 为第 $l-1$ 层卷积运算的输出。令卷积核为(1,2,1)，对序列 {1,2,3,4,5,6,7,8,9,10} 执行图 9.3.5 所示运算。

卷积运算之后的结果会被送入激活函数中，将线性不可分的多维特征映射到线性可分的被增强的特征空间中。此过程激活函数如下所示：

$$y_k^l = f\left(x_k^l + b_k^l\right) \tag{9.3.24}$$

式中，y_k^l 为第 l 层第 k 个神经元的输出。

在卷积神经网络中，常将 Sigmoid 函数、双曲正切 Tanh 函数和线性修正单元 ReLU 函数作为激活函数。因前两个函数的倒数在特殊情况下，即输入值非常大时会无限趋于 0，从而误差在反向传播时，权值更新速度较低，无法往回传播误差，所以通常使用 ReLU 函数作为激活函数。

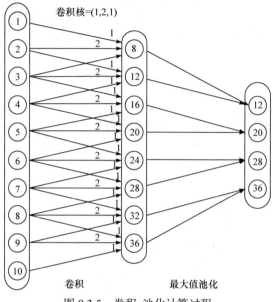

图 9.3.5　卷积-池化计算过程

2) 池化层

池化层也称为降采样层，负责特征抽样，紧随卷积层进行处理，起到特征降维的作用，具有避免过拟合的功能。其中过拟合指在网络训练过程中数据的特征维度过高导致抽样误差也被考虑在内。网络中一般使用最大值池化和均值池化，其中最大值池化是指仅保留最大值作为池化层的输出，舍弃其他卷积层中的神经元，而均值池化是使用卷积层的各神经元均值。

3) 全连接层

全连接层主要负责信号分类的任务，即将被提取的特征依次展开，重构为一维特征向量处理。全连接层一般使用输入层、隐含层和输出层。其中输出层通常适用于多分类任务的 Softmax 回归分类。

2. 基于卷积神经网络的液压管路松动检测与定位方法

面向含多个卡箍分布的管路，在西北工业大学液压台开展了卡箍松动试验，针对数据进行了如下分析。

1) 模型建立

基于分布式 FBG 和一维卷积神经网络的液压弯管卡箍松动检测流程见图 9.3.6。其中 FBG 应变传感器用于获取在正常情况下和松动状态下的信号，并分别把卡箍附近的 2 个 FBG 数据使用一个固定长度的时间窗做数据层融合。由于 FBG 具有 2000Hz 的采样频率，为保证其可输入卷积神经网络，设置 1000 的时间窗宽度。

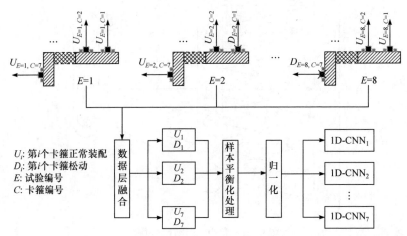

图 9.3.6　基于分布式 FBG 和一维卷积神经网络的液压弯管卡箍松动检测流程图

2) 模型训练

为获取模型训练后的数据，完成了共 8 组试验，其中第一组($E=1$)，每个卡箍都处于正常装配的状态下，并借助不同工况激励的脉冲试验采集所有 FBG 数据，使用 $U_{E=1,C=1}, U_{E=1,C=2}, \cdots, U_{E=1,C=7}$ 表示，U 代表正常装配，下标 E 和 C 代表试验编号和卡箍编号，之后按编号依次对各卡箍松动进行试验。

试验中令 $E=k+1$ 代表第 $k(C=k)$ 个卡箍松动，每个卡箍上的传感器数据均被上传，分别表示为 $U_{E=k+1,C=1}, \cdots, D_{E=k+1,C=k}, \cdots, U_{E=k+1,C=7}$，每一个卡箍松动均分配一个网络模型。其中 D 代表第 k 个卡箍松动时对应的 FBG 数据。将采集到的 8 组试验数据按照卡箍编号和状态进行分组有

$$U_i = [U_{E=1,C=i}, \cdots, U_{E=2,C=i}, \cdots, U_{E=i,C=i}, U_{E=i+2,C=i}, \cdots, U_{E=8,C=i}] \qquad (9.3.25)$$

$$D_i = [D_{E=i+1,C=i}] \qquad (9.3.26)$$

式中，U_i 为第 i 个卡箍正常装配状态下的 FBG 信号；D_i 为第 i 个卡箍松动状态下的 FBG 信号。结果表明，第 i 个卡箍正常装配时的数据包含了其他卡箍松动时的数据，降低了其他位置卡箍的影响，增强了试验的鲁棒性。

针对正常装配状态下的 $U_{E=k,C=i}$，设其样本数为 n，将样本随机排序，选取前 $n/7$ 个样本作为训练样本，进行均衡化处理，在样本归一化后进行模型参数训练，最终获得卡箍松动检测模型。整个模型的测试流程如下：

(1) 引入卡箍松动故障；

(2) 获取卡箍附近的 FBG 信号，分别进行数据层融合；

(3) 融合后的数据按照卡箍编号分组；

(4) 样本归一化；

(5) 输入每组样本至各自的一维卷积神经网络模型中；

(6) 得到检测结果，与实际状态进行比较。

9.3.4　基于工作应变振型的液压管路松动检测方法

1. 工作应变振型方法介绍

工作变形分析(operational deflection analysis)有别于模态分析(modal analysis)，它的变形形状是各阶模态振型的线性叠加。工作变形分析不做任何分解，直接用实际的响应来显示变形，基于此本节提出一种基于光纤光栅传感的工作应变分析(operational strain analysis, OSA)。由于航空液压管路的主要振动形式为多谐波激励下的振动模式，不满足宽频带激励，在实际的工作中很难实现工作模态分析，而 OSA 能很好地用于分析管路在工作过程中的应变振型。管路的应变响应向量可表示如下：

$$\boldsymbol{x}_{\varepsilon}=\begin{Bmatrix} X_{\varepsilon 1}(\omega) \\ X_{\varepsilon 2}(\omega) \\ \vdots \\ X_{\varepsilon n}(\omega) \end{Bmatrix}=\begin{bmatrix} \varphi_{\varepsilon 11} & \varphi_{\varepsilon 12} & \cdots & \varphi_{\varepsilon 1n} \\ \varphi_{\varepsilon 21} & \varphi_{\varepsilon 22} & \cdots & \varphi_{\varepsilon 2n} \\ \vdots & \vdots & & \vdots \\ \varphi_{\varepsilon n1} & \varphi_{\varepsilon n2} & \cdots & \varphi_{\varepsilon nn} \end{bmatrix} \cdot \begin{Bmatrix} q_1(\omega) & q_2(\omega) & \cdots & q_n(\omega) \end{Bmatrix}^{\mathrm{T}}$$

(9.3.27)

式中，$\boldsymbol{x}_{\varepsilon}$ 为管路的应变响应向量；$X_{\varepsilon i}(\omega)$ 为管路 $i(1 \leqslant i \leqslant n)$ 号测点的应变响应；n 为管路总的测点数。

工作应变振型(operational strain shape, OSS)是测量管路在工作状态下的响应，直接使用时域或者频域响应来显示应变振型，不需要繁琐的参数提取方法，而 OSA 是直接使用各个测点的响应来显示 OSS。由于卡箍松动主要改变了结构的刚度矩阵，进一步改变了结构的模态振型，最后反映到 OSS 的变化，因此本节提出一种基于 OSS 的故障特征用于卡箍的松动检测，该方法在某型号管路系统中得到应用，其流程图如图 9.3.7 所示。

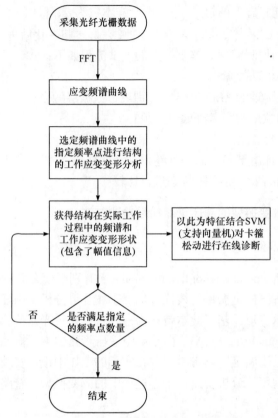

图 9.3.7　基于 OSS 的液压管路卡箍松动检测方法流程图

2. 测试流程试验结果分析

液压管路松动的测试流程如图 9.3.8 所示。图 9.3.9 为传感器的布点方案及液压管路系统原理图。在额定转速 90%工况下，对 3#管段上的 4#、5#、6#和 7#卡箍的松动进行检测和定位。

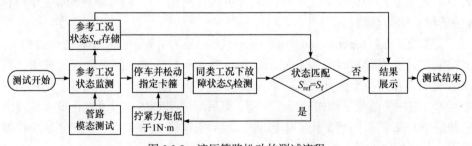

图 9.3.8　液压管路松动的测试流程

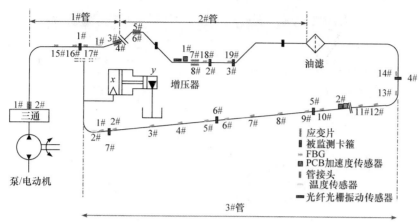

图 9.3.9　传感器的布点方案及液压管路系统原理图

3. 诊断结果

实时诊断结果如图 9.3.10 所示。对于上述的卡箍松动检测的正确率为 100%，进一步说明了所提方法的准确性。

(a) 4#卡箍松动

(b) 5#卡箍松动

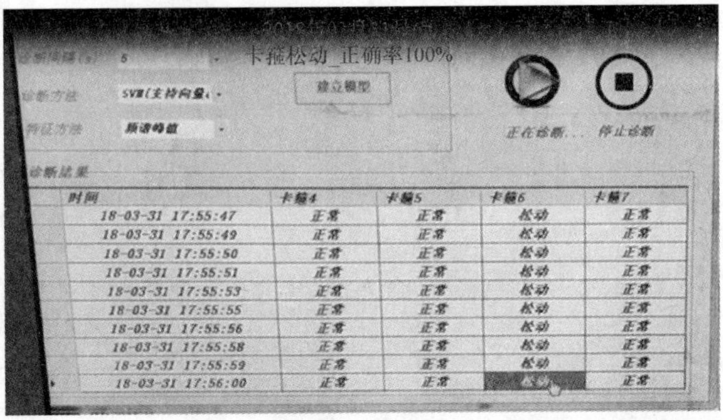

(c) 6#卡箍松动

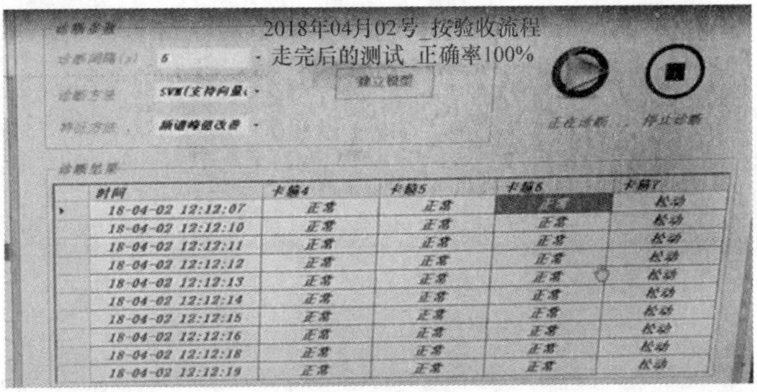

(d) 7#卡箍松动

图 9.3.10　实时诊断结果

9.4　分布式多参数液压管路状态监测系统集成及其应用

液压管路系统常于恶劣的条件中运行，具有较复杂的结构、多场耦合以及多场耦合后呈现出的高度非线性振动特性，单一的物理参量检测难以正确地反映结构系统的实际运行状态以及有效检测管路系统的故障并进一步预测，因此亟须研究针对液压管路的分布式多参数动态检测的新方法。

光纤光栅感知具有体积小、抗电磁干扰、一纤多栅分布式感知等优势，研究并设计针对液压管路系统及附件的分布式多参数的光纤光栅传感器，开发并集成基于该传感器的液压管路分布式多参数状态监测系统。该系统包含面向液压管路系统光纤光栅传感的多信息感知传感器、高速光纤光栅动态解调仪、液压管路状态检测软件三部分，如图 9.4.1 所示。

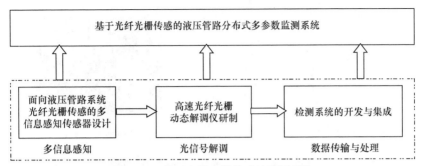

图 9.4.1　基于光纤光栅传感的监测系统

9.4.1　面向液压管路系统的智能块状卡箍设计

由于航空液压管路经常在恶劣的条件如强振动、高温高压下工作,因此传统的电类传感器不能很好地实现航空液压管路的分布式多参数动态检测,基于此,针对温度测量、应变测量和振动测量,设计面向光纤光栅感知方式的弹性转换体,实现被感知物理量到光纤光栅应变之间的映射关系。并且针对圆柱形的管路及其附件设计并研制一种智能块状卡箍,如图 9.4.2 所示。

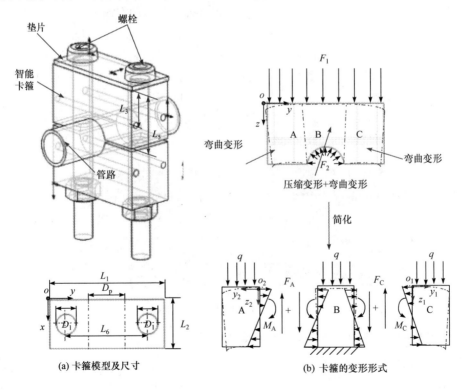

(a) 卡箍模型及尺寸　　　　　　　(b) 卡箍的变形形式

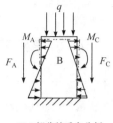

(c) B 部分的受力分析

(d) 卡箍的实物图

图 9.4.2　集成应变与温度光纤光栅传感的智能块状卡箍

　　研制的基于光纤光栅的耐高温应变传感器和温度传感器适用于航空管路在高温环境下的分布式应变和温度单独测量，并提出一种集成应变与温度光纤光栅传感的智能块状卡箍，如图 9.4.2 所示，该卡箍两孔结构中的应变与温度感知光栅对卡箍的受力和温度状态进行实时监测，实现多参数测量。相较基于 PZT 的智能垫片和智能螺栓，其更适用于工作环境复杂的航空液压管路系统。

　　随着分布式光纤光栅传感感知节点的增多，高速解调其反射中心波长是机械系统光纤光栅传感检测必须解决的关键问题，只有在准确、可靠、实时辨识光纤光栅反射中心波长变化的情况下，才能实现有效的分布动态检测。因此，针对面向机械系统的光纤光栅分布式多参数动态检测的关键基础问题，开展了多通道、微型化光纤光栅反射波长高速解调方法和设备研制的相关工作。

　　通过研究可调谐光纤激光器、高速信号传输方式，提出一种基于傅里叶锁模激光器的高速光纤解调方法[16-17]与一种具有主动和被动传输模式的硬件 TCP/IP 协议栈[18-19]，根据理论分析与试验测试，该方法能够确保大量光纤光栅传感数据高速稳定地解调与传输。另外，研制了高速光纤光栅解调仪，如图 9.4.3 所示。

图 9.4.3　高速光纤光栅解调仪

9.4.2　液压管路系统检测软件系统的设计和集成

　　液压管路故障诊断系统是对液压管路进行实时监测与故障诊断的软件，系统架构见图 9.4.4。使用压力、温度、振动三种电类传感器和分布式光纤光栅应变传感器(FBG)组成传感器网络,对液压管路进行状态监测,电类传感器信号由采集设备直接采集,通过 FBG 解调仪可解调 FBG 应变传感器的信号,由解调仪通过网口发送给采集设备,数据的同步性由采集设备保证。采集设备与 PC 端同样通过网口通信,传输各类传感器数据。液压管路故障诊断系统是运行在 PC 机上的软件系统,能够设置各传感器通道并在系统中标定位置,通过网口接收采集设备发送的各类数据并快速解包,对相应信号进行实时信号分析,计算特征值并用于故障诊断,对故障进行及时报警。

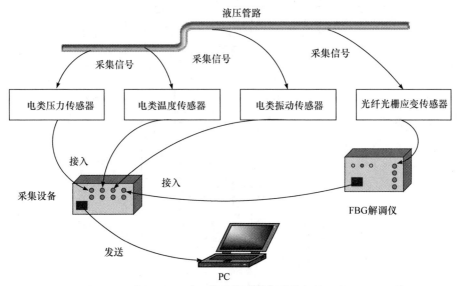

图 9.4.4　液压管路故障诊断系统架构

测试系统具体要求如下:①系统能够接收并识别采集设备发送的电类传感器和光纤光栅应变传感器数据;②系统能快速对不同的数据包使用不同的方式进行解包;③系统使用数据库完整存储各类传感器数据;④系统集成多种处理算法对数据进行实时分析;⑤系统对数据及分析结果以可视化方式实时显示;⑥系统对相关传感器数据提取特征向量,实时进行故障诊断;⑦系统能对新增训练数据进行快速增量学习;⑧系统操作较为简洁,适用范围广;⑨系统使用友好的界面交流,人机交互性强。

主要系统的功能模块如下。

1. 网络通信模块

在液压管路故障诊断系统中,网络通信模块是数据的最初来源,各个监测点的传感器数据由采集设备采集之后通过网络通信发送给系统,系统与采集设备只需要一一对应,一个系统软件只接收一个采集设备发送的数据,传输的数据量大且需要确保实时性和有效性。

C/S 模式的结构为简单的点对点，应用于小型局域网中时，具有极高的安全性；其在逻辑上较为简洁，完成速度较快，适合对大量数据进行收发。因此，系统软件与采集设备采用 C/S 模式。

基于 C/S 模式的 TCP/IP 协议共有四层结构：网络访问层、互联网层、传输层与应用层。它们的相互调用关系如图 9.4.5 所示，其中，选择合适的传输层协议非常重要。

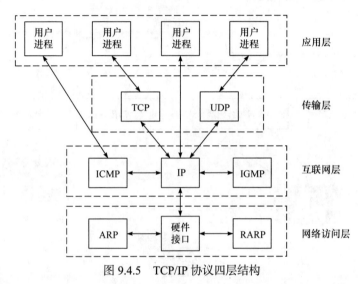

图 9.4.5　TCP/IP 协议四层结构

在 C#中进行 TCP/IP 协议的编程时，C#提供了两种使用方式：使用 socket 方式和 C#库中封装好的 TcpClient 和 UdpClient 类。socket 是对 TCP/IP 协议的底层封装和应用，而 TcpClient 和 UdpClient 类则是更高级的封装，有利于程序员方便地进行设计。这两种封装都实现了四层结构中的所有协议，在使用时，只需要根据对传输层两种协议的选择使用不同的通讯函数即可。

对 TCP 与 UDP 分别使用独立的接收线程，确保程序运行中数据可靠传输。同时，将接收数据分别存入对应的原始数据队列中，供解包模块调用，可以避免网络编程中的阻塞模式，减小对收发速率的影响，保证各模块间数据交互的相对独立性。

2. 数据存储模块

系统需求中要求将接收到的数据存入数据库。数据库需要对各类传感器数据进行单独保存，还需要记录液压管路的故障信息。数据库中总共有 4 张表：压力数据表、温度数据表、振动数据表、FBG 数据表。

　　系统开始监测和诊断之前，需要在设置界面对电类传感器使用的通道、相应通道的传感器参数和光纤光栅应变传感器每通道光栅个数进行设置，系统根据具体设置对四张数据表进行动态建表。传感器数据表动态建表时，字段包括 ID(数据编号)、Time(记录时间)和所有选择的传感器数据。电类传感器数据对应的字段名为"传感器类型 +CH+a"，a 表示第 a 个通道；FBG 传感器数据对应的字段名为"CH + $x(i)$"，$x(i)$表示 x 通道中的第 i 个光纤光栅，如表 9.4.1 和表 9.4.2 所示。

表 9.4.1　电类传感器数据表

字段名	字段含义	数据类型
ID	数据编号	numeric(18, 0)
Time	记录时间	DATETIME
(传感器类型)CHa	某类型传感器 a 通道数据	real

表 9.4.2　FBG 传感器数据表

字段名	字段含义	数据类型
ID	数据编号	numeric(18, 0)
Time	记录时间	DATETIME
CH$x(i)$	x 通道第 i 个传感器数据	real

　　在进行数据存储时，如果接收一包数据存一包数据，将会导致系统软件不断连接数据库，而且每次存储的数据量不大，存储效率极低。因此设置一个存储数据队列，数据存储模块线程不断从队列取出数据，经过简单解析后按照数据表的格式存入一个中间缓存区，当中间缓存区中数据量达到提前设置的阈值后，系统才连接数据库，并利用 C#提供的 SqlBulkCopy 类对数据库进行写入，以提高插入数据的效率。

3. 信号实时分析模块

　　信号实时分析模块主要完成对 FBG 数据的实时处理分析，包括信号预处理和信号处理，对液压管路状态信号进行实时分析监测。目前该模块集成了时频域显示、瞬时相位分析、小波分析和多重分形去趋势分析(MFDFA)等。图 9.4.6 为信号实时分析模块图。

　　从处理数据队列中取出适当大小的传感器数据，经过去噪预处理后进行信号处理。要求系统能够通过人机交互界面选择相应的处理方法，并设置对应的方法参数。

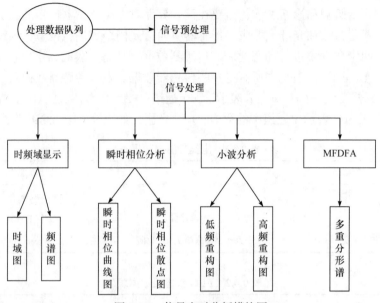

图 9.4.6　信号实时分析模块图

1) 时频域显示

时频域显示主要实时显示所选通道测点的光纤光栅应变传感器数据的时域图和频谱图，并计算时频域的相关特征量，直观地反映液压管路实时工况。

2) 瞬时相位分析

瞬时相位分析是一种将时域信号变换到相位域的分析方法。对于一个输入信号 $c(t)$，对其做 Hilbert 变换，如式(9.4.1)所示：

$$H\big[c(t)\big] = \frac{1}{\pi}\int_{-\infty}^{+\infty}\frac{c(\tau)}{t-\tau}\mathrm{d}\tau \tag{9.4.1}$$

然后根据变换结果构造解析函数 $z(t) = c(t) + \mathrm{j}H[c(t)]$，则信号的瞬时相位如式(9.4.2)所示：

$$\mathrm{IP}(t) = \arctan\left(\frac{H\big[c(t)\big]}{c(t)}\right) \tag{9.4.2}$$

计算得到的瞬时相位取值分布在 $[-\pi,\pi)$，这种转换将任意时域信号转换到相位域。瞬时相位曲线图是以时间为横坐标，瞬时相位为纵坐标的波形图。瞬时相位散点图是以当前时刻的相位值为横坐标，下一时刻的相位值为纵坐标的散点图。

理想状态下液压管路信号的瞬时相位波形是理想的三角波，当故障产生时，会改变信号成分，从而使得其瞬时相位波形出现畸变，根据瞬时相位自相关散点图的分布情况，能够直观地观察到被测对象状态的变化；进一步对散点图进行线性拟合，计算散点到拟合直线的距离之和，可以提取得到故障特征参数。这种方法将故障的影响简化为噪声成分的变化，结合瞬时相位波形简单和散点图直观的特点，极大地简化了故障检测的过程。

3) 小波分析

小波分析是一种改进时频分析方法，针对短时傅里叶变换中因窗口固定而无法灵活适应信号变化的缺点，提出使用灵活的窗口长度，高频信号区间使用窄的窗口，低频信号区间使用宽的窗口，可以对含有多种掺杂成分的信号进行有效分析。

4) 多重分形去趋势分析

多重分形去趋势分析的基本原理见 9.3.2 小节。多重分形谱 $f(\alpha)$ 是一种用于描述多重分形的常用谱图，可以直观地看出信号的分形奇异概率分布，其中 α 称为奇异性指数，用来表示信号分形后某个小区域的分维。该方法用于提取非平稳时间序列内多重分形特征，可以快速得到多重分形谱。

4. 故障诊断模块

规范化故障诊断模块对管路状态进行智能故障诊断。故障诊断模块线程初始化时，对原始训练样本集进行学习。系统开始运行后，故障诊断模块线程定时从诊断数据队列中取出一定长度数据，进行特征提取，构建与训练样本集相同格式的特征向量，对其进行分类，当分类结果为有故障时，将故障信息保存到数据库故障信息记录表中，并进行报警。故障诊断模块流程如图 9.4.7 所示。

5. 系统设计与集成

基于研制的分布式多参数光纤光栅传感器和高速光纤信号解调仪，设计并集成了面向液压管路系统的分布式多参数状态检测系统，该系统集成示意图如图 9.4.8 所示，实现对管路系统的实时监测和故障诊断，所设计的软件系统模块和界面如图 9.4.9 所示。

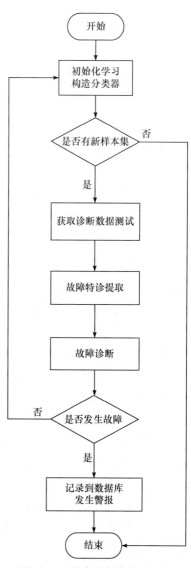

图 9.4.7　故障诊断模块流程图

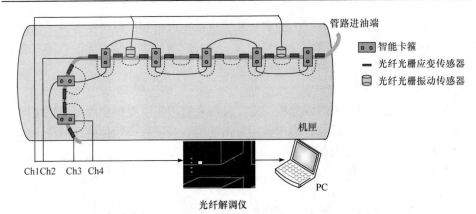

图 9.4.8　面向液压管路系统的分布式多参数状态检测系统集成示意图

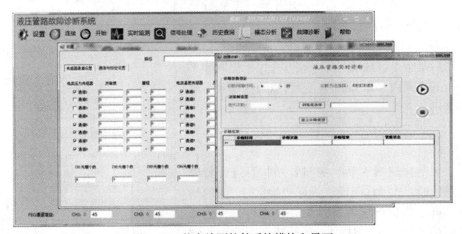

图 9.4.9　状态检测软件系统模块和界面

9.4.3　基于光纤光栅的液压管路智能卡箍松动检测与应用

　　对于航空液压管路常见故障，如支撑松动、裂纹及流体压降的非侵入式检测难的问题，面向航空管路结构提出了针对不同故障类型的液压管路故障检测方法并集成在分布式多参数液压管路状态检测系统中，由多组试验分别验证了各类故障的检测性能，最终实现对液压管路系统的状态及故障的实际检测与应用。具体试验方案如图 9.4.10 所示。

　　对于卡箍松动的监测，提出一种基于光纤光栅传感的智能块状卡箍，该卡箍对其受力状态进行实时监测，较以往的基于 PZT 的智能垫片和智能螺栓而言更适用于工作环境恶劣的航空液压管路系统。基于 FBG 传感的智能螺栓，其分布式特征只适用于连接主体为通孔结构机闸，但是机闸多为盲孔结构；基于 FBG 的智能垫片只适用于大直径的螺栓连接结构，而航空液压管路卡箍多为小径螺栓连接，因此提出基于 FBG 传感的智能卡箍，通过将 FBG 埋入卡箍本体克服上述缺点，如图 9.4.2 所示。

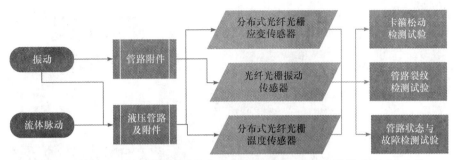

图 9.4.10　基于光纤光栅传感的分布式多参数液压管路状态检测系统试验方案

1. 测量原理

基于卡箍受力原理,建立螺栓的预紧力和光纤光栅埋入部分的应变关系如下:

$$
\begin{cases}
\begin{aligned}
\varepsilon_{L_1} &= \varepsilon_{y_B} + \varepsilon_{yM_A} + \varepsilon_{yM_C} \\
&= \frac{F_1}{E \cdot L_2 \cdot D_p} \cdot \mu + \frac{6F_1 \cdot \left(\dfrac{L_1 - D_p}{2} \cdot L_2 - \dfrac{\pi}{4} D_1^2 \right) \cdot \left(L_1 - D_p \right) \cdot \left(\dfrac{L_5}{2} - L_3 \right)}{E \cdot L_2 \cdot L_5^3 \cdot \left(L_1 L_2 - \dfrac{\pi}{2} D_1^2 \right)}, \\
&\quad 0 < L_3 < \dfrac{L_5}{2}
\end{aligned} \\[4mm]
\begin{aligned}
\varepsilon_{L_1} &= \varepsilon_{y_B} + \varepsilon_{yM_A} + \varepsilon_{yM_C} \\
&= \frac{F_1}{E \cdot L_2 \cdot D_p} \cdot \mu - \frac{6F_1 \cdot \left(\dfrac{L_1 - D_p}{2} \cdot L_2 - \dfrac{\pi}{4} D_1^2 \right) \cdot \left(L_1 - D_p \right)}{E \cdot L_2 \cdot L_5^3 \cdot \left(L_1 L_2 - \dfrac{\pi}{2} D_1^2 \right)} \cdot \left(L_3 - \dfrac{L_5}{2} \right), \\
&\quad \dfrac{L_5}{2} < L_3 < L_5
\end{aligned}
\end{cases}
\tag{9.4.3}
$$

式中, ε_{L_1} 为光纤光栅栅区部分所测的卡箍应变; F_1 为垫片作用在卡箍上的力。假定光纤光栅所测的应变 ε_{L_1} 和垫片作用在卡箍上的力 F_1 之间的关系为线性关系,并且当力 F_1 减小, ε_{L_1} 减小,因此可通过 ε_{L_1} 和 F_1 之间的关系对卡箍松动进行检测。如果需要对卡箍松动进行量化,需事先将卡箍进行标定。

2. 标定试验

在室温的情况下对智能卡箍进行标定试验,标定装置如图 9.4.11 所示,通过小型的力加载装置(small loading device)给智能卡箍施加不同的作用力, 光纤光栅动态解调仪(FBG dynamic demodulator)用于采集光纤光栅的波长信号。标定的试验结果如图 9.4.12 所示。根据曲线拟合公式可得到其灵敏度系数为 0.0653pm/N。

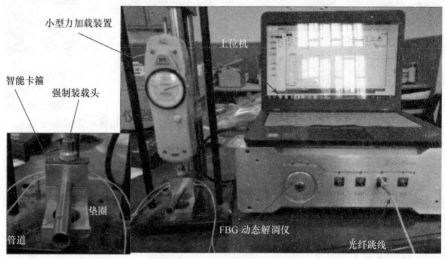

图 9.4.11 智能卡箍标定装置

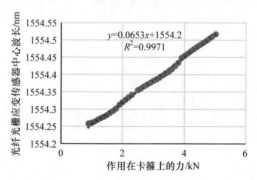

图 9.4.12 智能卡箍标定结果

3. 实际应用

如图 9.4.13 所示,将智能卡箍用于实际的液压管路系统,管内的压力通过 PLC 控制柜(PLC control center)进行调节,管路内的压力设置为 18MPa。连接卡箍的螺栓采用力矩扳手(4.7N·m)拧紧, 用以模拟卡箍的健康状态。第一次松动试验:将卡箍松动至拧紧力矩为 1.1N·m。第二次松动试验:将卡箍拧紧至健康状态,然后松动至拧紧力矩为 0.9N·m,再拧紧,最后松动至拧紧力矩为 2.3N·m。卡箍应力状态实时监测结果如图 9.4.14 所示。可以看出,智能卡箍能实时地监测卡箍的松动状态,证明了本节所提智能卡箍的有效性。

图 9.4.13　智能卡箍应用于实际的液压管路系统

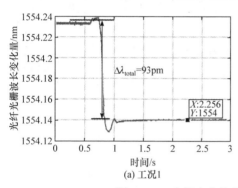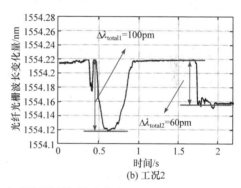

(a) 工况1　　　　　　　　　　　　　　(b) 工况2

图 9.4.14　卡箍应力状态实时监测结果(松动故障)

9.4.4　基于光纤光栅的液压管路分布式多参数卡箍松动检测与应用

为验证智能卡箍、光纤振动传感器和分布式应变传感器对液压管路状态及故障的检测和定位能力,如图 9.4.15 所示,以管路作为测试对象,在试验管段上安装 7 个卡箍,用小于 1N · m 的力矩拧紧卡箍连接螺栓,实现对卡箍松动的模拟。通过在测试管路上布置相应的振动传感器和粘贴式 FBG 应变传感器,对比分析不同工况及卡箍松动前后各传感器信号变化规律,实现管路系统状态检测和卡箍松动定位。

1. 测试条件

卡箍正常装配时采用 5N · m 的拧紧力矩拧紧,用小于 1N · m 的拧紧力矩拧紧卡箍连接螺栓,实现对卡箍松动的模拟。测试工况如下。

管路压力:21MPa、28MPa。

单峰脉动幅值百分比:5%、7.5%和10%。

脉动频率:5Hz、10Hz。

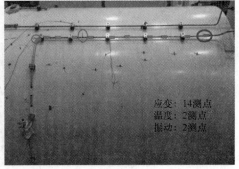

应变：14测点
温度：2测点
振动：2测点

图 9.4.15　流通管路分布式多参数状态检测与卡箍松动定位试验台

2. 测试设备

被测液压管路系统 1 套，油源 1 套，卡箍 7 个，三轴加速度传感器 2 个，粘贴式 FBG 应变传感器 14 个，4 通道 4kHz 采样率光纤光栅解调仪 1 台，油源控制 PC 1 台，分布式多参数光纤信号采集上位机 1 台。

3. 测试分析与结果

1) 振动传感数据分析结果

基于一维卷积神经网络的液压中的弯管支撑卡箍松动定位方法主要包含两个步骤：第一步对 2 个三轴加速度传感器信号作数据层融合，在获得具有新数据长度的一维时间序列后，将其输入到网络中；第二步对时间序列进行自适应特征提取和特征融合，并于决策层执行卡箍松动检测和定位。

如图 9.4.16 所示，在数据层融合的过程中，首先需使用一个固定长度的时间窗对 2 个三轴加速度传感器各方向的时间序列分段，并依次融合对应于同一时间片段的序列。由于试验中使用的振动传感器的采样频率设置为 2048Hz，仍需考虑

将多通道原始时间序列根据　　　　　　将同一时间片段的序列相连　　融合后的一维时间序列
时间窗划分片段

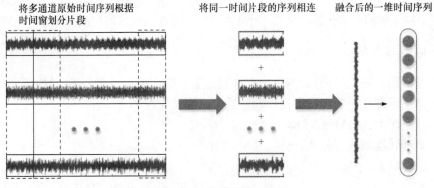

图 9.4.16　数据层融合过程

后续模型的设计方案，因此时间窗的宽度设置为 1024，连接加速度传感器各方向数据之后，可得到新的长度为 6144 的时间序列。

基于一维卷积神经网络的液压弯管支撑卡箍松动定位模型如图 9.4.17 所示，将得到的新时间序列输入模型中进行卡箍松动检测与定位。

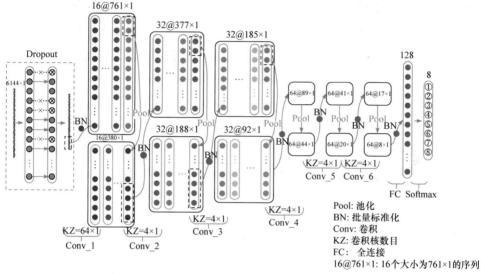

图 9.4.17　基于一维卷积神经网络的液压弯管支撑卡箍松动定位模型

该模型具有 6 个卷积-池化层和 1 个全连接层，其中前者用于获取有效自适应特征，多层结构可逐层提取能够反映出卡箍状态的特征向量；后者用于分类任务，即检测卡箍松动程度并定位，基于卷积-池化层获取的特征值进行工作。卷积神经网络早期很少用于处理一维序列层面，因此在处理该时间序列时需做出相应的参数调整。为使网络模型更好地适用于处理一维时间序列，并从输入中获取更多数据关联的信息，网络的初始卷积层具有更大的卷积核，以提取更多有用的信息。之后的卷积核大小为 4，便于逐步获得特征值。为了提高神经网络模型的抗噪声干扰能力和自适应能力，在输入层和全连接层采用 Dropout，并设置其概率为 0.4。同时为了防止过拟合现象严重影响学习能力，引入了 Batch Normalization 优化所有层，使各层输入分布一致。模型各参数如表 9.4.3 所示。

表 9.4.3　基于加速度传感器数据的模型参数

层编号	层类型	核大小	步长	核数目	输出大小
1	卷积层	64	8	16	761 × 16
2	池化层	2	2	16	380 × 16
3	卷积层	4	1	32	377 × 32

续表

层编号	层类型	核大小	步长	核数目	输出大小
4	池化层	2	2	32	188×32
5	卷积层	4	1	32	185×32
6	池化层	2	2	32	92×32
7	卷积层	4	1	64	89×64
8	池化层	2	2	64	44×64
9	卷积层	4	1	64	41×64
10	池化层	2	2	64	20×64
11	卷积层	4	1	64	17×64
12	池化层	2	2	64	8×64
13	全连接层	100	—	1	128×1
14	Softmax 层	10	—	1	8×1
其他 参数	Adma 参数学习，Batch Normalization 手段 最小批量处理数量 = 128, 初始学习率=0.05, Dropout 概率=0.4				

图 9.4.18 为通过上述模型对测试样本的预测结果图。观察可知 352 组测试样本中，只有 2 组样本的分类不正确，其中一组正常装配的样本被判定为 2 号卡箍松动，一组 5 号卡箍松动样本错判为 6 号卡箍松动。整体准确率高达 99.43%。图 9.4.19 为预测结果混淆矩阵，其中除正常装配和 5 号卡箍松动的识别准确率为

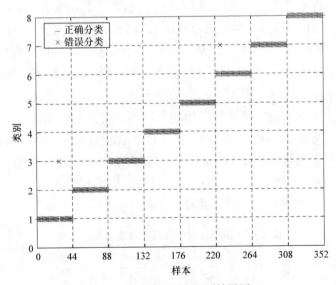

图 9.4.18　测试样本预测结果图

98%外，其他卡箍松动样本的识别准确率高达 100%。该结果证明基于该网络的复杂工况液压弯管支撑卡箍松动定位模型有较好效果。

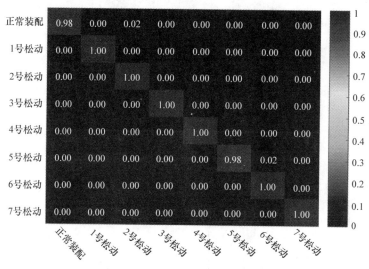

图 9.4.19 测试样本预测结果混淆矩阵

　　将网络的分类过程可视化并进一步分析有利于更好地理解模型的有效性。采用了 t-SNE 算法使网络各层的输出降维，获取可视化结果如图 9.4.20 所示。可以看到，最初的输出样本，即来自数据融合层和前两个卷积层的输出分布较为分散，从之后的卷积层开始，同一类样本慢慢聚集，输出样本具有了一定的可分性，且随着层数的递增可分性逐渐变强，最后在全连接层彻底将不可分的原始信号映射到非线性可分空间，完成分类。

　　图 9.4.20 所示可视化结果形象地展示了模型网络进行自适应数据融合、特征提取、特征选择、特征融合以及卡箍松动定位的全部流程，该结果进一步验证了模型的合理性，以及在复杂工况下该模型所具有的针对液压弯管支撑卡箍松动定位的有效性。需要注意的是，图中仅为 t-SNE 前 2 维的可视化结果，该结果表明一部分重叠区域在高维特征上具有被区分的可能性，因此在实际的网络分类应用中，该模型能够取得比试验更优异的分类效果。

　　2) 分布式 FBG 应变传感数据分析结果

　　根据图 9.3.7 所示流程，采集不同状态下的 14 个 FBG 数据，分别将各卡箍附近的 2 个 FBG 数据做数据层融合。按照各自位置编号，再划分新的时间序列。

　　试验过程中的样本具有数量不均衡的问题，这是因为分别松动每个卡箍后可以获取 7 个样本数据，而所有卡箍完全正常状态(无松动)为 1 个样本数据，所以

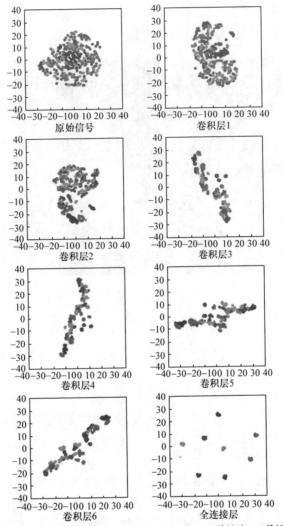

● 正常装配 ● 1号松动 ● 2号松动 ● 3号松动 ● 4号松动 ● 5号松动 ● 6号松动 ● 7号松动

图 9.4.20　网络各层可视化结果

卡箍正常状态与松动故障状态的样本数量比例为 1∶7。因此需对其作平衡化处理，保证各状态下的样本数量保持 1∶1。接着对样本进行归一化，将各卡箍松动样本与正常样本输入到编号对应的一维卷积神经网络模型中，对当前编号的卡箍进行相应的松动检测。试验中，每个模型均相互独立。例如，1D-CNN$_1$只负责 1号卡箍的松动检测。模型采用相互独立的方式能全面发挥分布式 FBG 的优点，从而避免其他卡箍状态的干扰。各网络使用与图 9.4.17 所示相同的结构，各模型之间的区别主要集中在参数调整，即根据输入数据的特点对模型参数进行调整，表 9.4.4 给出了不同网络的参数。

表 9.4.4　基于分布式 FBG 数据的模型参数

层编号	层类型	核大小	步长	核数目	输出大小
1	卷积层	64	8	16	761 × 16
2	池化层	2	2	16	380 × 16
3	卷积层	4	1	32	377 × 32
4	池化层	2	2	32	188 × 32
5	卷积层	4	1	32	185 × 32
6	池化层	2	2	32	92 × 32
7	卷积层	4	1	64	89 × 64
8	池化层	2	2	64	44 × 64
9	卷积层	4	1	64	41 × 64
10	池化层	2	2	64	20 × 64
11	卷积层	4	1	64	17 × 64
12	池化层	2	2	64	8 × 64
13	全连接层	100	—	1	128 × 1
14	Softmax 层	10	—	1	8 × 1
其他参数	Adma 参数学习，Batch Normalization 手段 最小批量处理数量 = 128，初始学习率=0.05，Dropout 概率=0.4				

　　如表 9.4.5 所示，在得到各卡箍松动检测的测试集后，对样本进行处理。首先将样本送入提前训练过的网络模型，检测当前卡箍松动，并罗列结果。主要包括以下数据：正确分类样本数、错误分类样本数和总的识别准确率。根据表中结果，可以得到各卡箍松动检测的识别准确率在 90%以上，其中 5 号卡箍的识别准确率高达 100%。观察发现该卡箍位于弯头处，当卡箍松动时，系统变化最为显著。3号、4 号和 7 号卡箍松动检测的准确率相对较高，均超过 96%，而剩余三个卡箍的准确率相对较低，分别为 93.73%、93.59%和 92.62%。根据检测的结果，可推断出卡箍松动检测准确率还与卡箍所在的位置有关系。在实际工作条件下，管路上的某些位置信号变化比较明显，是因为这些位置的卡箍松动对管路结构有更严重的影响，所以检测的难度相对小一些，而其他部分位置重要性不高，其上的卡箍松动后效果不明显，系统变化不大，因此具有较高的检测难度，该结果符合实际工程情况。

表 9.4.5　基于分布式 FBG 数据的卡箍松动检测结果

卡箍编号	测试样本数	正确分类样本数	错误分类样本数	识别准确率
1	718	673	45	93.73%
2	718	672	46	93.59%
3	718	695	23	96.80%
4	718	693	25	96.52%
5	718	718	0	100%
6	718	665	53	92.62%
7	718	694	24	96.66%

9.4.5　基于光纤光栅的液压管路裂纹检测与应用

本小节研究液压管路充压振动过程，分析裂纹萌生及扩展情况、管路温度和应变等相关参数的变化规律，验证基于温度、应变传感器的液压管路裂纹检测的可行性，实现基于分布式温度、应变传感器的液压管路动态裂纹检测。

流体脉动-振动激励下管路及附件裂纹检测试验台如图 9.4.21 所示，传感器布点示意图及实物图如图 9.4.22 所示。

图 9.4.21　流体脉动-振动激励下管路及附件裂纹检测试验台

1. 测试条件

通过油车给定被测管路 20MPa 恒压，设置振动台的激振频率接近管路一阶固有频率，激励形式为振动位移，位移变化范围为±2mm。

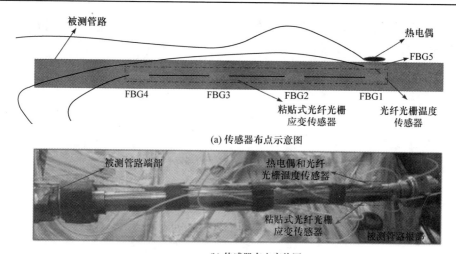

(a) 传感器布点示意图

(b) 传感器布点实物图

图 9.4.22　传感器布点示意图及实物图

2. 测试设备

测试设备包括被测管路、振动台及控制系统、液压油源及其控制系统、4 通道光纤光栅解调仪 1 台(4kHz 采样频率)、热电偶及其采集装置 1 套、光纤光栅若干和上位机 1 台。

通过油车给被测管路 20MPa 恒压,通过振动台控制系统给定振动台固定频率激振(接近于一阶固有频率),测量管路在激振过程中的动应变和温度情况。对比分析管路在出现裂纹前后动应变和温度变化情况。出现裂纹后,暂停振动台对管路进行的敲击试验,对被测管路进行多次间断性激振,实现对不同程度裂纹的模拟,每一次暂停振动台后均对测试管路进行敲击试验。

3. 测试结果

1) FBG 温度信号与热电偶对比

多次标定同批次 FBG 的温度后,计算得到在 1550 波段内传感器具有 10pm/℃的灵敏度。根据该值,结合 FBG 中心波长发生的变化能够获取液压管路发生振动时此振动点的温度变化程度。将热电偶传感器布置在与 FBG 相同的位置后,可得如图 9.4.23 所示的结果。

从图 9.4.23 中可以看到,管路根部温度在振动过程中迅速上升,在约 90℃时逐渐保持不变,根据 FBG 和热电偶温度检测结果可得,两者的数值计算结果在升温的时候基本保持一致,且相关性极高,超过了 95%。另外,二者对温度变化具有相同的响应速率,对比可得最终的稳定温度也近乎一致。结果表明,

FBG 温度传感器具有等同于热电偶的良好特性,针对本次温度监测试验有良好的适用性。

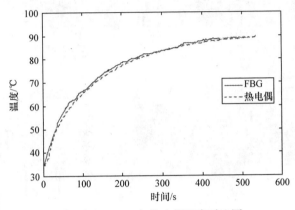

图 9.4.23　FBG 与热电偶温度对比图

2) FBG 应变信号与应变片信号对比

将应变片稳定 1s 后的数据与相同位置布置的 FBG 应变信号进行比对,得到的结果如图 9.4.24 所示。

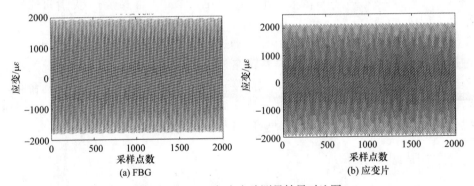

图 9.4.24　FBG 与应变片测量结果对比图

由图 9.4.24 可知,FBG 测得的数值与应变片测得的数值相近。例如,前者的信号应变峰峰值为 $3796\mu\varepsilon$,后者的信号峰峰值为 $4063\mu\varepsilon$,误差在 7%左右,并具有相同的正负应变数值。根据幅频谱可得,二者的频率均等于液压管路的一阶固有频率。该结果表明,FBG 应变传感器性能较好,近似于应变片的效果,检测结果优异,能很好地适用于监测液压管路应变状态的任务。

3) 裂纹检测结果

在加工和安装的过程中,人力操作会导致实际的液压管路存在误差等,裂纹的位置具有不确定性,在根部液压管壁上扩口外或扩口内均有可能。在这两种不同的位置下，管路泄漏具有不同的现象。图 9.4.25(a)为喷射型向外扩散的泄漏现象，发生于裂纹位于扩口外时；裂纹位于扩口内部时，由于其发生故障的端面被扩口压住，泄漏液在途经贯穿性裂纹时受到的压力锐减，最终管路泄漏的现象为滴漏，即从管壁上滴落，如图 9.4.25(b)所示。

(a) 喷射型泄漏　　　　　　　　　　　　(b) 滴漏型泄漏

图 9.4.25　液压管路泄漏瞬间实物图

以喷射型泄漏管信号为例，选取时间起点为振动台开始振动时刻，终点为发现液压管路泄漏并将振动台关闭时刻，安装三个 FBG，其时域波形见图 9.4.26。其中图 9.4.26(a)为 FBG1、FBG2 和 FBG3 预处理后连续冲压振动波形图；图 9.4.26(b)为 FBG1 泄漏前后的波形图，图中的黑色线条代表管路发生泄漏的时间点。

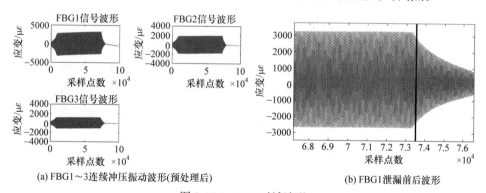

(a) FBG1～3连续冲压振动波形(预处理后)　　　　(b) FBG1泄漏前后波形

图 9.4.26　FBG 时域波形

由图 9.4.26 可以看出，在液压管路上管壁各点具有 FBG1>FBG2>FBG3 的应变幅值分布特点，该现象与应力多集中于管路根部相符。此外，观察可知在管路未泄漏时，传感器应变值并未产生明显的变化，而在发生泄漏并关闭振动台后，信号时域上的波形发生了幅值快速减小的变化，该时刻裂纹检测试验的目的是在泄漏之前提前检测到管路的状态变化，预测裂纹萌生甚至扩大的现象。

设时刻 t 为泄漏前 1s，则 $t-1$、$t-2$、$t-3$ 分别为泄漏前 2s、前 3s 和前 4s。采用 MFDFA 处理泄漏前 4s 的数据如图 9.4.27 所示，对四个时间段内的多重分形结果进行计算可获取各自的 Hurst 指数。

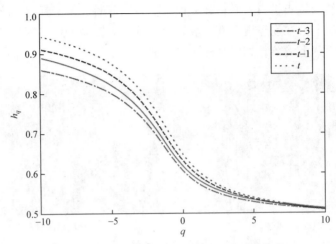

图 9.4.27　泄漏前 4s 各时间段信号 Hurst 指数

　　根据图 9.4.27 显示的结果，液压管路状态变化的试验中，其 Hurst 指数和 q 之间是非线性的关系，由 $q=0$ 时的 Hurst 指数值大于 0.5，可以得出信号包含多重分形特性和长程相关性。在 $t-3$ 到 t 时刻内，不同时段的信号各自的结果相差甚远，互相无交集且依次增大，该现象说明信号在该时间段内的成分变得更复杂。

　　得到 Hurst 指数后，可据此数值获取质量指数(τ_q)，结果如图 9.4.28(a)所示，图 9.4.28(b)为放大 $q=-8.5$ 附近质量指数的细节图。该图表明 τ_q 与 q 之间为非线性，当 $q<0$ 时，多重分形结果由大到小的时刻排序为 $t-3>t-2>\cdots>t$；$q>0$ 时，多重分形结果与前者相反，其值为 $t-3<t-2<\cdots<t$；$q=0$ 时，τ_q 相同。因此 t 时间段

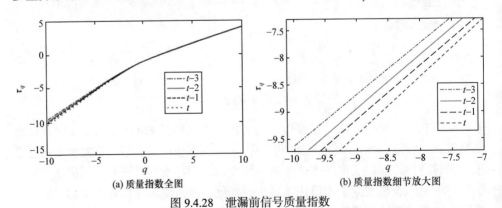

(a) 质量指数全图　　　　　　　　(b) 质量指数细节放大图

图 9.4.28　泄漏前信号质量指数

内 τ_q 表现出更明显的非线性，说明该时间段内信号具有比正常状态下信号更强的多重分形特性，更多的信号成分与更高的复杂程度。

得到质量指数后，便可在此基础上进一步获取多重分形谱，如图 9.4.29 所示。结果表明，液压管路充压振动过程中产生的各时间段的信号都表现为具有独特单峰钟形谱图的多重分形谱，且图中的最大值均为 1，充分表明了管路的振动信号在该时间段内具有非常明显的多重分形特性。另外图中各时间段内信号的奇异值指数具有各不一致的分布范围，$t-3$ 时刻至 t 时刻，$\Delta\alpha$ 及 α_0 一致具有增长的态势，该结果显示裂纹不断扩展后，信号成分变得更加复杂，多重分形特性增加。

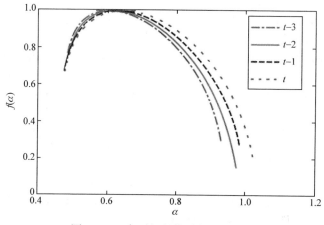

图 9.4.29　各时间段信号多重分形谱

同样，在得到多重分形谱后，可在此基础上获取多重分形谱参数。为了区分液压管路在连续充压振动过程中产生的不同程度的裂纹，选取 α_0 和 $\Delta\alpha$ 作为特征参数，计算后如表 9.4.6 所示。进一步计算各时刻的特征参数相对于 $t-3$ 时刻的变化率，如表 9.4.7 所示。由结果可知，在泄漏前 4s，信号成分与多重分形特性均随着裂纹的不断加深而变复杂。

表 9.4.6　各时刻多重分形谱特征参数结果

特征参数	$t-3$	$t-2$	$t-1$	t
α_0	0.6126	0.6244	0.6388	0.6559
$\Delta\alpha$	0.4441	0.4899	0.5072	0.5438

表 9.4.7　各时刻多重分形谱特征参数变化率　　（单位：%）

项目	$t-3$	$t-2$	$t-1$	t
α_0 变化率	0	1.92	4.28	7.07
$\Delta\alpha$ 变化率	0	10.31	14.21	22.45

　　综合以上试验结果可得出结论，信号的多重分形特性在连续振动刚开始时保持相对稳定的状态，表明该时刻液压管路内部的结构基本未发生变化，或发生的变化较为微弱，说明该时段管路内没有产生裂纹；管路发生泄漏之前，信号的多重分形特性在此短时间段内增加，表明信号开始波动，其成分变复杂，在该时段管路结构开始变化，即非贯穿性的裂纹萌生且程度持续加深，之后液压管路发生泄漏，印证了该观点的准确性。该试验表明，多重分形的方法能对液压管路连续充压振动信号进行有效裂纹检测。

参 考 文 献

[1] LI Z, GAO P, ZHAO D, et al. Fault diagnosis and location of the aero-engine hydraulic pipeline based on kalman filter[J]. Advances in Mechanical Engineering, 2017, 9(12): 1-9.

[2] REN L, JIA Z G, LI H N, et al. Design and experimental study on FBG hoop-strain sensor in pipeline monitoring[J]. Optical Fiber Technology, 2014, 20(1):15-23.

[3] HUANG X, LIU Y, LUO D, et al. Wavelet analysis on vibration modal frequency measurement at a low level of strain of the turbine blade using FBG sensors[J]. Measurement Science and Technology, 2010, 21(1):015305.

[4] CAI L, TAN Y, WEI Q. Nonlinear vibration-FBG sensing technique for plate detection[J]. Sensor Review, 2015, 35(3): 287-295.

[5] ARSENAULT T J, ACHUTHAN A, MARZOCCA P, et al. Development of a FBG based distributed strain sensor system for wind turbine structural health monitoring[J]. Smart Materials and Structures, 2013, 22(7):075027.

[6] CAMPOPIANO S, CUTOLO A, GIORDANO M, et al. Modal analysis and damage detection by fiber bragg grating sensors[J]. Sensors and Actuators A Physical, 2006, 133(2):415-424.

[7] SANTOS F L M D, PEETERS B. On the use of strain sensor technologies for strain modal analysis: Case studies in aeronautical applications[J]. Review of Scientific Instruments, 2016, 87(10):6-49.

[8] ZHOU Z D, LIU Q, AI Q S, et al. Intelligent monitoring and diagnosis for modern mechanical equipment based on the integration of embedded technology and FBGS technology[J]. Measurement, 2011, 44(9):1499-1511.

[9] LIU M, WANG Z, ZHOU Z, et al. Vibration response of multi-span fluid-conveying pipe with multiple accessories under complex boundary conditions[J]. European Journal of Mechanics - A/Solids, 2018, 72: 41-56.

[10] RIZOS P F, ASPRAGATHOS N, DIMAROGONAS A D. Identification of crack location and magnitude in a cantilever beam from the vibration modes[J]. Journal of Sound and Vibration, 1990, 138(3):381-388.

[11] CHONDROS T G. The continuous crack flexibility model for crack identification[J]. Fatigue & Fracture of Engineering Materials & Structures, 2010, 24(10):643-650.

[12] ZHENG D Y, FAN S C. Vibration and stability of cracked hollow-sectional beams[J]. Journal of Sound and Vibration, 2003, 267(4):933-954.

[13] LEI Y, LIN J, HE Z, et al. A review on empirical mode decomposition in fault diagnosis of rotating machinery[J]. Mechanical Systems and Signal Processing, 2013, 35(1):108-126.

[14] PENG C K, HAVLIN S, STANLEY H E, et al. Quantification of scaling exponents and crossover phenomena in nonstationary heartbeat time series[J]. Chaos, 1995, 5(1):82-87.

[15] KANTELHARDT J W, ZSCHIEGNER S A, KOSCIELNY BUNDER E, et al. Multifractal detrended fluctuation analysis of nonstationary time series[J]. Physica A Statistical Mechanics & Its Application, 2002, 316(1):87-114.

[16] LIU Q, WANG Y, LI Z, et al. High-speed interrogation system of multi-encoding weak FBGs based on FDML wavelength swept laser[J]. Optics & Laser Technology, 2018, 107:54-58.

[17] HAN P, LI Z, CHEN L, et al. A high-speed distributed ultra-weak FBG sensing system with high resolution[J]. IEEE Photonics Technology Letters, 2017, 29(15): 1249-1252.

[18] LIU Q, XU Z, LI Z. Implementation of hardware TCP/IP stack for DAQ systems with flexible data channel[J]. Electronics Letters, 2017, 53(8):530-532.

[19] XU Z, LIU Q, LI Z. Design of Hardware TCP/IP Stack for Sensing Systems Intended for Monitoring of Mechanical Equipment[C]. Proceedings of the ASME 2017 12th International Manufacturing Science and Engineering Conference collocated with the JSME/ASME 2017 6th International Conference on Materials and Processing, Los Angeles, California, USA, 2017.

第10章 飞行器管路系统流固耦合动力学故障分析案例

本章介绍几例型号飞机中液压管路系统的振动故障/失效问题分析案例。采用前述章节的理论和方法,对故障管路系统进行合理的简化建模,分析这些故障产生的动力学原因。采用试验分析与理论仿真相结合的方法揭示复杂管路系统的流固耦合振动失效机理。分析振动失效的主要结构影响因素,结合飞行器液压管路系统的实际情况,提出针对性的改进方案,并进行验证。以上研究对于后续飞行器液压系统的结构设计、降低已有结构的故障率具有重要的意义。期望本章给出的研究步骤和方法能够为解决更多飞行器管路系统的故障问题提供参考。

10.1 某型飞机四通管路系统故障机理分析与试验验证

10.1.1 飞行器管路系统流固耦合动力学故障溯源一般流程

飞行器液压管路的动力学故障原因分析一般按照图10.1.1所示的六个步骤进行,分别为:①裂纹断口细观分析;②统计故障导管裂纹具体位置;③判断失效部位的应力状态;④管路系统流固耦合模态特性分析;⑤管路结构谐响应分析;⑥流固耦合(通液施压)试验验证。

下面详细介绍各个步骤的具体工作。

步骤一:裂纹断口细观分析。如图10.1.2所示,分为三个子步骤:①观察裂纹源形貌。可以在高、低倍电镜下放大观察裂纹源,确定裂纹形核原因、位置和扩展方向。应注意观察管路裂纹部位或者对应的衬套上有无干涉磨痕(若有,应观察磨痕的角度、方向等),有利于判断管路所处的应力状态和振动位移状态[1-2]。②排除材料缺陷问题。通过断口附近取样、同批次材料取样,测试力学性能(包括强度、硬度性能)和材料成分或其他相关检验等,验证该批次材料无缺陷。③排除工艺缺陷问题。检查有无夹杂、孔洞、毛刺、划痕及装配应力产生的挤压、磨痕等,排除工艺缺陷。

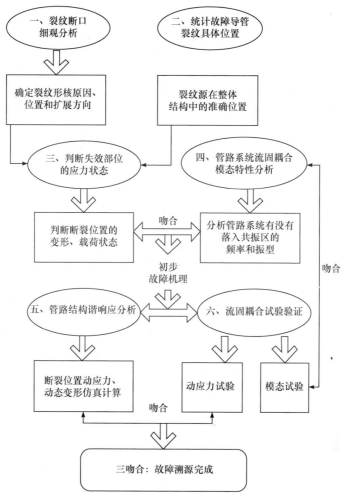

图 10.1.1　飞行器管路振动故障原因的分析流程

　　步骤二：统计故障导管裂纹具体位置。如图 10.1.3 所示，注意这里具体位置不是含糊地表述为"管路根部""衬套部位"，而是裂纹源在整体结构中的准确位置，具体包括两部分：①故障管件在整个装配结构中所处的位置，包括整个结构安装到飞机上后在管路上的具体位置等，还包括记录飞行方向(航向、侧向、俯仰方向)、裂纹方向(轴向、周向)在管件结构上的具体位置(中部、根部和其他部位等)。②裂纹在管圆截面中的位置。此时将管路圆截面视为一个 360° 的圆环，分析裂纹产生在管路圆截面的哪个度数或度数区间，如靠近 0° 和 180°(左右水平位置)、靠近 90° 和 270°(上下竖直位置)，或者其他度数位置。而且需要统计多个管路失效件是否均在相同的度数上发生裂纹。

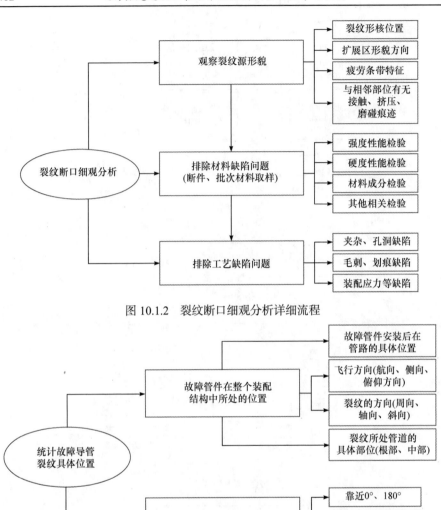

图 10.1.2　裂纹断口细观分析详细流程

图 10.1.3　裂纹具体位置详细流程

步骤三：判断失效部位的应力状态。结合步骤一(断口细观分析)与步骤二(裂纹所处的位置)，综合高/低倍镜观察金相图片特征、条带辉纹、扩展方向等[3-4]，判断裂纹形核处可能的激励来源和所处应力载荷状态，判断失效部位的应力状态(如拉-拉、弯-曲、拉-弯、弯-扭等)。

步骤四：管路系统流固耦合模态特性分析。如果在步骤一中已经排除缺陷问题，那么管路在振动载荷下出现了疲劳裂纹。不锈钢管本身强度性能高，普通振动水平不会快速破坏，共振是裂纹失效的主要诱因，需要分析管路系统有没有落入共振区[5]。在该步骤中，首先需要评估该故障管路所处振源(见步骤三)的振动频率范围(如离管路系统较近的设备振动频率、压力脉动频率、发动机工作频率等)，然后计算管路的模态特性，注意需要特别关注共振频段内的固有振型，判断故障管路在该振型下，裂纹位置处的应力状态是否与步骤三中的分析一致。若吻合，即可形成初步的故障机理判断，即某一激励引发管路系统的某阶流固耦合共振，激发出相应的振型导致管路在对应位置产生裂纹破坏。需要进一步用理论和试验进行验证。若不吻合，应检查该步骤中建模计算是否正确，再结合模态试验进行验证和模型修正。

步骤五：管路结构谐响应分析。主要目的是判断失效部位的细节应力状态和振动变形响应与频率的关系。这里需要输入该部分整体管路所处的振动环境(即振动载荷谱)，若难以得到可以用白噪声谱代替。

步骤六：流固耦合试验验证。通过步骤四中的模态特性分析，通过振动扫频或定频激励试验验证步骤五的仿真分析结果，若吻合，即可对步骤四中的初步的故障机理完成理论和试验验证。

下面介绍依据这个流程来解决工程实际管路的故障溯源问题。

10.1.2　某型飞行器液压系统四通管路裂纹故障描述

某型飞机在飞行过程中，多架次出现液压系统警告。地面检查发现：警告均出现在靠近左发动机部位的供压液压管路系统，如图 10.1.4 所示，该故障管路系统由四根管路和四通接头组成，这四根管路都由四通接头连接在一起，图示靠近活门一侧的肘形导管，裂纹位置接近连接活门，表现为沿着管路的周向裂纹。

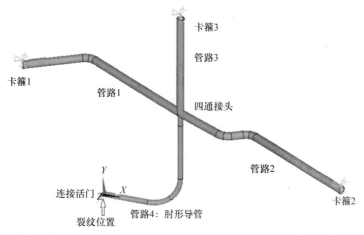

图 10.1.4　某型飞机四通管路系统结构形式及故障位置示意图

从已有的故障件来看，多架次飞机在飞行过程中开车功率达到 95%时，均在该管路位置发生裂纹。裂纹部位位于导管安装方向的外侧偏下方(顺航向看)，在与安全活门连接的一端处,肘形导管根部的平管嘴部位对应的位置处有周向裂纹,导致油液泄漏报警和系统功能故障。对此类多发故障,有必要进行详细的故障溯源分析,为后续的排故和改进设计提供参考。

10.1.3　管路失效部位的微观形貌分析

将管路在裂纹处沿周向切开(切开时注意不要触碰原裂纹),取环形样品,图10.1.5为断口的低倍镜观察图像,可以看到,裂纹区断口呈现典型的疲劳断裂特征,裂纹扩展形貌明显分为裂纹源、放射区、撕裂区和破断区。裂纹起源于管路的外表面黑色弧形区,呈放射状向内径方向扩展。

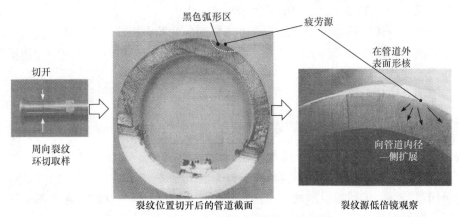

图10.1.5　故障管路裂纹部位低倍镜观察图像

1. 排除材料和工艺缺陷

对故障部位管路、衬套的货源同批次进行取样,通过故障管路裂纹部位进行低倍镜检查。多个失效件在裂纹部位处的管路内外壁均未发现明显加工划痕、瑕疵或缺陷。力学性能测试方面,导管材料为1Cr18Ni10Ti不锈钢。管路的硬度测试结果为HV0.2163,抗拉强度结果为551MPa,导管和平管嘴(两者为管接头配合结构)的成分分析结果如表10.1.1所示。可以排除材料质量缺陷导致的问题。

表 10.1.1　故障管路的成分分析结果　　　　　　(单位：%)

项目	Fe	Cr	Ni	Ti	W	Mo	O
导管	71.02	19.61	8.60	0.77	—	—	—
平管嘴	83.03	11.89	1.00	—	3.71	0.38	—

2. 检查有无磨损痕迹

用高倍镜继续观察裂纹区域形貌,发现断口处有磨损痕迹,为从管路外表面向内侧侵切的长约 3.5mm 的 "线带"，如图 10.1.6 所示。该 "线带" 导管表明有受到挤压磨损的痕迹，并且形成了多处微裂纹，这些微裂纹连成一线，与线源裂纹相吻合。

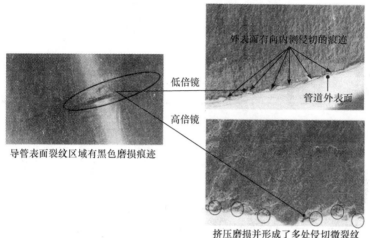

图 10.1.6　故障管路裂纹部位高倍镜观察

　　该向内侧侵切的磨痕说明管路的外表面裂纹源处被外物碰切，继续分析这个侵切磨损的来源，经核对该位置正好为平管嘴，说明该裂纹源的成核主要是平管嘴对导管表面发生了磨碰，导管表面损伤导致的。相应地，在平管嘴对应位置处也观察到磨痕，如图 10.1.7 所示。

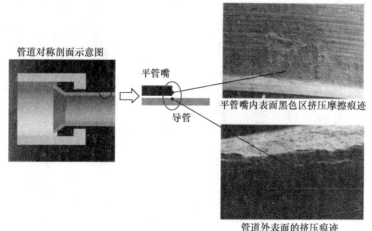

图 10.1.7　导管外表面与平管嘴之间发生磨碰损伤的导管表面

　　对该黑色区域进行成分分析，发现有明显的氧化成分，如表 10.1.2 所示，即疲劳磨碰过程的一段时间中管路损伤表面被氧化[6-7]。这些均表明，导管的裂纹源处与接触部位产生了磨损。

表 10.1.2　故障管路与平管嘴磨痕处的成分分析结果　　　　（单位：%）

项目	Fe	Cr	Ni	Ti	W	Mo	O
导管表面的黑色区域	71.56	16.92	7.42	—	—		4.10
平管嘴表面的黑色区域	78.79	13.10	3.98	—	0.34	—	3.78

10.1.4　故障管路的裂纹在整体装配件上所处的位置

下面分析在管路根部产生上述交变弯曲应力的原因，需要考察管路的具体裂纹部位。

分析管路裂纹源/裂纹在整体结构中的相对位置，以判断故障管路的实际振型。这些位置信息包括管路安装到机体结构上的具体方位、与航向的关系、裂纹所在的管路圆截面的度数等。如图 10.1.8 所示，标出了飞机航向为水平向左方向，连接安全活门的一侧，与平管嘴发生磨碰而产生裂纹。统计了多个失效样品，沿航向观察管路圆截面，以圆截面管的中心为圆心，发现裂纹源所处的位置均发生在两侧，具体为[180°, 225°]，[0°, 315°]。

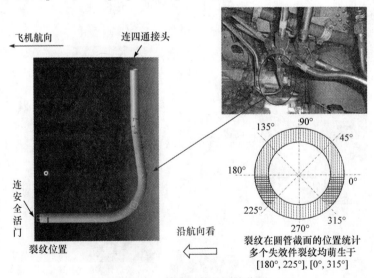

图 10.1.8　故障导管的裂纹位置

若肘形导管发生水平摆振，按照该振型和约束，导管的两端应该都会与各自的平管嘴发生磨损，也就是除了连接活门的一端，在连接四通接头的另一端，也应该有磨损。如图 10.1.9 所示，为了验证这个推断，检查了多个机型该位置处使用过的肘形导管样品，发现在该肘形导管连接四通接头的一端的平管嘴接触处也均有类似的磨损。那么，为什么没有在四通接头处发生裂纹呢？因为四通接头为悬空，相比较另一端固定活门接头，为弱约束。因此，裂纹均发生在连接在活门接头的一侧导管。

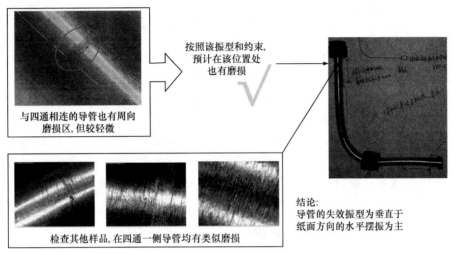

图 10.1.9　肘形导管另一端的平管嘴处的磨损现象

另外一种可能也应被考虑，即总是在安全活门部位的导管发生裂纹，那么应该分析安全活门的影响。经核实，安全活门是起系统泄压用的，供压液压系统主要负责系统供压，不具体驱动某一系统，理论上很少工作。机上液压压力为 28MPa±4.2MPa，安全活门压力为 32MPa±0.7MPa，属于正常工作范围，无数据和现象能证明与该活门有关。因此，忽略其对导管断裂的影响。

高倍镜观察同时发现，裂纹扩展区条带间隙细密，疲劳扩展区弧线和条带可见，条带扩展方向为单向。说明管路断裂属于疲劳破坏。结合图 10.1.5 源区和扩展方向，图 10.1.6 管路表面的钝缺口，根据断口宏观形貌、微观形貌、条带特征[8]可知：该管路符合受到弯曲应力受拉而引起的疲劳高应力状态，如图 10.1.10 所示。图 10.1.8 所示的裂纹源位置说明，此时该肘形导管发生垂直于纸面方向的水平摆振，而发生该振动时，管路裂纹位置恰好受到弯曲载荷，与断口电镜分析结果吻合。

综合以上分析，说明导管外表面与平管嘴之间发生接触和磨碰，损伤了导管表面，裂纹源在导管外表面形核，并且在后续的弯曲应力作用下，沿半径方向向管路内部形成扩展，结合失效时间和疲劳断口形貌，认为是一种高应力的低周疲劳，说明导管发生严重振动。最终出现穿透周向裂纹，发生泄漏。

因此，综合上述分析可以得到以下故障导管的失效应力状态：

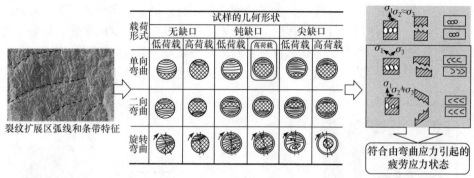

图 10.1.10　根据管路断口的疲劳扩展形貌判断管路所处的应力状态

(1) 四通液压管路系统安全活门处的肘形导管断裂性质为疲劳断裂；

(2) 裂纹起源于导管表面与平管嘴相互接触部位；

(3) 肘形导管发生与航向垂直的振型(即水平摆振)，且振动应力较大(条带具有低周疲劳特征)；

(4) 该振型造成导管表面与平管嘴之间发生微动磨损，损伤导管表面，形成裂纹源。

10.1.5　四通管路系统的模态特性分析

下面需要研究肘形导管发生水平摆振以及能够在肘形管路的根部形成高应力而导致快速的振动疲劳破坏的原因。由于四通管路靠近发动机部位，属于高振区，不得不考虑管路系统发生共振的可能性。图 10.1.11 中显示了发动机在各个转速下的工作频率(包括转子振动频率和柱塞泵的脉动频率)，已知肘形管路在工作转速 95%时较短时间内发生故障，对应的工作频率区间为[580Hz, 630Hz]。因此需要考察

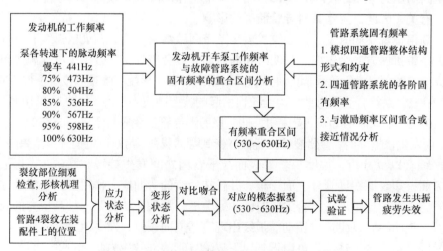

图 10.1.11　考察四通管路系统发生共振的可能性

四通管路系统在该频段内有无共振发生,若有,则需要获得对应频率的共振主振型。

　　为了更好地模拟约束,对四通管路系统进行建模。将上述四个管路分别编号为 1、2、3、4,如图 10.1.12 所示,其中 1、2、3 号管外径为 12mm,壁厚为 1mm,4 号导管外径为 8mm,壁厚为 1mm。实际服役过程中,4 号肘形管路(图中标出)根部频繁出现裂纹,导致泄漏和功能故障。

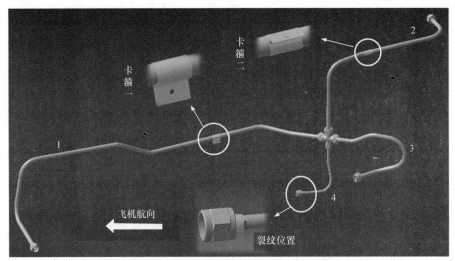

图 10.1.12　四通管路系统整体模型及其约束

　　由于 1 号管和 2 号管上带有卡箍,可以简化为固定约束,建模时截取到卡箍所在位置,然后在断面处添加固定约束。另外,由于接头和螺母质量较小,对管路系统整体的模态分析影响很小,做模态仿真时略去;四通接头形状复杂,不规则形状体的网格划分会大大增加计算量,因此做了适当简化,设置对应的质量和尺寸。管路材料是 1Cr18Ni10Ti,密度为 7900 kg/m³,杨氏模量为 206 GPa,泊松比为 0.3,简化后的模型如图 10.1.13 所示。

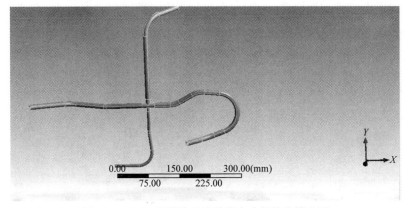

图 10.1.13　四通管路系统的模态分析简化模型图

如表 10.1.3 所示，模态分析结果表明，第六阶固有频率与发动机工作频率重合。考察肘形导管第六阶的固有振型，如图 10.1.14 所示，可以发现，第六阶振型为四通接头下方肘形导管(即故障导管)的横向"摆振"。

表 10.1.3　四通管路系统的固有频率结果

阶数	固有频率/Hz	备注
一阶	190.1	
二阶	168.4	
三阶	373.4	
四阶	454.0	
五阶	508.3	
六阶	573.8	落入共振带内

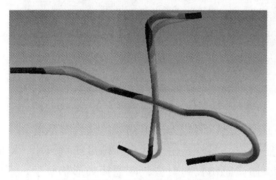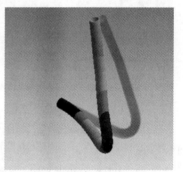

(a) 四通管路系统第六阶固有振型　　　　　　　　(b) 肘形导管第六阶固有振型

图 10.1.14　四通管路系统及肘形导管的第六阶固有振型

这两种"摆振"均会造成肘形导管根部的横向(垂直于航向)拉扯，在该振型的作用下，肘形导管左侧根部(靠近活门)易与平管嘴磨碰而产生裂纹。如图 10.1.15

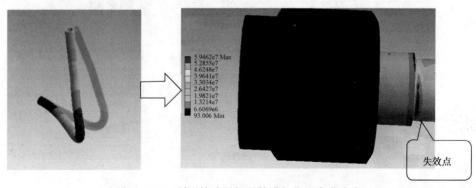

图 10.1.15　肘形管路根部平管嘴部位的弯曲应力

所示,此时发生共振,在导管根部产生的是弯曲疲劳应力,疲劳裂纹快速扩展并发生泄漏。另外,活门处约束较四通处约束更强(四通为悬空,刚度较低),活门处的应力更大。因此,首先在活门位置处的管路会出现侧面位置的周向裂纹,该应力状态与实际管路裂纹位置和疲劳裂纹扩展形貌吻合,与故障现象一致。

对该四通管路系统做进一步的谐响应分析,模拟管路系统外激励频率在 200~700Hz 变化时(如不同工况时,发动机开车频率变动时)的振动响应特性。图 10.1.16 显示了肘形导管三个点随频率变化的位移响应,图中三点分别为:靠近活门处(点 2)、靠近四通接头处(点 4)、肘形弯管处(点 14)。可以看到,当激励频率在 550~630Hz 频段内,点 14 在 Z 向的振幅异常增大,而点 2、点 4 未有明显变化,再次证实了在该频段肘形导管发生水平摆振,而在其他频段无此现象。

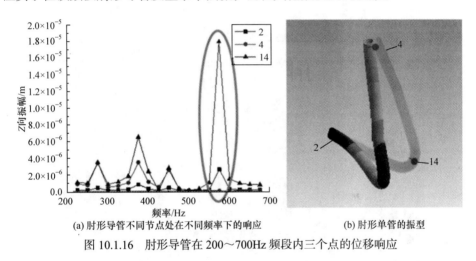

(a) 肘形导管不同节点处在不同频率下的响应　　　　(b) 肘形单管的振型

图 10.1.16　肘形导管在 200~700Hz 频段内三个点的位移响应

根据上述分析,可以得到该飞行器液压管路系统在肘形导管根部多次出现周向裂纹的故障机理:

(1) 管路系统 570Hz 左右的固有频率,落入了发动机 95% 的开车频率范围内,引发管路的共振。

(2) 共振振型为肘形导管的水平横向"摆振"(垂直于航向)。这两种"摆振"均会造成肘形导管根部的横向弯曲应力,容易使内侧管路与平管嘴发生摩擦而产生裂纹,与实际管路裂纹位置吻合。

10.1.6　四通管路系统故障机理的试验验证

为了验证仿真分析的有效性,设计了四通管路系统试验台架,将试验管路以真实机体约束安装到试验台架上,采用锤击法测量四通管路系统的模态参数,并与仿真计算结果进行比对,同时对比不同长度的 4 号导管之间模态的差异;然后根据试验测得的各阶固有频率，将试验台架安装在振动台上，进行扫频振动应力测试和共振状态下的振动应力测试，比较不同安装应力下导管根部的实际振动应力的大小。

1. 试验夹具

夹具直接影响着试验结果的准确性和可信度，因此夹具的设计是振动试验中非常重要的一环。为了能够精确地模拟四通管路系统在飞机上的实际约束情况，设计了一个四通管路系统专用试验台架，见图 10.1.17。该夹具台架经模态分析，没有在 530～620Hz 频段内的固有频率。

图 10.1.17　四通管路-支撑夹具装配试验件

试验台架的底板通过螺栓与振动台台面相连，保证台架与振动台刚性连接；底板上焊接着多根立柱和斜撑，立柱是为了搭建起整个四通管路系统的框架，斜撑则是为了确保整个试验台架有足够的刚度，避免在试验过程中对管路产生影响；四根管路的端部与焊接在立柱上的堵塞(管接头)相连，模拟机体上的实际约束，另外 1 号导管上的卡箍和 2 号导管上的卡箍分别固定在相邻的立柱和斜撑上。

2. 锤击法测模态

试验采用锤击法来测量四通管路系统的模态特性。测试系统由 LMS 信号采集及分析系统、冲击力锤和加速度传感器组成。其中，LMS 系统包括 SCADAS 采集前端、与前端配套的电脑及 Modal Impact 测试分析软件。冲击力锤和加速度传感器通过信号线与 SCADAS 采集前端相连，SCADAS 采集信号并通过电缆将数据传递到电脑，由 Modal Impact 软件对数据信号进行分析处理[9]。

对于整个四通管路系统，试验的主要对象是 4 号导管。根据前面的分析可知，4 号导管的危险振型是其 530Hz 频率下垂直于航向方向的水平摆振，因此在 4 号导管外侧面上布置 5 个加速度传感器，如图 10.1.18 所示。在与之位于一条轴线上的 2 号导管上面布置 4 个加速度传感器，管路表面为圆弧面，因此预先设计好 U 形槽粘贴在管路表面，传感器则粘贴在 U 形槽表面。由于单个传感器质量仅有 0.5g，几乎可以忽略不计，能够大大降低由附加质量对测量结果带来的影响。

图 10.1.18　四通管路的传感器粘贴示意图

试验采用单点敲击、多点响应的测量方法。用力锤敲击试验管路上的某一点，力传感器识取敲击力的信号，粘贴在试验件管路上的加速度传感器识取加速度响应信号，经放大器放大后输入信号采集系统。需要注意的是，力锤敲击点不能选择在振型节点上，否则会发生模态遗漏的情况，具体试验过程中通过参考理论分析结果与多次尝试相结合的方法选择合适的敲击点。

3. 多源激励模拟

多源激励模拟试验台见图 10.1.19，加压系统能够达到 21MPa、28MPa、35MPa 等不同机载压力等级，可提供的最高压力为 42MPa。额定流量为 120L/min，电机功率为 55kW，油箱为 300L，能够根据需要产生正弦、矩形、三角波形的压力脉动。加压系统通过耐高压橡胶软管与试验模型连接，为四通管路系统提供压力；振动试验台采用水冷式振动台，最大激振力为 100kN，推力大，承载能力强，冷却效率高。可分别完成三轴向的正弦振动试验、宽带随机振动试验以及经典(半正弦、梯形、后峰齿)脉冲和冲击响应谱试验。

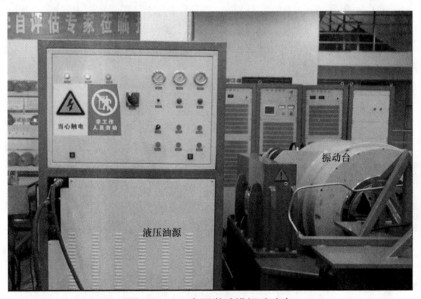

图 10.1.19　多源激励模拟试验台

4. 试验结果

对于整个四通管路系统来说，试验的主要对象也是肘形导管。因此在肘形导管外侧面上布置 5 个加速度传感器，在与之位于一条轴线上的竖直导管上面布置 4 个加速度传感器，如图 10.1.20 所示。对比试验与仿真计算得到的第六阶振型发现，误差在 10%以内，在可接受的误差范围内，肘形导管的振动也都是垂直于航向的水平摆振，肘形导管根部应力最大，易于裂纹形核，与故障导管裂纹现象吻合，如图 10.1.21 所示。

动应力试验采用电阻应变片测试不同位置的动应力值。粘贴应变片时，在肘形导管两约束端沿导管截面周向相隔 90°各粘贴 2 个应变片，应变片距离平管嘴末端约 5mm。应变片编号为 1、2、3、4，粘贴位置如图 10.1.22 所示。1 号应变片在肘形导管根部侧下方，是实际裂纹产生的位置，2 号应变片在 1 号应变片上方周向间隔 90°位置处，3 号应变片在肘形导管连接四通接头端与 1 号应变片对应的位置，4 号应变片在 3 号应变片左侧周向 90°位置。

图 10.1.20　管路系统模态试验中加速度传感器的粘贴

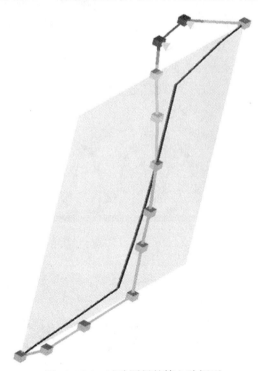

图 10.1.21　试验测得的第六阶振型

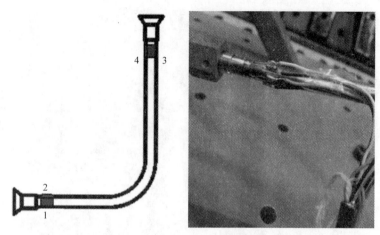

图 10.1.22　肘形导管上的应变片粘贴位置

　　通过振动台施加与第六阶固有频率相等的激励频率，导管最大应力还是出现在 1 号应变片位置，最大应力为 36.7MPa，其次是 3 号应变片，最大应力为 29.1MPa，2 号应变片最大应力为 13.2MPa，4 号应变片的最大应力为 12.4MPa(图 10.1.23)。从动应力测试结果中可以得知，肘形导管发生了垂直于航向方向的水平摆振，此时肘形导管根部侧下方受到的应力最大，与之对应的 3 号应变片位置处的应力也很大，由于 2 号和 4 号应变片处于振动方向的垂直方向，受到的力相对较小，处于该频率共振工况下，导管会导致 1 号应变片位置处首先出现裂纹，试验结果与实际裂纹故障情况吻合。

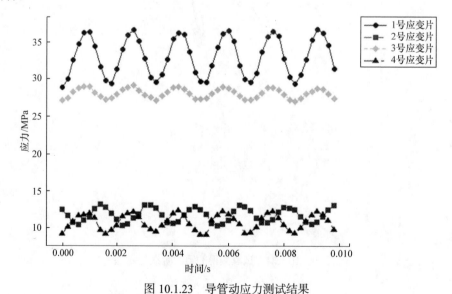

图 10.1.23　导管动应力测试结果

试验同时测试了肘形导管在 0MPa 和 28MPa 油液压力下 1 号应变片的应力，结果对比如图 10.1.24 所示。在 0MPa 时，四通管路系统内部只通油、不加压，1 号应变片片测得的最大应力仅有 1.2MPa，而在 28MPa 的油液压力下 1 号应变片测得的最大应力为 35.7MPa，远远大于 0MPa 时所测的应力值。可见管路系统的压力对导管应力的影响是很大的。

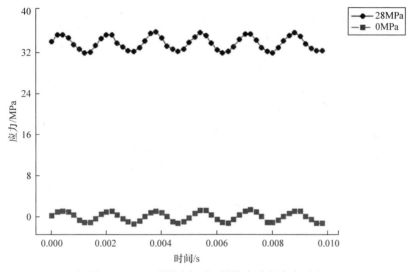

图 10.1.24 不同压力下 1 号应变片的应力对比

对四通接头处分别施加 1mm、2mm、3mm 和 4mm 的初始安装偏差，模拟不同的安装应力，如图 10.1.25 所示。4 号导管连接安全活门端是固定约束，在安装

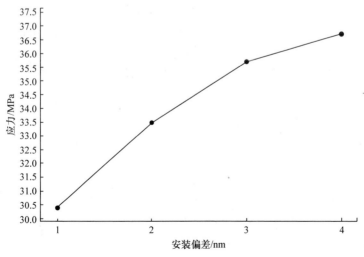

图 10.1.25 不同安装偏差下 1 号应变片的应力实测结果

时如果存在安装偏差，应力会集中到固定约束处，因此 4 号导管连接安全活门端的根部会受到较大的应力，从试验结果中发现安装偏差越大，1 号应变片测得的应力越大，在内部油压和外部振动的环境下会加剧导管的破坏，因此在安装导管时应该通过适当的调整，尽量消除安装偏差[10-11]。

10.1.7　改进建议及分析

为了快速解决实际工程液压管路的故障问题，按照最小改动的原则，即结构形式保持不变，寻求较小改进即能够改善或纠正故障的方案。目前有以下几点改进建议，根据建议对模型进行分析，以确认改进的有效性和合理性[12]。

1. 改进措施一——减小故障肘形导管的总长度

研究肘形导管长度变化对四通管路系统模态特性的影响，从而得到导管长度与其固有频率的关系。首先，建立不同长度导管的几何模型，长度变化规则为总长度控制在 180～205mm，六种不同弯曲半径的导管长度分别为 180mm、185mm、190mm、195mm、200mm、205mm，每个导管长度增加步长为 5mm。因为安全活门的位置和四通接头的位置是固定的，所以确定两个固定端的坐标以后，通过改变 4 号导管的弯曲半径的方法减小 4 号导管的长度，如图 10.1.26 所示。

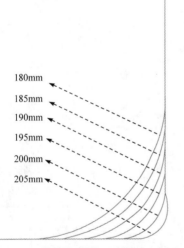

图 10.1.26　肘形导管不同管长示意图

通过相同方法，对这六种不同长度的肘形导管进行模态特性计算，图 10.1.27 给出了肘形导管总长从 180mm 增加到 205mm 过程中(通过保持从安全活门到四通下接头位置不变，改变弯头的曲率半径来实现)管路系统的固有频率，

Tabular Data	
Mode	✔ Frequency [Hz]
1	1.	195.45
2	2.	273.44
3	3.	381.32
4	4.	486.68
5	5.	551.6
6	6.	623.52

(a) 180mm

Tabular Data	
Mode	✔ Frequency [Hz]
1	1.	193.57
2	2.	271.41
3	3.	379.35
4	4.	479.33
5	5.	542.52
6	6.	616.43

(b) 185mm

Tabular Data	
Mode	✔ Frequency [Hz]
1	1.	192.87
2	2.	270.77
3	3.	378.05
4	4.	474.79
5	5.	537.67
6	6.	613.88

(c) 190mm

Tabular Data		
	Mode	Frequency [Hz]
1	1.	192.28
2	2.	270.25
3	3.	376.78
4	4.	470.52
5	5.	533.87
6	6.	611.25

(d) 195mm

Tabular Data		
	Mode	Frequency [Hz]
1	1.	191.79
2	2.	269.83
3	3.	375.54
4	4.	466.52
5	5.	530.84
6	6.	608.36

(e) 200mm

Tabular Data		
	Mode	Frequency [Hz]
1	1.	191.36
2	2.	269.49
3	3.	374.24
4	4.	462.48
5	5.	528.11
6	6.	605.05

(f) 205mm

图 10.1.27　肘形导管总长从 180mm 增加到 205mm 过程中管路系统的固有频率

结果表明，当肘形导管长度改变后，五阶、六阶频率均呈小幅下降趋势。但是所有长度的固有频率计算结果仍然处于共振频段[530Hz，630Hz]，引发共振失效的可能性非常大。

继续观察不同肘形导管长度管路系统的模态振型，如图 10.1.28 所示，可以发现故障导管的危险振型并没有改变。从模态分析结果可知，不同肘形导管长度下

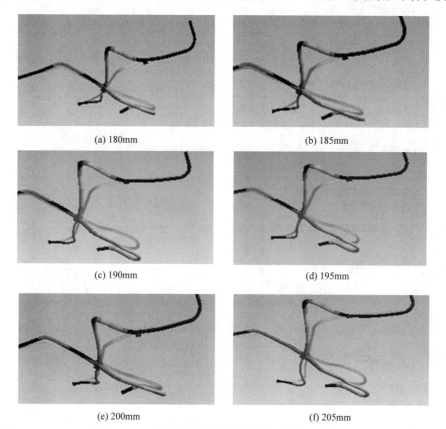

(a) 180mm　　　　　　　　　　(b) 185mm

(c) 190mm　　　　　　　　　　(d) 195mm

(e) 200mm　　　　　　　　　　(f) 205mm

图 10.1.28　不同肘形导管长度管路系统第六阶振型

四通管路的固有频率并没有明显的改变，仍然处于共振频段[520Hz，630Hz]；且第六阶振型为垂直于航向方向的水平摆振，因此改变导管长度对系统的模态特性几乎没有影响，也不能改变故障导管的弯曲应力状态振型。

对不同长度的 4 号导管的四通管路模型施加各自共振频率下的激励，进行谐响应分析，得到不同长度导管的振动应力，如图 10.1.29 所示。可以看到，在谐振频率激励下，导管的振动方向为垂直于航向方向的水平摆动，最大应力在导管与平管嘴接触部位的外侧，但是不同管长对应的最大应力不同。当导管长度为 180mm 时，最大应力约为 17MPa(图 10.1.29(a))；导管长度为 185mm 时，最大应力约为 23MPa(图 10.1.29(b))；导管长度为 190mm 时，最大应力约为 34MPa(图 10.1.29(c))；导管长度为 195mm 时，最大应力约为 48MPa(图 10.1.29(d))，此时已经超过了飞行器管路的动应力标准规定的 40MPa；导管长度为 200mm

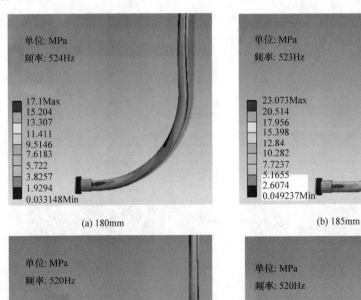

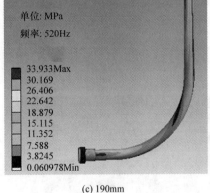
(c) 190mm

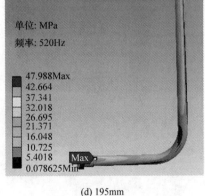
(d) 195mm

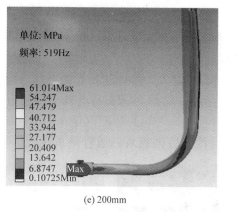 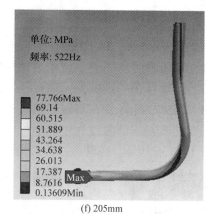

(e) 200mm　　　　　　　　　　　　　　　(f) 205mm

图 10.1.29　不同肘形导管长度管路振动的应力云图

时，最大应力约为 61MPa(图 10.1.29(e))；导管长度为 205mm 时，最大应力约为 78MPa(图 10.1.29(f))。

图 10.1.30 是 4 号导管在发动机开车频段发生共振时肘形导管根部的最大振动应力随管长的变化趋势图，可以看到在第六阶固有频率下发生简谐共振时，导管的振动方向是水平摆动，导管根部的最大应力总是出现在导管与平管嘴接触部位的外侧，导管的长度越大，导管根部的振动应力越大，呈快速上升趋势。因此，减小 4 号导管的长度，虽然不能改变管路系统的模态特性，但是可以降低该肘形导管水平摆振带来的"甩尾"效应，有效降低导管根部的振动应力。

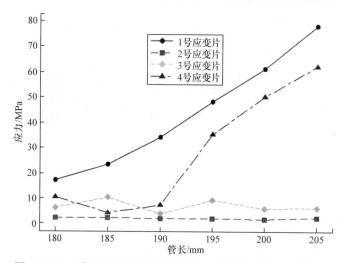

图 10.1.30　肘形导管根部的最大振动应力随管长的变化趋势图

2. 改进措施二——消除安装偏差

导管安装时的无应力安装，是指导管与附件和固定件之间的不贴合度、不同轴度和偏斜度均要满足技术文件规定要求。带应力安装为实际安装位置与理论安装位置存在一定偏差，这对导管的损害非常大，会加速导管的破坏。检查发现大多数故障导管在与四通接头连接端拆开以后，四通接头与 4 号导管有不同程度的偏差。试验过程中肘形导管与四通接头之间的装配也存在类似问题，如图 10.1.31 所示，这里通过仿真分析来讨论安装偏差对四通管路系统的影响。

图 10.1.31　不同安装偏差图

目前，初始安装应力仿真主要运用强迫位移法、轴对称基础单元法和三位接触单元法等。由于实际的安装应力大小很难定量，在模拟安装应力时通常无法直接施加一个确定大小的力来进行分析，而且在地面检修时发现，拆开四通接头与 4 号导管后，发现两者的中心轴线存在不同程度的偏差，因此采用强迫位移的方法，在四通接头处施加不同大小的强制位移，模拟安装偏差进行分析，见图 10.1.32。

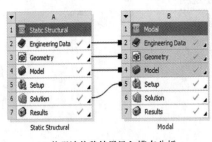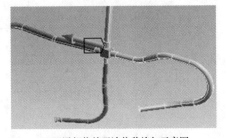

(a) 将强迫位移结果导入模态分析　　　　　　(b) 四通部位的强迫位移施加示意图

图 10.1.32　采用强迫位移法模拟肘形导管与四通接头的安装预应力

图 10.1.33 是四通管路系统在不同安装偏差(模拟肘形导管与四通接头的安装偏差)时的固有频率变化趋势图，可以看到，有安装偏差时管路系统的固有频率相比没有安装偏差时明显增大，这是因为安装偏差产生了局部变形，相当于提升了

整个四通管路系统的刚度。

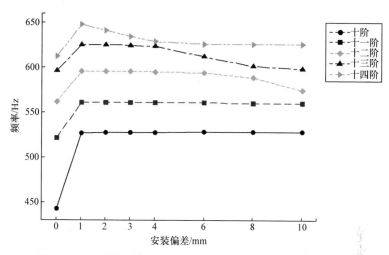

图 10.1.33 不同安装偏差下四通管路系统的固有频率变化趋势

对比无安装偏差和安装偏差为 1mm 时，四通管路在 500～650Hz 的振型 (图 10.1.34)。可以发现，安装偏差的存在虽然提升了四通管路系统的刚度，提高了系统的固有频率，但是没有改变其危险振型或者说危险振型并没有移出发动机开车范围 550～630Hz。

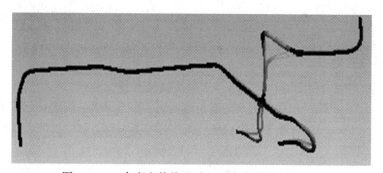

图 10.1.34 存在安装偏差时四通管路系统的振型图

图 10.1.35 是不同安装偏差时导管根部应力随安装偏差变化趋势，从图中可以看到导管根部应力随着安装偏差的增大近似呈线性增长，安装偏差越大，4 号导管受到的根部应力越大，与试验测试结果趋势一致。在振动环境下，导管承受如此大的应力会加剧它的破坏，特别是当简谐共振发生该模态振型，4 号导管发生垂直于航向方向的水平摆振时，导管可能会迅速失效。

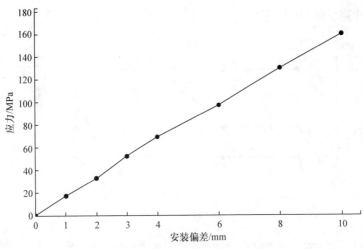

图 10.1.35　不同安装偏差时导管根部应力随安装偏差变化趋势

从上述分析中可以得知，当存在安装偏差时，四通管路系统会产生特定的变形，相当于提高了管路系统的刚度，管路系统的固有频率相较无安装应力时有明显的增大，但是固有频率在 550～630Hz 仍然会落入发动机开车的共振区，而且振型没有发生变化；此外，存在安装偏差会使导管根部受到的应力急剧上升，而且随着位移载荷的增加，导管根部所受应力增大，在振动环境下，承受如此大的应力会加剧导管的破坏。综上，安装偏差对四管路系统的作用是负面的，要尽量消除安装偏差，防止导管过早地损坏。

3. 改进措施三——增大肘形导管的管径

四通结构的使用能够在一定程度上减少管路数量，降低管路结构的质量。但是，从动力学角度而言，需要对该结构进行细致的动力学分析，以避免可能的动强度失效。悬空的四通管路结构形式，类似古代打地基的带绳子的"石夯"，如图 10.1.36 所示，这种结构在振动环境下易诱发振动。另外，由于 1、2、3 号管较粗(12mm)，4 号管较细(8mm)，成为系统的薄弱环节，失效发生在 4 号管也就不足为奇了。那么，增加

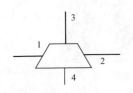

图 10.1.36　四通管路结构

4 号管的管径是否可行呢？下面通过仿真计算予以分析。

从图 10.1.37 可以看到，改变导管直径后四通管路系统的共振振型还是垂直于航向方向的水平摆振，没有改变危险振型，对其进行谐响应分析发现，在共振频率下，4 号导管根部最大应力达到了 100MPa，虽然 4 号导管的强度随着直径和壁厚的增加而增大，但是在如此大的振动应力下，破坏还是难以避免的，因此增

大管径并不能解决故障问题。

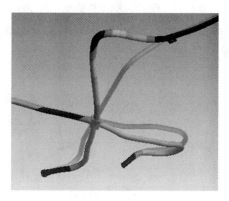
(a) 振型

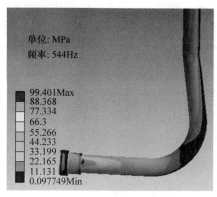

单位: MPa

频率: 544Hz

99.401Max
88.368
77.334
66.3
55.266
44.233
33.199
22.165
11.131
0.097749Min

(b) 应力云图

图 10.1.37　肘形导管管径为 12mm 时的振型和应力云图

4. 改进措施四——在肘形导管上增加卡箍约束

从上面的分析可以看出，4 号导管的危险振型是垂直于航向方向的水平摆振，如果在导管的弯曲部位用一个卡箍或者硬管夹将其约束起来，那么就有可能将这个水平摆振的振型抑制住，进而避免 4 号导管根部再次发生裂纹故障。在弯曲部位施加约束，重新求解管路系统的模态，如图 10.1.38 和图 10.1.39 所示。

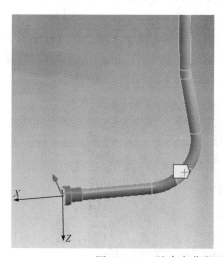

	Mode	Frequency [Hz]
1	1.	86.208
2	2.	160.62
3	3.	199.86
4	4.	208.33
5	5.	256.71
6	6.	339.19
7	7.	373.79
8	8.	394.47
9	9.	474.1
10	10.	532.63
11	11.	555.22
12	12.	582.66
13	13.	595.76
14	14.	615.84
15	15.	724.97

图 10.1.38　约束弯曲段后的前十五阶固有频率

约束 4 号导管弯曲段后四通管路系统的固有频率有所提高，但仍然有 5 阶固有频率落在了 500~650Hz，只有在 529Hz 固有振型下 4 号导管才有轻微幅度的振动，也就是说在发动机开车范围内，4 号导管几乎不会发生大幅度的振动，这样也确保了 4 号导管的安全性和可靠性。但这种简单加强式的改进方案，应防止故障转移问题，而应力集中的位置也从连接安全活门端转移到了卡箍 1 附近(如此时卡箍 1 变为薄弱环节)。而且，由于飞行器管路的受限弱支撑结构特点，即该管系所处的位置空间狭小，4 号导管弯曲段旁边也没有任何可支撑的梁或肋板，该方法无法被直接实现，因此放弃该修改措施。

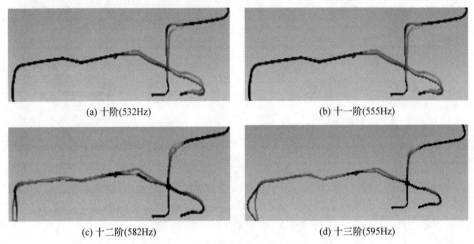

(a) 十阶(532Hz)　　　　　　　　　　　　(b) 十一阶(555Hz)

(c) 十二阶(582Hz)　　　　　　　　　　　　(d) 十三阶(595Hz)

图 10.1.39　约束弯曲段后振型图

5. 改进措施五——移动 2 号导管上的卡箍

由于管路系统的模态与它受到的约束有关，2 号导管上卡箍位置可以在图 10.1.40 上的暗色区域移动，可移动区域总长为 80mm，从 0～65mm 改变卡箍与管路暗色区域左边界的距离 a，步长为 5mm。

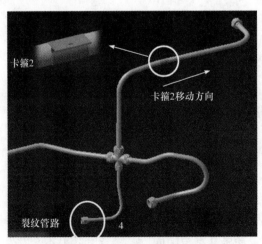

图 10.1.40　卡箍可移动的位置示意图

图 10.1.41 是四通管路系统处于发动机开车频段内的固有频率随卡箍位置变化趋势图，这里主要关注的是 500～650Hz 范围内的发动机开车频率。从图中可以看到，在发动机开车频段，四通管路系统的第十一阶固有频率变化最为明显，卡箍向右移动到 15mm 的时候，四通管路系统的固有频率已经低于了 500Hz，此时已经脱离了发动机的开车频率范围；第十二阶、十三阶固有频率几乎没有变化；第十四阶固有频率有略微下降的趋势。振型分析结果表明，四通管路系统在该频段下的固有振型都不以 4 号导管为主，因此当卡箍移动到 15～65mm 时，在发动机开车频率 500～650Hz，4 号导管已经脱离危险区。

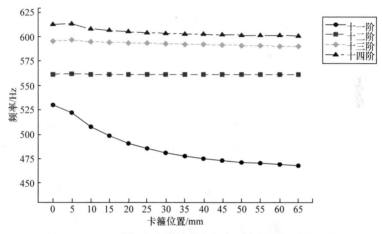

图 10.1.41　开车频段内管路固有频率随卡箍位置变化趋势

图 10.1.42 是不同卡箍位置下的第十一阶振型图，可以看到，随着卡箍向右移动，四通管路系统的第十一阶振型也发生了变化，4 号导管垂直于航向的水平摆

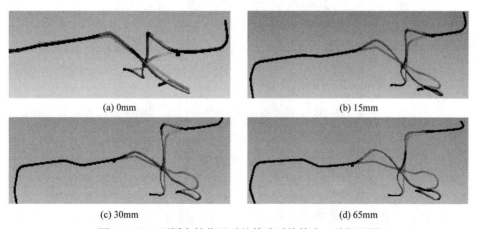

(a) 0mm　　　　　　　　　　　　　　(b) 15mm

(c) 30mm　　　　　　　　　　　　　　(d) 65mm

图 10.1.42　不同卡箍位置时的管路系统第十一阶振型图

振幅度越来越小，慢慢变成了上下摆振。改变 2 号导管上卡箍的位置不但能使四通管路系统的第十一阶固有频率避开发动机的开车频率，而且改变了第十一阶危险振型。

综上所述，为了避免故障的再次发生，在不较大改变原有管路结构形式的前提下，应采取以下措施：

(1) 缩短 4 号导管的长度，分析实例中选取 180mm 较为合适；

(2) 在导管安装过程中消除安装偏差；

(3) 将 2 号导管上的浮动卡箍向右移动到 15～65mm。

10.2 某型飞机液压管路流固耦合动力学响应与试验验证

10.2.1 某型飞机液压管路故障概述

某型飞机右发动机舱与右尾梁附近的液压系统，常常出现故障转移的现象，裂纹在框肋(T 形肋)、卡箍、穿墙接头、机体壁板等多个位置发生(图 10.2.1)，属于多发顽固型故障，有必要从流固耦合动力学角度分析故障机理。

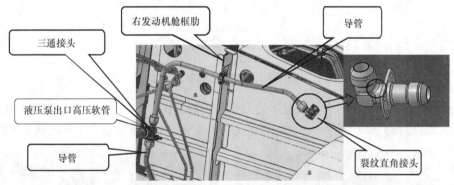

图 10.2.1　裂纹接头在飞机上的安装部位及穿墙直角弯头裂纹位置

10.2.2 导致管路故障的可能因素分析

为了全面分析故障诱因，对所有可能因素进行逐一排查。首先应排除断口处可能存在的材料缺陷，该规格管材在该系列飞机上都有应用，材质及制造工艺稳定，通过对故障导管的材料规格进行检测，未发现明显加工瑕疵、材料夹杂等，符合要求。进一步分析工艺、装配等方面的因素，对该钛合金接头的锻造及热处理工艺进行复查，消除三通接头相连接导管的不贴合度导致的安装应力。

监测了穿墙直角接头附近管路的振动响应，导管应力测试数据表明，发动机不同工况开车转速达到 80%～85%时，与断裂接头连接的直角接头导管弯部应力值偏大,超出了不大于 40 MPa 的设计要求。测试过程中该部位导管应力超标的同时,振动响应也偏大,除去管路接头质量和制造工艺方面的因素,初步分析认为,当液压管路的固有频率与液压泵某个工作频率相近时,液压管路由于谐振产生较大的振动,即液压管路的固有频率与液压泵工作频率可能存在耦合情况。本小节仅从结构流固耦合动特性角度分析管路系统工作时存在高应力及其裂纹成核的原因。

在流固耦合因素方面考察管路系统工作时存在高应力的原因,包括是否存在气蚀导致的液压冲击、导管布局走向是否合理以及振动环境的影响。

(1) 液压系统排气不彻底:经与工艺人员沟通以及现场实际检查,未发现明显的气蚀现象,确认在地面开车前,液压系统已经按技术条件要求进行了排气工作。

(2) 管路系统与液压泵脉动耦合产生谐振:从导管应力和振动测试数据分析来看,导管的振动频率与液压泵的脉动频率相近,为 400~650Hz;当液压管路的固有频率与液压泵工作频率相近时,液压管路产生较大的振动,管路的应力水平也较高,表明液压管路的振动与液压泵工作频率存在耦合关系。

(3) 管路系统与发动机振动耦合产生谐振:从单、双发动机开车振动测试数据看,发动机振动频率约为 240Hz。

(4) 液压泵压力脉动超标:机上压力脉动测试结果表明,液压泵与系统附件匹配良好,满足技术规范中不大于 4.2MPa 的要求。

10.2.3 故障管路的流固耦合振动特性预测

为了验证液压管路的振动与液压泵工作频率是否存在耦合,需要对管路结构进行模态特性分析。这里首先采用本书第 2 章提出的基于组集方法的复杂管路系统流固耦合模型,对该段管路进行建模。首先将管路分解为若干个直管段和弯管段,该空间管路包含 6 根直管和 4 根弯管,弯曲半径均为 56 mm,如图 10.2.2 所

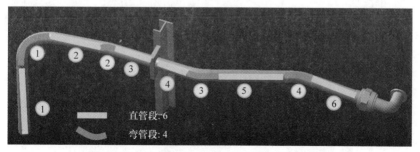

图 10.2.2   将管路分解为若干个直管段和弯管段

示。根据第 3 章所述的复杂管路系统流固耦合建模的组集方法，对直管和弯管分别建立其流固耦合模型，然后进行组集。在直管段 3 和 4 的中间位置附近，有一个支撑卡箍，支撑部位的理论建模可以采用刚度模拟或者固定铰支模拟。金属卡箍刚度较大，可以采用固定铰支模拟。

管路和液压油的性能，如表 10.2.1 所示。管内工作油压 28 MPa，根据泵流量和管路截面积(管路外径 16mm，壁厚 1.2mm)，换算得到流体的平均流速 $V =$ 28.25m/s。

表 10.2.1　管路和液压油的性能

E/GPa	外径/mm	内径/mm	泊松比	管路密度/(kg/m³)	流体密度/(kg/m³)
200	16	13	0.3	7850	890

这里采用组集模型方法计算研究对象管路的模态特性(固有频率和振型)。弯管采用以直代曲的方法进行计算，即将直管进行分段，代替曲管进行计算。在本例中，将每个曲管分为 5 段进行计算，可以建立其流固耦合动刚度矩阵(式(10.2.1))。得到每个管路单元在全局坐标系下的动刚度方程之后，根据管路中节点的位置，利用与有限元法类似的技术对其进行拼装，得到整个管路系统在全局坐标系下的动刚度方程。边界为管路结构两端固定，中部卡箍固定的约束。被测管路固有频率的理论预测结果如图10.2.3 所示。图中横坐标为频率，纵坐标为动刚度矩阵行列式幅值的对数，图中还标出了对应的理论固有频率。

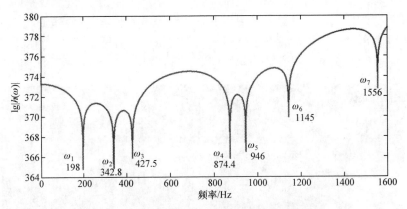

图 10.2.3　被测管路固有频率的理论预测结果

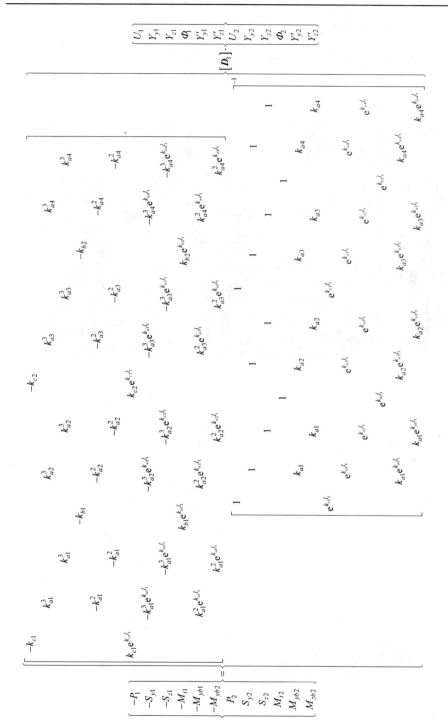

$$(10.2.1)$$

10.2.4　故障管路的模态特性试验

　　模态试验的主要测试设备包括模态数据采集和测试系统(力锤、8 测点、模态分析软件 Modal Genius，如图 10.2.4 所示)以及 NI 动应力数据采集器。将每个加速度传感器与数据采集器对应的通道连接并标记。

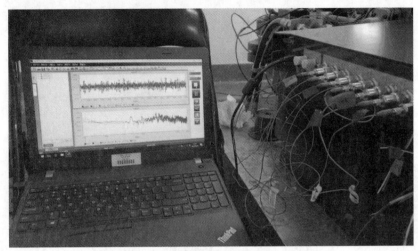

图 10.2.4　模态数据采集和测试系统

　　对该段管路模态特性进行试验测试，被测管路的左下端连接三通(三通固定)，右端通过直角接头穿墙与另一个管路相连。管路中部通过一个单点悬臂卡箍连接在框肋上。根据被测液压管路结构特点，其有两个振动主方向，分别是管路所处的自身平面，即面内振动，以及与 L 形管所在平面垂直的平面，即面外振动(横向振动)，如图 10.2.5 所示。由于横向振动更易被激发并且是管路失效的主模式，因此重点测试管路结构的横向振动。

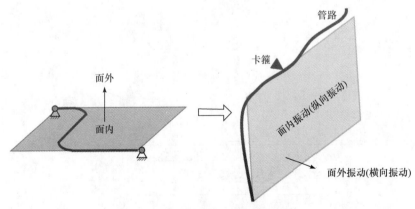

图 10.2.5　被测管路的面内和面外的定义

　　为提高模态参数的识别精度，必须合理地布置激励点和响应点的位置，最大限度地减少模态丢失。激励点的选取方法是首先选择几个不同的点分别激励，测得几个频率响应函数，然后对其比较，评估测试结果的可靠性。在被测管路结构上沿着管路外侧表面中线依次粘贴 7 个轻质加速度传感器(PCB，质量 0.5g)，包括入口三通位置、卡箍位置和穿壁板接头等重要位置的测量(图 10.2.6)。

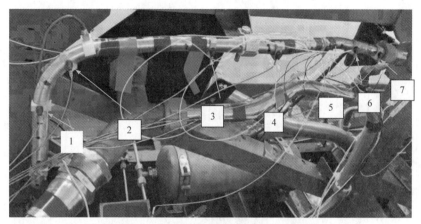

图 10.2.6　加速度传感器测量振型布置位置

　　模态试验时，通过参考理论分析结果与多次尝试相结合的方法选择合适的敲击点。测试系统主要完成力锤激励信号及各点响应信号时间历程的同步采集，对试验测量的输入力信号和响应的时间历程信号，运用数字信号处理技术进行处理，获得管路系统频率响应函数，然后利用参数识别方法得到液压管路的模态参数。频率测试结果如图 10.2.7 所示。

　　理论计算结果与试验结果对比(2000 Hz 以内)列于表 10.2.2。可以看到采用基于组集方法的流固耦合模型的预测精度与试验吻合较好。同时也说明，该管路的固有频率未与发动机振动频率(240Hz)重合，因此影响因素分析中未有明显的与发动机的振动耦合现象。

　　上述试验测试的主要误差来源如下。

　　(1) 面内、面外振动有重叠。测试管路都是空间不规则管形，三维空间管形难以严格区分面内、面外振动，导致在试验测试中，既出现面内振型又出现面外振型，即会出现很多尖点。

　　(2) 实际装配与理想模型的差异。实际管路装配的尺寸、约束、间隙与计算模型有一定差异，对卡箍、直角弯头、转接头的简化会引起误差。

　　(3) 装配台架、壁板的简化。三通和穿墙壁板按理想固定约束来简化。为减小模型的计算规模，理论模型是理想化的被测管路，固定管路采用的台架、壁板和

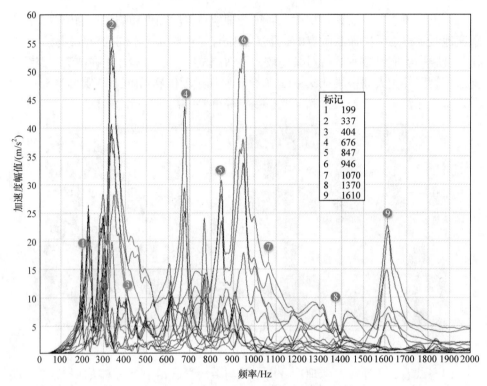

图 10.2.7　被测管路采用敲击法获得的 FRF

表 **10.2.2**　理论计算结果与试验结果对比(2000 Hz 以内)

阶数	频率/Hz		相对误差/%
	理论结果	试验结果	
一阶	198.00	197.97	0
二阶	342.80	382.96	10.4
三阶	427.50	418.00	2.2
四阶	874.40	879.51	0.6
五阶	946.00	1015.82	6.8
六阶	1145.00	1243.00	7.9
七阶	1556.00	1557.00	0

与管路相连的其他部分未考虑在内。

　　理论仿真得到的振型与试验测试振型对比如图 10.2.8 所示,两者基本保持一致。计算在指定激励频率下的谐响应,即指定点的加速度响应和对应的管路根部处的最大应力。理论计算得到的最大动应力位置与测试结果一致。

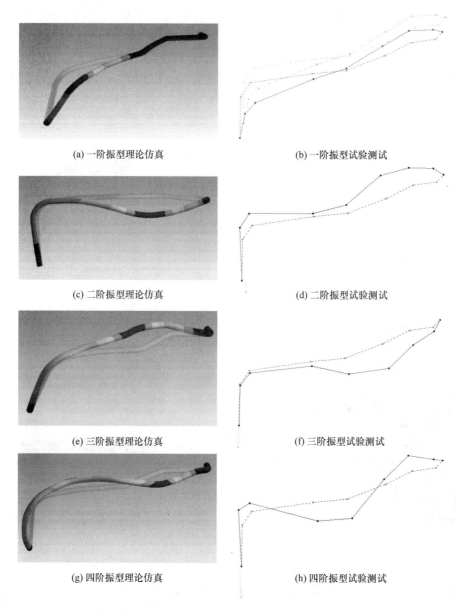

(a) 一阶振型理论仿真　　　　　　　　(b) 一阶振型试验测试

(c) 二阶振型理论仿真　　　　　　　　(d) 二阶振型试验测试

(e) 三阶振型理论仿真　　　　　　　　(f) 三阶振型试验测试

(g) 四阶振型理论仿真　　　　　　　　(h) 四阶振型试验测试

图 10.2.8　被测管路流固耦合振型仿真结果与试验测试结果一览(前四阶振型)

10.2.5　开泵状态下管路的动应力试验

动应力试验的目的是测量结构对周期性激励下的应力响应。由于飞行器液压管路结构共振状态下主要产生横向振动，会在管路结构的固定根部产生较大的弯曲动应力。这种情况的动应力测试，应变片应靠近导管的端部 4～5mm 处。对于被测管路，应变片粘贴方案如图 10.2.9 所示，两个端部、靠近卡箍位置这三个位置各粘贴 2 个应变片，液压管路总共粘贴 6 个应变片。在导管的面内、面外两个侧面各贴 1 个轴向应变片，两个应变片相隔 90°。应变片粘贴实物图如图 10.2.10 所示。

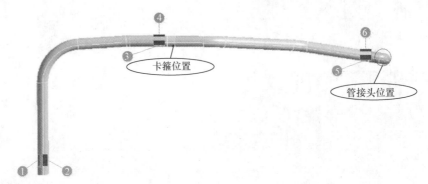

图 10.2.9　被测管路的应变片粘贴方案

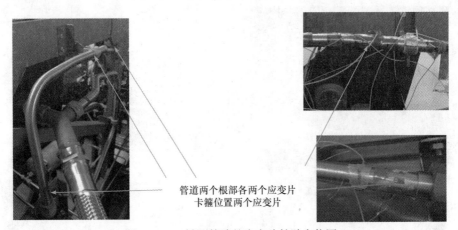

图 10.2.10　被测管路的应变片粘贴实物图

为了防止应变片在振动过程中脱落，或者试验过程中其他因素对其造成干扰，将贴好的应变片用透明绝缘胶带做裹敷，应变片延伸的两个导线(绝缘的)也做适当固定，如图 10.2.11 所示。

可以采用 NI 数据采集器采集动应力数据，如图 10.2.12 所示。开泵实施液压台流固耦合综合测试，激励谱为液压铁鸟台的液压泵在不同转速时的运行工作谱(即扫频方式)。阀门首先关闭，泵转速从 20%额定转速开始，以 5%递增，最终加到 90%。采集管路动应变和振动加速度。

图 10.2.11 将贴好的应变片绝缘处理

图 10.2.12 动应力数据采集

图 10.2.13 为管路 3 号测点的扫频结果，可用来预测固有频率的大致位置，箭头之间以 140Hz 开始，中间出现波动值较大处即为固有频率的大致位置。图中出现 3 个峰值，固有频率范围在 175～210Hz、280～315Hz、420～455Hz。

为了分析卡箍对管路结构振动响应的影响，选择泵源正常工作状态，即 80% 额定转速时的驻留频率，此时对应的脉动频率在 400～450Hz，分别测试管路各个测点在卡箍拧紧情况下的振动加速度响应，结果如图 10.2.14 所示。

将管路的卡箍松动后，重新开泵将其设置在 80% 额定转速的工作状态，测试管路上各个测点的稳态响应，结果如图 10.2.15 所示。

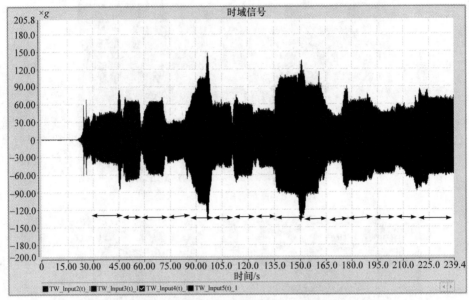

图 10.2.13　采用扫频方式获得的管路的加速度响应(3 号测点)

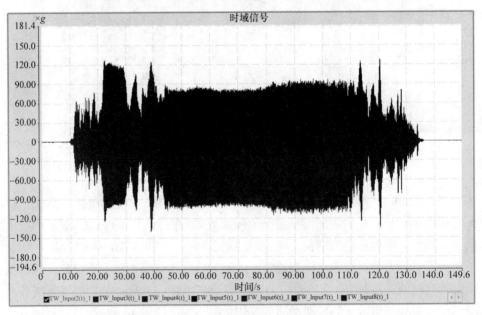

(a) 1号测点

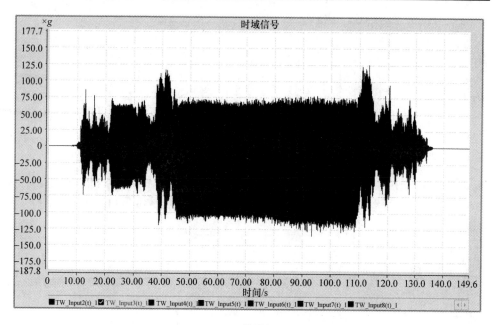

(b) 2号测点

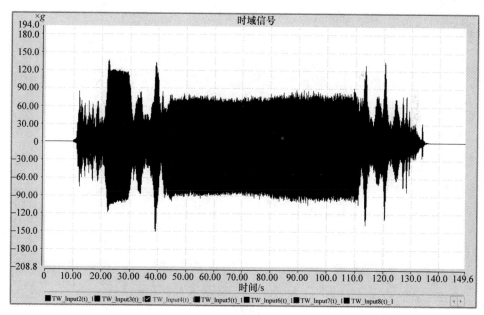

(c) 3号测点

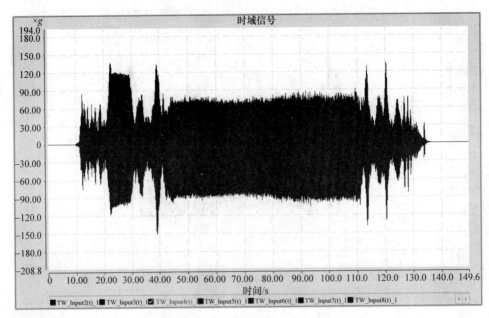

(d) 4号测点

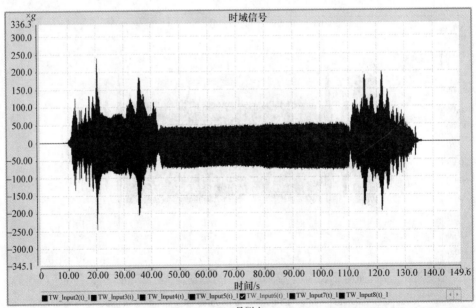

(e) 5号测点

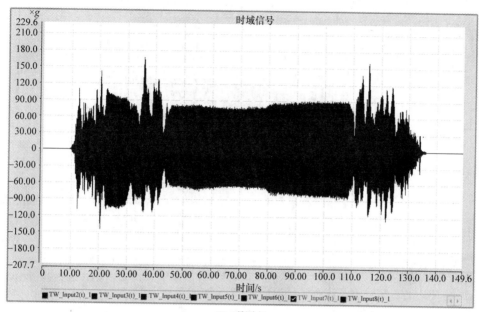

(f) 6 号测点

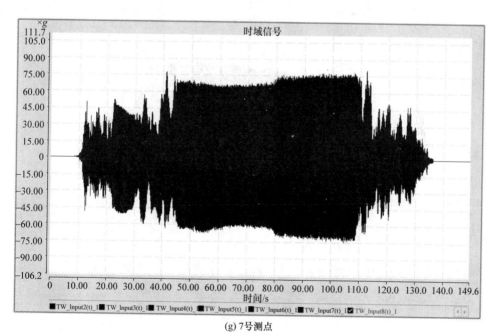

(g) 7 号测点

图 10.2.14 80%额定转速时各个加速度测点的加速度响应(卡箍拧紧)

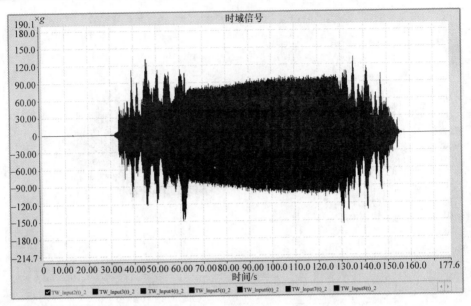

(a) 1号测点

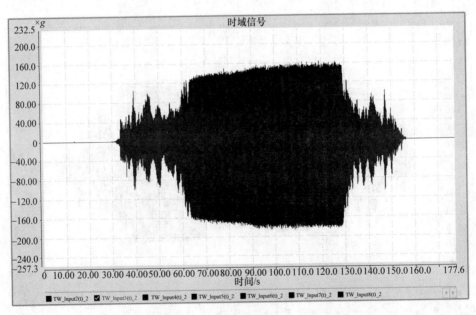

(b) 2号测点

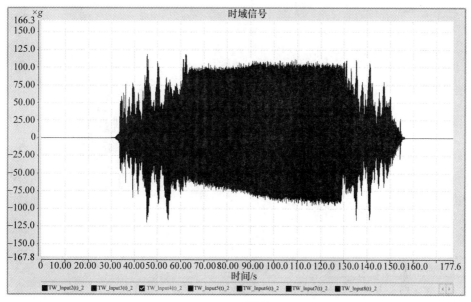

(c) 3号测点

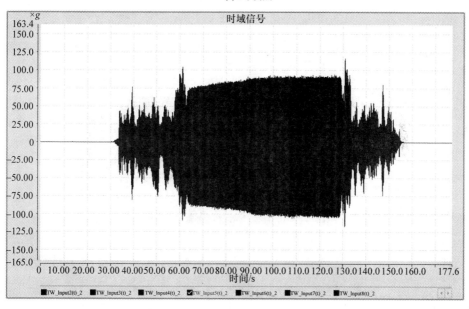

(d) 4号测点

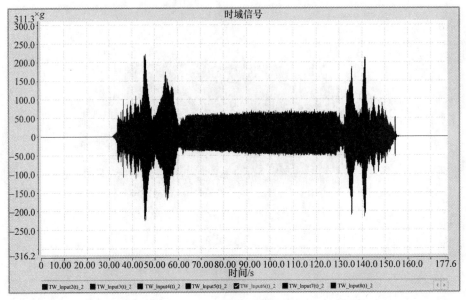

(e) 5号测点

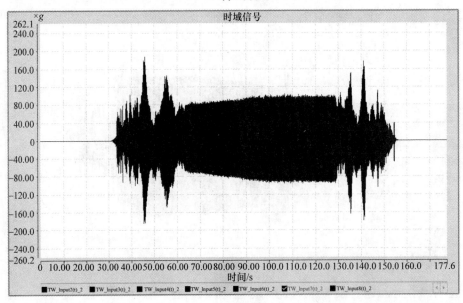

(f) 6号测点

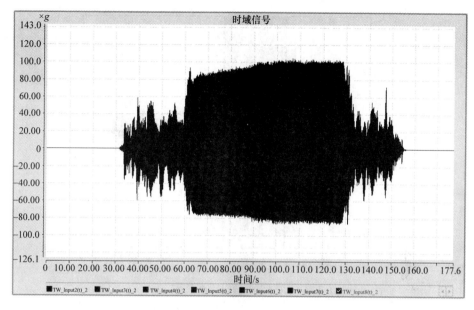

(g) 7号测点

图 10.2.15 80%额定转速时各个加速度测点的加速度响应(卡箍松动)

上述测试结果说明，该管路中卡箍管路两侧的测点，即 3 号和 4 号测点，加速度落差较为显著，表 10.2.3 中数据表明在 400~450Hz 频段时，管路发生的是卡箍两侧的摆振，也就是说结构是一种"哑铃"状振动不稳定结构。在这种振型下，右发动机舱框肋处易发生裂纹，与故障现象一致。

表 10.2.3 卡箍拧紧和松动状态时在 80%额定转速下管路各个测点加速度幅值最大值对比 (单位: g)

测点编号	1 号	2 号	3 号	4 号	5 号	6 号	7 号
卡箍拧紧	105	117	92.5	30	72.5	90	74
卡箍松动	100	176	85	101	46	97	99

继续对比泵转速在 80%时，闭阀和开阀两种工况下应变片的测试结果，分别如图 10.2.16 和图 10.2.17 所示，可以看到除 2 号应变片以外，所有应变片的测试结果是开阀状态大于闭阀状态，说明管内液体非定常流动脉动引起的振动应力大于无流加压的状态，定量对比见表 10.2.4。

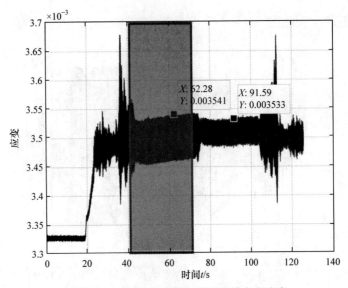

图 10.2.16　闭阀 80%额定转速下动应变响应

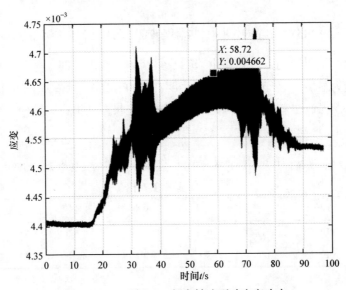

图 10.2.17　开阀 80%额定转速下动应变响应

表 10.2.4　80%额定转速下闭阀、开阀两种状态的动应变响应对比

项目	1 号片	2 号片	3 号片	4 号片	5 号片	6 号片
闭阀	0.008575	0.01198	0.005815	0.003541	0.0078	0.008083
开阀	0.008937	0.01008	0.007839	0.004662	0.009081	0.00931
变化量/%	+4.2	−15.8	+34.8	+31.6	+16.4	+15.2

10.2.6　故障管路的流固耦合仿真

对实际故障管路进行流固耦合建模,如图 10.2.18 所示。入口流速为 28.25m/s,管径为 13mm,出口压力为 28MPa,脉动频率为 450Hz,压力脉动幅值约为额定压力的 6%(实测结果)。管路两端固定,卡箍位置约束 X、Y 方向位移。

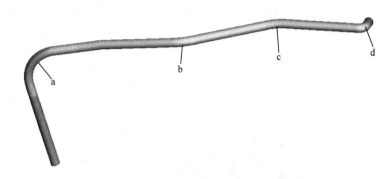

图 10.2.18　被测管路四个弯曲段的测点位置示意图

流固耦合理论分析表明,管路的弯曲布局走向体现在方程的流固耦合项中。因此,重点监测在四个弯曲段上的 a、b、c、d 四点(图 10.2.18)。在这四点处,将靠近圆心和远离圆心(靠近管壁)的两点的压力作差。由图 10.2.19 可知,d 点所在弯曲段的内外壁面的压力差较大。在该位置流体对管壁的压力远大于其他三个弯

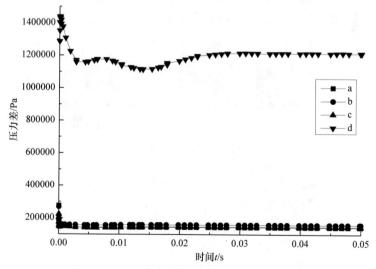

图 10.2.19　四个弯曲段测点处的内外侧压力差

曲段。主要是 d 点处直角弯头的弯曲半径小，弯曲角度小，产生了较大的涡流区，影响接头处的流场。

压力差按照大小顺序为 d>b>c>a，在管路后半段，压力对管壁的作用逐渐增大。在 d 点处的内壁出现了极小值，使该位置内外壁面压力差增大。弯曲内侧的压力一般小于弯曲外侧的压力，这时管壁受到沿着弯曲半径向外的作用力，d 点弯曲处这个作用力更大，如图 10.2.20 所示，容易造成直角弯头内窝处疲劳破坏。

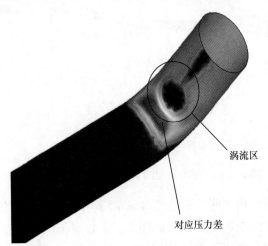

图 10.2.20　直角弯头处(d 点)的应力分布云图

观察如图 10.2.21 所示的管内流速分布，直角弯曲内侧产生了较大的涡流区，造成接头位置的流场异常混乱，内侧和外侧有较大的压力差，流体对内、外管壁的

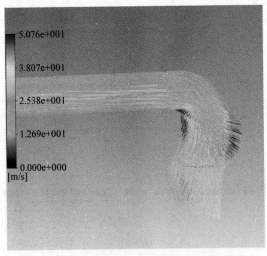

图 10.2.21　被测管路中直角弯管部分的流速分布

作用力不同，在该点处形成持续的激励源，造成管接头疲劳失效。

　　在液压泵工作频率 400～650Hz，管路系统在液压泵的激励下发生共振时，计算共振频段下(这里取 450Hz，对应 80%的额定转速)穿墙直角弯头的谐响应。3 号和 5 号测点的振动应变仿真计算结果见图 10.2.22 和图 10.2.23。动应力选取稳态下，波峰、波谷所在时间点的应变数值。右发动机舱框肋连接卡箍位置和穿墙直角弯头弯曲处容易发生破坏。

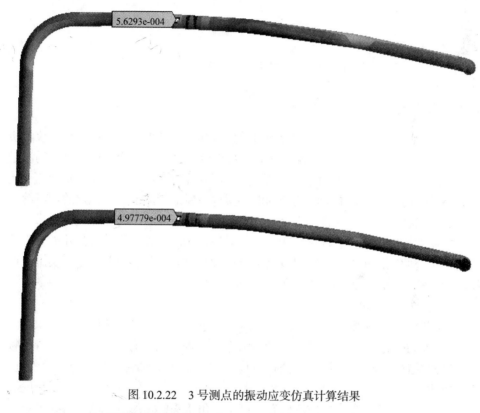

图 10.2.22　3 号测点的振动应变仿真计算结果

图 10.2.23　5 号测点的振动应变仿真计算结果

10.2.7　降低管路系统应力的措施

上述液压管路系统的流固耦合动力学分析和试验结果表明：该管路的故障机理是管内的高压高速流体在末端直角弯头处流动状态出现剧变，产生持续的激励源，而且该激励源的频率(由泵产生)恰好与管路的固有频率 400～500Hz 接近，此时管路结构的固有振型是卡箍两侧的面外摆振，L 形管路变成不稳定的"哑铃"状结构。对管路而言，卡箍约束处、直角弯头处容易产生振动疲劳失效。另外，该振动还被传递到隔板、框梁结构上，造成该结构的撕裂。因此，消除或者降低直角弯头处的流体压力脉动、对管路进行调频是排除故障的主要措施。实施这些措施后，故障管路的振动应力有了进一步的下降。

主要排除措施如下。

(1) 消除管路安装过程中存在的初始安装应力，能够降低液压泵工作状态下管路系统的动应力值；导管带安装预应力会大幅增大动应力值，因为此时导管根部已经提前施加了含扭转应力状态的预应力，会大幅削弱管路结构的抗疲劳性能，应予以重视。

(2) 改善直角弯头部位流体突变。穿墙直角接头的角度对于高压高速流体而言，管形变化较大，极易产生涡流和二次流，将在该弯头处产生持续激励，管路的变形易在直角肘窝处产生弯曲应力，因此在直角弯头处产生裂纹就不足为奇了。仿真表明直角弯头处流体运动变化剧烈，加之管路频率与泵源脉动频率重合，形成持续共振激励源。为了降低流固耦合振动的影响，改进方案中将原来的直角钛合金接头更换成弯角为 100°不锈钢材质接头，如图 10.2.24 所示。更换材料主要是考虑增强接头的疲劳性能。

(3) 缩短导管长度、减少导管弯曲。流固耦合理论说明，流固耦合效应易出现在导管的弯曲部位，因此，将该连接处导管改为更加平直的过渡，尽量避免剧烈的管形变化(图 10.2.24)，流固耦合效应的影响将下降，应力减小。

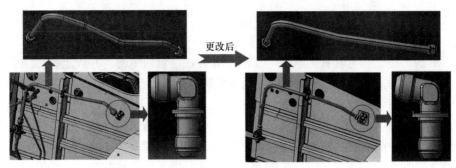

图 10.2.24　故障管路改进前后对比

(4) 能够看到该管路在 x 方向的约束是不足的,因此增大框肋部位和卡箍 x 向刚度, 对导管应力控制在一定条件下有改善。

(5) 穿墙壁板部位靠近直角弯头激励源,且刚度较弱,因此对穿墙壁板进行加强处理,将大幅削减动应力幅值。

10.3　某型飞机液压管路卡箍断裂故障机理及改进方案分析

10.3.1　液压管路卡箍断裂故障描述

某型飞机供压液压系统中的一个管路如图 10.3.1 所示。该管路位于柱塞泵出口至油滤之间, 由软管、硬管、两个卡箍和若干接头、弯头、阀门等组成。其中

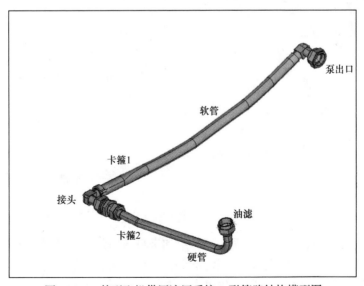

图 10.3.1　某型飞机供压液压系统 L 形管路结构模型图

软管与硬管形成一个 L 形的管路结构，右上方软管接头连接泵源，右下侧的硬管接头连接油滤。

卡箍 1 用于固定软管的末端，卡箍 2 安装在硬管的中部，并固定在框梁上，两个卡箍均为 P 形结构形式。实际使用中发现，卡箍 2 经常在根部发生疲劳断裂。而且铁鸟台实测的压力脉动幅值为 3.8MPa，满足飞机设计要求中液压脉动±10%的规定。泵源压力脉动符合要求，则过大的脉动导致的结构失效，需要考虑是否为流固耦合共振引起。本小节对故障管路系统实施流固耦合动力学分析，确定管路系统的共振状态及其薄弱部位的动力学特性，揭示该卡箍断裂故障的发生机理和改进措施。

10.3.2　故障管路系统动力学建模

采用 ANSYS 的 pipling modeling 模块对故障管路系统进行建模，模型结构中包括直管、弯管、阀门、三通、卡箍等组成元件。该管路系统模型采用两种材料：1Cr18Ni9Ti 不锈钢和聚乙烯(软管)。管路中的弯头、接头、阀门可以通过设置不同的单元类型来实现，整个管路的单元分布情况如图 10.3.2 所示。该图还包括了 L 形导管所连接的三通 1 及其硬管部分。

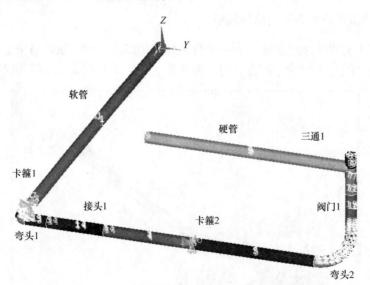

图 10.3.2　故障管路整体模型(包括单元类型及其布局)

约束主要分为管端接头处固定端约束和卡箍端面约束。管路与油泵、蓄压器等连接，油泵、蓄压器等设备为固定不动，约束连接端口的所有位移。卡箍可以视为一定刚度的支承结构。数值仿真中，卡箍的末端为固定约束。将管路支承简化为 X、Y、Z 三个方向上的位移约束弹簧和沿三个方向上的旋转约束弹簧，主要参数包括支承的位置、支承的类型和支承的刚度，这里假设卡箍的约束作用限制了沿管路半径方向的任意位移(线位移)，但是不约束沿管路轴向的转动自由度(角位移)。即仅约束了管路的平动位移，不约束转动位移，如图 10.3.3 所示。由于卡箍处的约束形式不是全约束，为了区别固定端与卡箍处传递激励的效率，假设卡箍处传递的效率为固定端处的 0.6～0.8 倍，通过定义传递系数来实现。

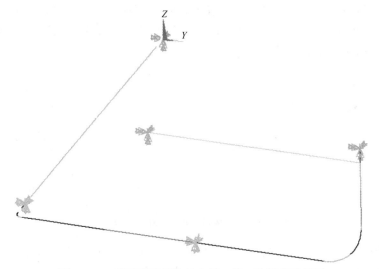

图 10.3.3　故障管路系统的卡箍、端口处约束示意图

10.3.3　故障管路系统的模态分析

模态分析是结构振动排故和动态设计的重要手段，能够得到结构体在某一易扰振动影响的频率范围内各阶主要模态的特性，从而可以预测结构在该频段内，外部或内部各种激振力作用下的实际振动响应。同时，结构的固有频率和振型是承受动态载荷的结构进行动态设计的重要参数，因此模态分析被称为其他动力学分析(如瞬态动力学分析、谐响应分析和谱响应分析)的起点。模态计算过程中，考虑了管内油液以及管内额定工作压力(21MPa)的影响，固有频率结果列于表 10.3.1 中。

表 10.3.1　管路系统的固有频率

阶数	固有频率/Hz
一阶	161.87
二阶	174.29
三阶	264.15
四阶	354.92
五阶	607.89
六阶	842.15

对管路系统前五阶的振型图(为了便于观察变形情况，振型图仅显示了管线图)和对应振型下的应力云图进行分析可以发现，弯头、接头 1、卡箍 2 和三通四个部位为这些模态振型下的高应力薄弱环节。

各阶振型具体如下。

一阶模态下，由于软管有较大的抗变形性能，弯头的摆振对软管影响较小，但是对于硬管部分易造成 P 形卡箍根部的扭转，形成卡箍 2 的摆振振型，如图 10.3.4 所示。该振型下会在卡箍 2 处产生剪切应力，加速 P 形卡箍的裂纹萌生。三通处为约束部位，也会产生较高应力。

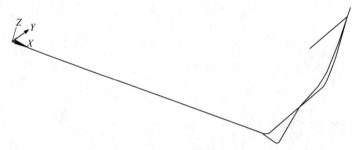

图 10.3.4　管路的一阶模态(f_1=161.87Hz)

二阶模态下，如图 10.3.5 所示，两个卡箍之间的 Z 向振动，易造成卡箍 2 根部的 Z 轴扭转，产生剪切应力，加速 P 形卡箍的裂纹萌生。该振型下，弯头处和卡箍 2 处呈现较高的应力。

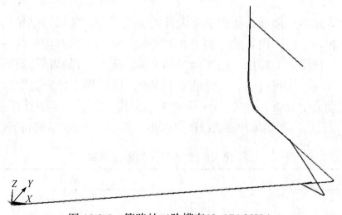

图 10.3.5　管路的二阶模态(f_2=174.29Hz)

三阶共振发生时，振型主要为两个卡箍之间的上下振动以及弯头 2 处的上下摆振，此时，两个卡箍根部均承受扭转剪切、弯曲交变应力(图 10.3.6)。

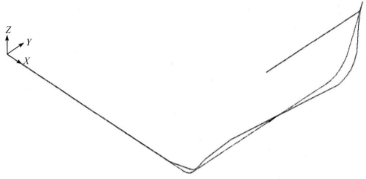

图 10.3.6　管路的三阶模态(f_3=264.15Hz)

四阶振型主要激发了弯头 2 处的摆振，卡箍 2 右侧根部将承受扭转剪切交变应力(图 10.3.7)。

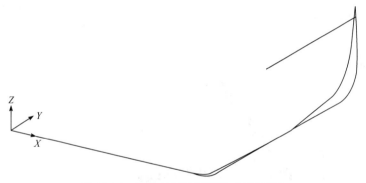

图 10.3.7　管路的四阶模态(f_4=354.92Hz)

五阶振型主要激发了两个卡箍之间的上下振动，卡箍 2 左侧根部承受弯曲交变应力，两个卡箍之间较大的接头质量增大了振动幅值和应力幅值(图 10.3.8)。

这里重点关注第五阶模态，f_5=607.89Hz。该阶频率与柱塞泵的脉动频率重合，在 600Hz 左右的激励频段，两个卡箍之间的管路振型被激发出来。卡箍 1 连接软管，具有很强的抗变形能力；卡箍 2 由于连接硬管，将承受较大应力，成为系统的薄弱环节(图 10.3.9)。

10.3.4　故障机理总结

(1) 从模态分析可以看出，多数模态特性为围绕在卡箍 2 周围，产生上下、左右、单侧等多种振型，使卡箍 2 的根部承受扭转剪切、弯曲交变应力。

(2) 硬管两侧端部较重的接头质量增大了振动幅值和应力幅值。

(3) 用于固定硬管的卡箍 2 的设计不够合理。硬管、两端接头和卡箍 2 形成

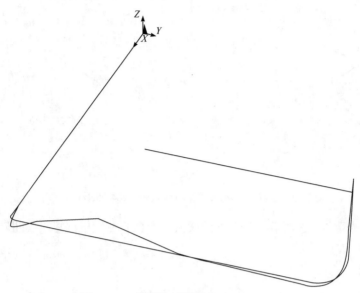

图 10.3.8　管路的五阶模态(f_s=607.89Hz)

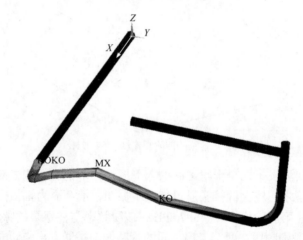

.419E+09　.271E+12　.541E+12　.811E+12　.108E+13
　　.136E+12　.406E+12　.676E+12　.946E+12　.122E+13

图 10.3.9　五阶模态下接头 1 和卡箍 2 处呈现较高的应力(f_s=607.89Hz)

了一个类似于"哑铃"状的结构，而卡箍 2 正是处于稳定该"哑铃"结构的中心支点，使得该结构极易发生上下、左右的摆振，成为不稳定的振动结构。

(4) 柱塞泵的脉动频率为 600Hz，激发了第五阶模态，主要激发了两个卡箍之间的上下振动，卡箍 2 左侧根部将承受弯曲交变应力，两个卡箍之间较大的接头质量增大了振动幅值和应力幅值，该振型是导致卡箍 2 根部断裂的主要原因。

10.3.5　改进方案校核分析

1. 改进方案一

为了防止卡箍 2 发生疲劳失效，方案之一是将原铝制卡箍换成不锈钢材质的卡箍，结构形式不变，以提高其抗断裂性能。更换成钢制卡箍对于管路系统的整体动力学性能来说，增加了卡箍的支撑刚度。将原系统的卡箍支撑刚度从 2×10^8N/m 提升至 2×10^9N/m，观察系统的动力学特性有无明显改观。固有频率对比见表 10.3.2。

表 10.3.2　更改卡箍材料前后管路系统的固有频率对比

阶数	固有频率/Hz	
	2×10^8N/m	2×10^9N/m
一阶	161.87	161.91
二阶	174.29	174.33
三阶	264.15	264.3
四阶	354.92	355.14
五阶	607.89	610.13
六阶	842.15	842.53

卡箍支撑刚度提高后，系统的固有频率基本不变。以一阶模态和五阶模态为例，如图 10.3.10 和图 10.3.11 所示，振型及其固有频率特性与 10.3.3 小节所述结果基本一致。可以认为卡箍刚度的增加没有改变管路系统的模态特性。

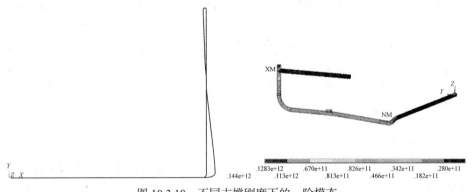

图 10.3.10　不同支撑刚度下的一阶模态

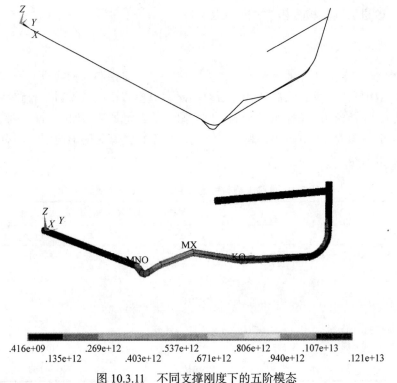

图 10.3.11 不同支撑刚度下的五阶模态

该方案讨论分析结果如下。

(1) 更换为不锈钢卡箍，管路系统的动力学特性没有明显改变，仍然为"哑铃"状不稳定结构。

(2) 由于不锈钢材料的强度、刚度和疲劳性能优于铝材，更换为不锈钢卡箍后疲劳寿命会有提升，但不是"长久之计"，该处卡箍仍然是易破坏的薄弱环节。

(3) 硬管部分的振型均是以卡箍 2 为支点，产生上下、水平方向的振型，造成卡箍左右根部产生较大的剪切应力和弯曲应力。因此，如果更换为不锈钢卡箍，需要在卡箍根部的左右端部加工加强槽，以提升卡箍的抗疲劳性能，否则仍然会发生根部的疲劳断裂。

2. 改进方案二

为了消除"哑铃"状不稳定结构，另一种方案是取消卡箍 2。为了确定该方案是否可行，需要进一步对取消卡箍 2 前后的管路结构进行动力学分析，固有频率对比见表 10.3.3。

表 10.3.3　取消卡箍 2 前后管路系统的固有频率对比

阶数	固有频率/Hz	
	取消前	取消后
一阶	161.87	105.25
二阶	174.29	130.08
三阶	264.15	204.2
四阶	354.92	248.51
五阶	607.89	313.47
六阶	842.15	461.58
七阶	—	776.65
八阶	—	887.53

显然,取消卡箍 2 后,系统的固有频率有显著的降低,部分高阶频率被激发出来。还需要重点了解其他振型特性。这里分析卡箍 2 取消后对应的前两阶振型及其薄弱部位。图 10.3.12 为卡箍 2 取消后管路系统的一阶振型,有较大幅度的水平摆动,此时,接头 1 和三通处承受较大应力。

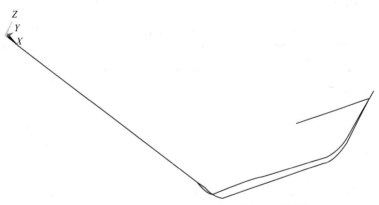

图 10.3.12　卡箍 2 取消后管路系统的一阶振型

图 10.3.13 为卡箍 2 取消后管路系统的二阶振型,硬管有较大幅度的上下振动,接头 1 较大的质量使得局部振幅增大,弯头和接头 1 处承受较大应力。

由改进方案二的计算分析可得:

(1) 取消卡箍 2 后,系统的刚度有一定程度的下降,低阶固有频率有所降低;

(2) 取消卡箍 2 后,避开了系统的激振频段(600~700Hz),避免了在外激励下激发某阶振动;

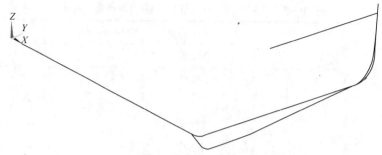

图 10.3.13　卡箍 2 取消后管路系统的二阶振型

(3) 取消卡箍 2 后，管路系统振动会对卡箍 1 和三通上接头形成拉拽，接头 1、三通上接头和弯头 1 处将承受较大的振动应力。

综上，取消卡箍 2 的改进方案是基本可行的，但是失效可能会转移到卡箍 1、三通上接头处，在使用中需要对这两处进行加固处理。

3. 改进方案三

为了消除"哑铃"状不稳定结构，尝试将卡箍 2 的位置向弯头 2 处移动。例如，本小节将卡箍 2 向弯头 2 处移动 14cm，对修改后结构的动力学性能进行考核。修改后的模态特性如表 10.3.4 所示。

表 10.3.4　更改卡箍位置前后管路系统的固有频率对比(一)

阶数	固有频率/Hz	
	原方案	改进方案
一阶	161.87	131.72
二阶	174.29	154.42
三阶	264.15	254.85
四阶	354.92	362.66
五阶	607.89	455.1
六阶	842.15	680.26

由表 10.3.4 可以发现，修改后的管路系统已经避开了柱塞泵的脉动频率，避免了与脉动频率的共振效应。但是第六阶频率为 680.26Hz，与管路系统的外部振动(发动机、机匣或设备等)频率产生重叠。更改卡箍 2 位置后管路系统的六阶振型如图 10.3.14 所示，对于硬管部分复杂的水平摆振，进一步观察其位置，发现水平接头 1 和竖直方向的阀门(油滤)1 产生了相对振动，两处接头的惯性质量也加大了振幅。卡箍 2 的位置改变后，接头 1、阀门(油滤)1 以及三通上接头处应力较大。

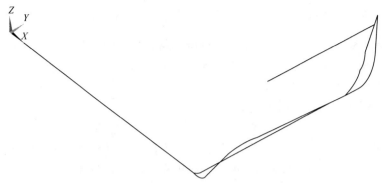

图 10.3.14　更改卡箍 2 位置后管路系统的六阶振型

可见，将卡箍 2 水平地向大弯头处移动 14cm(靠近大弯头处)不是可行方案，因为此时管路系统频率将与外部激励频率(700Hz 左右)重叠，可能会引发新频率下的共振破坏，共振振型为硬管部分复杂的水平扭转振动，可能会造成用于固定卡箍 2 的螺钉发生松动或者疲劳断裂，使卡箍的作用丧失。

4. 改进方案四

对上述方案进行进一步修改，为了消除"哑铃"状不稳定结构，尝试将卡箍 2 的位置移动到阀门 1 处(油滤)，进一步对修改后结构的动力学性能进行考核。修改后的模态特性如表 10.3.5 所示。可见，将卡箍 2 移至油滤处的方案可行，不但将结构的共振避开了频段 600~700Hz，还纠正了原来的"哑铃"状不稳定结构形式，建议优先采用。

表 10.3.5　更改卡箍位置前后管路系统的固有频率对比(二)

阶数	固有频率/Hz	
	原方案	改进方案
一阶	161.87	105.25
二阶	174.29	130.08
三阶	264.15	204.20
四阶	354.92	248.51
五阶	607.89	461.58
六阶	842.15	776.65
七阶	>1000	887.53

10.3.6　最终改进建议

本小节通过计算分析研究了 1 号液压管路系统卡箍 2 断裂失效发生的机理，并提出了相应的改进措施。对比 10.3.5 小节中不同改进方案的优缺点，最终改进建议可以按照以下优先级排序。

(1) 将卡箍 2 移至油滤附近。

(2) 将卡箍 2 取消，然后对卡箍 1 和三通处加强处理。

(3) 换成不锈钢卡箍，并且需要在 P 形卡箍根部进行加强弧面处理，提高卡箍根部抗剪切应力和弯曲应力的能力，以提高卡箍的疲劳寿命。但该方案中卡箍 2 仍然是系统最薄弱的环节，需定期检查并及时更换卡箍。

需要注意的是，采用改进方案后，三通的上接头、弯头 1、接头 1 是该段管路的薄弱环节，需要在设计上给予加强，日常维护中给予重点关注。

10.4　飞行器液压管路系统动应力控制的设计方法

液压管路在复杂的流体脉动和外部振动环境下，承受动态应力作用，因此液压管路的破坏失效主要是振动疲劳失效问题。对于承受交变应力的液压管路，做疲劳寿命评估的前提是进行液压管路系统的动应力测试。目前，动应力测试已经成为飞机液压系统必做的一项试验。为确保飞机液压管路系统的安全，提高液压管路系统的疲劳寿命，工程上必须将液压管路系统动应力控制在一定的范围。液压系统的压力脉动和脉动应力控制一直是液压系统设计的难题。可以预知，在相同的管路材料与振幅状态下，当变换到更高的工作压力水平，管路的寿命下降几乎是不可避免的。因此，必须采用一定的措施来控制或降低管路结构的动应力。

本节从五个方面总结飞行器液压管路系统动应力控制的方法。

10.4.1　降低压力脉动幅值

首先从流体压力脉动的角度进行考虑。液压系统压力从 21MPa 变为 35MPa，平均压力产生的静态应力无法消除，但可以从降低压力脉动幅值的角度减弱流固耦合效应并减小动态应力。目前飞机工程上的最大压力脉动幅值为额定压力的 10%。压力脉动是由液压泵的周期性高频吸排油动作产生的，泵出口附近管路承受的压力脉动幅值较大，也是管路失效的易发生位置。较高的压力脉动幅值经过传递后也会在其他位置引发流固耦合振动，长期振动导致精密液压元器件疲劳失效。

压力脉动与动应力有一定的对应关系。管路中某一点处的压力升高，会引起该位置管路薄壁沿径向方向膨胀，并由于泊松效应，在管路轴向上产生轴向应力。因此，压力脉动会直接导致动应力的波动，反之，动应力的变化在压力脉动上也会有所表现。流体流量会体现出脉动特性，但是由于普通流量传感器的动特性太低，无法直接精确测得流量波动，而压力传感器具有很高的频响，能够测得压力脉动的动态。因此，对于流体消脉，都以压力值作为控制指标。

流体脉动的消除主要有被动降脉和主动降脉两种方式。

1. 被动降脉方式

被动式消振器基于气液耦合消振原理，并联接入液压泵出口管路，利用高压气体的压缩性实现对流体脉动的抑制。

如图 10.4.1 所示，利用高压气体的压缩性，吸收流量脉动，起到稳压的作用。气体用皮囊封闭在容腔中，皮囊具有良好的伸缩性和密封性。研制的被动式消振器，接入液压泵出口管路中，通过试验检测其吸振效果。在液压泵典型工作状态下，测试管路中的液压油压力值，得到其脉动压力。

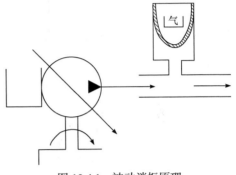

图 10.4.1 被动消振原理

2. 主动降脉方式

如图 10.4.2 所示，利用波的相干性原理，叠加一个反相波，波峰对波谷，消除脉动。采用溢流的方式，将多余的波峰消除掉，降低脉动。压力传感器检测压力，控制器运行主动控制算法，输出给执行器(溢流阀)。

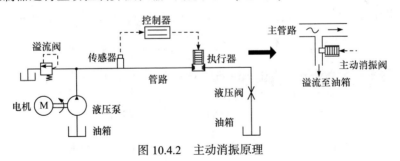

图 10.4.2 主动消振原理

3. 飞行器液压脉动控制测试

飞行器液压脉动控制测试主要验证增加消脉器后，对液压泵出口脉动的抑制效果，对液压泵流量脉动及气液耦合消振器研究内容进行试验验证，以实现低脉动液压泵源。

试验环境为某型飞机液压系统地面模拟试验台，包括 28MPa 航空液压泵(流量 150L/min)、变速驱动电机、航空液压软管/硬管、节流阀。试验原理及试验件布局如图 10.4.3 所示,采用被动消振器,其接入点为液压泵出口软管后位置。

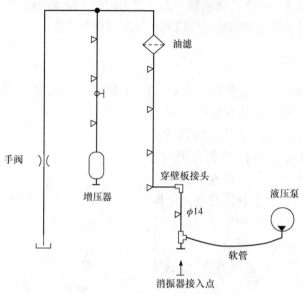

图 10.4.3　试验原理及试验件布局

　　试验中将泵转速(功率)分别设置为最大转速的 80%和 90%,测试消脉器接入前后压力脉动的变化,试验数据在温度 40~70℃测得,接入被动消脉器前后软管三通处的压力脉动时域数据和频域转换分别如图 10.4.4 和图 10.4.5 所示。可见,被动消脉器具有较好地降低压力脉动幅值的作用,减小了管内压力脉动的幅值,从而降低了管路结构上的动应力。目前,脉动幅值可以通过上述手段降低到额定

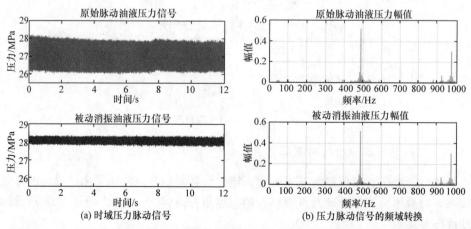

(a) 时域压力脉动信号　　　　　　　　　　(b) 压力脉动信号的频域转换

图 10.4.4　80%最大转速下接入被动消脉器前后软管三通处压力脉动时域数据和频域转换

压力的 2.5%以下,这对降低动应力非常重要,因为一般而言,管路内部的脉动幅值减小,动应力也会呈比例降低,能够实现在整个工作过程中的整体动应力的消减。

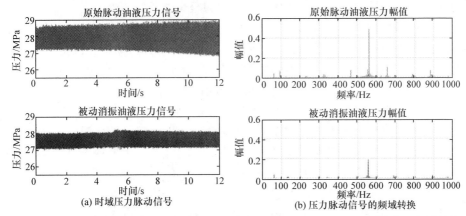

图 10.4.5　90%最大转速下接入被动消脉器前后软管三通处压力脉动时域数据和频域转换

10.4.2　避免流固耦合共振

液压管路是一类包含运动流体的特殊结构,机载先进液压系统在运行过程中,管路内部的流体(航空液压油)是以较高的压力(21MPa、28MPa、35MPa)和较高的流速(一般为 15~50m/s,取决于功率和管径)工作的。并且该压力和流速通过航空柱塞泵持续地吸排油动作来维持,这种吸排油动作通过泵的旋转柱塞实现,故泵在工作的过程中,本身就有一个压力脉动幅值和脉动频率。可见结构的动应力与流体运动状态密切相关,即流固耦合效应不可避免,流固耦合设计应考虑流体和管路之间的耦合效应产生的动应力。

流固耦合效应对液压系统结构快速失效的重要影响主要体现在共振上,与之密切相关的是流体的脉动频率。一般而言,航空 9 柱塞泵 80%~100%的工作频段是常见的频段,对应的频率为 530~620Hz,而飞行器管路结构在动力学上是柔性的,这种结构的固有频率不会越过或者避开上述共振频率。甚至可以说,管路发生流固耦合共振几乎不可避免。但是在这种情况下,通过观察管路在这个频段的振型(称为主振型),若泵的激励频率(即流体脉动频率)与管路系统的固有频率接近,该主振型即被激发出来,该振型对于判断管路系统的应力状态和失效模式至关重要。

流固耦合振动的另一个产生因素是管路外部的结构振动(即机体振动),类似于管路系统受到一种基础激励,机体振动可能引起流体运动状态的变化,这个变化非常复杂,没有一般规律可循。但是,若机体振动与管路结构的某阶固有频率接近时,将激发出管路结构对应的固有振型,而且,这种共振相比上述纯粹的流体脉动激励引发的共振，更为严重，因为其共振的幅值更大，造成的结构应力也更大。通过调节管形、卡箍位置、弯曲部分等手段，能够实现动应力的降低，试验结果表明，采用这些手段，流固耦合动应力至少能降低 30%。

上述两种情况均与液压流体的脉动频率 ω_f 和管路结构本身的固有频率 ω_p 密切相关。试验结果表明，当 ω_f 和 ω_p 之间相差较大时，由流体脉动激发的管路结构振动量值很小，仅仅与压力幅值呈比例关系，显示出与频率无关的错觉。一旦发生共振，管路结构将出现对应的固有频率(激励频率附近)下的振型，在该振型和激励频率下共振，从而引发管路结构的迅速破坏，由于该主振型决定了应力状态，破坏的位置与激发出的振型密切相关。共振更是管路结构迅速失效的重要诱因，管路流固耦合共振的激励源可能是脉动引起，也可能是机体振动引起，应考虑流固耦合因素下管路系统的固有特性。

关于管路在不同频率下的振型特性，对于飞行器液压管路系统而言，必须在设计阶段，采用流固耦合动力学模型来预测 450～620Hz 频段(重点是 530～620Hz，因为这是泵或者发动机开车 80%～100%的恶劣工况)的模态特性，主要判断：①有无共振发生，即管路结构的某阶固有频率是否会落到该段频率范围；②若有共振频率发生，应通过流固耦合动力学模态分析计算，逐一考察系统在该共振频段内的所有振型，通过振型判断管路结构系统的薄弱环节、高应力区和应力状态。

10.4.3　管形和卡箍布局优化设计

管路结构是在飞机主体结构设计完成之后，再在其上进行敷设的。管路系统的布局对振动应力有重要影响，其原因是不同管路布局会造成管路系统固有频率和振型特性(模态特性)发生变化，也会改变管路系统在不同激励频率下的响应和应力状态。显然，合理的布局设计能够降低管路系统在某激励频段下指定部位的动应力。甚至，在飞行器狭小的空间内，在难以采用安装减振设备和结构质量控制等条件的要求下，布局设计成为液压管路系统减振设计的主要手段。

管形布局设计首先分析现有管形的模态特性，这是一种定性分析评判方法，主要用于粗略判断管路整体布局的合理性、刚度分布的合理性、管形弯曲的合理性、接头附件布置的合理性等。在激励频率上，应重点考虑在服役期间受到的压力脉动频率和机体振动激励频率，设置这些共振频率大约±50Hz 作为频率禁带，要求管形布局设计的固有频率不在频率禁带内。降低共振概率，减小结构振动响应。

卡箍也是调节飞行器液压管路系统固有特性的重要手段。它是一种通过施加外部支撑调节管路结构整体刚度的方法。卡箍的位置对管路系统的固有频率和固有振型具有重要影响。应根据预测的模态振型有针对性地降低薄弱环节的应力，因此，管路系统布局设计包括卡箍位置布局优化设计。实际工程应用中，卡箍形式虽然多种多样，但是其功能大体一致，即主要约束管路的径向(横向)和轴向位移，一些卡箍还能限制管路的转动自由度。用具有一定刚度的末端固定的弹簧单元代替卡箍的支撑作用，限制管路沿径向的任意位移，进行卡箍位置的动力学优化设计，首先需要合理地制定结构动力学优化目标，一般以减重、改善频率特性或抑制振动幅值等为主。

若某应力超标的管路上的卡箍数量比较多(>3)，应首先进行动特性的灵敏度分析，确定出几个关键卡箍位置，优化计算仅针对这几个关键卡箍位置开展将事半功倍。其次，通过模态分析，观察在 530~620Hz 频段，激发的是哪一种振型和所对应的卡箍处变形状态，以判断卡箍和管路的受力状态。

实践表明，对不同卡箍的位置进行优化设计，特别是对于含有多个卡箍的管路系统，不但能够使管路系统错开多个共振频段，还能够显著降低管路结构约束部位的动应力，极大地改善管路系统的动态特性。需要注意的是，调整后的管路系统应重新进行模态分析，重新评估调整卡箍位置后，可能带来的其他频段的共振或者薄弱位置(最大动应力位置)转移等问题。

10.4.4　合理应用阻尼材料

给管路系统增加阻尼材料，能够吸收管路的振动能量，削减振动幅值和降低动应力。管路支撑卡箍的使用是被动减振方法在飞机液压系统上的应用。它是通过调整阻尼卡箍力学参数、优化卡箍布局调整系统的固有频率，使固有频率远离激振源频率，从而降低液压管路系统振动的一种被动减振方法。尽管被动抑制无法在相对大的频宽范围内消振，但是由于大型飞机确定了主要的飞行剖面，其巡航转速频率变化区间有限，另外被动抑制方法不需要附加额外系统，因此被动振动抑制方法具有更强的可实施性和更高的可靠性。目前被动减振方法是飞机管路系统最主要的减振方法。飞行器液压管路系统实施阻尼材料的减振主要包括如下两种方式。

1. 高阻尼卡箍减振

带垫卡箍是一类大量用于飞机管路系统固定支撑的安装卡箍，一般是组合件，包括了金属箍带和非金属衬垫，金属箍带的主要作用是支撑固定，非金属衬垫的作用是防磨减振。高阻尼卡箍结构设计就是对卡箍的结构形式进行动力学(刚度和阻尼系数)优化设计，获得具有刚度适应性和最佳动力学参数的卡箍结构。卡箍的支撑刚度分为线刚度和扭转刚度。改变卡箍的刚度能够改变管路系统的模态频率和损耗因子，进而影响到管路系统的动力学特性。研究表明，卡箍单元的刚度在敏感区间内对管路系统的模态频率和损耗因子有较大影响。在管路系统工况确定的情况下，使用特定的卡箍单元调整系统的固有频率与阻尼特性，使其固有频率远离激振频率，能够大大降低管路系统的振动应力。针对某型飞机关键部位典型液压管路系统，开展了新型卡箍隔振性能的对比测试，分析了标准卡箍、新型卡箍的动应力减振效果。卡箍减振的对象为管路系统，振动强度的主要评价指标有振动幅值与动应力。研究表明，采用合适的卡箍减振，能将管路系统的最大动应力降低 50%以上。

2. 裹敷黏弹性阻尼层减振

黏弹性材料是一种非常有效的减振耗能阻尼材料，使用方便且简单。传统的黏弹性材料是以高分子聚合物为基础，在内部添加特定的辅助材料制作的工程用材料，种类非常多，如丁腈橡胶、丙烯酸乙酯橡胶、ISOLOSS 系列(聚氨酯)等。近年研究的重点之一是在黏弹性阻尼材料中添加无机或者有机小分子等功能辅助材料。例如，为了形成有机杂化体，将含有功能性有机官能团的小分子填料(如受阻胺、受阻酚类)添加到氯化聚乙烯(CPE)、聚丙烯酸酯(ACR)、氯化聚丙烯等极性聚合物中。

对于航空液压管路系统，柱塞泵的流量脉动会对管路系统造成持续冲击，造成管路系统的振动。阻尼减振的对象为管路表面，振动强度的主要评价指标有振动幅值与动应力。研究表明，采用合适的约束层减振，能将管路系统的最大动应力降低 20%以上。加大约束层的厚度与层数能取得更好的减振效果。由于空间受限，减振装置的安装与实施具有一定的难度。黏弹性约束层阻尼材料由于高可靠性、高阻尼、质量小和易于实现等特点，以及在不显著改变结构系统的模态频率下，能够在较宽频带和温度范围抑制振动响应，已经在航空领域得到应用。

10.4.5　可靠性优化设计

飞行器液压管路系统的固有特性和振动响应还受实际材料、管路加工尺寸、装配、随机载荷等随机因素的影响，造成同一型号批次的飞行器上相同的液压管路系统也存在差异。因此，需要考虑这些随机因素可能造成管路系统的动响应落在失效域的概率问题，也就是管路的动力学可靠性设计。它是以可靠度指标为约束，以所关心的模型响应(如结构的最大应力、最大位移等)为目标函数的优化设计。

液压管路系统相关的设计变量繁多，导致优化规模过大，降低了直接优化效率。鉴于此，针对高维航空液压管路系统优化问题的种种弊端，提出了基于灵敏度分析的优化方案，详见第 8 章。该策略的核心思想是通过灵敏度分析，筛选出对目标函数没有影响或影响较小的设计变量，对其动应力没有影响或影响微弱的设计变量，在后续可靠性优化中仅保留对动应力有重要影响的设计变量，以降低其优化的规模。基于灵敏度分析的降维优化是一种针对复杂多变量结构或系统的更为高效的动应力控制措施。以动应力响应为目标，以动强度可靠性为约束的优化分析，实施过程如下：

(1) 通过随机振动分析获得管路的动应力响应、位移响应和速度响应；

(2) 使用基于首次穿越法的动强度公式计算其动强度可靠度；

(3) 实施动力可靠度灵敏度计算，甄别出关键设计变量；

(4) 以动应力响应为目标，以动强度可靠性为约束，对关键设计变量进行迭代计算，直至满足收敛条件，获得设计变量的最优解。

参 考 文 献

[1] 王占林. 飞机高压液压能源系统[M]. 北京: 北京航空航天大学出版社, 2004.

[2] 常龙生. 飞机液压导管疲劳试验方法[J]. 航空标准化, 1980(4): 27-38.

[3] 沈新德. 发动机导管的振动与测量[J]. 航空标准化, 1982(6): 35-38.

[4] 唐有才, 马乃苍, 房学祥, 等. 飞机液压导管破裂故障分析及措施[J]. 航空工程与维修, 2001, 2: 19-21.

[5] 蔡文海. 液压导管漏油故障分析及其预防措施[J]. 液压与气动, 2001(12): 37-38.

[6] 刘青川, 李全通, 高潮, 等. 某型发动机 P_2^r 导管疲劳断裂故障研究[J]. 机床与液压, 2013 41(5): 187-189.

[7] 刘红. 飞机液压导管开裂分析[J]. 失效分析与预防, 2009, 4(4): 229-232.

[8] 顾新, 张红霞, 成春霞. 降低液压导管应力方法研究[J]. 飞机设计, 2014, 34(1): 40-43.

[9] 施荣明. 飞机结构振动设计与实验[M]. 北京: 航空工业出版社, 2014.

[10] 朱志坤, 陶义建, 王晓刚, 等. 从航空液压导管维修看生产过程的重要性[C]. 航空装备维修技术及应用研讨会, 烟台, 2015.

[11] 张乐迪, 张显余. 飞机液压管道动特性研究及疲劳寿命估算[J]. 航空维修与工程, 2015(1): 89-91.

[12] 舒送, 范鑫, 刘峰, 等. 某型飞机肘形导管断裂故障分析与改进验证[J]. 液压与机床, 2019, 47(2): 176-180.